面向新工科的电工电子信息基础课程系列教材

教育部高等学校电工电子基础课程教学指导分委员会推荐教材

湖南省一流本科课程配套教材

国防科技大学“十四五”规划教材

人工智能与模式识别

陈浩　杜春　李沛秦　熊伟　编著

清华大学出版社

北京

内容简介

模式识别是人工智能技术的重要分支,也是实现机器智能的重要手段。本书作为该领域的入门教材,介绍了各类典型的模式识别的理论与方法。全书共10章。第1章为绪论;第2～5章介绍与模式识别相关的人工智能基础知识,包括智能Agent、确定性知识表示与推理、搜索策略、智能优化算法等;第6章介绍特征提取与选择方法,应用于模式识别中的预处理过程;第7～10章介绍各种典型的模式识别模型和算法,包括基于判别函数的分类方法、基于概率的分类方法、人工神经网络,以及聚类分析。

本书可作为高等院校电子信息类、计算机类、自动化类及相关专业的本科生或研究生教材,也可供对人工智能、模式识别、机器学习、数据挖掘等领域感兴趣的研究人员和工程技术人员参考。

图书在版编目(CIP)数据

人工智能与模式识别 / 陈浩等编著. -- 北京 :清华大学出版社,2024. 9. --(面向新工科的电工电子信息基础课程系列教材). -- ISBN 978-7-302-67260-9

Ⅰ. TP18

中国国家版本馆CIP数据核字第2024DB7276号

责任编辑:文　怡
封面设计:王昭红
责任校对:王勤勤
责任印制:刘　菲

出版发行:清华大学出版社
网　　址:https://www.tup.com.cn,https://www.wqxuetang.com
地　　址:北京清华大学学研大厦A座　　**邮　　编**:100084
社 总 机:010-83470000　　**邮　　购**:010-62786544
投稿与读者服务:010-62776969,c-service@tup.tsinghua.edu.cn
质量反馈:010-62772015,zhiliang@tup.tsinghua.edu.cn
课件下载:https://www.tup.com.cn,010-83470236
印 装 者:三河市铭诚印务有限公司
经　　销:全国新华书店
开　　本:185mm×260mm　　**印　张**:17.25　　**字　　数**:387千字
版　　次:2024年9月第1版　　**印　　次**:2024年9月第1次印刷
印　　数:1～1500
定　　价:65.00元

产品编号:091186-01

前言

模式识别是研究分类识别理论和方法的科学技术，它是人工智能研究领域的重要分支，也是实现机器智能的重要技术手段。该学科的理论任务是运用相关科技研发分类识别的理论和方法，其应用目标是创造能进行分类识别决策的智能机器系统以代替人类的分类识别工作。在理论上，它涉及代数学、矩阵论、函数论、随机数学、模糊数学、图论、最优化理论、信号处理、计算机科学、神经物理学等众多学科的知识，在应用上它又与其他许多领域的知识及工程技术密切相关，是一门综合性、交叉性学科。

本书是一本模式识别教科书。为了使尽可能多的读者通过本书对模式识别有所了解，作者侧重于讲解算法原理，并尽可能少地使用数学知识。但阅读本书，还需要具有概率、统计、代数、逻辑等方面的基本知识。因此，本书更适合大学三年级以上的理工科本科生和研究生，并可供人工智能、模式识别、机器学习、数据挖掘等相关领域感兴趣的研究人员和工程技术人员参考。

本书的写作原则是"注重基础，阐释原理，突出应用"。重点介绍本领域的基础概念、方法和模型，在基础和前沿之间选择符合学科最新发展趋势的基础知识进行介绍；注重讲"理"，着力把相关算法的思想讲清楚，使读者真正掌握学科知识，切实提高解决问题的能力。本书在阐明知识时，不仅讲其然，还要讲其所以然，而不是简单地罗列定理、结论、算法步骤；注意讲清楚具体的模式识别模型的应用方法，不仅让读者清楚相关技术的机理，更使其明白如何应用本书介绍的方法解决实际问题。

全书共四部分，分为10章。其中，第一部分为第1章，综述人工智能及模式识别的相关概念、发展简史、学派及其认知观，最后介绍相关技术典型的应用领域；第二部分为第2～5章，介绍与模式识别相关的人工智能基础知识，包括智能Agent、确定性知识表示与推理、搜索策略、智能优化算法等，构造复杂的现代模式识别系统，这些知识是不可或缺的；第三部分为第6章，介绍模式识别的基本流程、特征表示、性能评估方法、基本原则等，重点讨论特征提取与选择方法，为应用具体的模式识别算法做好预处理工作；第四部分为第7～10章，介绍各种典型的模式识别模型和算法，包括基于判别函数的分类方法、基于概率的分类方法、人工神经网络，以及聚类分析。

本书是在湖南省一流本科生课程"人工智能与模式识别"讲义的基础上结合该课程多年教学实践经验及相关的科研成果编著而成的。为了适应学科发展趋势，本书在内容上也参考了国内外诸多学者、专家的研究成果、论文、著作，在此表示由衷的感谢。

在本书编撰过程中，国防科技大学夏靖远副教授参与了本书习题的选取与全书校对工作，硕士生刘琛参与本书部分插图的绘制与全书校对工作。本书编写工作得到了国防科技大学孙即祥教授、景宁教授、许可副教授、李军教授、陈莘教授、黄春琳教授、钟志农教授、邹焕新教授、伍江江副教授、吴烨副教授、杨岸然副研究员、欧阳雪副教授、彭双讲师、贾庆仁助理研究员、马梦宇讲师，陆军军医大学粘永健副教授等的大力支持。本书的编写工作还得到了学校、学院领导的大力支持与帮助，在此一并表示感谢。

人工智能与模式识别是一个快速发展的领域，新的理论、方法、技术和应用成果不断涌现，由于作者能力有限，书中难免出现错漏和不足之处，殷切希望同行专家和读者批评指正，给出宝贵建议。

陈　浩

2024 年 6 月于湖南长沙德雅村

目录

目录

目录

目录

目录

第1章 绪论

“忽如一夜春风来,千树万树梨花开。”一千多年前的唐朝诗句,可以贴切地用来形容目前席卷全球的人工智能热潮。从触手可及的个人穿戴设备、“刷脸”门禁、汽车自动驾驶、聊天机器人,到莫测高深的无人作战武器、自动目标识别等,在移动互联网、大数据等新技术的驱动下,人工智能迎来了新一轮发展热潮,新理论不断突破,实际应用也遍地开花。当前,人工智能不仅深入生活的各方面,也成为国之重器,世界强国纷纷制定了关于人工智能的战略发展规划。计算机、电子信息、大数据领域的从业者如果不了解人工智能技术,其知识结构必定是落后于当前时代的。

那么,究竟什么是人工智能?人工智能如何发展而来?有哪些技术流派?又在哪些场景中有典型应用?本章将回答上述问题。

1.1 人工智能的概念

1.1.1 人工智能的解释

1. 智能

要解释人工智能(Artificial Intelligence,AI)到底是什么,人们首先想到的是“智能”到底是什么,什么样的行为可以视为“智能”。然而,智能的发生并不好解释。在自然界有四大“奥秘”,分别是物质的本质、宇宙的起源、生命的本质和智能的发生。可见,何为“智能”尚难以定义。实际上,智能的本质是古今中外许多哲学家、科学家一直在努力探索和研究的问题,至今仍没有完全了解,但对智能的特征具有以下描述。

(1) 具有感知能力。感知能力是指人们通过视觉、听觉、触觉、嗅觉等感觉器官感知外部世界的能力,是人类最基本的生理、心理现象,也是人类获取外界信息的基本途径。

(2) 具有记忆和思维能力。记忆用于存储由感知器官获取的外部信息以及由思维所产生的知识;思维则是对记忆的信息进行处理,是获取知识以及运用知识求解问题的基本途径。

典型的思维又可分为逻辑思维、形象思维和顿悟思维三类。

逻辑思维:人们在认识事物的过程中,借助观察、比较、分析、综合、抽象、概括、判断、推理等形式,能动地将思维内容联结、组织在一起,反映客观现实的理性认识过程。显然,逻辑思维是依靠逻辑进行思维的。逻辑思维过程是串行的,容易形式化地表达,且思维过程具有严密性、可靠性。逻辑思维的典型例子是进行数学证明题的推导。

形象思维:又称“直感思维”,是指以具体的形象或图像为思维内容的思维形态,是人的一种本能思维。形象思维依据直觉进行,其思维过程是并行协同式的,因此形式化表达困难,但其在信息变形或缺少的情况下仍有可能得到比较满意的结果。

顿悟思维:也称灵感思维,是指通过领悟理解和发现目标与手段之间的联系来实现问题解决的思维过程。这种思维方式通常发生在利用已有的知识、原理解决新问题之中,它是一种突变的过程,某个强烈的偶然因素,使人豁然开朗。顿悟思维具有不定期的突发性、非线性的独创性及模糊性。因此,顿悟思维通常穿插于形象思维与逻辑思维之中。很多科学的发现都是在科学家顿悟之后,如德国有机化学家凯库勒发现苯分子的结构。

(3) 具有学习能力。学习是一个具有特定目的的知识获取过程。学习及适应是人类的一种本能,人类通过学习,增加知识、提高能力、适应环境。

(4) 具有行为能力。行为能力是指人们对感知到的外界信息作出动作反应的能力。引起动作反应的信息可以是由感知直接获得的外部信息,也可以是经思维加工后的内部信息。

综合以上各种观点,可以认为:智能用其具有的相关特征进行描述,而感知能力、记忆能力、思维能力、学习能力以及相应的行为能力就是典型的具有智能的特征。

2. 人工智能

在"人工智能"这个词语中,"智能"与"人工"放在一起,也就是说,这个智能是"人为的"或"人造的"。人们赋予了本来不具备"智能"的某种对象知识、思维和行动力,使之表现出了"智能"。目前尚没有对人工智能的统一定义,表1.1展示了人工智能的8种不同的定义。

表1.1 人工智能的8种不同的定义

类似人类的思考系统	理性思考系统
"要使计算机能够思考……意思就是有头脑的机器"(Haugeland,1985) "与人类的思维相关的活动,如决策、问题求解、学习等活动"(Bellman,1978)	"通过利用计算模型来进行心智能力的研究"(Chamiak 和 McDermott,1985) "对使得知觉、推理和行为成为可能的计算的研究"(Winston,1992)
类似人类的行为系统	**理性行为系统**
"一种技艺,创造机器来执行人需要智能才能完成的功能"(Kurzweil,1990) "研究如何让计算机做到那些目前人比计算机做得更好的事情"(Rich 和 Knight,1991)	"计算智能是对设计智能化智能体的研究"(Poole 等,1998) "AI 关心的是人工制品中的智能行为"(Nilsson,1998)

在表1.1中:上面一栏关注系统的思维与推理过程,下面一栏关注系统的行为能力;左边一栏侧重于从与人类智能能力的相似程度进行衡量,右边一栏侧重于从系统能力的正确性、合理性等理性程度进行衡量。

可见,不同知识背景或者领域的学者、研究人员和开发应用人员对人工智能有着不同的理解。综合起来,通常从"学科"、"能力"和"实用"三个角度对人工智能进行定义。

从学科角度定义,人工智能是一门以计算机科学为基础,由计算机、电子信息、生物学、心理学、哲学等多学科融合的交叉学科、新兴学科,研究、开发用于模拟、延伸和扩展人的智能的理论、方法、技术及应用系统的一门新的技术科学,试图了解智能的实质,并生产出一种新的能以人类智能相似的方式作出反应的智能机器,该领域的研究包括机器人、语言识别、图像识别、自然语言处理和专家系统等。

从能力角度定义,人工智能是智能机器所执行的通常与人类智能有关的智能行为,如判断、推理、证明、识别、感知、理解、通信、设计、思考、规划、学习和问题求解等思维活动。

从实用角度定义,人工智能是指用机器实现目前必须借助人类智慧才能实现的任务。

3. 图灵测试

正是因为人工智能的定义并不唯一，那么如何判断某个系统是否具有人工设计并实现的智能能力？1950年，计算机科学和密码学的先驱阿兰·图灵(Alan Turing)发表了一篇划时代的论文《计算机器与智能》，文中预言了创造出具有真正智能的机器的可能性，并提出了著名的图灵测试。

图灵测试的场景设置见图1.1，其测试过程：测试人(多人)在与被测试者(一个人和一台机器)隔绝的情况下，通过一些装置(如键盘)向被测试者随意提问。如果一定比例(如30%)以上的测试人不能判断被测试者是否是机器，这台机器就通过了测试，并被认为具有人类智能。

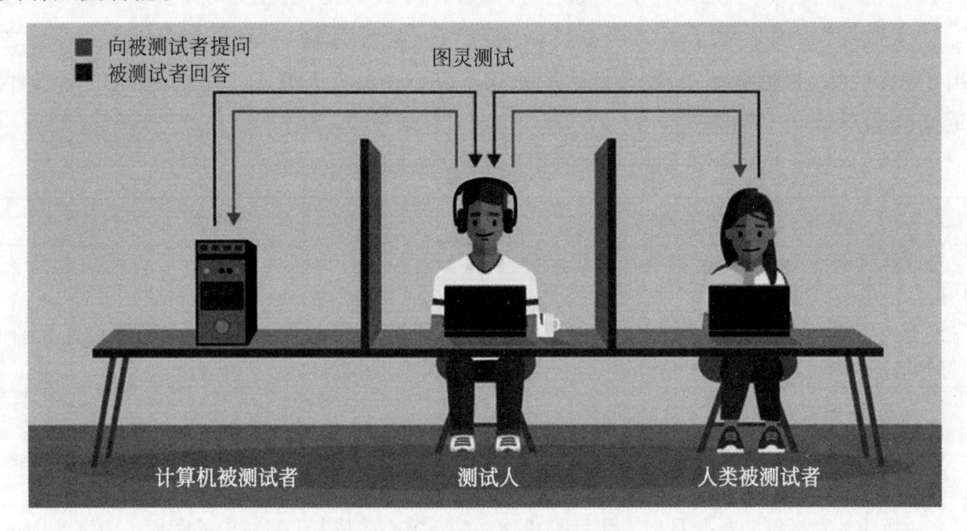

图1.1 图灵测试的场景设置

简而言之，图灵测试认为，若一台机器能够与人类展开对话(通过电传设备)而不能被辨别出其机器身份，则称这台机器具有智能。

图灵测试具有以下特点。

(1) 通过维持终端间的交流，该测试为我们提供了判断智能的客观标准。它不仅避开了智能本质的争论，而且排除了个人的喜好与偏见。

(2) 测试本身与实验的细节没有任何依赖关系。提问者可以提出任何问题，同时对答案进行自主的判断。

图灵坚信，到20世纪末通过计算机编程可以实现这个模仿游戏。尽管现代计算机还不能通过图灵测试，但它为我们提供了对基于知识的系统进行评估和验证的基础。

也有人质疑图灵测试的有效性，如果真的有机器通过了图灵测试，是否就证明其具有了智能？一个典型的有争议的例子是“中文房间争论”。

中文房间争论(图1.2)是由美国哲学家约翰·希尔勒(John Searle)在1980年设计的一个思维实验。该实验用以推翻强人工智能(机能主义)提出的过强主张：只要计算机拥有了适当的程序，理论上就可以说计算机拥有它的认知状态，以及可以像人一样进行理解活动。中文房间实验可表示为：一个人手中拿着一本象形文字对照手册，身处图灵测试中所提及的房间中。另一人在房间外向此房间发送象形文字问题。房间内的人只需按照该对照手册，返回手册上的象形文字答案，房间外的人就会以为房间内的人是一个具有思维的象形文字专家。然而，实际上房间内的人可能对象形文字一窍不通，更谈不上什么智能思维。因此，基于中文房间实验，希尔勒提出质疑，即使机器通过了图灵测试，那么就一定具有智能了吗？

图 1.2　图灵测试的中文房间争论

事实上，历史上关于图灵测试的讨论从未停止。人工智能对世界的"感受"源自人类认知这面"镜子"。即使它有着与人类相似的解决问题能力，并不意味着它与人类有着相同的智能。

1.1.2　人工智能的研究目标

作为工程技术学科，人工智能的研究目标是提出建造人工智能系统的新技术、新方法和新理论，并在此基础上研制出具有智能行为的计算机系统。

作为理论研究学科，人工智能的目标是提出能够描述和解释智能行为的概念与理论，为建立人工智能系统提供理论依据。

根本目标：揭示人类智能的根本机理，用智能机器（计算机）去模拟、延伸和扩展人类的智能，达到甚至超过人类智能的水平。

该目标的实现，涉及脑科学、认知科学、计算机科学、系统科学、控制论等多种学科，并依赖它们的共同发展。

近期目标：研究如何使现有的计算机更"聪明"。使现有计算机不仅能做一般的数值计算及非数值信息的数据处理，而且能运用知识处理问题，能模拟人类的智能行为。

1.2　人工智能发展简史

蒸汽机的发明引发了工业革命，大量的体力劳动被机器所替代，人类得以从繁重的体力劳动中解放出来。在脑力劳动方面，人类也一直希望能够通过机器来替代。人类对人工智能的思想萌芽最早可追溯到古代。古希腊诗人荷马在叙事诗《伊利亚特》中，描述了火神赫菲斯托斯用黄金制造了两个女仆，可以用语言和人类交流，完成洗衣和做饭等低水平重复劳动。中国古代的民间传说、寓言和神话故事集《列子·汤问》中记录：偃师在周穆王向西巡狩时献上了一个人偶（假人），可以曼声而歌，翩翩起舞，甚至还能向周穆王近臣抛媚眼。周穆王说这就是真人，偃师犯欺君之罪，要将其处决。情急之下，偃师当众将人偶拆开，展示其只是皮革、木材、胶漆、颜料等构成的器械。周穆王发出了"人之巧乃可以与造化者同工"的感叹。

进入现代，大批科学家在人工智能领域开展了几十年起伏、曲折的研究和探索，最终形成了一门逻辑基础严密、新技术螺旋上升的现代科学。人工智能的发展大致可以划分为如下几个时期。

1.2.1 人工智能孕育期(1943—1955年)

通常认为1956年之前为人工智能的孕育期。这一时期的主要成就是数理逻辑、自动机理论、控制论、信息论、神经计算、电子计算机等学科的建立和发展，为人工智能的诞生准备了理论和物质的基础。这一时期的主要贡献包括：

1847年，乔治·布尔(George Boole)出版《逻辑的数学分析》，建立了逻辑和代数的联系，并由此引进了符号逻辑代数。1854年，布尔出版了另一本名著《思维规律的研究——逻辑与概率的数学理论基础》。他在序言中写道："本书要论述的，是探索心智推理的基本规律，用微积分的符号语言来进行表达，并在此基础上建立逻辑及其构建方法的科学……。"该书进一步完善了逻辑代数理论和方法，构建了完整的代数系统，并通过用基本逻辑的符号系统来描述多种数学和物理概念。

1943年，心理学家麦卡洛克(McCulloch)和数理逻辑学家皮茨(Pitts)在《数学生物物理公报》上发表了关于神经网络的数学模型，这个模型现在一般称为M-P神经元模型。他们总结了神经元的一些基本生理特性，提出神经元形式化的数学描述和网络的结构方法，从此开创了神经计算的新纪元。

马文·明斯基(Marvin Minsky)和迪恩·埃德蒙兹(Dean Edmonds)在1950年建造了第一台神经网络计算机，使用了3000个真空管和B-24轰炸机上一个多余的自动指示装置来模拟由40个神经元构成的一个网络。后来在普林斯顿大学，明斯基研究了神经网络中的一般计算过程。他的博士答辩委员会怀疑这种工作是否应该看作数学，不过据传冯·诺依曼说"如果它现在不是，那么总有一天会是"。明斯基晚年证明了若干有影响力的定理，指出了感知机神经网络研究的局限性。

1950年，图灵发表了题为《计算机器与智能》的论文，除了前文介绍过的图灵测试，在这篇文章中图灵还回答了9种对"人工智能"的反对意见，包括来自神学、哥德尔定理、意识等方面的反对意见，这些回答充满了科学家和哲学家的智慧，对后来的人工智能学者打破思维的种种限制起到了很好的启发作用。此外，图灵提出了一个新颖的观点："为什么要尝试开发模仿成人头脑的程序，而不是模仿小孩头脑的程序？"他认为可以将小孩的好奇心赋予计算机，并通过"教育"让机器的智能进化。为了实现机器的猜测和自由选择，他还提议在计算机中包含真正的随机电子噪声源来产生随机数，并开发可以从错误中学习的“不可靠”的机器。图灵的上述思想成为人工智能领域的重要技术路线。在文章的最后图灵写道：“我们的目光所及，只在不远的前方，但是可以看到，那里就有许多工作，需要我们完成。”(We can only see a short distance ahead, but we can see plenty there that needs to be done.)这被看作人工智能孕育期广大先驱对后续探索者、研究者的热情邀请。

1.2.2 人工智能诞生(1956年)

人工智能在20世纪60年代时正式被提出，具有里程碑意义的事件是1956年召开的达特茅斯(Dartmouth)会议。

1956年夏季，当时在美国达特茅斯大学的年轻数学家、计算机专家麦卡锡(John MacCarthy，后为麻省理工学院教授)和哈佛大学数学家、神经学家明斯基(后为麻省理工学院教授)，IBM公司信息中心负责人罗切斯特(Nathaniel Rochester)，贝尔实验室信息部数学研究员香农(Claude Shannon)共同发起，并邀请IBM公司的莫尔(Trenchard More)和塞缪尔(Arthur Samuel)、麻省理工学院的塞尔弗里奇(Oliver Selfridge)和索罗蒙夫(Ray Solomonff)，以及兰德公司和卡内基梅隆大学的纽厄尔(Allen Newell)和西蒙(Herbert Simon)共10人(图1.3)，在达特茅斯大学举行了一场为期两个月的夏季学术研讨会。

图1.3 人工智能先驱

这些来自数学、神经学、心理学、信息科学和计算机科学领域的杰出年轻科学家，共同学习和探讨了用机器模拟人类智能的有关问题。这次会议最为长久的贡献是麦卡锡为该领域起的名字——人工智能。从此，一个以研究如何用机器来模拟人类智能的新兴学科诞生了。

尽管这次会议没有新突破，但聚集了AI领域的主要人物特别是4位著名专家，他们后来所在的大学也成为美国AI研究的3大基地：麻省理工学院——明斯基；斯坦福大学——麦卡锡(先在麻省理工学院后去了斯坦福大学)；卡内基梅隆大学——纽厄尔和西蒙。

1.2.3 早期的成功与期望(1956—1969年)

在达特茅斯会议之后十多年中,人工智能在定理证明、问题求解、博弈论等众多领域取得了一大批重要研究成果。当时,主流的思想是"一台机器(计算机)永远不能做X",而不是考虑"看看计算机能不能做X?"于是,AI研究者们就演示一个接一个的"X"。

麦卡锡从达特茅斯大学来到了麻省理工学院,并于1958年做出了三项至关重要的贡献:贡献一,定义了高级语言Lisp。该语言在后来的30年中成为占统治地位的人工智能编程语言。贡献二,发明了分时技术。有了Lisp,麦卡锡便具有他所需的工具,但访问稀少且昂贵的计算资源仍是一个严重的问题。于是,他和麻省理工学院的其他人一起发明了分时技术。贡献三,麦卡锡发表了题为《有常识的程序》的论文。在论文中他描述了意见接受者(Advice Taker),这个假想程序可被看成第一个完整的人工智能系统。像逻辑理论家和几何定理证明器一样,麦卡锡的程序也被设计成使用知识来搜索问题的解。该程序还被设计成能在正常的操作过程中接受新公理,从而允许它在未被重新编程的情况下获得新领域中的能力。因此,意见接受者体现了知识表示与推理的核心原则:有益的是对世界及其运作具有某种形式的、明确的表示,并且能够使用演绎过程来处理这种表示。

在卡内基梅隆大学,纽厄尔和西蒙完成了通用问题求解器(General Problem Solver,GPS)。通用问题求解器是模拟人类解决问题过程的计算机程序,也是第一个将待解决问题的知识和策略分离的计算机程序。该系统及其后续程序的成功推动了他们著名的物理符号系统假设。

1959年,IBM公司的罗切斯特和同事们开发了几何定理证明器Herbert Gelernter,它能够证明连许多数学系的学生都感到相当棘手的定理。

1963年,麦卡锡在斯坦福大学创办了人工智能实验室。1965年,鲁滨逊(J. A. Robinson)归结方法的发现促进了麦卡锡使用逻辑来建造最终的意见接受者的计划。麦卡锡在斯坦福大学的工作强调逻辑推理的通用方法。逻辑的应用包括Cordell Green的问题解答与规划系统和斯坦福研究院(Stanford Research Institute,SRI)的Shakey机器人项目。后者第一次展示了逻辑推理与物理行动的完整集成。

从1952年开始,塞缪尔编写了一系列西洋跳棋程序,通过学习可达业余高手的级别。西洋跳棋程序的成功驳斥了计算机只能做被明确告知的事情的认知。计算机程序也存在可学习的能力,因为塞缪尔的程序在玩西洋跳棋方面比其创造者表现得更好。

这一时期的诸多成果让研究者看到了人工智能发展的信心。20世纪60年代初,西蒙做出了四大预言:10年内,计算机将成为世界冠军,计算机将证明一个未发现的数学定理,计算机将能谱写出具有优秀作曲家水平的乐曲,大多数心理学理论将在计算机上形成。然而,实际上计算机成为世界冠军却过了近40年(1998年,IBM公司研发的深蓝(Deep Blue)计算机在国际象棋上战胜了当时的世界冠军卡斯帕罗夫(Kasparov))。

当时,人们还预言到20世纪80年代可以创造出与人类智能相当的全能型智能机器,到2000年将超过人类智慧。然而,所有情况下这些早期的系统最终在试图解决更宽范围和更难问题时惨遭失败。

1.2.4 人工智能第一次低谷(1966—1973 年)

一直以来,人工智能的研究者并不羞于预测他们将来的成功。然而,进入 20 世纪 70 年代后,人们发现西蒙的四大预言全部落空。明斯基宣称的"在 3～8 年时间里,我们将研制出具有普通人智力的计算机。这样的机器能读懂莎士比亚的著作,会给汽车上润滑油,会玩弄政治权术,能讲笑话,会争吵……它的智力将无与伦比"的预言也没有丝毫实现的可能性。在博弈方面,塞缪尔的下棋程序在与世界冠军对弈时,以 1∶4 告负;在定理证明方面,用鲁滨逊归结原理证明"两个连续函数之和仍然是连续函数"时,执行了 10 万步也未能证明出结果;在问题求解方面,对于不良结构会产生组合爆炸问题,算法很难在可接受的时间内给出求解结果;在机器翻译方面,发现并不是那么简单,甚至会闹出笑话,如把"The spirit is willing but the flesh is weak"(心有余而力不足)这句英文翻译成俄语,再翻译回来时竟变成了"The wine is good but the meat is spoiled"(酒是好的,肉变质了)。在神经生理学方面,研究发现人脑有 10^{11}～10^{12} 的神经元,在当时的技术条件下用机器从结构上模拟人脑是根本不可能的;在其他方面,也遭遇了各种失败……

在早期的人工智能的研究中,研究人员对技术难度预估不足,过高预言的失败,给人工智能的声誉造成重大伤害。不仅导致众多研究计划失败,还让大家对人工智能的前景蒙上了一层阴影。

当时人工智能面临的技术瓶颈主要来自三方面:第一,计算机性能不足,导致早期很多程序无法在人工智能领域得到应用;第二,问题的复杂性,早期人工智能程序主要是解决特定的问题,一旦问题上升维度及规模,程序就不堪重负;第三,数据严重缺失,在当时不可能找到足够大的数据集来支撑程序进行学习,导致机器无法读取足够量的数据来训练优化。1973 年,英国政府邀请詹姆士·莱特希尔(James Lighthill)爵士(数学家,流体力学家)对当时人工智能的研究情况进行了评估,并发表一份关于人工智能研究进展的综合报告——《莱特希尔报告》,指出人工智能即使不是骗局也是庸人自扰,其研究是不成功的,不值得政府资助。《莱特希尔报告》出台后,英国政府终止了几乎所有的 AI 研究资助。在全世界范围内人工智能研究也陷入困境、落入低谷。

1.2.5 基于知识系统的崛起(1969—1986 年)

痛定思痛,人们反思,早期的 AI 系统在试图解决更宽范围和更难的问题时都悲惨地失败了,原因何在?因为早期的 AI 系统都是通用而非专门化,缺少主题知识。人们发现,领域相关知识的应用是破解 AI 系统实用化难题的关键。

专家系统的出现,实现了人工智能从理论研究走向专门知识应用,是其发展史上的一次重要突破。

1969 年,在斯坦福大学费根鲍姆(Ed. Feigenbaum,曾是西蒙的学生)、布坎南(B. Buchannan,计算机科学家)和莱德伯格(J. Lederberg,获得诺贝尔奖的基因科学家)等开发了知识密集型系统 DENDRAL,该系统能够根据质谱仪信息自动推断分子结构。

DENDRAL是化学家实用的分析工具,并在美国实现了商业应用。该系统改进后,对知识和推理部分进行了清楚的划分,成为20世纪80年代专家系统的典型结构。

由DENDRAL系统开始的专家系统方法论又应用到其他需要人类专家知识的领域。1976年,费根鲍姆研制出专家系统MYCIN,这是一个血液病诊断系统,用于协助内科医生诊断细菌感染疾病,并提供参考处方。其设计了450条规则,全部源自医生经验,采用置信因子描述知识的不确定性,其诊断结果的准确性高于初级医生。

1977年,斯坦福大学的杜达(R. Duda)等研制出地质勘探专家系统PROSPECTOR;1980年,卡内基梅隆大学设计了一套名为XCON的专家系统,这是一种采用人工智能程序的系统,可以简单地理解为"知识库+推理机"的组合,XCON是一套具有完整专业知识和经验的计算机智能系统。

此后还出现了Symbolics、Lisp Machines等专家系统,以及IntelliCorp、Aion等软硬件公司。该时期,人工智能被引入市场,并显示出实用价值,仅专家系统产业的价值就高达数亿美元。

同期,神经计算开始复兴,涌现出神经网络的误差反向传播算法(Back Propagation, BP)、Hopfield神经网络等,机器学习开始被广泛研究。

1981年,日本拨款8.5亿美元支持第五代计算机项目,其目标是造出能够与人对话、翻译语言、解释图像,并且像人一样推理的机器;英国开始了耗资3.5亿英镑的Alvey工程;美国国防部高级研究计划局(DARPA)1988年在人工智能领域的投资是1984年的3倍。

1.2.6 人工智能第二次低谷(1987—1993年)

专家系统本身存在一定的局限性,例如:应用领域狭窄,缺乏常识性知识;知识获取困难,推理方法单一;没有分布式功能;难以完成需要规划计算的问题;等等。上述问题导致最初大获成功的专家系统维护费用居高不下,并且它们难以升级,难以使用,较为脆弱,最终面临被淘汰。专家系统的瓶颈越来越明显地展现出来。

日本宏伟的第五代计算机项目也在开展了十年后宣告失败。事实上,其中一些目标,如"与人展开交谈",直到2010年也没有实现。到了20世纪80年代晚期,各国政府削减了对人工智能的资助,又进入了"AI的冬天"。

1.2.7 人工智能平稳发展期(1993—2011年)

从20世纪90年代中期开始,随着神经网络技术的逐步发展,以及人们对人工智能开始抱有客观理性的认知,人工智能技术进入平稳发展时期。人们越来越清楚地认识到知识是智能的基础,对人工智能的研究必须以知识为中心来进行。由于对知识的表示、获取及利用等方面的研究取得了较大进展,特别是对不确定性知识的表示与推理取得了突破,对人工智能中模式识别、自然语言理解等领域的发展提供了支持,解决了许多理论及技术上的问题。

人们意识到,在AI的研究中表现出如下特点。

(1) 在已有的理论基础上进行研究而不是提出崭新理论。

(2) 理论建立在严格定理或者确凿实验证据基础上而不是靠直觉。

(3) 显示与现实世界应用的相关性而不是与玩具样例的相关性。

(4) 从对控制论和统计学的某种叛逆到开始接受这些领域的理论和方法。

(5) 假设必须以严格的经验实验为条件,结果的重要性必须经过严格的分析。

(6) 通过互联网进行测试数据和程序代码的共享。

这一时期的代表性成果如下。

(1) 对机器学习、人工神经网络(Artificial Neural Network,ANN)、智能机器人研究趋向深入。

(2) 智能计算弥补了人工智能在数学理论和计算上的不足,更新和丰富了人工智能理论框架,使人工智能进入一个新的发展时期。

(3) 1997 年,IBM 的计算机系统"深蓝"战胜了国际象棋世界冠军卡斯帕罗夫,2000 年,本田公司发布了机器人产品 ASIMO,其经过多年的升级改进,目前已经是全世界最先进的机器人之一。

(4) 2011 年,IBM 开发的人工智能程序"沃森"(Watson)参加一档智力问答节目并战胜了两位人类冠军。

1.2.8 人工智能蓬勃发展时期(2012 年至今)

数据的爆发式增长为人工智能提供了充分的"养料",泛在感知数据、图形处理器等计算平台及以深度学习为代表的新方法等因素合力造势,人工智能迎来它的蓬勃发展期。

2012 年,多伦多大学辛顿教授课题组参加 ImageNet 图像识别比赛,以基于卷积神经网络(Convolutional Neural Network,CNN)运算单元的 AlexNet 一举夺得冠军,且以超过 10%的优势战胜第二名。此后基于人工智能方法的图像识别错误率逐年降低,在某些细分领域上甚至超越人类,导致 2017 年 ImageNet 图像识别比赛中止。

2016 年,阿尔法围棋(AlphaGo)以 4∶1 的总比分战胜李世石。2017 年,DeepMind 团队重磅发布 AlphaGo Zero,其从空白状态学起,在无任何人类输入的条件下,迅速自学围棋,并以 100∶0 的战绩击败"前辈",引发了人工智能的热潮。2022 年,OpenAI 公司发布聊天机器人程序 ChatGPT(Chat Generative Pre-trained Transformer),其运用的大规模生成式语言模型能够高度智能化地完成人机交互、自然语言生成、机器翻译等任务。在 AI 图像自动生成方面,OpenAI 还发布了图像生成模型 DALL-E3,谷歌公司也推出图像生成器 Imagen,能够根据输入的文字描述高质量生成油画、照片、绘制和 CGI 渲染图像。2024 年 2 月,OpenAI 发布了人工智能应用 Sora,其能够根据自然语言生成逼真度较高的视频。可见,近年来人工智能已更加接近人们的日常生活。

互联网巨头以及众多的初创科技公司,纷纷加入人工智能产品的战场,引爆了一场商业革命,掀起又一轮的智能化狂潮,促进人工智能技术的日趋成熟,并被大众广泛接受,人类已经正式跨入了人工智能的时代。

1.3 人工智能各学派的认知观

在人工智能的发展过程中，不同学科或专业背景的学者做出了各自的理解，提出了不同的观点，由此产生了不同的学术流派。其中对人工智能研究影响较大的主要有符号主义、联结主义和行为主义三大学派。

1.3.1 符号主义学派

符号主义是一种基于逻辑推理的智能模拟方法，又称为逻辑主义、心理学派或计算机学派，其原理主要为物理符号系统假设和有限合理性原理。

符号主义学派认为，人工智能起源于数理逻辑。数理逻辑从19世纪末起就获得迅速发展，到20世纪30年代开始用于描述智能行为。计算机出现后，又在计算机上实现了逻辑演绎系统。该学派认为人类认知和思维（智能）的基本元素是符号，认知过程是符号表示上的一种运算。符号主义致力于用计算机的符号操作来模拟人的认知过程，其实质就是模拟人的抽象逻辑思维，通过研究人类认知系统的功能机理，用某种符号来描述人类的认知过程，并把这种符号输入能处理符号的计算机中，从而模拟人类的认知过程，实现人工智能。

符号主义的代表性成果是1957年纽厄尔和西蒙等研制的称为逻辑理论机的数学定理证明程序LT（Logic Theorist）。LT的成功说明了可以用计算机来研究人的思维过程，模拟人的智能活动。符号主义诞生的标志是1956年夏季的达特茅斯会议，符号主义者最先正式采用了人工智能这个术语。几十年来，符号主义走过了一条“启发式算法→专家系统→知识工程”的发展道路。

符号主义学派的代表人物有纽厄尔、西蒙和尼尔逊（Nilsson）等。

1.3.2 联结主义学派

联结主义学派又称为仿生学派或生理学派，是基于神经网络及网络间的连接机制与学习算法的人工智能学派。联结主义学派认为，人工智能起源于仿生学，特别是对人脑模型的研究。

联结主义学派的基本观点认为，神经元不仅是大脑神经系统的基本单元，而且是行为反应的基本单元。思维过程是神经元的连接活动过程，而不是符号运算过程，对物理符号系统假设持反对意见。他们认为任何思维和认知功能都不是由少数神经元决定的，而是通过大量突触相互动态联系着的众多神经元协同作用来完成的。

实质上，这种基于神经网络的智能模拟方法就是以工程技术手段模拟人脑神经系统的结构和功能为特征，通过大量的非线性并行处理器来模拟人脑中众多的神经元，用处理器的复杂连接关系来模拟人脑中众多神经元之间的突触行为。这种方法在一定程度上实现了人脑形象思维的功能，即实现了人脑形象思维功能的模拟。

联结主义学派的代表性成果是1943年由麦卡洛克和皮茨创立的脑模型，即M-P模型。联结主义从神经元开始，进而研究神经网络模型和脑模型，为人工智能开创了一条用电子装置模仿人脑结构和功能的新途径。从20世纪60年代到70年代中期,联结主义尤其是对以感知器为代表的脑模型研究曾出现过热潮,但由于当时的理论模型、生物原型和技术条件的限制,在20世纪70年代中期到80年代初期跌入低谷,直到1982年霍普菲尔德(Hopfield)提出了Hopfield网络模型后,才开始复苏。1986年,鲁梅尔哈特(Rumelhart)等提出了神经网络的误差反向传播学习算法,使得多层网络的理论模型有所突破,再加上人工神经网络在图像处理、模式识别等方面表现出来的优势,联结主义在新的技术条件下又掀起了一个研究热潮。当前的研究热点——深度学习模型,就属于联结主义的范畴。

联结主义学派的代表人物有麦卡洛克、皮茨、霍普菲尔德和辛顿等。

1.3.3 行为主义学派

行为主义学派又称为进化主义或控制论学派,是基于控制论和"感知—动作"控制系统的人工智能学派。行为主义学派认为,人工智能源自控制论,提出智能取决于感知和行为,取决于对外界复杂环境的适应,而不是表示和推理。

行为主义学派的基本观点:智能取决于感知和行动,智能不需要知识、不需要表示、不需要推理,人工智能可以像人类智能那样逐步进化,智能只有在现实世界中通过与周围环境的交互作用才能表现出来。通过进化,人工智能系统能够更好地适应周围的环境,从而表现出智能。而基于符号主义或联结主义的传统人工智能对现实世界中客观事物的描述和复杂智能行为的工作模式做了虚假的、过于简单的抽象,因而不能真实反映现实世界的客观事物。

行为主义学派的代表性成果是布鲁克斯研制的机器虫。布鲁克斯认为,要求机器人像人一样去思考太困难了,在做出一个像样的机器人之前,不如先做出一个像样的机器虫,由机器虫慢慢进化,或许可以做出机器人。于是,他在麻省理工学院的人工智能实验室研制成功了一个由150个传感器和23个执行器构成的能够六足行走的机器虫实验系统。这个机器虫虽然不具有像人那样的推理、规划能力,但其应对复杂环境的能力大大超过了原有的机器人,在自然环境下,具有灵活的防碰撞和漫游行为。演化计算、强化学习等领域可看成属于行为主义学派的范畴。

行为主义学派的代表人物是布鲁克斯。

1.3.4 三大学派的关系

表1.2给出了人工智能三大学派的对比信息。对于"如何让智能能够发生"这个问题的认识不同,从而出现了三个不同的学派。符号主义学派通过符号的运算模拟人类抽象思维的过程,其认为"智能的发生"出现在符号的推理计算过程中。联结主义学派通过模拟人的大脑的结构来产生智能,其认为大脑的结构是"智能发生"的基础和前提。行为主义学派更注重于人工智能系统(智能体)的行为表现,其认为智能体之所以能更好地适应环境,是因为"智能的发生"。因此,三大学派的主要思想可以看成使"智能发生"的三

种不同的研究范式。

表 1.2 人工智能三大学派对比

特点	符号主义	联结主义	行为主义
核心思想	人类认知和思维(智能)的基本元素是符号,认知过程是符号表示上的一种运算	神经元不仅是大脑神经系统的基本单元,而且是行为反应的基本单元。思维过程是神经元的连接活动过程。人工智能起源于仿生学,特别是对人脑模型的研究	智能取决于感知和行动,智能不需要知识、不需要表示、不需要推理,人工智能可以像人类智能那样逐步进化,智能只有在现实世界中通过与周围环境的交互作用才能表现出来
理论出处	数理逻辑	仿生学	进化论
代表人物	纽厄尔、西蒙和尼尔逊等	麦卡洛克、皮茨、霍普菲尔德和辛顿等	布鲁克斯等
典型成果	专家系统、自然演绎推理、归结演绎推理	人工神经网络、深度学习	机器人和自主控制系统、强化学习

人工智能研究进程中的这三种研究范式推动了人工智能的发展。就人工智能三大学派的历史发展来看,符号主义认为认知过程在本体上就是一种符号处理过程,人类思维过程总可以用某种符号来进行描述,其研究是以静态、顺序、串行的数字计算模型来处理智能,寻求知识的符号表征和计算,它的特点是自上而下。联结主义是模拟发生在人类神经系统中的认知过程,提供一种完全不同于符号处理模型的认知神经研究范式。主张认知是相互连接的神经元的相互作用。行为主义与前两者均不相同,认为智能是系统与环境的交互行为,是对外界复杂环境的一种适应。这些理论与范式在实践之中都形成了自己特有的问题解决方法体系,并在不同时期都有成功的实践范例。就解决问题而言,符号主义有从定理机器证明、归结方法到非单调推理理论等一系列成就;联结主义有神经网络学习;行为主义有反馈控制模式及广义遗传算法等。三大流派从不同的侧面在不同的时间阶段推动着人工智能科学的发展,它们在人工智能的发展中始终保持着一种经验积累及实践选择的证伪状态。

人工智能各学派融合发展是未来的发展趋势。加州大学伯克利分校的欧陆派哲学家德雷弗斯(Hubert Dreyfus)认为,处于某种情境之中的智能体才是真正的智能,所以智能的真正体现必须是在某种情境中的具身认知,是一种在“身体—心智—世界”相互交织关系中实现的智能。人工智能三大学派的研究方式各有优劣,符号主义擅长知识推理,联结主义擅长技能建模,行为主义擅长感知行动。三大学派中的算法也各有优劣,通过相互融合,可以取长补短,获得更高级的智能表现。事实上,三大学派不是完全泾渭分明的,譬如联结主义中也存在符号主义元素,“人机接口”是行为主义与联结主义相互融合的典型实例。总体而言,符号主义、联结主义、行为主义三大学派融合发展,更有助于人工智能在“身体—心智—世界”的交织关系中,对人类心智关系框架进行更整体的模拟,从而获得更深入的理解和发展。

1.4 人工智能的典型研究和应用领域

人工智能的应用能够极大地减轻人类脑力劳动强度。世界经济论坛将人工智能描述为第四次工业革命的关键驱动力。人工智能的应用领域极为广阔,本书列举了部分典型的领域。

1.4.1 机器学习

机器学习的定义:假设用 P 来评估计算机程序在某任务类 T 上的性能,若一个程序通过利用经验 E 在 T 中任务上获得了性能改善,就说关于 T 和 P,该程序对 E 进行了学习。

可见,机器学习是机器获取知识的根本途径,也是机器具有智能的重要标志。有学者认为,一个计算机系统如果不具备学习功能,就不能称其为智能系统。机器学习算法通常能够从已知的数据(样本)中通过某种特定的方法(算法)提炼出(称为模型训练)一些(潜在的)规律(模型),并根据提炼出的规律来完成预测或分类任务(称为模型泛化)。典型应用机器学习的场景如下。

1. 诈骗检测

机器学习用于发现各个领域潜在的诈骗活动。例如,美国的 PayPal 公司利用机器学习技术来打击洗黑钱活动。该公司基于机器学习技术,从历史诈骗活动案例(样本)中提炼出诈骗活动中的典型特征,并核查数百万笔交易,能够准确分辨买卖家之间的正当交易和欺诈交易。

万事达信用卡使用多层机器学习工具发现恶意用户,并防止他们造成严重损害,该软件使用 200 多个属性向量来设法预测和阻止欺诈。自 2016 年以来,该系统使万事达信用卡避免了约 10 亿美元的欺诈损失。

2. 产品服务推荐

根据用户群体的购物记录、收藏清单和浏览商品的记录,计算用户购物偏好,生成用户可能感兴趣的候选商品或服务,并推荐给用户,从而提升商品购买量和用户购物体验。京东、淘宝、亚马逊等在线购物商城几乎都将推荐系统看成公司最重要的工具。

3. 医学影像分析

机器学习已经被用来协助医生进行诊断。让计算机学习大量的影像和诊断数据,提取重要信息,最后给出建议,辅助医生进行决策,可以大大提高诊断效率,与此同时可有效减少漏诊、误诊的现象。图 1.4 为人工智能程序自动判读 X 光胸片图像,识别了可能的病症及具体位置。

4. 金融交易分析

许多人都渴望能够预测股票市场的走势。很多知名股票交易公司都会使用机器学习技术来分析股票市场的情况,预测股票收益和最佳的买入/卖出时机。

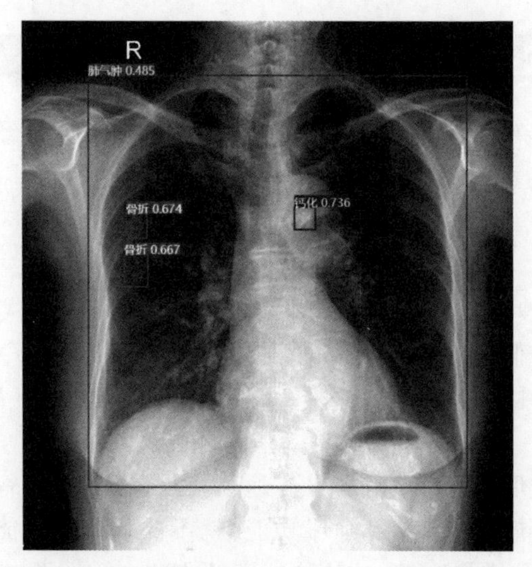

图 1.4　人工智能程序自动判读 X 光胸片图像

1.4.2　模式识别

模式识别是用计算的方法根据样本的特征将样本划分到一定的类别中。模式识别设计一定的方法来研究模式的自动处理和判读,把环境与客体统称为“模式”。模式识别是人类的一项基本智能,人们在日常生活中经常进行“模式识别”。随着 20 世纪 40 年代计算机的出现以及 50 年代人工智能的兴起,人们当然也希望能用计算机来代替或扩展人类的部分脑力劳动。(计算机)模式识别在 20 世纪 60 年代初迅速发展并成为一门新学科。

典型的模式识别任务如下。

(1) 说话人识别：如使用麦克风采集语音数据,并用计算机来判断说话人的性别,进一步还可以识别说话人是谁。

(2) 邮件归类：根据用户近一段时间内对邮件的处理规律,对新来的邮件按内容自动分类为“立即处理”“一般邮件”“垃圾邮件”三类(或其中的两类)。

(3) 照片的分类(如人物/风景、好看/不好看等)。

(4) 一段文字的情感的分析(如高兴、悲伤、愤怒、无奈等)。

(5) 用户群的分析,即高价值用户的发现(这是各行业客户经理的主要工作之一)。

可见,模式识别是确定一个样本的类别属性(模式类)的过程,也就是把某一样本归属于多个类型中的某个类型,即模式识别就是模式分类的过程。

模式识别相关术语如下。

(1) 样本：一个具体的研究(客观)对象。例如,患者的血常规检查结果,手写的一个汉字,一幅图片等。

(2) 模式：对客体(研究对象)特征的描述(定量的或结构的描述),是某一样本的测量值的集合(或综合)。

(3) 特征：能描述模式特性的量(测量值),通常用一个矢量表示,称为特征向量,记

为 $\boldsymbol{x}=(x_1,x_2,\cdots,x_n)^{\mathrm{T}}$。

(4) 模式类：具有某些共同特性的模式的集合。

模式识别的一般过程如图 1.5 所示。

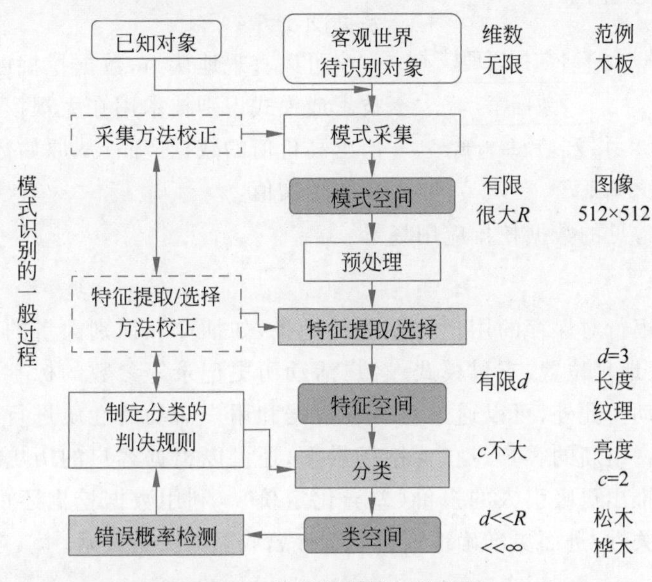

图 1.5 模式识别的一般过程

假设我们的任务是用计算机设计一个模式识别程序，自动化地实现木板种类的识别(松木/桦木)。木板是客观对象，显然其维度是无限维的。

第一步进行模式采集，即用数码相机对木板拍照，因为计算机只能分析图片而不是实物。经过模式采集得到若干 512×512 像素的图片，这些图片的全体构成了模式空间。模式空间由一系列木板的图像组成，其维度为 512×512。

第二步分析哪些特征最能区分图像中的木板是松木还是桦木。假设根据经验这些特征可以描述为(长度、纹理、亮度)的量化值，构成一个三维的向量，称为特征向量。于是可以针对模式空间中的图像(样本)分别计算每个样本的特征向量。特征向量的全体构成了特征空间。这个步骤称为"特征选择/提取"，将在第 6 章详细介绍。

第三步特征提取完毕后，每个样本均可用三维的特征向量表示。这时需要设计分类器程序，完成样本自动分类。分类器的输入是以特征向量表示的样本，输出即是每个样本的类别(松木/桦木)。样本的类别构成了类空间。如果用"0"代表松木，用"1"代表桦木，那么分类器可看成一个映射，其将三维的特征空间映射为了一维的类空间。

需要说明的是，如果模式识别效果不佳(分类的错误概率检测较高)，可以考虑调整分类器(重新制定分类的判决准则)，调整特征提取/选择方法，调整采集方法。因为上述三个步骤均会影响最终的分类性能。

1.4.3 数据挖掘

数据挖掘(Data Mining)即从"数据中获取知识"(Knowledge Discovery from Data,

KDD)，是使用统计学、机器学习和数据库系统等交叉技术查看和发现大型数据集中隐藏的一些模式。涉及从一组原始的和未识别的数据集中提取数据，以通过挖掘提供一些有意义的结果。机器学习、数据库与数据挖掘的关系见图 1.6。

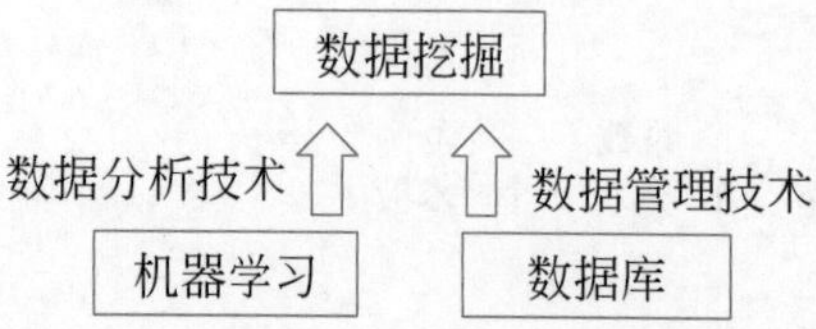

图 1.6　机器学习、数据库与数据挖掘的关系

可以直观地认为，数据挖掘即是将机器学习技术或模式识别技术用在大规模的数据上，从而产出高价值的数据产品(从原始数据中)，进而实现数据增值。

下面是几种常见的数据挖掘应用场景。

1. 金融行业

金融公司和银行对保存的用户数据进行挖掘，如抽样和识别大量的客户数据集，通过分析交易周期、地理位置、支付模式、客户活动历史记录等参数的标签，有助于发现并跟踪可疑金融活动。此外，可以通过对历史数据和用户活动的性质进行数据挖掘，留住客户或努力获取一组新的客户。在营销场景下，还可以根据客户的历史行为、交易和市场整体购买趋势推出更吸引人的报价(差异化定价)。利用数据挖掘还可以找出各种财务指标之间的相关性，进而更准确地定位影响经营收益的关键要素。

2. 医疗领域

利用数据挖掘可以有效地跟踪和监测患者的健康状况，并帮助医生基于过去的疾病记录进行有效的诊断。例如，用数据挖掘算法分析核磁共振原始数据(非成像后数据)，有助于更早地发现用户是否患有脑部疾病，如抑郁症、狂躁症或阿尔茨海默病。

3. 交通运输

分析历史的通勤数据(如出租车轨迹数据、共享单车租赁数据)，能够预测特定时段特定地域的人群流动信息、出租车需求数据、共享单车需求数据等。方便相关部门提早关注人流过度集中，并提前调配空出租车和可用共享单车到需求地域。

4. 教育行业

在教育领域，数据挖掘的应用一直很普遍。利用数据挖掘可以发现学生学习过程中存在的普遍和个别问题，有助于学生的全面成长和学习，并推荐个性化练习题给学生。此外，利用数据挖掘还能向教育部门提供合适的知识和决策支持内容，协助其制定更有价值的教育管理措施。

1.4.4　计算智能

计算智能(Computational Intelligence，CI)是借鉴仿生学的思想，基于人们对生物体智能机理的认识，采用数值计算的方法去模拟和实现自然界中生物(群体)的智能。1994 年在美国召开了首届国际计算智能大会(1994 IEEE World Congress on Computational Intelligence，WCCI-94)，该次会议首次将人工神经网络、演化计算和模糊计算三个领域合并在一起，形成了计算智能这个统一的学科概念。下面将分别介绍。

1. 人工神经网络

神经网络也称为神经计算，是通过对大量人工神经元的广泛并行互连形成的一种人工网络系统，用于模拟生物神经系统的结构和功能。人工神经网络是一种对人类智能的结构模拟方法，其主要研究内容包括人工神经元模型、人工神经元的互联方式（网络拓扑结构），以及神经网络学习机制和算法等。人工神经网络具有自学习、自组织、自适应、联想、模糊推理等能力，在模仿生物神经计算方面有一定优势。目前，人工神经网络的研究和应用已渗透到机器学习、专家系统、智能控制、模式识别、计算机视觉、图像处理、视频信息处理、音频信息处理、异常检测等许多领域。目前的研究热点“深度学习”也属于人工神经网络的范畴。人工神经网络的相关内容将在第9章详细介绍。

2. 演化计算

演化计算（Evolutionary Computation，EC）也称为“进化计算”，是一种模拟自然界生物进化过程和机制，进行问题求解的自组织、自适应的随机搜索技术。它以达尔文进化论的“物竞天择，适者生存”作为算法的进化规则，并结合孟德尔的遗传变异理论，将生物进化过程中的繁殖、变异、竞争和选择引入算法中，通过对生物演化过程的模拟实现优化问题的求解。

演化计算主要包括遗传算法（Genetic Algorithm，GA）、进化策略（Evolutionary Strategy，ES）、进化规划（Evolutionary Programming，EP）和遗传规划（Genetic Programming，GP）四大分支。目前，基于演化计算思想的各种算法已经逐渐形成了一个算法家族，也是目前的研究热点。其中，遗传算法是演化计算中最初形成的一种具有普遍影响的模拟进化优化算法。遗传算法将在第5章中详细讨论。

3. 模糊计算

模糊计算也称为模糊系统（Fuzzy System，FS），通过对人类处理模糊现象的认知能力的认识，用模糊集合和模糊逻辑去模拟人类的智能行为。模糊集合和模糊逻辑是美国加州大学扎德（Zadeh）教授提出的一种处理因模糊而引起的不确定性的有效方法。

通常，人们把那种因没有严格边界划分而无法精确刻画的现象称为模糊现象，并把反映模糊现象的各种概念称为模糊概念。例如，“当车的速度快时，刹车的距离就长”。这条规则很容易理解，也符合我们的常识。但“速度快”和“距离长”本身就是模糊的概念。速度快是多快？是70km/h、80km/h还是100km/h，并没有具体指出速度的精确数值。同理，刹车距离长是多长？是20m、30m还是50m，也没有精确给出。此外，汽车以100km/h的速度行驶在干燥道路上的刹车距离不一定就比以50km/h的速度行驶在结冰道路上的刹车距离长。这均是此条规则的模糊之处，但这并不妨碍我们理解这条规则。对于计算机系统而言，要处理这条规则却不容易，因为计算机系统是一个精确的系统。因此，在模糊系统中，模糊概念通常由模糊集合来表示，而模糊集合又是用隶属函数来刻画的。一个隶属函数描述一个模糊概念，其函数值为[0,1]区间的实数，用来描述函数自变量代表的模糊事件隶属该模糊概念的程度。目前，模糊计算已经在推理、控制、决策等方面得到了广泛应用。

1.4.5 专家系统

专家系统是一种基于知识(规则)的智能系统,其基本结构由知识库、数据库、推理机、解释器、知识获取模块和人机交互接口六部分组成。知识库是专家系统的知识存储器,用来存放求解问题的领域知识(产生式规则)供推理机利用;数据库用来存储有关领域问题的事实、数据、初始状态(证据)和推理过程中得到的中间状态等;推理机用于利用知识进行推理,求解专门问题,是一组用来控制、协调整个专家系统的程序;解释器向用户解释专家系统的推理过程,即向用户明确专家系统得出当前结论的依据;知识获取模块可为修改知识库中的原有知识和扩充新知识提供相应手段;人机交互接口主要用于专家系统和外界之间的通信和信息交换。

目前,专家系统已经在工程、科学、医药、军事、商业等领域广泛应用,发挥了重要的作用。例如,在1991年初的海湾战争中,如何尽快地把大量的军队(约50万人)和物资装备(约130亿磅)从美国和欧洲运到沙特阿拉伯境内,是一个极具挑战的问题。由于使用了军事物资调度专家系统,重大的运输任务得以如期完成。

显然,推理机是专家系统的核心,其采用产生式推理的方式,将在第3章中详细介绍。

1.4.6 自动程序设计

自动程序设计是指采用自动化的手段进行程序设计的技术,后引申为采用自动化手段进行软件开发的技术和过程。其目的是提高软件的生产率和产品质量,它在软件工程、流水线控制等领域均有广泛的运用。

自动程序设计主要包括综合程序设计和程序正确性验证两方面的任务。

综合程序设计用于实现自动编程,即用户只需告诉计算机要做什么,无须说明怎么做,计算机就可自动实现程序的设计。

程序正确性验证是要研究出一套理论和方法,通过运用这套理论和方法就可证明程序的正确性。目前常用的验证方法是穷举,即用一组已知其结果的数据对程序进行测试,如果程序的运行结果与已知结果一致,就认为程序正确。对于复杂系统,一般存在多条程序执行路径,穷举方法实现困难。程序正确性验证至今比较困难,有待进一步研究。当前,深度学习及相关生成模型是自动程序设计非常有希望的实现方式。

1.4.7 机器人学

机器人学是计算机科学与工程的跨学科分支,涉及机器人的设计、建造、操作和使用。机器人是一种可以自动执行人类指定工作的机器装置。智能机器人是指具有一定感知、学习、思维和行为能力的机器人。目前典型的机器人包括以下类型。

1. 工业机器人

汽车以及其零部件制造业是工业机器人的主要应用领域,因为工业机器人能够代替人类从事单调、繁杂和重复的长时间作业,机器人在汽车冲压、焊装、涂装、总装四大车间广泛应用。电子电气工业对工业机器人也有旺盛的需求，如 SCARA 机器人大量应用于电子元器件的装配。图 1.7 为汽车生产线焊接机器人。

图 1.7　汽车生产线焊接机器人

2. 服务机器人

服务机器人发展迅猛，特别是医疗机器人和物流搬运机器人(图 1.8)，还有个人/家庭服务机器人。

图 1.8　物流搬运机器人

3. 极端环境作业机器人

海洋探测、反恐防暴、救援、高空建筑、核工业、极地科考等领域的机器人属于极端环境作业机器人。图 1.9 为深海探测机器人。

4. 军用机器人

军用机器人是一种用于军事领域的具有某种仿人功能的自动机。从物资运输到搜寻勘探以及实战进攻，军用机器人的使用范围广泛。图 1.10 为四足仿生机器人与人类战士进行协同训练。

图 1.9　深海探测机器人

图 1.10　四足仿生机器人与人类战士进行协同训练

1.5 本章小结

本章介绍了人工智能的解释、研究目标、发展简史、主要学派，以及典型的研究和应用领域等知识。要点回顾如下。

- 智能的特征包括具有感知能力、记忆和思维能力、学习能力和行为能力。
- 现代研究者通常从“学科”、“能力”和“实用”三个角度对人工智能进行定义。
- “图灵测试”的过程及“中文房间争论”的含义。
- 人工智能的发展历程可以概括为“三起两落”。
- 人工智能的研究学派主要有符号主义学派、联结主义学派和行为主义学派三大类。
- 模式识别中，模式空间、特征空间和类空间的概念。

习题

1. 人工智能的全称是什么?

2. 人工智能概念是在哪次会议上首次提出的?

3. 试从学科和能力两方面分别阐述什么是人工智能?

4. 人工智能的根本目标和近期目标分别是什么?

5. 简述图灵测试。

6. 简述人工智能包含哪些典型学派。

7. 符号主义学派认为人工智能的核心是什么?

8. 人工智能发展过程中的两次低谷是哪些因素导致的?

9. 联结主义学派侧重从哪个角度研究人工智能?

10. 列举人工智能的几个主要研究领域。

11. 模式识别的一般处理流程是什么?

12. 某图像集共60000张不同图像,每张图像均为28×28像素。该图像集全体构成模式空间,其特征维度是多少?为什么?

13. 查阅资料,描述模式识别的一个典型任务及其采用技术的基本原理。

14. 如果要将3000张图片分成“风景”、“人物”“其他”三类,每张图片用一个100维的特征向量进行描述,说明在这个任务中模式空间、特征空间和类空间分别是什么。

第2章 智能Agent

本章将介绍智能 Agent 的概念、特性，并讨论如何使 Agent 理性地工作。在此基础上对 Agent 的任务环境进行讨论，最后给出典型的 Agent 结构。我们将会了解到，本书后续章节介绍的各种方法是构造不同典型结构理性 Agent 的关键技术。理性 Agent 的概念是人工智能与模式识别方法的核心。

2.1 Agent 的概念及其理性行为

2.1.1 Agent 的概念

Agent 含义有多种，主要有主动者、代理人等。在信息技术中，20 世纪 50 年代中期，麦卡锡首次提出了 Agent 的思想，认为 Agent 是能自主活动的软件或硬件实体。目前，Agent 还没有统一的形式化定义。

一种较普遍的观点认为，Agent 是一种能在一定环境中自主运行和自主交互，以满足其设计目标的计算实体。此外，一个比较权威的定义来自伍尔德里奇(Wooldridge)和詹宁斯(Jennings)在 1995 年给出的关于智能 Agent 的弱定义和强定义。Agent 的弱定义认为，Agent 是具有自主性、社会性、反应性和能动性的计算机软件系统或硬件系统。Agent 的强定义认为，Agent 是这样一个实体，它的状态可以看成由信念、能力、选择、承诺等心智构件组成。即 Agent 除具有弱定义下的特性外，还应该具有人类的一些特性，如知识、信念、意图，甚至情感。

Agent 的中文译法目前尚不统一，在国内使用较多的有智体、智能体、智能主体、主体、代理、实体、艾真体等，本书直接采用其英文原文。

Agent 与环境是紧密相关的。Agent 通过传感器感知环境，并通过执行器对所处环境产生影响，如图 2.1 所示。

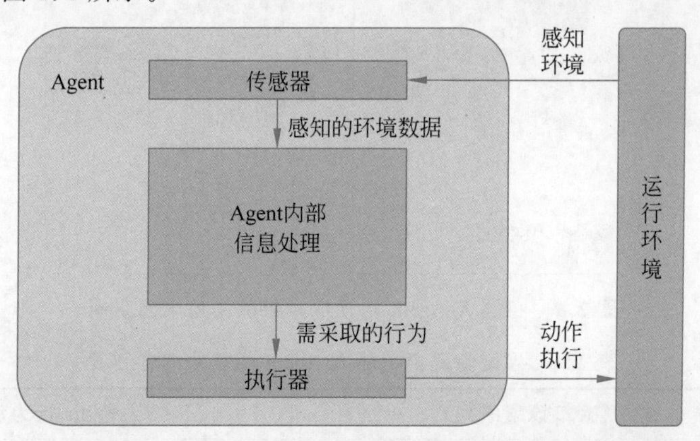

图 2.1　Agent 通过传感器和执行器与环境进行交互

若把人类类比为 Agent，则眼睛、耳朵和其他器官可以看作传感器，手、脚、声道等可以看作执行器。若把无人驾驶汽车看作 Agent，则汽车上装载的雷达、摄像头就是传感器，而油门、刹车、方向盘等就是执行器。

Agent 通过传感器感知环境中特定数据，形成该 Agent 的“感知数据序列”。Agent

的感知数据序列是该 Agent 所接收到的所有输入数据的完整历史。一般情况下，Agent 在任何给定时刻的行动选择应依赖该 Agent 到那个时刻为止的完整感知数据序列。该 Agent 基于感知数据序列，从所有可能的行为动作中选择出最适合当前环境的一个“行为动作序列”(该序列包含一个或多个排序的行为动作)，并交由执行器去执行。从数学角度看，可以把 Agent 看作一个函数，其描述了 Agent 的行为，能够将该 Agent 的感知数据序列映射为该 Agent 的行为动作序列。

可以通过表格的方式描述 Agent 函数，分别记录 Agent 的感知数据序列(输入)和与之对应的行为动作序列(输出)。这通常会是一个庞大的表，如果不对感知数据序列的长度设置界限，那么这个表可能会是无穷的。原则上可以通过实验找出给定 Agent 的所有可能的感知数据序列，并记录该 Agent 相对应的“行为动作序列”，并由此来构建这个表，此表可以看作该 Agent 的外部特性。从 Agent 内部来看，Agent 函数是通过 Agent 内部的程序实现的。Agent 函数是抽象的数学描述，Agent 程序则是具体实现，它能够在物理系统内部运行。用例 2.1 来说明上述思想。

例 2.1 简单果园空间中的摘苹果机器人 Agent。

如图 2.2 所示的机器人 Agent 位于一个人造的简单果园空间中，该果园空间有两棵苹果树，分别位于位置 A 和位置 B。机器人 Agent 可以感知到自己位于哪个地点，且位于该地点的苹果树上的苹果是否成熟。Agent 可以选择“移动到位置 A”、“移动到位置 B”、“摘苹果”或者“什么也不做”等动作。由此可以写出非常简单的 Agent 函数：若当前地点苹果树上苹果成熟，则摘下苹果；若当前地点苹果树上苹果未成熟，则移动到另一地点。表 2.1 给出果园空间中机器人 Agent 函数的部分列表。

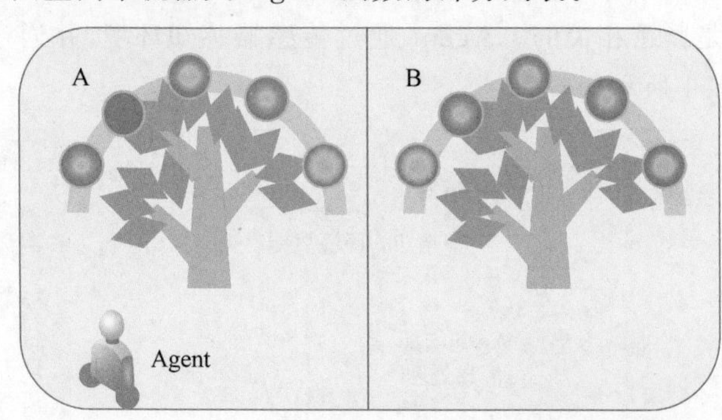

图 2.2 机器人 Agent 自动摘苹果的简单果园空间

表 2.1 果园空间中机器人 Agent 函数的部分列表

输入(感知数据序列)	输出(行为动作序列)
{A,苹果成熟}	摘苹果
{A,苹果未成熟}	移动到位置 B
{B,苹果成熟}	摘苹果
{B,苹果未成熟}	移动到位置 A
{A,苹果未成熟},{A,苹果成熟}	摘苹果

续表

输入(感知数据序列)	输出(行为动作序列)
{A,苹果未成熟},{A,苹果未成熟}	移动到位置 B
⋮	⋮
{A,苹果未成熟},{A,苹果未成熟},{A,苹果成熟}	摘苹果
{A,苹果未成熟},{A,苹果未成熟},{A,苹果未成熟}	移动到位置 B
⋮	⋮

2.1.2 Agent 的特性

Agent 领域著名科学家伍尔德里奇和詹宁斯指出,一个 Agent 通常应具有如下 4 种性质。

(1) 自主性。一个 Agent 在不受人或其他实体的指令和干预下,能够根据目标和环境要求,主动地、自发地、有目标和意图地采取动作,并控制自身的内部状态。

(2) 主动性。Agent 不仅可以实现对外部环境的应激反应,而且可以根据自己的目标采取主动行动。

(3) 反应能力。Agent 能够有选择地感知外部环境,并对外部环境做出适当的反应。

(4) 社会性。Agent 可以是单独存在的,也可以存在于由多个 Agent 组成的社会环境中。每个 Agent 都可以通过某种通信语言与其他 Agent(包括人)进行信息交换。

以上 4 种性质往往是一个 Agent 必须具备的性质,称为 Agent 的一般性质。在某些特定应用或者技术中,研究人员还可以在这些一般性质上附加一条或多条其他的特定性质,后者称为"强性质"。常用的强性质如下。

(1) 推理能力。Agent 可以根据当前的知识和经验,以理性的方式进行推理。理性是指 Agent 总是尽力去实现自己的目标,并分析该目标是否可实现。

(2) 移动性。移动性强调 Agent 在网络中的移动能力,是指 Agent 能够以一种自引导的方式从一个主机平台移动到另一个主机平台。

(3) 持续性。Agent 在启动后,能够在相当长的时间维持运行状态,不随运算的停止而立即结束运行。

(4) 诚实性。在 Agent 之间相互通信时,强调 Agent 不会故意传输错误信息。

(5) 协作性。各个 Agent 之间能够合作和协调工作,求解单个 Agent 无法处理的问题,提高处理问题的能力。在协作过程中,需要引入新的机制和算法。协作性属于分布式人工智能的研究范畴,超出了本书的讨论范畴。

2.1.3 Agent 的理性

从表 2.1 可以看出,为 Agent 填写不同的行为动作序列,就可以定义不同的摘苹果机器人 Agent。显而易见的问题是:如何填表才是最合理的?换句话说,是什么决定了一个 Agent 是聪明的还是愚笨的?我们定义,Agent 的合理行为就是理性。理性 Agent

是能够将事做正确的 Agent，即 Agent 函数表格的每一项都填写正确。

任何指定的时刻，什么是理性的判断依赖于以下四方面。

(1) 定义成功标准的性能度量。

(2) Agent 对环境的先验知识。

(3) Agent 可以完成的行动。

(4) Agent 截至此时的感知序列。

由此可以给出理性 Agent 的定义：对每个可能的感知数据序列，根据已知的感知数据序列提供的证据和 Agent 具有的先验知识，理性 Agent 应该选择能使其性能度量最大化的行动。

重新考虑例 2.1“简单果园空间中的摘苹果机器人 Agent”。若当前地点苹果树上有苹果成熟，则摘下成熟的苹果；若当前地点苹果树上苹果未成熟，则移动到另一地点。这就是表 2.1 中给出的 Agent 函数。但该 Agent 不一定是理性的。按照 Agent 理性依赖的四方面，需要确定性能度量，该 Agent 对环境的了解，以及它拥有什么样的传感器和执行器。

假设：

(1) 性能度量为每个时间步，Agent 在某地点摘下 1 个苹果，得到奖励 1 分，整个“生命”周期考虑 100 个时间步。

(2) 果园空间中环境的“地形”(图 2.2)作为 Agent 的先验知识是已知的，而哪棵苹果树上的苹果成熟了，且当前 Agent 所处的位置是未知的(但 Agent 要么在位置 A，要么在位置 B)。

(3) Agent 可选择的行动只有“摘苹果”、“移动到位置 B”和“移动到位置 A”。

(4) Agent 能够正确地感知当前所处的位置及所在位置苹果树上的苹果是否成熟。

可以断言在这些条件下该 Agent 的确是理性的。因为该 Agent 能够有效选择能使其性能度量最大化的行动。

然而，同样的 Agent 在不同的环境下可能会变成非理性。例如，两棵苹果树上均没有成熟的苹果，则 Agent 会毫无必要地在位置 A 和位置 B 之间持续游荡。如果在新环境中考虑机器人 Agent 的能量消耗，将性能度量修改为：Agent 在某地点摘下苹果，得到奖励 1 分；同时，Agent 移动一次(位置 A 到位置 B 或位置 B 到位置 A)，扣 0.1 分。如此一来，该 Agent 的性能评价就会相当差。这种情况下，一个更好的 Agent 应该在它确信两个地点的苹果树上都没有成熟的苹果以后不做任何事。此外，该 Agent 应该定期(或不定期)地检查是否有苹果成熟，并确定摘取苹果的时机。

2.2 Agent 的任务环境

由 2.1 节可知，Agent 是否是理性的 Agent 也部分取决于其运行环境。Agent 通过传感器从环境中获取数据，并通过执行器反作用于环境，可见 Agent 与其运行的环境是密不可分的，运行环境也是理性 Agent 要“求解”的基本“问题”。本节从任务环境的规范描述入手，通过一些例子描述这个过程，并分析任务环境的各种不同风格。

2.2.1 任务环境规范描述

前面讨论了简单的果园空间机器人 Agent 的理性,性能度量(Performance)、环境(Environment)、执行器(Actuators)和传感器(Sensors),这些要素都属于任务环境,简称 PEAS。设计 Agent 时,第一步就是尽可能完整地详细说明任务环境。

果园空间机器人 Agent 较为简单,本节考虑更复杂的问题:自动驾驶汽车 Agent,全自动驾驶任务的场景是完全开放的。环境组合是无限的,并会不断产生新的状况。按照 PEAS 的描述分析自动驾驶汽车 Agent 的任务环境描述,如例 2.2 所示。

例 2.2　自动驾驶汽车 Agent 的任务场景。

自动驾驶汽车 Agent 运行在开放的道路环境中,其 PEAS 要素可描述如下(表 2.2)。

表 2.2　自动驾驶汽车 Agent 任务环境的 PEAS 描述总结

Agent 种类	性能度量	运行环境	执行器	传感器
自动驾驶汽车 Agent	目的地正确、安全、快速、不违章、乘客舒适度、省油	道路、交通灯、交通标识、其余机动车、非机动车、行人、乘客	方向盘、油门、刹车、喇叭、车灯、显示系统等	摄像头、雷达、声呐、GPS、各种车载仪表(速度、转速等)

(1) 自动驾驶汽车 Agent 性能度量。性能度量想要达到的目标包括:到达正确的目的地;到达目的地的时间或费用最少化;行车安全性最大化;对交通法规的触犯和对其他司机的干扰最少化;乘客舒适度最大化;油量消耗和磨损最小化。显然,有些目标是相互矛盾的,所以应进行必要的折中。

(2) 自动驾驶汽车 Agent 运行环境。自动驾驶汽车 Agent 要面对各种各样的道路,既有城市道路、高速公路,也有乡间小路,路上有其他的车辆、行人,也可能遇到道路施工、障碍物等。自动驾驶汽车 Agent 还需要遵循交通灯及交通标识的指示,并与乘客交流。此外,还可能需要考虑天气、积雪等自然因素,以及靠右(或靠左)行驶等交通法规。显然,对环境的约束越多,设计问题就越明确。

(3) 自动驾驶汽车 Agent 的执行器。与人类驾驶汽车类似,自动驾驶汽车 Agent 的执行器包括用方向盘控制汽车行进方向,用油门和刹车控制车辆加速与减速。此外,还有鸣号、控制车灯和显示车辆状态等执行器。

(4) 自动驾驶汽车 Agent 的传感器。自动驾驶汽车 Agent 基本的传感器应包括一个或多个可控制的视频摄像头,这样它可以看到道路;还可能需要安装雷达(激光雷达、毫米波雷达等)、红外或声呐设备来检测与其他车辆或障碍的距离;为了确定车辆的运行状态和机械状态,车辆必须有速度表、加速计、转速表等一组感知发动机、燃油与电子系统的传感器阵列。此外,与人类驾驶员类似,自动驾驶汽车 Agent 也需要定位系统(如 GPS、北斗系统),这样就不会迷路。最后,它需要一个键盘或者麦克风与乘客交流,以便乘客能够告诉自动驾驶汽车 Agent 正确的目的地。

例 2.3　更多类型 Agent 的任务场景。

在表 2.3 中,我们举了更多的例子,以分析不同类型的 Agent 及其任务环境的 PEAS 描述。这些 Agent 既包括有物理实体的 Agent,也包括软件 Agent。可见,我们生活中很多有“智能”的设备或程序都可以看成 Agent。

表 2.3 不同类型的 Agent 及其任务环境的 PEAS 描述

Agent 种类	性能度量	运行环境	执行器	传感器
医疗自动诊断系统	病情诊断准确度(最大化)、医疗方案费用(最小化)	医院、病人、医生、护士	显示诊断结果,显示医疗方案,向病人提问	化验结果输入,病人回答情况
遥感图像自动分类系统	影像自动归类准确性(最大化)、计算时间(最小化)	卫星、飞机、无人机的数据接口、分析人员	显示遥感图像分类结果	遥感图像数据
自动洗碗机	碗筷洁净度(最大化)、洗涤时间(最小化)、水和洗洁精耗费(最小化)	厨房	显示洗碗完成进度,显示洗洁精使用情况	脏碗筷数据、自来水数据、洗洁精数据
网购聊天机器人	回复准确性(最大化)、导购成功率(最大化)、回复时间(最小化)	购物网站	推荐商品、针对问题作出回复	用户问题
快餐自动派单系统	配送员路径合理性(最大化)、配送超时率(最小化)、派单计算时间(最小化)	电子地图、快餐店位置	显示派单结果	实时交通拥堵情况、客户位置、配送员位置
防空雷达火控系统	控制精准度(最大化)、火控延迟时间(最小化)	防空阵地	火力控制信号、显示各种火控参数	雷达

2.2.2 任务环境的性质

Agent 的任务环境是千差万别的,但我们依然可以定义某些维度来对 Agent 任务环境进行分类,这些分类结果在很大程度上决定了理性的 Agent 应当如何设计。

1. 完全可观察与部分可观察

如果 Agent 的传感器在每个时间点上都能获取环境的完整状态,那么任务环境是完全可观察的。如果传感器能够检测所有与行动决策相关的信息,那么该任务环境是有效完全可观察的。传感器能力有限、有噪声输入,或者传感器丢失了部分状态数据,都可能导致环境成为部分可观察的。

例如,摘苹果机器人 Agent 无法感知另一个地点的苹果树上是否有苹果成熟了,自动驾驶汽车无法感知另一辆车的驾驶员下一步将如何驾驶。所以,在这两个例子中 Agent 的任务环境都是部分可观察的。

2. 单 Agent 与多 Agent

单 Agent 与多 Agent 环境之间的区别看上去很简单。例如,独自玩字谜游戏的 Agent 显然处于单 Agent 环境中,下国际象棋的 Agent 处于双 Agent 环境中。实际上,判断一个 Agent 到底是处于单 Agent 还是多 Agent 的任务环境中并不那么直观。例如,在自动驾驶汽车 A 的环境中,是否需要把另一辆行驶的汽车 B 当作 Agent 看待,还是仅仅将其看作一个随机移动的对象(等同于路边的砖墙或大树)?关键的区别在于 B 的行为是否依赖 A 行为的性能度量值最大化。例如,下国际象棋时,对手 B 试图最大化自身的性能度量,而根据国际象棋的规则,也就等价于要最小化对手(A) 的性能度量。因此,国际象棋是典型的竞争性多 Agent 环境。

另外,在自动驾驶汽车运行的环境中,避免发生冲撞会使所有 Agent 的性能度量都最大化,所以它是一个部分合作的多 Agent 环境。然而,它同时也是部分竞争的,如停车位有限,不能进入停车位的车辆将不得不继续运行。再如,机器蚂蚁共同搬运物品,机器蚂蚁 Agent 之间通过相互配合,共同完成单个 Agent 无法完成的任务,则它们处于合作性多 Agent 环境之中。

与单 Agent 环境中的 Agent 设计相比,多 Agent 环境中的 Agent 设计问题往往更加复杂。例如,协同与博弈是多 Agent 环境中的常见理性行为。博弈决策的过程可通过博弈树搜索实现,博弈树将在第 4 章单独讨论。

3. 确定的与随机的

如果环境的下一个状态完全取决于当前状态和 Agent 执行的动作,那么该环境是确定的;否则,它是随机的。原则上,Agent 在完全可观察的、确定的环境中无须考虑不确定性(在我们定义中,在多 Agent 环境中忽略了纯粹由其他 Agent 行动导致的不确定性;这样,尽管每个 Agent 都不能预测其他 Agent 的行动决策,环境依然是确定的)。然而,如果环境是部分可观察的,那么它可能表现为随机的。大多数现实环境相当复杂,以至于未观察到的信息普遍存在;从实践角度考虑,必须认为它们是随机的。自动驾驶汽车 Agent 所处的任务环境显然是随机的,因为无法精确预测交通状况;而且,车辆爆胎或者发动机故障都是难以事先预知的。环境不确定是指它不是完全可观察的或不确定的。而国际象棋对弈中的两个 Agent 所处的环境是确定的。因为两个 Agent 都是按照规则轮流走棋,其中一个 Agent 突然把棋盘打翻是不可能发生的。

4. 片段式的与延续式的

在片段式的任务环境中,Agent 的经历被划分成了一个个原子片段,在每个片段中 Agent 感知信息并完成单个行动,下一个片段不依赖于以前的片段中采取的行动。很多分类任务属于片段式的。例如,在表 2.3 描述的医疗自动诊断系统中,Agent 在为当前病人诊断病情时不用考虑前一个病人的诊断决策。而且,当前的诊断决策也不会影响下一个病人。与之相反,在延续式的任务环境中,当前的决策会影响所有未来的决策。国际象棋对弈和自动驾驶汽车的环境都是延续式的,在这两种情况下短期的行动会有长期的效果。片段式的环境要比延续式环境简单得多,因为 Agent 不需要瞻前和顾后。

5. 静态的与动态的

若环境在 Agent 计算时会变化,则称该 Agent 的环境是动态的;否则,环境是静态的。静态环境相对容易处理,因为 Agent 在决策时不需要感知外部环境,也不必担心做决策的时间太长,而使做出的决策因为外部环境变化而不再合适。动态的环境则会持续地要求 Agent 做决策;若 Agent 没有做出决策,则认为 Agent 决定不必做任何事情。若环境不随时间而变化,但 Agent 的性能评价随时间变化,则称这样的环境是半动态的。

自动驾驶汽车的任务环境明显是动态的：即使驾驶算法对下一步行动犹豫不决，其他车辆和自动驾驶汽车 Agent 自身也是不断运动的。国际象棋比赛时要计时，所以其是半动态的。表 2.3 描述的自动洗碗机的任务环境是静态的。

6. 离散的与连续的

环境的状态、时间的处理方式以及 Agent 的感知信息和行动都有离散和连续之分。例如，国际象棋的感知信息和行动是离散的，因为对弈的 Agent 之间轮流走棋，将一局棋自然地分成了若干离散的状态。自动驾驶汽车是一个连续状态和连续时间问题：自动驾驶汽车 Agent 和其他车辆的速度与位置都在连续空间变化，并且随时间而变化。

7. 已知的与未知的

严格地说，这种区分不是指环境本身，而是指 Agent(或设计人员)的知识状态，这里的知识则是指环境的"物理法则"。在已知环境中所有行动的后果(若环境是随机的，则是指后果的概率)是给定的。显然，如果环境是未知的，那么 Agent 需要学习环境是如何工作的，以便做出好的决策。注意已知环境和未知环境的区别，与完全可观察环境和部分可观察环境的区别有所不同，很可能已知的环境是部分可观察的。例如，在打桥牌的博弈游戏中，我们知道所有的规则但仍然不知道拿到的牌将是什么。相反，未知的环境可能是完全可观察的。例如，在玩新的网页游戏时，显示器上会给出所有的游戏场景和状态，但我们仍然不知道按钮的作用，直到尝试过。

上述 7 个属性能够初步地给出一个 Agent 运行环境属性，帮助设计者根据环境的特点设计出理性的 Agent。表 2.4 给出了典型的 Agent 任务环境的性质分析。

表 2.4 典型的 Agent 任务环境的性质分析

Agent 种类	任务环境性质						
果园空间机器人	部分可观察	单 Agent	确定的	片段的	动态的	离散的	已知的
自动驾驶汽车	部分可观察	多 Agent	随机的	延续的	动态的	连续的	已知的
医疗自动诊断系统	完全可观察	单 Agent	确定的	片段的	静态的	离散的	未知的
遥感图像自动分类系统	完全可观察	单 Agent	确定的	片段的	静态的	离散的	已知的
自动洗碗机	完全可观察	单 Agent	确定的	片段的	静态的	连续的	已知的
网购聊天机器人	部分可观察	单 Agent	确定的	延续的	静态的	连续的	未知的
快餐自动派单系统	部分可观察	单 Agent	随机的	延续的	动态的	离散的	已知的
防空雷达火控系统	部分可观察	多 Agent	随机的	延续的	动态的	连续的	未知的

2.3 Agent 的典型结构

前面讨论了 Agent 的外部特性和任务环境，本节将讨论 Agent 内部是如何工作的，使其具有智能的特性。Agent 的结构是指 Agent 的内部组成方式。按 Agent 对外界信息的处理方式，典型的 Agent 结构包括简单反射型 Agent、模型反射型 Agent、目标驱动型 Agent、学习型 Agent 等。

2.3.1 简单反射型 Agent

简单反射型 Agent 是一种不含任何内部状态，仅简单地对外界刺激产生响应的 Agent。这类 Agent 基于当前的感知选择行动，不关注自身状态，也不关注感知历史。它采用"感知-动作"工作模式，即当传感器感知到外界环境信息后，立即根据"条件-行为"规则(产生式规则，将在第 3 章介绍)及时做出决策，随即交执行器执行。

简单反射型 Agent 的结构如图 2.3 所示，从图中可以看到"条件-行为"规则是如何允许 Agent 建立从感知信息到行动连接的。

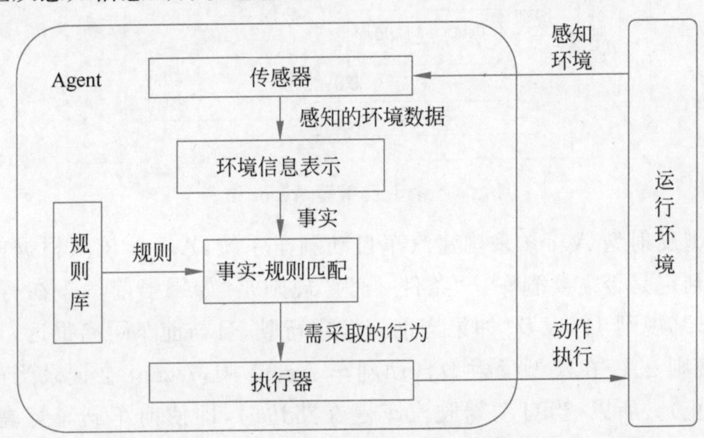

图 2.3　简单反射型 Agent 的结构

简单反射型 Agent 具有极好的简洁性，但是它们的智能也很有限。例如，在自动驾驶汽车上用简单反射型 Agent 构建其自动刹车系统，根据前向车载摄像机获得的图像判定是否需要刹车。"条件-行为"规则是"如果前车刹车灯亮，则刹车"。因为简单反射型 Agent 不对自身状态进行记录，所以其并不知道当前自动驾驶汽车的行驶状态(是行驶，还是静止)。当自动驾驶汽车停在路边时，只要在其之前的汽车刹车灯亮，自动驾驶汽车就将会无意义地刹车。然而，若前车的驾驶员打瞌睡，导致追尾事故时尚未踩下刹车，则按照简单反射型 Agent 的设置，自动驾驶汽车也不会紧急制动，而导致事故。所以，除了极为简单的任务环境外，简单反射型 Agent 的智能水平要应对复杂的现实世界还显得很不够。

2.3.2 模型反射型 Agent

模型反射型 Agent 与简单反射型 Agent 之间最大的区别在于，模型反射型 Agent 会根据感知历史维护 Agent 当前内部状态，从而根据内部状态和外部感知信息做出决策。

随时更新内部状态信息要求在 Agent 中加入两种类型的知识：首先需要知道外部环境是如何独立于 Agent 而演进的信息。例如，在自动驾驶汽车中，所有的汽车遇到红灯都会停车。其次需要知道 Agent 自身的行动会如何影响外部环境的信息和自身的状态。例如，当 Agent 顺时针转动方向盘时，汽车会右转。这种关于"世界如何运转"的模型称为"世界模型"。使用这种模型的 Agent 称为基于模型的 Agent。

图 2.4 给出了模型反射型 Agent 结构，可以看到当前的感知信息与过去的内部状态结合起来更新了 Agent 的当前状态；然后根据 Agent 当前的内部状态，结合“条件-行为”规则，从而决策出 Agent 应采取的行动。

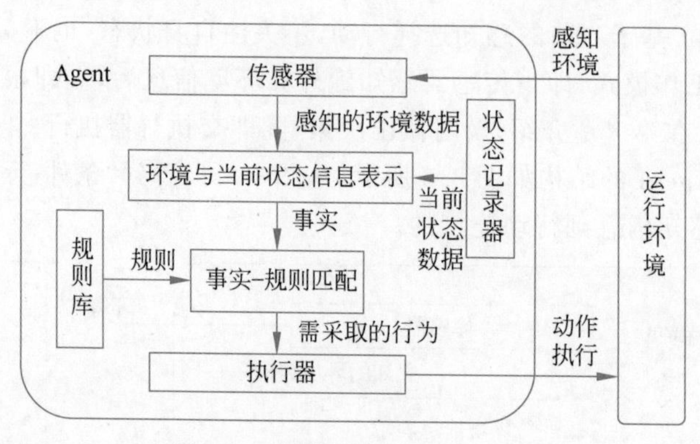

图 2.4 模型反射型 Agent 结构

如果用模型反射型 Agent 来构建汽车自动刹车系统，Agent 依然根据前向车载摄像机获得的图像判定是否需要刹车。“条件-行为”规则是“如果当前汽车在行驶，且前车刹车灯亮，则刹车”(规则 1)，以及“如果当前汽车在行驶，且与前车距离很近，且还在持续接近，则刹车”(规则 2)。在模型反射型自动刹车 Agent 中，Agent 会记录当前车辆的运行状态(行驶/静止)。所以，当自动驾驶汽车停在路边时，即使前车刹车灯亮，Agent 也不会刹车。另外，如果前车发生追尾事故，前车驾驶员未踩下刹车(前车刹车灯从始至终没有亮起)，自动驾驶汽车 Agent 也会紧急制动。

模型反射型 Agent 对于自身状态和外部任务环境有一定的“知识”，这种知识是通过“条件-行为”规则的方式来表达的。模型反射型 Agent 做出决策，可以看成基于规则(预先存储在 Agent 内部的知识)和事实(外部环境感知数据和内部自身状态)做出的推理。关于推理相关的知识将在第 3 章中详细讨论。

2.3.3 目标驱动型 Agent

模型反射型 Agent 根据规则和自身状态做出决策，但这就一定很智能了吗？对于智能驾驶汽车 Agent，如果要求根据道路和交通拥堵情况自动计算出一条从当前位置到市第一人民医院的最优路径(距离最短或行车时间最少)，模型反射型 Agent 就很难胜任这样的任务。

仅知道当前的环境状态对决策而言并不够，除了当前状态的描述，Agent 还需要目标信息描述想要达到的状况。例如，乘客希望自动驾驶汽车在最短的时间内到达目的地。Agent 可以将目标与模型相结合，以选择能达到目标的行动。这样的 Agent 就是目标驱动型 Agent，其结构如图 2.5 所示。

有时，基于目标的行动选择会非常直观，如单个行动就能达成目标时；有时会很复杂，如车辆最优路径规划问题，需要从大量的备选行动中决策出最优的 Agent 行动序列。本书第 4 章“搜索策略”、第 5 章“智能优化算法”能够帮助目标驱动的 Agent 找到理性

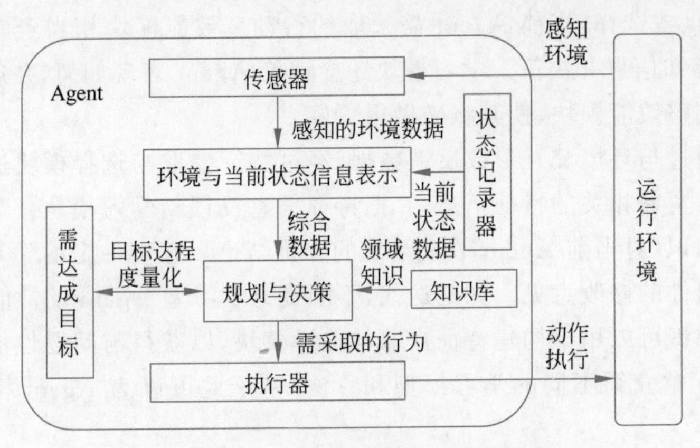

图 2.5 目标驱动型 Agent 结构

(或相对理性)的行动序列。

需要强调的是,目标的选择可以是较为直观的,如自动驾驶汽车 Agent 选择最快到达目的地是目标;也可以是较为抽象的,如自动驾驶汽车 Agent 的用户体验好。那么单纯的“最快到达目的地”不一定就会使得“用户体验好”。因为为了追求“最快到达目的地”的目标,Agent 可能会采取频繁加速和刹车、高速转弯等行动,从而导致用户体验下降。所以,在现实世界中,目标的选择通常是一个折中的过程。

2.3.4 学习型 Agent

图灵在论文《计算机器与智能》中提出,他考虑建造会学习的机器,然后教育它们。在人工智能的许多领域,现在这是创造最好性能的系统的首选方法。学习还有另一个优点,它使得 Agent 可以在初始未知的环境中运转,并逐渐变得比只具有初始知识时更有竞争力。

学习型 Agent 结构如图 2.6 所示。学习型 Agent 与前述的三类 Agent 最大的区别体现在其拥有学习模块、效能模块和特征提取与选择模块。学习模块负责改进提高,效

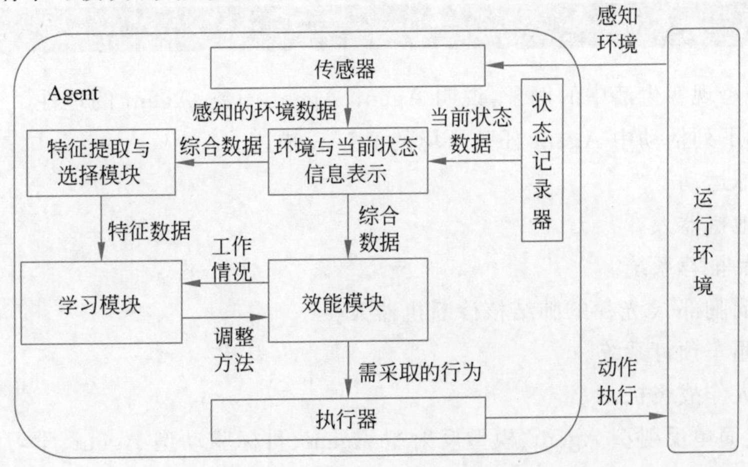

图 2.6 学习型 Agent 结构

能模块负责生成(或选择)当前 Agent 需采取的行动。效能模块相当于前面考虑的整个 Agent,它接收感知信息并决策。学习模块还会评价 Agent 表现如何,并通过一定的学习算法确定如何调整效能模块,使其将来做得更好。

效能模块通过与环境交互形成反馈数据,经过特征提取与选择模块进行数据降维处理后形成与决策紧密相关的特征信息,并把特征信息反馈给学习模块。学习模块根据效能模块反馈的知识(对当前 Agent 表现给出的评价结论),基于一定的学习策略和学习算法给出对工作组件的修改意见。如此迭代,不断提升学习型 Agent 的性能。

第 6 章的知识可以用于构建特征提取与选择模块,以获得与问题性能最相关的若干特征。第 7～10 章介绍不同的学习模型和算法,基于此可以为 Agent 构造不同的学习组件。

2.4 本章小结

本章介绍了智能 Agent 的概念、特性、任务环境和典型结构,要点回顾如下。

- Agent 是可以自主感知环境并在环境中行动的事物。
- Agent 的行为可以看作一个函数,Agent 函数的作用是将 Agent 的感知数据序列映射为该 Agent 的行为动作序列。
- Agent 任务环境的规范描述包括性能度量、外部环境、执行器和传感器。
- Agent 任务环境的性质包含不同维度,如完全可观察与部分可观察、单 Agent 与多 Agent 的、确定性的与随机的、片段式的与延续式的、静态的与动态的、离散的与连续的,已知的与未知的。
- 简单反射型 Agent 直接对感知信息做出反应,模型反射型 Agent 保持内部状态,并基于规则和自身状态做出行为决策。
- 目标驱动型 Agent 的行动是为了达到目标,目标既可以是直观的,也可以是抽象的。
- 学习型 Agent 可以通过学习来改进它们的性能。

习题

1. 举一个现实生活中的例子,说明 Agent、Agent 函数、Agent 的理性。

2. 给出下列活动中 Agent 任务环境的 PEAS 描述。

(1) 足球运动。

(2) 扫地机器人。

(3) 商品推荐系统。

(4) 面向胸部 X 光片的肺结核诊断机器人。

(5) 出租车预订系统。

(6) 无人作战飞机。

3. 简述简单反射型 Agent、模型反射型 Agent、目标驱动型 Agent、学习型 Agent 的概念。

4. 假如构造一个用于五子棋游戏的 Agent,讨论五子棋游戏 Agent 的执行器、感知器和性能度量。

5. 继续考虑习题 4,如果构造一个用于五子棋游戏的 Agent,那么会选用哪种 Agent 结构,为什么?画出 Agent 结构框图,并说明各个部件的作用。

6. 自动排雷机器人 Agent 能够在一定空间内自动探索地下是否埋有地雷,如果有,就完成排雷的工作。

(1) 按照 PEAS 的描述分析自动排雷机器人 Agent 的任务环境。

(2) 分析自动排雷机器人 Agent 任务环境的性质。

7. 重新考虑例 2.1 简单果园空间中的摘苹果机器人 Agent 的场景,假设 Agent 每次摘到苹果的收益为 5 分,每次移动的代价为 −1 分。

(1) 简单反射型 Agent 在此环境下可能是完美理性的吗?请解释。

(2) 说明如何通过模型反射型 Agent 对(1)进行改进。

(3) 在此环境下,目标驱动型 Agent 在此环境中应当如何设置其目标?

(4) 在此环境下,学习型 Agent 能否对目标驱动型 Agent 的表现进行改进?如何改进?

8. 举现实生活中的例子,说明简单反射型 Agent、模型反射型 Agent、目标驱动型 Agent、学习型 Agent。

9. 画出思维导图,串联本章所讲的知识点。

第3章 确定性知识表示与推理

第 2 章讨论了理性 Agent 的概念及其典型结构。无论是模型反射型 Agent 还是目标驱动型 Agent 均需要知识以描述运行环境及应对策略。按照符号主义学派的观点，知识是一切智能行为的基础，要使机器具有智能，就必须使它拥有并可以使用知识。以目前的技术水平，计算机还不能直接理解人类用自然语言表示的知识。如果需要计算机具有知识，则首先需要将知识以计算机能够处理的方式表示出来，而计算机对知识的应用可以看成一个推理过程。本章将介绍知识表示方法和知识的推理方法。按照知识的确定化程度，知识表示和推理方法可分为确定性和不确定性两类。由于篇幅所限，本书仅讨论确定性知识的表示和推理。

3.1 确定性知识系统概述

3.1.1 确定性知识表示的概念

既然要讨论知识的表示，那么首先应该明确何为知识？我们将从知识的定义和知识的类型进行讨论。

1. 知识的定义

我们的日常生活中充满了各种知识，但要给知识下一个严格的定义并不容易。一种普遍的观点认为，知识是人们在改造客观世界的实践中积累起来的认识和经验。从信息处理的角度看，知识是对信息进行智能性加工所形成的对客观世界规律性的认识。所以，知识可以看成将多种信息关联在一起，并形成规律性认识的过程。从这种意义上讲，知识是由"信息"和"关联"两个基本要素构成的。

实现信息之间关联的形式可以有很多种，其中最常用的一种形式是"如果……则……"。这种知识称为"规则"，其反映了信息间的某种因果关系。规则性的知识表示较为符合人类的思维习惯，如："如果今天不下雨，则我去跑步""如果油箱没油了，则汽车不能开了""如果肚子饿了，则去拿些饼干吃"等。

2. 知识的类型

按照不同的划分方法，知识可以分为不同的类型。

1）按知识的适用范围分类

按知识的适用范围，知识可分为常识性知识和领域性知识。

常识性知识是指普通的知识或一般的知识，是人们普遍知道的知识。如"雪是白色的""太阳从东边升起""天冷了要加衣服"等。

领域性知识是指面向某个具体领域的专业性知识，需要经过长期、专门的学习和训练才能较好掌握及应用的知识。如"飞机发动机的构造知识""如何控制核电站的反应堆""如何决策在股市中的投资"等。

2）按知识的作用与效果分类

根据知识的作用与效果，知识可分为陈述性知识、程序性知识和策略性知识。

陈述性知识也称为描述性知识，是能用言语进行直接陈述的知识，主要用于区别和辨别事物，回答"是什么""为什么"等问题。如"王华爱祖国""我是一名学生""我出生并成长于重庆,因此我是重庆人”等。

程序性知识即操作性知识,是描述在问题求解过程中所需要的操作、算法或行为等规律性的知识,表现为在信息处理活动中进行具体操作,主要回答“怎么做”的问题。如“菜谱中描述的红烧肉制作过程”“三阶魔方还原的方法”等。

策略性知识是运用陈述性知识和程序性知识去学习、记忆、解决问题的一般方法和技巧,可以看成知识的知识。如《三国演义》中描绘了孙策遇刺后留给孙权的遗言:“内事不决问张昭,外事不决问周瑜。”孙策说明了应该如何利用张昭和周瑜两人所具有的专家知识,这就是一种策略性知识。

3) 按知识的确定性分类

按照知识的确定性,知识可分为确定性知识和不确定性知识。

确定性知识是可以给出其真值为“真”或“假”的知识。如“曹操是三国时期著名的政治家”“明朝万历皇帝在位 48 年”“在 19 世纪,人类设计的宇宙飞船已能够达到光速”等。上述三个确定性知识中,前两个为真,后一个为假。

不确定性知识是指难以直接给出真或假的知识,这一类知识具有“不确定”的特性,包括不完备性、不精确性和模糊性的知识等。不完备性知识是指在解决问题时不具备解决该问题所需要的全部知识。如自动驾驶汽车机器人 Agent,假定其不能实时获取道路交通流量和拥堵情况数据,则该 Agent 在进行最优路径规划时所具有的知识是不完备的。因此,该 Agent 选择的所谓“最优”路径可能发生拥堵。不精确性知识是指具有一定的概率为真、一定的概率为假的知识。如天气预报给出“明天上午下雨的概率为 30%”,那么我们无法回答明天上午到底是下雨还是不下雨。这样的知识就是不精确的知识。模糊性知识是指知识本身所描绘的概念没有确切的定义,在量上没有确定界限的知识。如“如果风大,则帆船的速度就快”。对于上述知识,我们人类理解起来没有任何问题。但该知识本身却存在模糊性。知识中的“风大”到底是指风有多大,是 7 级、9 级还是 11 级?而“帆船的速度就快”是指多快,40 千米/小时、60 千米/小时还是 80 千米/小时?另一个典型的例子是第 1 章中提到的“当车的速度快时,刹车的距离就长”的例子。

限于篇幅,本书仅讨论确定性知识的表示与推理。

3. 知识表示的概念

知识的表示就是对知识的一种描述或者对知识的一组约定,一种计算机可以接受的用于描述知识的数据结构。换句话说,就是用一些约定的符号把知识编码成一组可以被计算机直接识别,并便于系统使用的数据结构。由此可知,知识表示不仅是为了把知识用某种机器可以直接识别的数据结构表示出来,更重要的是要能够方便系统正确地运用和管理知识。

通常,对知识表示的要求有以下四方面。

(1) 表示能力。知识的表示能力是指能否正确、有效地将问题求解所需要的各种知识表示出来。这是对知识表示方法的最低要求。

(2) 可利用性。知识的可利用性是指经过了知识表示处理后的知识能够被计算机直接使用,从而求得问题的解。该过程即为知识推理,将在 3.3 节中详细讨论。

(3) 可维护性。知识的可维护性是指在保证知识的一致性和完整性的前提下，对知识进行的增加、删除、修改等操作。也就是能方便地完成知识的定期更新。

(4) 可理解性。知识的可理解性是指所表示的知识应当符合人类的认知与思维习惯。人类能够很好地理解知识的内涵及计算机对该知识的使用过程。

3.1.2 确定性知识推理概述

从符号主义学派的观点来看，人工智能的推理研究就是要基于人类的思维机理，去实现机器的自动推理。机器完成自动推理包括推理的方法和推理的控制策略两个基本问题。下面先给出推理的概念，再介绍推理的分类。

1. 推理的概念

按照心理学的观点，推理是由具体事例归纳出一般规律，或者根据已有知识推出新的结论的思维过程。其中，比较典型的观点有以下两种。

1) 推理的结构观点

从推理的结构角度出发，认为推理由两个以上判断组成。每个判断揭示的是概念之间的联系和关系，推理过程是一种对客观事物做出肯定或否定的思维活动。例如：

判断1：凡是体育专业的学生，身体素质都很好。

判断2：李华是体育专业的学生。

由此可以得出结论：李华的身体素质很好。

2) 推理的过程观点

从过程的角度出发，可以认为推理是在给定信息和已有知识的基础上进行的一系列加工操作。基于此，推理可以形式化地表示为如下映射：

$$y = f(x, k) \tag{3-1}$$

式中：x 为推理时输入的信息；k 为推理时可用的领域知识和特殊案例；f 为可用的一系列操作；y 为推理过程所得到的结论。

推理的过程就是映射 f 将输入的信息与领域知识(或特殊案例)进行综合，并得出推理结论的过程。

3) 推理的机器实现

推理过程是由推理机完成的。推理机是指系统中用来实现推理的那段程序。根据推理所用知识以及推理方式和推理方法的不同，推理机的构造也有所不同，这将在3.3节中详细讨论。

2. 推理的分类

按照推理的逻辑基础，常用的推理方法可分为演绎推理和归纳推理。

1) 演绎推理

演绎推理是一种由一般到个别的推理方法，其从已知的一般性知识出发推理出蕴涵在这些知识中的适合某种个别情况的结论，其核心是"三段论"。常用的三段论由大前提、小前提和结论三部分组成。该推理方法可以追溯到古希腊哲学家亚里士多德提出的苏格拉底三段论。

例 3.1　苏格拉底三段论。

所有人都是必死的(大前提)。

苏格拉底是人(小前提)。

苏格拉底是必死的(结论)。

由例 3.1 可知,"所有人都是必死的"是一般性的论断,称为大前提;而"苏格拉底是人"讲的是苏格拉底的属性,较"所有人都是必死的"这个论断的范畴要小,因而称为小前提。从大前提和小前提两个条件可以推导出结论"苏格拉底是必死的",于是完成了一般(所有人都必死)到个别(苏格拉底必死)的推理过程。这就是一个典型的演绎推理。

显然,在演绎推理中,大前提是由已知的一般性知识或推理过程得到的判断;小前提是关于某种具体情况或某个具体实例的判断;结论是由大前提推出的,并且适合于小前提的判断。

2) 归纳推理

归纳推理是一种由个别到一般的推理方法。该方法试图从一类事物的大量特殊事例出发推理出该类事物的一般性结论。数学归纳法就是归纳推理的典型例子,其通过对初始条件及递推关系的归纳,实现了数学证明的过程。归纳推理可分为完全归纳推理和不完全归纳推理。

在完全归纳推理中,可以枚举论域中所有对象进行考查,逐一验证这些对象是否具有某种属性,然后归纳推理出该类对象是否具有此属性。例如,某工厂的检验员对该工厂生产的产品逐一检验,以说明该厂的这批产品是合格的。

不完全归纳推理是指在进行归纳时主观或客观原因,只考查了全体对象的某个子集(采样而得到的部分对象)而得出的关于该对象的结论。例如,某工厂的检验员从该工厂生产的一批产品中挑选一部分进行检验,并说明该厂的这批产品是合格的。显然,不完全归纳推理得到的结果可能是错误的。抽检的产品全部合格,并不能说明整批产品就一定合格,但其至少是对该批产品质量的一个可信的估计。

3.2　确定性知识的表示

确定性知识是指能够明确给出真或假的知识。本节将重点介绍谓词逻辑表示法、产生式表示法和语义网络表示法等常用的知识表示方法。

3.2.1　谓词逻辑表示法

谓词逻辑表示法是一种基于数理逻辑的知识表示方式。人工智能中用到的数理逻辑包括一阶经典逻辑和一些非经典逻辑。本节讨论基于一阶经典逻辑的知识表示方法。

1. 谓词逻辑表示的基础知识

使用谓词逻辑表示知识,需要掌握的概念包括命题、论域、谓词、连词、量词、谓词公式等。

1) 命题的概念

讲到命题,首先需要明确以下几个相关概念。

断言：一个陈述句称为一个断言。

命题：凡有真假意义的断言称为命题。例如，"我是一名信息工程专业的学生""今年冬天很冷""王华爱祖国"等都是命题。

命题的意义称为真值，真值仅有"真"和"假"两种情况。命题的真值为真，记为 T(True)；命题的真值为假，则记为 F(False)。

2）论域与谓词

论域：由所讨论对象的全体构成的非空集合。论域中的元素称为个体。因此，论域有时也称为**个体域**。例如，有理数的论域就是所有有理数组成的集合，每一个有理数就是该论域中的一个个体。

在谓词逻辑中，谓词被用来表示命题。谓词可分为个体和谓词名两部分。个体是命题中的主语，是可以独立存在的实体。谓词名是命题的谓语，是用来刻画个体词的性质、状态或与其他个体关系的词。

例 3.2　命题的谓词表示方法举例。

命题"李明是一名信息工程专业的学生"可用谓词表示为

INF_STUDENT(Li Ming)

命题"王华在跑步"可用谓词表示为

RUNNING(Wang Hua)

命题"李明和王华是同学"可用谓词表示为

CLASSMATE(Li Ming, Wang Hua)

在例 3.2 中，Li Ming、Wang Hua 等均是个体，是独立存在的实体，在命题中是主语。INF_STUDENT、RUNNING、CLASSMATE 就是谓词名，在命题中是谓语。INF_STUDENT(x)表示个体 x 是信息工程专业的学生，表达个体 x 具有"信息工程系学生"的性质；RUNNING(x)表示个体 x 正在跑步，表达个体 x 的状态是"正在奔跑"；CLASSMATE(x, y)表示个体 x 和个体 y 是同学，表达了两个个体之间的关系是"同学"。

通常，谓词名用大写英文字母表示，个体用小写英文字母表示。

谓词可形式化定义如下：

谓词：设 D 为论域，$P: D^n \to \{\text{True}, \text{False}\}$ 是一个映射，其中，$D^n = \{(x_1, x_2, \cdots, x_n) | x_1, x_2, \cdots, x_n \in D\}$，则称 P 是一个 n 元谓词($n=1,2,\cdots$)，记为 $P(x_1, x_2, \cdots, x_n)$，其中 $x_1, x_2, \cdots x_n$ 为个体。

在谓词中，个体可以是常量、变量或函数。例如，"$x<3$"可以用谓词表示为 LESS(x,3)，式中，x 是变量，3 是常量，它们都是谓词 LESS 的个体。又如，"李明的哥哥是医生"可以用谓词表示为 DOCTOR(old_brother(LiMing))，其中，old_brother(LiMing)代表李明的哥哥，是一个函数。DOCTOR(x)是谓词，表示个体"x 是医生"这个命题。

从形式上看，谓词和函数极为类似，两者却有本质的区别。下面给出函数的定义。

函数：设 D 为论域，$f: D^n \to D$ 是一个映射，则称 f 为论域 D 上的是一个 n 元函数($n=1,2,\cdots$)，记为 $f(x_1, x_2, \cdots, x_n)$，其中，$x_1, x_2, \cdots, x_n$ 为个体。

从谓词与函数的定义可知，谓词和函数最大的区别在于，谓词的真值是 True 或 False，而函数无真值可言，其值是论域中的某个个体。谓词实现的映射是将论域中个体（单个或多个）映射到真值，而函数是将论域中个体（单个或多个）映射为论域中某个个体。在谓词逻辑中函数不能单独使用，它必须嵌入谓词之中。

3）连接词

在谓词逻辑中，连接词是用来连接简单命题，并由简单命题构成复合命题的逻辑运算符号。谓词逻辑表示法中，常用的连接词有以下 5 个。

$\neg$：称为"非"或者"否定"。它表示对其后面的命题的否定，使该命题的真值与原来相反。如果命题 P 为真，则 $\neg P$ 为假，反之亦然。

$\vee$：称为"析取"。它表示所连接的两个命题之间具有"或"的关系。例如，对于命题 P 或 Q，$P \vee Q$ 读作"P 析取 Q"，表示命题 P 或 Q 其中任意一个为真，则 $P \vee Q$ 为真。

$\wedge$：称为"合取"。它表示所连接的两个命题之间具有"与"的关系。例如，对于命题 P 或 Q，$P \wedge Q$ 读作"P 合取 Q"，表示命题 P 和 Q 必须同时为真，则 $P \wedge Q$ 为真。

$\rightarrow$：称为"条件"或"蕴涵"。它表示"若……则……"的语义。例如，对于命题 P 或 Q，$P \rightarrow Q$ 读作 P 蕴涵 Q，表示 P 是 Q 的逻辑前提，而 Q 是 P 的逻辑结论。

$\leftrightarrow$：称为"双条件"或"等价于"。它表示"当且仅当"的语义。例如，对于命题 P 或 Q，$P \rightarrow Q$ 读作"P 等价于 Q"，表示 P 当且仅当 Q。

在谓词公式中，连接词的优先级由高到低依次是 $\neg$、$\wedge$、$\vee$、$\rightarrow$、$\leftrightarrow$。

命题逻辑可看成谓词逻辑的一种特殊形式，所以命题公式是谓词公式的一种特殊情况，也可用连接词把单个命题连接起来，构成命题公式。例如，$P \wedge Q$、$\neg P \vee \neg Q$、$\neg(P \rightarrow Q) \wedge (P \vee Q)$ 等都是命题公式。

4）量词

量词是由量词符号和被其量化的变元组成的表达式，用来对谓词中的个体做出量的规定。谓词逻辑表示方法中常用的量词有两个。

$\forall$：称为全称量词，表示"所有的"或"任意一个"。例如，对于 $(\forall x)P(x)$，当且仅当对论域中的所有个体 x，$P(x)$ 都为真，则 $(\forall x)P(x)$ 才为真，否则 $(\forall x)P(x)$ 为假。

$\exists$：称为存在量词，表示"某一个"或"存在一个"。例如，对于 $(\exists x)P(x)$，只要论域中存在一个个体 x，使得 $P(x)$ 为真，则 $(\exists x)P(x)$ 才为真。当且仅当论域中所有个体 x，$P(x)$ 均为假，则 $(\exists x)P(x)$ 为假。

随着量词的引入，就有辖域、约束变元和自由变元的概念。

辖域：位于量词后面的单个谓词或者用"()"括起来的合式公式称为该量词的辖域。

约束变元：辖域内与量词中同名的变元称为约束变元。

自由变元：辖域外或不受量词约束的变元称为自由变元。

例 3.3 谓词公式中的辖域、约束变元与自由变元。

(1) $(\exists x)\big(P(x,y) \rightarrow Q(y)\big) \wedge H(x,y)$。

(2) $(\forall x)\Big(\big(P(x,y) \rightarrow Q(y)\big) \wedge H(x,y)\Big)$。

在例3.3(1)中,$P(x,y)$中的变元x为约束变元,而$H(x,y)$中x为自由变元,所有的变元y均是自由变元。而在例3.3(2)中,所有的变元x均为约束变元,而y均是自由变元。

2. 谓词逻辑知识表示

谓词逻辑具有丰富的知识表示能力。当用谓词逻辑表示知识时,首先需要定义谓词,再用连接词或量词把这些谓词连接起来,形成一个谓词公式,从而表示相关的知识。

例3.4 用谓词逻辑表示知识"所有的整数不是奇数就是偶数"。

解:首先定义谓词。

$I(x)$:x是整数。

$E(x)$:x是偶数。

$O(x)$:x是奇数。

基于上述谓词定义,该知识可表示为

$$(\forall x)\big(I(x)\rightarrow E(x)\vee O(x)\big)$$

上述谓词公式可以解读为:对于论域中任意个体x,如果x是整数,则其蕴涵的逻辑结论是要么x是奇数,要么x是偶数。

例3.5 用谓词逻辑表示知识"所有的将军都有自己的士兵"。

解:首先定义谓词。

GENERAL(x)表示x是将军。

SOLDIER(y)表示y是士兵。

COMMAND(x,y)表示x指挥y。

基于上述谓词定义,该知识可表示为

$$(\forall x)(\exists y)\big(\mathrm{GENERAL}(x)\rightarrow \mathrm{SOLDIER}(y)\wedge \mathrm{COMMAND}(x,y)\big)$$

上述谓词公式可以解读为:对于论域中任意个体x,如果x是将军,则论域中一定存在个体y,y是士兵,且将军x指挥士兵y。

例3.6 用谓词逻辑表示知识"小李住在一栋红色的房子里"。

解:首先定义谓词。

LIVE(x,y)表示x住在y。

COLOR(y,z)表示y的颜色是z。

上述谓词中,个体x的论域是人类集合,个体y的论域是各式各样的房屋集合,个体z的论域是各种各样的颜色集合。

基于上述谓词定义,该知识可表示为

$$\mathrm{LIVE}(\mathrm{Li},\mathrm{House1})\wedge \mathrm{COLOR}(\mathrm{House1},\mathrm{Red})$$

上述谓词公式可以解读为:对于个体Li(小李)住在一栋房屋House1中,且房屋House1的颜色是Red(红色)的。

例3.7 用谓词逻辑表示如下知识:

"王宏是计算机专业的一名学生"。

"王宏和李明是同班同学"。

"凡是计算机专业的学生都喜欢编程序"。

解：首先定义谓词。

CSD(x)表示个体 x 是计算机专业的一名学生。

CM(x,y)表示个体 x 和 y 是同班同学。

LIKE(x,z)表示个体 x 喜欢 z。

基于上述谓词定义，该知识可表示为

CSD(Wang Hong)

CM(Wang Hong,Li Ming)

$(\forall x)\big(\text{CSD}(x)\rightarrow \text{LIKE}(x,\text{Programming})\big)$

3. *谓词逻辑知识表示的经典问题*

上面讨论了一阶谓词逻辑的基础和逻辑知识表示方法，本节讨论一个经典的使用谓词逻辑表示法的例子。

例 3.8　机器人搬箱子问题。

在一个房间里，c 处有一个机器人，a 和 b 处各有一张桌子，分别称为桌 a 和桌 b，桌 a 上有一箱子，如图 3.1 所示。要求机器人从 c 处出发把箱子从桌 a 上拿到桌 b 上，再回到 c 处。试用谓词逻辑来描述机器人的行动过程。

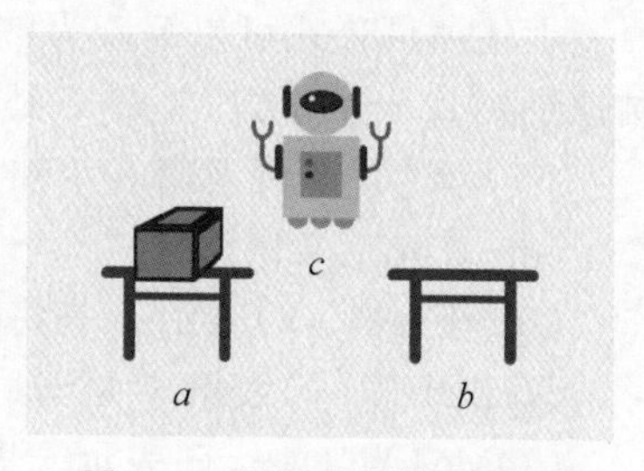

图 3.1　机器人搬箱子问题

解：在该例子中，不仅需要使用谓词来表示机器人、箱子、桌子的位置和状态，还需要表示机器人的操作。因此，需要定义谓词如下：

TABLE(x)：x 是桌子。

EMPTY(y)：y 手中是空的。

AT(y,z)：y 在 z 处。

HOLDS(y,w)：y 拿着 w。

ON(w,x)：w 在 x 桌面上。

其中，x 的论域是$\{a,b\}$，y 的论域是{robot}，z 的论域是$\{a,b,c\}$，w 的论域是{box}。

问题的初始状态可表示如下：

AT(robot,c)

EMPTY(robot)

ON(box,a)

TABLE(a)

TABLE(b)

问题的目标状态如下：

AT(robot,c)

EMPTY(robot)

ON(box,b)

TABLE(a)

TABLE(b)

机器人行动的目标是把问题的初始状态转换为目标状态,需要完成一系列的操作。机器人的每个操作可分为条件和动作两部分。条件部分用来说明执行该操作必须具备的前提条件,动作部分说明该操作是如何改变问题状态的。条件部分可用谓词公式来表示,动作部分通过在执行该操作前的问题状态中删去或增加相应的谓词来实现。在本问题中,机器人需要执行以下3个操作:

GOTO(g,h):机器人从g处走到h处。

PICKUP(g):机器人在g处拿起盒子。

SETDOWN(g):机器人在g处放下盒子。

g和h的论域是$\{a,b,c\}$。

这三个谓词操作对应的前提条件和动作如下:

GOTO(g,h)

条件:AT(robot,g)。

动作:删除表AT(robot,g),添加表AT(robot,h)。

PICKUP(g)

条件:ON(box,g),TABLE(g),AT(robot,g),EMPTY(robot)。

动作:删除表EMPTY(robot),ON(box,g),添加表HOLDS(robot,box)。

SETDOWN(g)

条件:HOLDS(robot,box),TABLE(g),AT(robot,g)。

动作:删除表HOLDS(robot,box),添加表EMPTY(robot),ON(box,g)。

机器人在执行每个操作之前,都需要检查当前状态是否可以满足该操作的前提条件。如果满足,就执行相应的操作;否则,检查下一个操作所要求的前提条件。该过程类似于产生式推理中的事实和规则前提匹配,将在3.3.1节中详细讨论。

作为谓词逻辑知识表示方法的应用举例,图3.2给出了机器人移盒子问题的求解过程,该过程实际上是一个搜索过程,其目的是找到一条从初始状态到目标状态的转换路径。搜索策略将在第4章详细讨论,这里讨论的重点是谓词逻辑知识表示方法。

4. 谓词逻辑表示法的特性

谓词逻辑知识表示的主要特点是建立在一阶逻辑的基础上,并利用逻辑运算方法研究推理的规律,即条件与结论之间的蕴涵关系。逻辑表示法的主要优点如下。

(1) 自然性。谓词逻辑是一种接近于自然语言的形式语言系统,用谓词逻辑表示出的知识与人类的认知类似,也符合人类思维习惯。

(2) 明确性。谓词逻辑表示法对如何由简单陈述句构造复杂陈述句的方法有明确规定,连接词、量词的用法与含义非常明确。逻辑表示法表示的知识可以按照一种标准的方法去解释它,不会导致歧义。

(3) 精确性。谓词逻辑是一种二值逻辑,其谓词公式的真值只有"True"和"False"。因此,谓词逻辑常用来表示精确的知识。

(4) 灵活性。逻辑表示法把知识表示和知识处理的程序有效地分开,处理谓词逻辑

	状态 1（初始状态）		**状态 2**
	AT(robot, *c*)		AT(robot, *a*)
开始	EMPTY(robot)	GOTO(*c*, *a*)	EMPTY(robot)
======〉	ON(box, *a*)	======〉	ON(box, *a*)
	TABLE(*a*)		TABLE(*a*)
	TABLE(*b*)		TABLE(*b*)
	状态 3		**状态 4**
	AT(robot, *a*)		AT(robot, *b*)
PICKUP(*a*)	HOLDS(robot, box)	GOTO(*a*, *b*)	HOLDS(robot, box)
======〉	TABLE(*a*)	======〉	TABLE(*a*)
	TABLE(*b*)		TABLE(*b*)
	状态 5		**状态 6（目标状态）**
	AT(robot, *b*)		AT(robot, *c*)
SETDOWN(*b*)	EMPTY(robot)	GOTO(*b*, *c*)	EMPTY(robot)
======〉	ON(box, *b*)	======〉	ON(box, *b*)
	TABLE(*a*)		TABLE(*a*)
	TABLE(*b*)		TABLE(*b*)

图 3.2　用谓词逻辑表示的机器人搬箱子问题的求解过程

知识程序的变化不会影响知识本身的谓词逻辑表示。

(5) 可维护性。在谓词逻辑表示法中，不同的知识用单独的谓词进行表示，各条知识之间本质上是独立的。因此，添加、删除、修改知识的工作比较容易进行。

逻辑表示法也存在以下不足。

(1) 知识表示能力弱。逻辑表示法只能表示确定性知识，而不能表示非确定性知识，如不精确、不完备及模糊性知识。实际上，人类的大部分知识都不同程度地具有某种不确定性，这就使得逻辑表示法表示知识的范围和能力受到了一定限制。另外，逻辑表示法难以表示过程性知识和策略性的知识。

(2) 组合爆炸明显。由于谓词逻辑法不同知识之间的关系无法明确表达，从问题初始状态到目标状态的推理路径并不明确，需要大量地试探和盲目地推理。因此，当系统知识量较大时，容易发生组合爆炸。

(3) 系统效率低。谓词逻辑表示法的推理过程是根据形式逻辑进行的，把推理演算与知识含义截然分开，抛弃了表达内容中所含有的语义信息，往往使推理过程冗长，降低了系统效率。

3.2.2　产生式表示法

产生式这一术语是 1943 年由美国数学家波斯特(E. Post)首次提出并使用的。到 1972 年，纽厄尔和西蒙在研究人类的认知模型中开发了基于规则的产生式系统。目前，产生式表示法已成为人工智能中应用最多的一种知识表示方式，尤其是在专家系统方面,许多成功的专家系统采用产生式表示方法。本节重点讨论确定性知识的产生式表示方法,产生式推理部分将在3.3.1节讨论。

1. 产生式表示法中的事实

在产生式表示法中,事实可看成断言一个语言变量的值或断言多个语言变量之间关系的陈述句。其中,语言变量的值或语言变量之间的关系可以是数字,也可以是一个描述性的词等。

例如:陈述句"雪是白的",其中"雪"是语言变量,"白"是语言变量的值;"该船的最高航速是30节/小时"中"该船的最高航速"是语言变量,"30节/小时"是语言变量的值。又如:陈述句"王华是张老师的学生","王华"和"张老师"均是语言变量,而"某人为某人的学生"是两个语义变量之间的关系。所以,在产生式表示法中确定性知识可由两类三元组表示。

第一类:(Object,Attribute,Value)

其中:Object表示对象;Attribute表示属性;Value表示值。

如对于陈述句"雪是白的",Object="雪",Attribute="颜色",Value="白色";陈述句"该船的最高航速是30节/小时",Object="该船",Attribute="最高航速",Value="30节/小时"。

第二类:(Object1,Object2,Relationship)

其中:Object1和Object2分别表示两个不同的对象;Relationship用来描述两个对象之间的关系。

如对于陈述句"王华是张老师的学生",Object1="王华",Object2="张老师",Relationship="学生-教师关系"。

2. 产生式规则

产生式规则用于描述事物间的因果关系,通常用IF…THEN…(如果……则……)的形式表达。产生式规则可简称为规则。典型的产生式规则由规则前项(前提条件)和规则后项(结论或动作)两部分组成。规则前项是该规则可否使用的前提条件,由单个事实或多个事实的逻辑组合构成;规则后项是一组逻辑结论或动作,指出当规则前项被满足时,应该得出的逻辑结论或应该执行的相关动作。

产生式规则的形式化描述如下。

<规则> ::=<规则前项>→<规则后项>

<规则前项> ::=<简单条件> or <复合条件>

<规则后项> ::=<事实> or <动作>

<复合条件> ::=(<简单条件> and <复合条件>) or (<简单条件> or <复合条件>) or (<复合条件> and <简单条件>) or (<复合条件> and <简单条件>)

<动作> ::=<动作名>(<个体1>, <个体2>, …)

例3.9 产生式规则举例。

(1) IF"汽车没油了"THEN"汽车无法行驶"。

(2) IF“汽车没油了”THEN“给汽车加油”。

(3) IF“当前季节是秋季”and“天空乌云密布”and“天气预报未来有雨”THEN“出门带上雨伞”。

(4) IF(“天空正在下大雨”or“天空正在下大雪”) and“家里没有雨具”THEN“请尽量别出门”。

在上述4个例子中,规则(1)和规则(2)的规则前项均是简单条件,规则(3)和规则(4)的规则前项均为复合条件。规则(1)与规则(3)的规则后项是逻辑结论,规则(2)和规则(4)的规则后项则是应当采取的动作。

3. 产生式表示法的特性

产生式表示法的主要优点如下。

(1) 自然性。产生式表示法用“IF…THEN…”的形式表示知识,这种表示形式与人类的判断性知识基本一致,非常直观,易于人类理解。人类专家也能够较好地用“IF…THEN…”结构表达自己的专业知识。

(2) 易维护性。每条产生式规则都是一个独立的知识单元,各产生式规则之间不存在相互调用关系,增加、删除、修改某一条规则不会对已有规则产生影响。

(3) 适用性。产生式表示除用来表示确定性知识,稍做变形(如在规则后项中加入概率或是置信度等)就可用来表示不确定性知识。如专家系统 MYCIN 用了450条带有置信因子的规则,用概率推理的方式诊断血液病的类型,其诊断结果的准确性高于了初级医生。

(4) 灵活性。产生式表示法把知识表示和知识处理的程序有效地分开,其不必关心推理程序的实现细节。推理程序的完善与升级也不会影响根据产生式规则推导出的逻辑结论。

产生式表示法的主要缺点如下。

(1) 组合爆炸明显。由于各规则之间的联系无法明确表达,从问题初始状态到目标状态的推理路径并不明确,需要大量地试探和盲目地推理。因此,当系统知识量较大时,容易发生组合爆炸。

(2) 推理效率较低。基于产生式表示法的问题求解过程实际上是事实与产生式规则反复进行“匹配—冲突消解—执行”的过程,即先用规则前提与数据库中的已知事实进行匹配,再从规则库中选择可用规则,当有多条规则可用时,还需要按一定策略进行“冲突消解”,然后才能执行选中的规则。这样的执行方式将导致数据库和规则库的多次遍历及重复冲突消解,执行的效率较低。

(3) 不便于表示结构性知识。产生式表示中的知识均以“IF…THEN…”方式表达,两条逻辑性很强的知识之间却不能建立明确的联系。如例3.9中,“IF 汽车没油了 THEN 汽车无法行驶”和“IF 汽车没油了 THEN 给汽车加油”明显是针对同一个事实的结论和操作,但在规则库中,它们却完全独立,相互没有联系。此外,对于传递性的知识和层次性的知识,产生式表示法也很难将其以自然的方式来表示。

3.2.3 语义网络表示法

产生式表示法不便于表示结构性知识，那么有没有善于表达结构知识的方法呢？本节介绍的语义网络表示法就很适合表达结构性知识。语义网络是奎利恩(J. R. Quillian)于1968年提出的一种心理学模型，后来奎利恩又把它用于知识表示。1972年，西蒙在自然语言理解系统中也采用了语义网络表示法。目前，语义网络已成为应用较多的一种知识表示方法。

1. 语义网络的概念

语义网络是一种用实体及其语义关系来表达知识的有向图。其中：节点代表实体，表示各种事物、概念、情况、属性、状态、事件、动作等；边代表语义关系，表示它所连接的两个实体之间的语义联系。在语义网络中，每一个节点和边都必须带有标志，这些标志用来说明它所代表的实体和语义。

在语义网络表示法中，最基本的单元称为语义基元，一个语义基元可用三元组(节点1，节点2，边)来描述。例如，若用实体1、实体2分别表示三元组中的节点1和节点2，用R表示实体1与实体2之间的语义联系，则它对应的语义基元如图3.3所示。

例3.10 用语义网络表示"西瓜是一种瓜果"。

由题意可知，该知识表达的是"西瓜"和"瓜果"之间的语义联系，这种语义联系为"是一种"表达了一种集合包含关系。因此，在语义网络中，边被标记为"是一种"，表达的是子类和父类的关系，如图3.4所示。

图3.3 语义网络中语义基元的结构　　图3.4 "西瓜是一种瓜果"的语义网络表示

显然，语义网络可以表示"如果……则……"形式的产生式规则，只需要将规则前项和规则后项分别表示为两个实体，然后把边的语义联系表示为"逻辑结论"即可。

从功能上讲，语义网络可以描述任何事物间的任意关系。通常，这种描述需要把很多基本语义关系联系到一起来实现。常用的一些基本语义关系如下。

1）实例关系

实例关系体现的是"具体与抽象"的概念，用来描述"一个事物是另外一个事物的具体例子"。其语义标志为ISA，即"is a"的简写形式，含义为"是一个"。

例3.11 用语义网络表示"Thomas Jefferson is a person""孙悟空是一只猴子"。

解：上述知识用语义网络表示如图3.5所示。

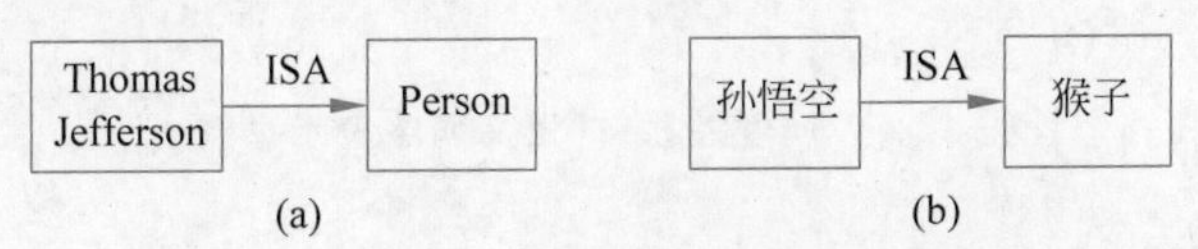

图3.5 "实例关系"的语义网络表示举例

2）分类关系

分类关系体现的是子类和父类的概念，也称为泛化关系，用来描述一个实体是另一个实体的成员，其语义标志为AKO，即“a kind of”的缩写，其含义为“是一种”。例3.10就是典型的分类关系，其可重新表示为如图3.6所示。

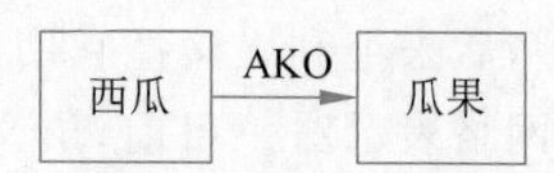

图3.6 “分类关系”的语义网络表示举例

3）成员关系

成员关系表达的是“个体与集体”的概念，用来描述“一个实体是另外一个实体中的成员”。其语义标志为AMO（a member of），含义为“是一员”。

例3.12　用语义网络表示“王华是共青团员”“独立团隶属于115师”。

解：上述知识用语义网络表示如图3.7所示。

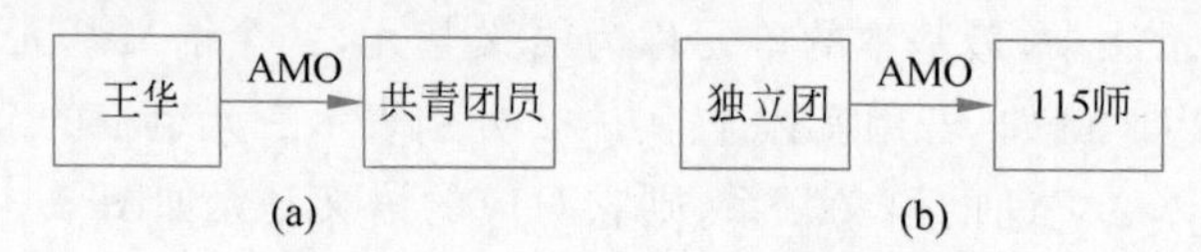

图3.7 “成员关系”的语义网络表示举例

4）属性关系

属性关系是指实体与其行为、能力、状态、特征等属性之间的关系。由于不同事物的属性不同，因此属性关系可以有很多种。例如：

Have，含义是“有”，表示一个实体具有另一个实体所描述的属性。

Can，含义是“能”“会”，表示一个实体能做另一个实体所描述的事情。

Age，含义是“年龄”，表示一个实体是另一个实体在年龄方面的属性。

表示属性的关系不胜枚举，上述例子只是最常见的一些。

例3.13　用语义网络表示“李红今年21岁”“这只猫的颜色是白色的，有尾巴，能够爬树”。

解：上述知识用语义网络表示如图3.8所示。

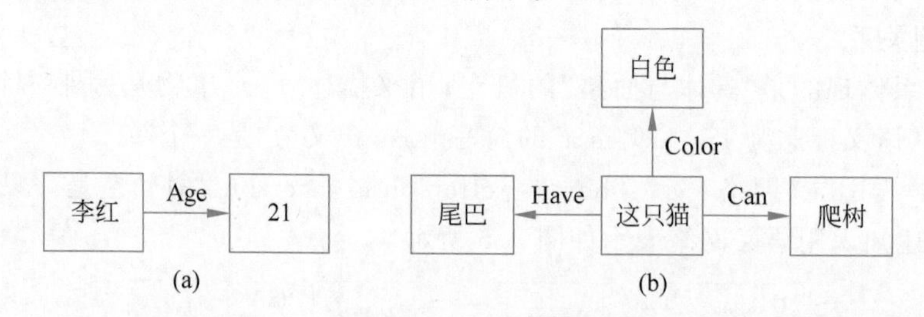

图3.8 “属性关系”的语义网络表示举例

5）包含关系

包含关系也称为聚类关系，具有组织或结构特征的“部分与整体”之间的关系。常用的包含关系有part-of，含义为“是一部分”，表示一个事物是另一个事物的一部分。

例 3.14　用语义网络表示“手掌是人体的一部分”“窗户是房屋的一部分”。

解：上述知识用语义网络表示如图 3.9 所示。

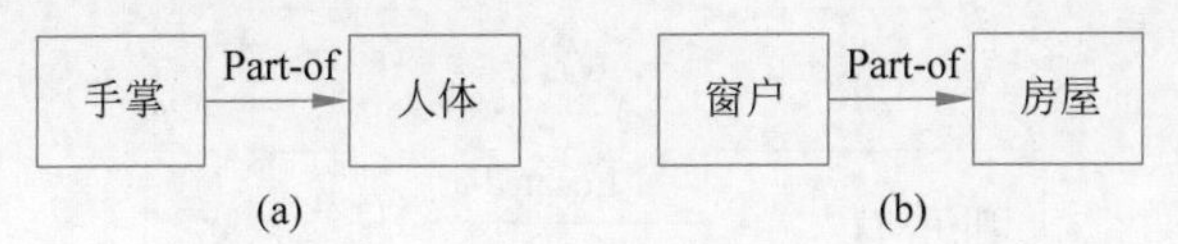

图 3.9　“包含关系”的语义网络表示举例

6）时间关系

时间关系是常见的事件关联关系之一，其表示不同事件在发生时间上的先后关系。常用的时间关系有 Before 和 After。Before 的含义为“在前”，表示一个事件在另一个事件之前发生；After 的含义为“在后”，表示一个事件在另一个事件之后发生。

例 3.15　用语义网络表示“北京奥运会在伦敦奥运会之前”“香港回归后澳门也回归了”。

解：上述知识用语义网络表示如图 3.10 所示。

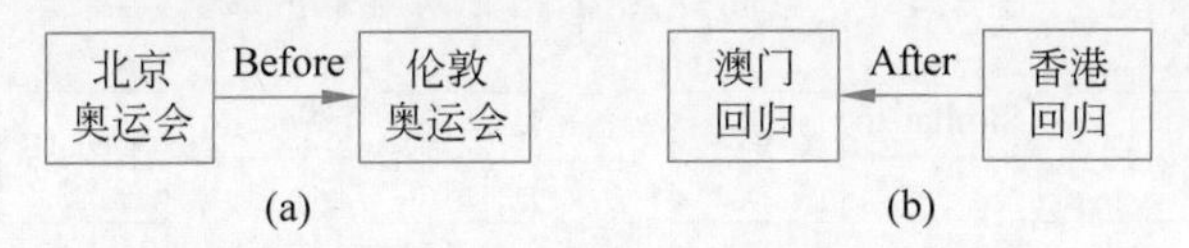

图 3.10　“时间关系”的语义网络表示举例

7）空间关系

空间关系又称为位置关系，是指不同事物在空间位置方面的关系。常用的空间关系有：

Located-on，含义为“在上”，表示某一实体在另一实体之上。

Located-at，含义为“在”，表示某一实体所在的位置。

Located-under，含义为“在下”，表示某一实体在另一实体之下。

Located-inside，含义为“在内”，表示某一实体在另一实体之内。

Located-outside，含义为“在外”，表示某一实体在另一实体之外。

例 3.16　用语义网络表示“咖啡杯在桌子上”“国防科技大学位于长沙市”“牛顿在苹果树下”“游泳馆在体育中心内”“美国国会大厦不在伊利诺伊州，其位于华盛顿特区”。

解：上述知识用语义网络表示如图 3.11 所示。

8）相近关系

相近关系是指不同事物在形状、内容、位置等方面相似或接近。常用的相近关系有：

Similar-to，表示某一事物与另一事物相似。

Near-to，表示某一事物与另一事物在空间位置上接近。

例 3.17　用语义网络表示“狗长得像狼”“电影院的旁边是糖果店”。

解：上述知识用语义网络表示如图 3.12 所示。

9）因果关系

因果关系表示某件事情的发生而导致另一件事情发生的原因-结果关系，其类似于产生式表示法中的知识表示。其表示方式为 If-then，表示两个事物之间存在“如果……

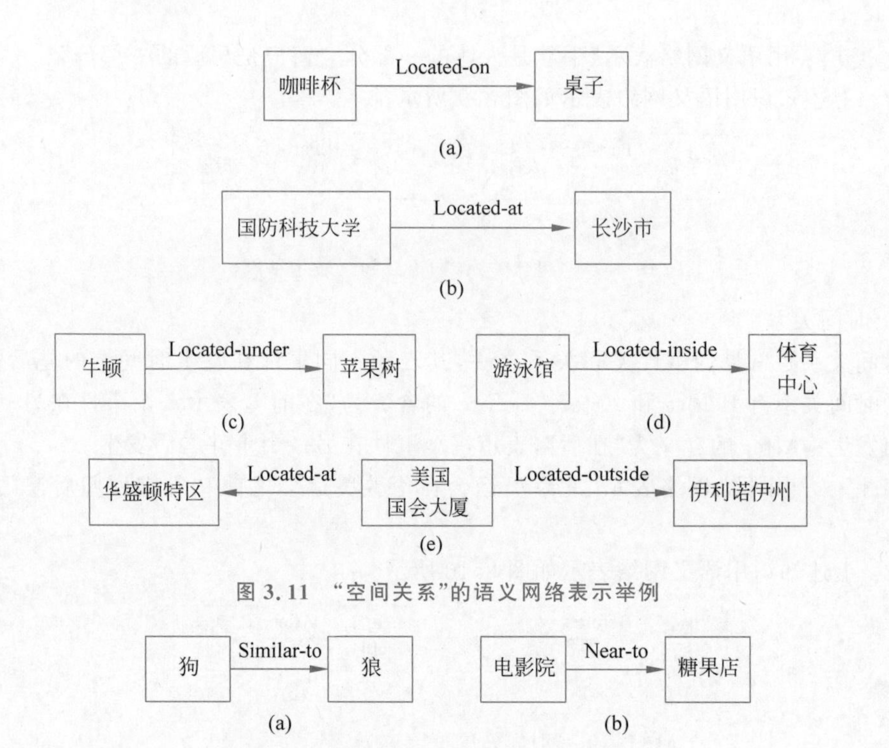

图 3.11 “空间关系”的语义网络表示举例

图 3.12 “相近关系”的语义网络表示举例

则……”的关系。

例 3.18 用语义网络表示“如果天气晴,我就去踢球”。

解：上述知识用语义网络表示如图 3.13 所示。

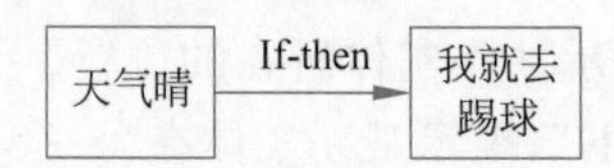

图 3.13 “因果关系”的语义网络表示举例

2. 知识的语义网络表示

1）用语义网络表示一元关系

一元关系是指可以用一元谓词 $P(x)$ 表示的关系。其中,个体 x 为实体,谓词 P 说明实体的性质、属性等。一元关系描述的是一些最简单、最直观的事物或概念,常用“是”“有”“会”“能”等语义关系来说明。

从语义网络的结构看,其包括两个节点和一条有向边,描述的是两个节点之间的二元关系。那么,如何用它来描述一元关系呢？通常的做法是用节点 1 表示实体,用节点 2 表示实体的性质或属性等,用边表示节点 1 和节点 2 之间的语义关系。例如,实例关系(ISA)、属性关系(Have、Can、Age)等均是典型的一元关系表达。又如,用语义网络表示“Thomas Jefferson is a person”,则可以理解为“Thomas Jefferson”这个实体具有“person”的属性,表示方法见例 3.1。

例 3.19 用语义网络表示“动物能吃,能睡,能运动”。

解：上述知识用语义网络表示如图 3.14 所示。

在例 3.19 中，表示“动物”这个实体有“吃”、“睡”和“运动”的属性。可见，尽管语义网络描述的是两个节点之间的二元关系，但它同样可以方便地表示一元关系。

2）用语义网络表示二元关系

二元关系是指可用二元谓词 $P(x,y)$ 表示的关系，其中，个体 x 和 y 为实体，谓词 P 说明两个实体之间的关系。二元关系可以方便地用语义网络表示。分类关系、成员关系、包含关系、时间关系、空间关系、相近关系、因果关系等均是典型的二元关系。

有些关系看起来比较复杂，但可以较容易地分解成多个独立的二元关系或一元关系。对于这类问题，可先给出每个二元关系或一元关系的语义网络表示，再把它们关联到一起，得到问题的完整表示。

例 3.20 用语义网络表示“动物能吃，能睡，能运动”“狗是动物，有尾巴，能叫”“鱼是动物，有鳞，能游泳”。

解：上述知识用语义网络表示如图 3.15 所示。

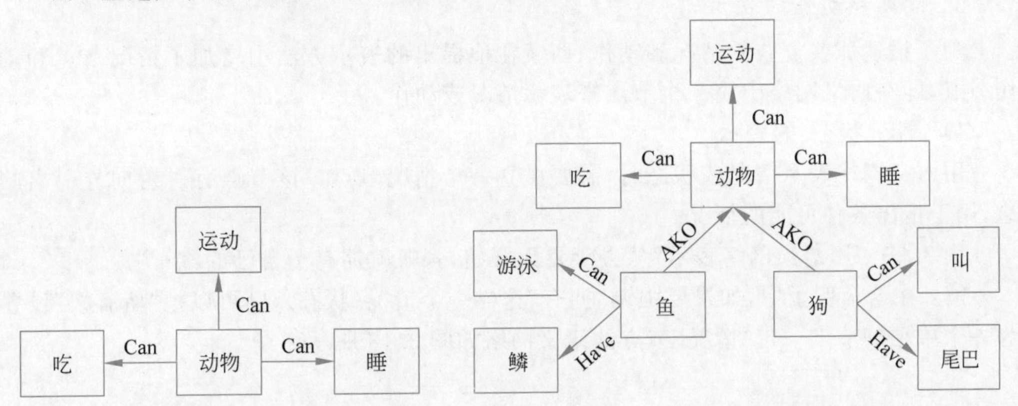

图 3.14 一元关系的语义网络表示举例

图 3.15 动物分类的语义网络

在例 3.20 中，“AKO”为二元关系，其余均为一元关系。多个一元关系和二元关系组合在一起构成了复杂的语义网络图，很好地表达了例 3.20 中的三个知识。

例 3.21 用语义网络表示“李韬是天河公司的设计师”“李韬是计算机学会成员，今年 32 岁”“天河公司是国企，位于德雅村”。

解：上述知识用语义网络表示如图 3.16 所示。

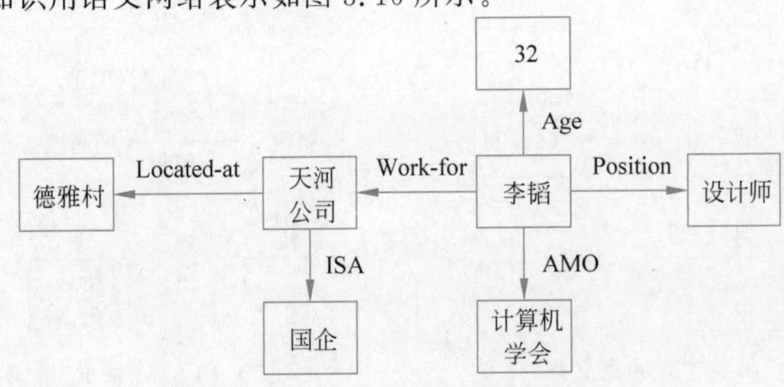

图 3.16 李韬相关信息的语义网络

例 3.22　用语义网络表示"熊伟的计算机是黑色，品牌是联想""吴烨的计算机是银灰色，品牌是苹果"。

解：在这个例子中，要表达的两条知识相对独立，但又有一定的联系。比如，两个人各自拥有一台计算机，但计算机作为抽象名词，可以看成是同一个概念。使该问题的表示更加一般化和便于扩充，可在语义网络中增加"计算机"这个抽象概念，并用计算机 1、计算机 2 分别代表熊伟和吴烨的计算机。因此，上述知识用语义网络表示如图 3.17 所示。

3）用语义网络表示多元关系

多元关系是指可用多元谓词 $P(x_1, x_2, \cdots, x_n)$ 表示的关系，其中，个体 $x_1, x_2, \cdots, x_n$ 为实体，谓词 P 说明这些实体之间的关系。在现实世界中，往往需要通过某种关系把多种事物联系起来，这就构成了一种多元关系。当用语义网络表示多元关系时，需要先将其转化为多个一元或二元关系，再把这些一元关系、二元关系组合起来实现对多元关系的表示。例 3.21 和例 3.22 均是由多元关系分解而成的多个一元、二元关系的组合。

3. 情况和动作的表示

为了描述那些复杂的情况和动作，西蒙在他提出的表示方法中增加了情况节点和动作节点，即在语义网络中用一个节点来表示情况或动作。

1）情况（状态）的表示

用语义网络表示情况或状态时，需要设立一个情况节点。该节点有一组向外引出的边，用于指出各种可能的情况。

例 3.23　用语义网络表示"从去年夏天开始，张帆就拥有了自己的汽车"。

解：在这个例子中，如果要强调"拥有"这样一个情况（状态），则可以把"所有权"设置为一个单独的节点。带"情况"节点的语义网络如图 3.18 所示。

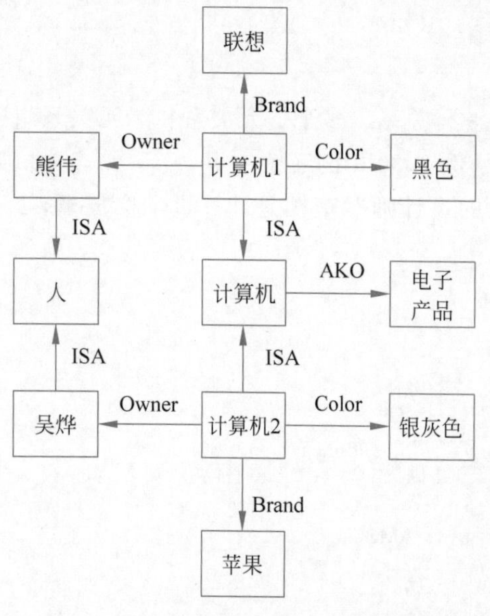

图 3.17　计算机相关信息的语义网络

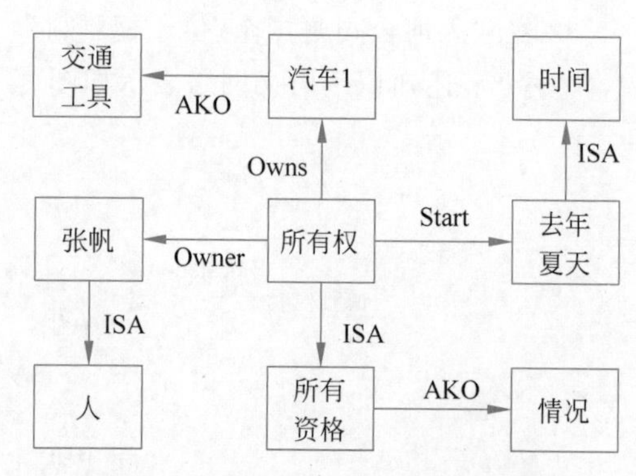

图 3.18　带"情况"节点的语义网络

这是一个相对复杂的语义网络，情况节点“所有权”位于该语义网络的中心，具有很多的属性。其“所有者”是张帆，“被拥有的物品”是汽车，然后用“去年夏天”这个节点表达了“所有权”这个情况的起始时间。

当然，如果并不强调“所有权”这个情况，“张帆拥有汽车”这样的知识也可以表示为如图 3.19 所示的语义网络。但值得注意的是，当没有“情况”节点时，难以表达张帆对汽车的“所有权”是从“去年夏天”这个时间开始的。

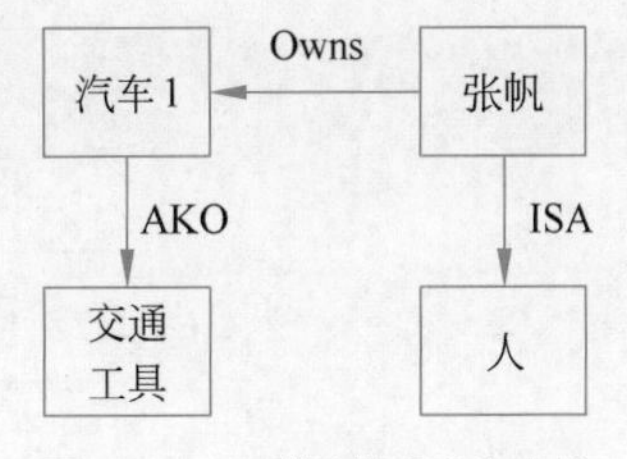

图 3.19 不带“情况”节点的语义网络

2）事件和动作的表示

与情况或状态时类似，用语义网络表示事件或动作时也需要建立一个单独的事件节点。事件节点也有一些向外引出的边，用于指出事件的主体和客体。

例 3.24 用语义网络表示“小王本学期一直担任学生会主席”。

解：在这个例子中，如果要强调“担任”这样一个动作，则可以把“担任”设置为一个单独的节点。带“动作”节点的语义网络如图 3.20 所示。

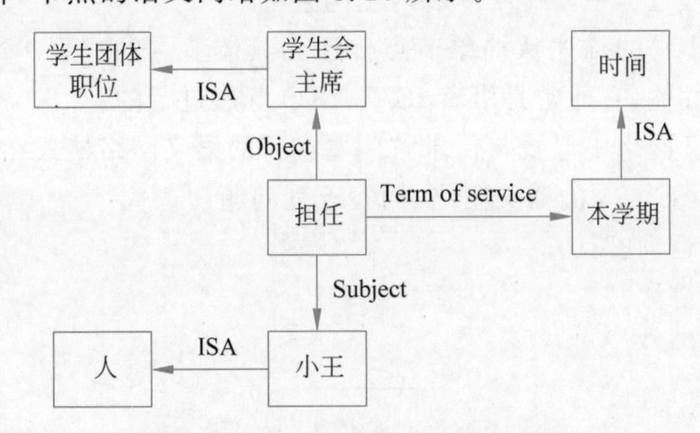

图 3.20 带“动作”节点的语义网络

图 3.20 中，动作节点“担任”的主体是“小王”，客体是“学生会主席”，代表小王“担任”了学生会主席。然后用“本学期”这个节点表达了“担任”这个情况的持续时间。

有时需要在语义网络中单独构建一个节点用以描述某一个事件。

例 3.25 用语义网络表示“王涵送给李敏一本书”。

解：在这个例子中，如果要强调“送给”这样一个动作，则可以构建带“动作”节点的语义网络，如图 3.21 所示。如果强调“送书”这个事件，则可以构建带“事件”节点的语义网络，如图 3.22 所示。

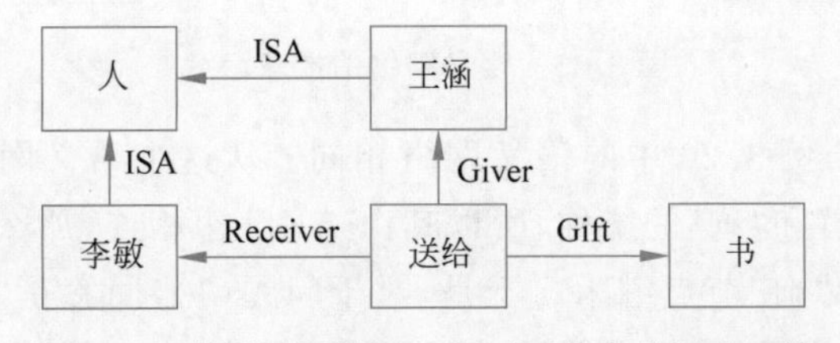

图 3.21 将“送给”设置为“动作”节点的语义网络

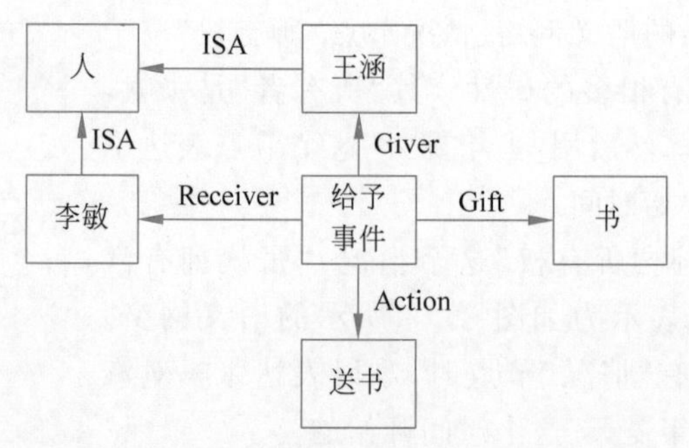

图 3.22　将"送书"设置为"事件"节点的语义网络

例 3.25 中,带"动作"节点的语义网络与带"事件"节点的语义网络表达的含义类似。但带"事件"节点的语义网络强调的是整个事件,动作"送书"是该事件的一个属性(表明书是"送"出去的,而不是"借"出去或是"卖"出去的)。

4. 语义网络的推理过程

语义网络的推理过程主要有继承和匹配两种。

继承是指把对事物的描述从抽象节点传递到具体节点的过程。通过继承可以得到当前节点更多的属性值,它通常是沿着 ISA、AKO 等边进行的。

匹配是指在语义网络中寻找与待求解问题相符的语义网络模式。

例 3.26　基于图 3.23 的语义网络,回答下列问题:

(1)"狗是否能运动?"

(2)"鱼是否能游泳?"

(3)"狗是否有鳞?"

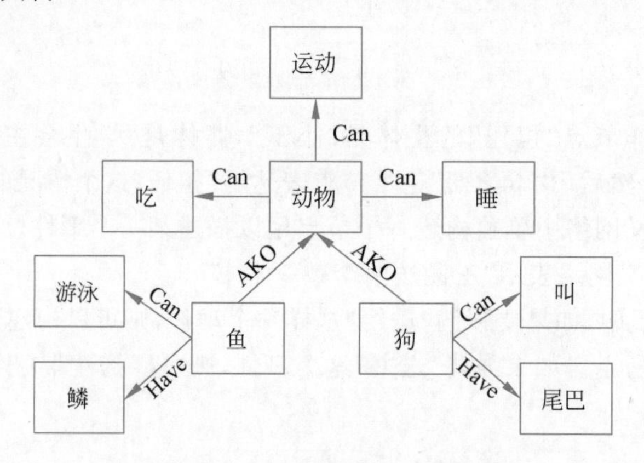

图 3.23　语义网络的推理示意

解:该语义网络与例 3.20 中的语义网络相同。从这个语义网络中可知,抽象节点"动物"是具象节点"鱼"和"狗"的统称,所以其由 AKO 边相连,那么"动物"所具有的"运动"能力可以被"鱼"和"狗"节点继承。于是,对于问题(1),回答是"狗能够运动"。对于问题(2),节点"鱼"与"游泳"节点通过 Can 边相连,表明"鱼"和"游泳"与问题中的"鱼是否能游泳"匹配,于是得到答案"鱼能游泳"。对于问题(3),由于节点"狗"和节点"鳞"没有 Have 边相连，说明不能与问题匹配，因而得到答案"狗没有鳞"。继承和匹配就是语义网络知识应用的基本模式。

5. 语义网络表示法的特性

语义网络表示法的主要优点如下。

(1) 结构性。语义网络把事物的属性及事物间的各种语义联系显式地表示出来，是一种结构化的知识表示方法。在这种方法中具象节点可以继承抽象节点的属性，从而实现了信息的高效表达。

(2) 联想性。语义网络通过节点和边表达了事物之间的语义联系，体现出人类联想思维的过程。

(3) 自然性。语义网络实际上是一个在边上带有标志的有向图，可以直观地把知识表示出来，符合人们表达事物间关系的习惯，并且自然语言与语义网络之间的转换比较容易实现。

语义网络表示法也存在一定的缺点。

(1) 非严格性。语义网络没有像谓词那样严格的形式表示体系，一个给定语义网络的含义完全依赖处理程序对它进行的解释，通过语义网络实现的推理不能保证其正确性。

(2) 复杂性。语义网络表示知识的手段是多种多样的，虽然对其表示带来了灵活性，但由于表示形式的不一致，也使得对它的处理增加了复杂性。

3.3 确定性知识推理

3.2 节介绍了 3 种常用的知识表示方法。知识表示是为了应用，知识的应用是推理。本节主要针对确定性知识，讨论基于规则的产生式推理、基于标准逻辑的自然演绎推理及基于鲁滨逊归结原理的归结演绎推理。

3.3.1 产生式推理

通常，人们把利用产生式知识表示方法所进行的推理称为产生式推理，把由此所形成的系统称为产生式系统。产生式规则在 3.2.2 节中已经进行了介绍。产生式规则形式如：IF…THEN…的形式，如：

IF the 'fuel tank' is empty
THEN the car is dead

又如：

IF the season is autumn
AND the sky is cloudy
AND the forecast is drizzle
THEN the advice is 'take an umbrella'

20 世纪 70 年代中期，纽厄尔和西蒙等设计了一个产生式系统模型，奠定了现代专家系统的基础。这个产生式模型基于如下思想：人类应用他们的知识(以产生式规则表达)解决一个特定的以特征信息为代表的问题。

典型的产生式系统基本结构如图 3.24 所示，包括综合数据库（Database）、知识库（Knowledge Base）和推理机（Inference Engine）三部分组成。

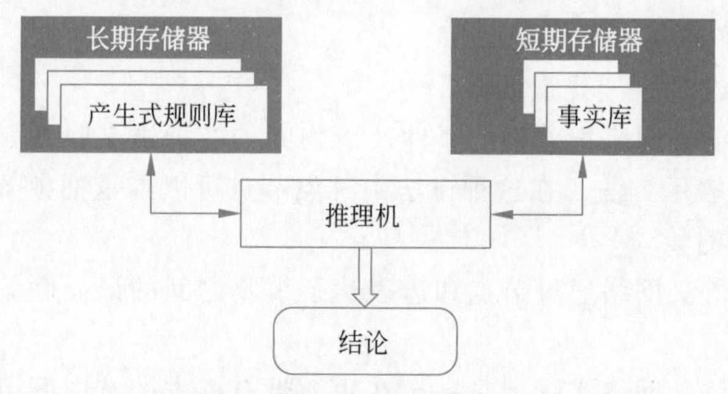

图 3.24　产生式系统基本结构

综合数据库也称为事实库，是用来存放与求解问题有关的各种当前信息，如问题的初始状态、输入的事实、推理得到的中间结论及最终结论等的数据结构。可见，数据库是存储用户输入事实及推理结论的部件，而事实和推理结论随着推理场景的变化而变化，因此这种存储是短期（Short-term Memory）的。

知识库又称为规则库，是用来存放与求解问题有关的所有产生式规则的集合，包含了将问题从初始状态转换成目标状态所需要的所有变换规则。这些产生式规则描述了问题领域中的一般性知识。可见，知识库是存储产生式规则集合的部件，而描述问题领域知识的产生式规则不会经常改变，因此这种存储是长期（Long-term Memory）的。

推理机又称为控制系统，由一组程序构成，用来控制整个产生式系统的推理过程。推理机主要进行以下五件事情。

（1）选择匹配：按一定策略从知识库中选择规则（规则前项）与综合数据库中的已知事实进行匹配。

（2）冲突消解：对匹配成功的规则，按照某种策略从中选出一条规则执行。

（3）执行操作：对所执行的规则，若其后项为一个或多个结论，则把这些结论加入综合数据库；若其后项为一个或多个操作，则执行这些操作。

（4）终止推理：检查综合数据库中是否包含有目标，若有，则停止推理。

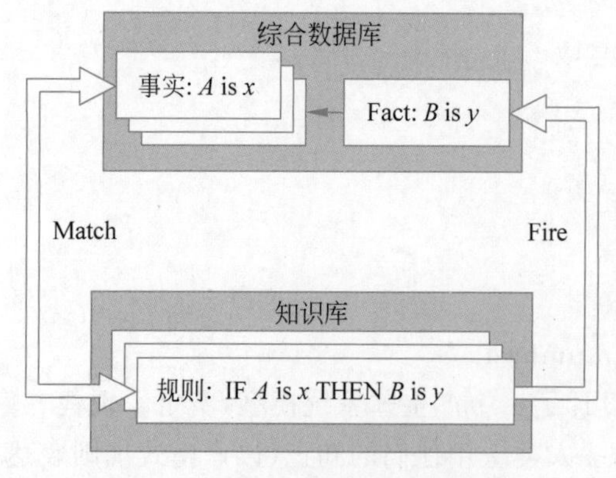

图 3.25　产生式系统基本推理过程

（5）路径解释：在问题求解过程中记住应用过的规则序列，以便最终能够给出问题的解的路径。

在产生式系统基本推理过程中，当规则库中某条规则的前提可以和综合数据库中的已知事实相匹配时，该规则被激活，由它推出的结论将作为新的事实放入数据库，成为后面推理的已知事实，如图 3.25 所示。

现代专家系统可以看成产生式系统的

演变与发展，专家系统基本结构如图 3.26 所示。

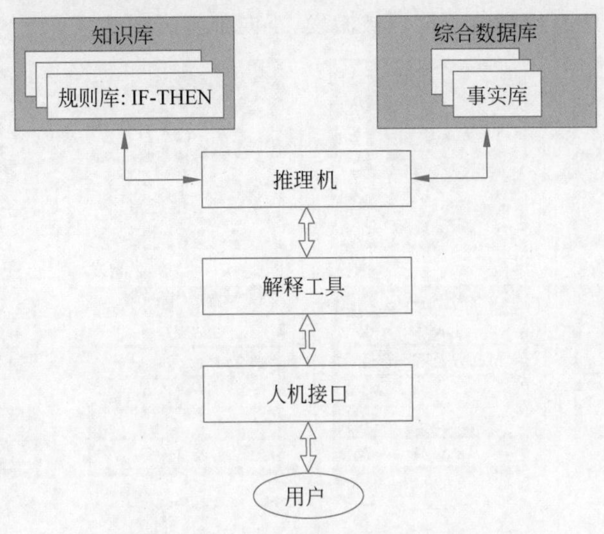

图 3.26 典型的专家系统基本结构

除了综合数据库、知识库和推理机以外，专家系统还包含解释工具（Explanation Facilities）、人机接口（User Interface）等部件。解释工具为用户提供推理机结论的相关解释。例如，诊断血液病的专家系统会向用户解释专家系统是如何判断该病人是患了某种血液病的推理过程。用户接口可以是图形界面的，也可以是问答系统等基于文字界面的，还可以是基于语音交互的，用于用户输入事实，并获得专家系统得出的结论和解释。

产生式推理具有一定的方向性，按照推理的控制方向，产生式推理可分为正向、逆向和混合 3 种方式。

1. 产生式的正向推理

正向推理是一种从已知事实出发正向使用推理规则的推理方式，也称为数据驱动推理或前向链推理。在正向推理中，用户需要事先提供一组初始证据，并将其放入综合数据库；推理开始后，推理机根据综合数据库中的已有事实到知识库中寻找当前可用规则，形成一个规则集合，然后按照冲突消解策略从该规则集合中选择一条知识进行推理，并将新推出的事实加入综合数据库，作为后面继续推理时可用的已知事实；如此重复这一过程，直到求出所需要的解或知识库中再无可用知识为止。

例 3.27 产生式系统正向推理过程。

如图 3.27 所示，初始条件下，综合数据库中有事实 A、B、C、D 和 E。而知识库中有 5 条规则。这时，开始正向推理。在正向推理过程中，所有能激发的规则都让其激发，于是事实 A 与规则 3 的前项匹配，规则 3 激发，生成新的事实 X，事实 C 与规则 4 的前项匹配，规则 4 激发，生成新的事实 L，这时没有规则可以被激发，正向推理第一轮完毕，将新生成的事实 X 和 L 存入综合数据库。由于事实库中同时存在 X、B、E 三个事实，规则 2 激发，生成新的事实 Y，这时没有规则可以被激发，正向推理第二轮完毕，将新生成的事实 Y 存入综合数据库。由于事实库中同时存在 Y、D 两个事实，规则 1 激发，生成新的事实

Z。这时没有规则可以被激发，正向推理第三轮完毕，将新生成的事实 Z 存入综合数据库。这时知识库中所有规则均不能再被激发，正向推理过程结束。

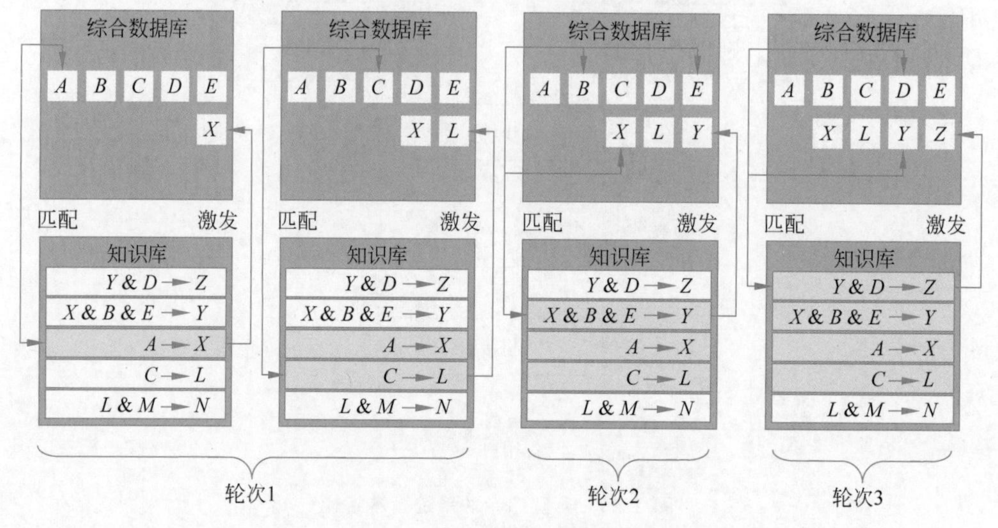

图 3.27　产生式系统正向推理举例

显然，在正向推理过程中并没有明确的推理目的，对推理将得出的结论也没有预知。在每一轮推理过程中能被激发的规则均被激发，从而得到新的事实，并存入综合数据库。如果需要的结论出现在综合数据库中，或者没有新的规则可以被激发，则推理结束。在正向推理过程中，某些规则的激发对于最终的推导结果没有帮助。一个真正的产生式系统（专家系统）可能有上百条规则，可能有很多被激发并产生了新的事实，但其与最终的目标毫无关系。如在例 3.27 中假设真正需要的结论是 Z，则规则 4 的激发对最终的结论没有支撑。

因此，如果要推理出一个明确的事实（求证某个结论），则正向推理技术的效率不太理想。

2. 产生式的逆向推理

逆向推理是一种以某个假设目标作为出发点的推理方法，也称为目标驱动推理或逆向链推理。与正向推理相比，逆向推理多了一个规则栈，暂时用于存放待激发的规则。在逆向推理中，产生式系统会设定一个目标，推理机试图找到证据来证明它。首先，推理机搜索知识库，寻找包含期望解决方案的规则，也就是说那些规则后项（“THEN”部分）包含目标结论的规则。如果找到这样的规则，而且它的 IF 部分和数据库中数据匹配，则激发该规则，目标得到证明，但这样的情况非常少。更多的情况是综合数据库中没有直接与该规则匹配的事实。这时产生式系统就对该规则进行压栈（存入规则栈中），并建立新的目标，即该被压栈规则的前项（“IF”部分），称为子目标，继续搜索知识库中能否证明该子目标的规则。推理机反复执行上述过程，直到目标被证明或知识库中没有可以证明子目标的规则为止。

例 3.28　产生式系统逆向推理过程（设定目标为证明事实“Z”成立），如图 3.28 所示。

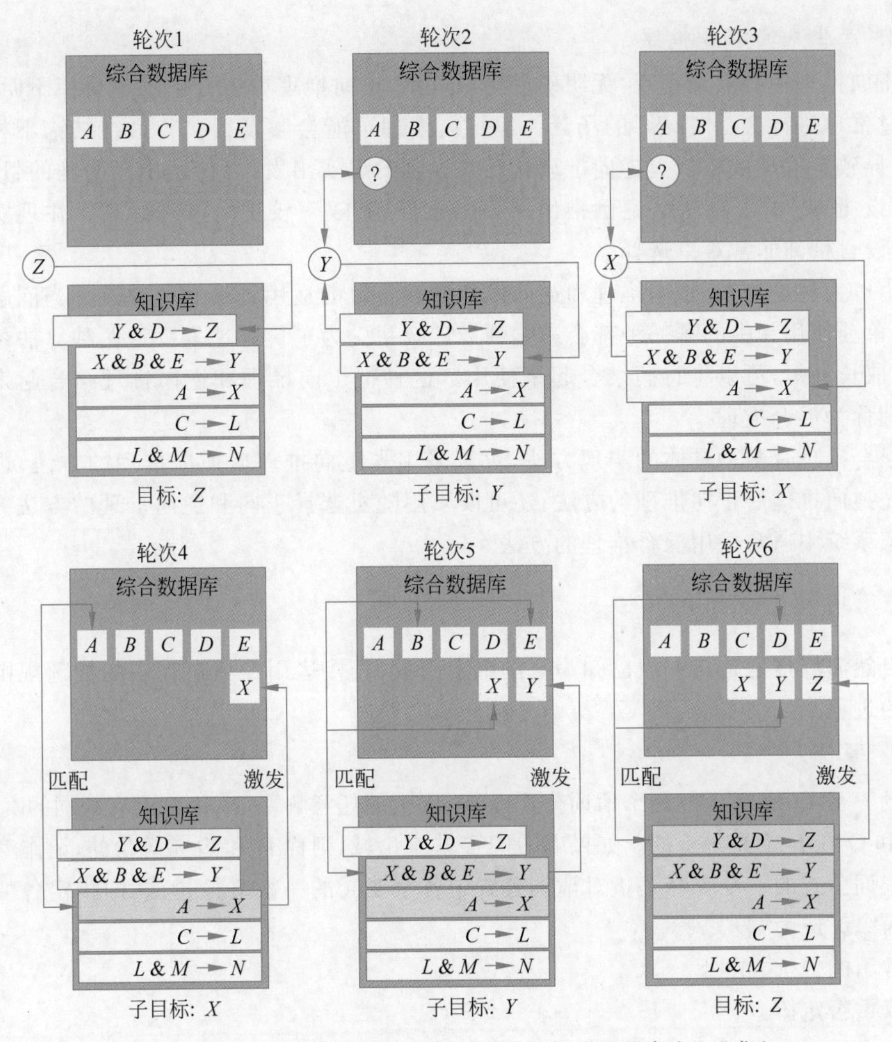

图3.28 产生式系统逆向推理举例(设定目标为证明事实"Z"成立)

在例3.28中,推理机会首先搜索综合数据库和知识库,发现综合数据库中当前不包含事实 Z,但知识库中规则1的结论部分包含事实 Z。则推理机将规则1压栈,然后将规则1的前项 $Y\&D$ 作为子目标。然后,推理机会首先搜索综合数据库和知识库,发现事实 D 在综合数据库中,但事实 Y 不在,且规则2的规则后项包含事实 Y,则规则2压栈,且将规则2的前项 $X\&B\&E$ 作为新的子目标。接下来推理机发现在综合数据库中存在事实 B 和 E,但事实 X 不存在。但在知识库中,规则3的规则后项包含 X,则将规则3压栈,规则3的前项 A 作为新的子目标。接下来,推理机搜索综合数据库,发现事实 A 在事实库中。于是,规则3弹栈并激发,得到事实 X,并将 X 插入综合数据库中。规则2弹栈并激发,得到事实 Y,并将 Y 插入综合数据库中。规则1弹栈并激发,得到事实 Z,逆向推理过程成功退出。可见,逆向推理的目的性更强,可以避免激发对证明目标没有贡献的规则。例如,在例3.27中正向推理中被激发的规则4没有在逆向推理中被激发。

3. 产生式的混合推理

正向推理的特点是直观,无明确目标。可见,正向推理更适合于推理目标不明确,需要通过推理进行广泛“探索”的场景。但正向推理可能会激发很多与最终结论不相关的规则,导致其推理效率低。逆向推理从已知为真的事实出发,直接运用经明确的目标,通过“假设-证明”的思路从结论倒推出需要的条件,其效率较正向推理更高。在现实场景中,假设目标却非常难以选择。

由以上讨论可知,正向推理和逆向推理都有各自的适用场景和优缺点。当问题较复杂时,单独使用其中的哪一种都会影响到推理效率。为了更好地发挥这两种算法各自的长处,取长补短,可以将它们结合起来使用。这种把正向推理和逆向推理结合起来进行的推理称为混合推理。

混合推理有多种具体的实现方法,可以采用先正向推理后逆向推理的方法,也可以采用先逆向推理后正向推理的方法,还可以采用随机选择正向和逆向推理的方法。现代的专家系统中通常采用混合推理的方法。

3.3.2 自然演绎推理

自然演绎推理是从一组已知为真的事实出发,直接运用经典逻辑中的推理规则推出结论的过程。

1. 等价式

设 P 和 Q 是 D 上的两个谓词公式,若对 D 上的任意解释,P 和 Q 都有相同的真值,则称 P 和 Q 在 D 上是等价的。如果 D 是任意非空论域,则称 P 和 Q 是等价的,记作 $P \Leftrightarrow Q$。

谓词公式的一个解释是指对谓词公式中各个变元的一次真值指派,即指定各变元的真值为“真”或为“假”。

常用的等价式如下。

双重否定律: $\neg\neg P \Leftrightarrow P$

交换律: $(P \vee Q) \Leftrightarrow (Q \vee P)$, $(P \wedge Q) \Leftrightarrow (Q \wedge P)$

结合律: $(P \vee Q) \vee R \Leftrightarrow P \vee (Q \vee R)$

$(P \wedge Q) \wedge R \Leftrightarrow P \wedge (Q \wedge R)$

分配律: $P \vee (Q \wedge R) \Leftrightarrow (P \vee Q) \wedge (P \vee R)$

摩根定律: $\neg(P \vee Q) \Leftrightarrow \neg P \wedge \neg Q$

$\neg(P \wedge Q) \Leftrightarrow \neg P \vee \neg Q$

吸收律: $P \vee (P \wedge Q) \Leftrightarrow P$, $P \wedge (P \vee Q) \Leftrightarrow P$

补余律: $P \vee \neg P \Leftrightarrow T$, $P \wedge \neg P \Leftrightarrow F$

连词化归律: $P \rightarrow Q \Leftrightarrow \neg P \vee Q$

$P \leftrightarrow Q \Leftrightarrow (P \rightarrow Q) \wedge (Q \rightarrow P)$

$P \leftrightarrow Q \Leftrightarrow (P \wedge Q) \vee (\neg P \wedge \neg Q)$

量词转换律: $\neg(\exists x)P \Leftrightarrow (\forall x)(\neg P)$

$\neg(\forall x)P \Leftrightarrow (\exists x)(\neg P)$

量词分配律：　　$(\forall x)(P \wedge Q) \Leftrightarrow (\forall x)P \wedge (\forall x)Q$

$(\exists x)(P \vee Q) \Leftrightarrow (\exists x)P \vee (\exists x)Q$

2. 永真蕴涵式

谓词公式 P 和 Q，如果 $P \rightarrow Q$ 永真，则称 P 永真蕴涵 Q，且称 Q 为 P 的逻辑结论，P 为 Q 的前提，记为 $P \Rightarrow Q$。

常用的永真蕴涵式如下。

化简式：　　$P \wedge Q \Rightarrow P, P \wedge Q \Rightarrow Q$

附加式：　　$P \Rightarrow (P \vee Q), Q \Rightarrow (P \vee Q)$

析取三段论：　　$\neg P, P \vee Q \Rightarrow Q$

假言推理：　　$P, P \rightarrow Q \Rightarrow Q$

拒取式：　　$\neg Q, P \rightarrow Q \Rightarrow \neg P$

假言三段论：　　$P \rightarrow Q, Q \rightarrow R \Rightarrow P \rightarrow R$

二难推理：　　$P \vee Q, P \rightarrow R, Q \rightarrow R \Rightarrow R$

全称固化：　　$(\forall x)P(x) \Rightarrow P(y)$

其中：y 是论域中的任一个体，依此可消去谓词公式中的全称量词。

存在固化：　　$(\exists x)P(x) \Rightarrow P(y)$

其中：y 是论域中某一个可以使 $P(y)$ 为真的个体，依此可消去谓词公式中的存在量词。

3. 置换与合一

1）置换

在不同谓词公式中往往会出现多个谓词的谓词名相同但个体不同的情况，此时推理过程是不能直接进行匹配的。因此，需要先进行变元的替换。例如，对谓词公式

$$P(a) \quad 和 \quad P(x) \rightarrow Q(x)$$

式中，$P(a)$ 与 $P(x)$ 的谓词名相同，但个体不同，不能直接进行推理。首先需要找到项 a 对变元 x 的替换，使 $P(a)$ 和 $P(x)$ 不仅谓词名相同，而且个体相同。这种利用项对变元进行替换的操作称为置换(Substitution)。其形式化定义如下。

置换是形如 $\{t_1/x_1, t_2/x_2, \cdots, t_n/x_n\}$ 的有限集合，其中：$t_1, t_2, \cdots, t_n$ 是项；$x_1, x_2, \cdots, x_n$ 是互不相同的变元；$t_i/x_i (i=1,2,\cdots,n)$ 表示用 t_i 替换 x_i，并且要求 t_i 不能与 x_i 相同，x_i 不能循环地出现在另一个 t_i 中。

例如，$\{a/x, b/y, g(c)/z\}$ 是一个置换，但是 $\{f(x)/y, g(y)/x\}$ 不是一个置换，原因是它在 x 与 y 之间出现了循环置换现象。引入置换的目的本来是要将某些变元用其他变元、常量或函数来替换，使其不在公式中出现。但在 $\{f(x)/y, g(y)/x\}$ 中，$f(x)$ 用来置换 y，而 $g(y)$ 又用来替换 x，这样导致循环替换，既不能消去 x 又不能消去 y，因此它不是一个置换。

通常，置换可用希腊字母 θ、α、β、σ 等来表示。

例示：设 $\theta = \{t_1/x_1, t_2/x_2, \cdots, t_n/x_n\}$ 是一个置换，F 是一个谓词公式，把公式 F 中出现的所有 x_i 换成 $t_i (i=1,2,\cdots,n)$，得到一个新的公式 G，称 G 为 F 在置换 θ 下的例示，记作 $G = F \cdot \theta$。

一个谓词公式的任何例示都是该公式的逻辑结论。

2）合一

合一(Unifier)可以简单地理解为利用置换使两个或多个谓词的谓词名和个体均一致，以方便后续运算操作。其形式定义如下。

合一：设有公式集 $F=\{F_1,F_2,\cdots,F_n\}$，若存在一个置换 θ，使得 $F_1\cdot\theta=F_2\cdot\theta=\cdots=F_n\cdot\theta$，则称 θ 是 F 的一个合一，称 $F_1,F_2,\cdots,F_n$ 是可合一的。合一一般不唯一。

最一般合一：设 σ 是公式集 F 的一个合一，如果对任一个合一 θ 都存在一个代换 λ，使得 $\theta=\sigma\cdot\lambda$，则称 σ 是一个最一般合一。最一般合一是唯一的。

例 3.29　证明 $\theta=\{a/x,g(a)/y,f(g(a))/z\}$ 是公式集 $F=\{P(g(x),y,f(y)),P(g(a),g(x),z)\}$ 的一个合一。

证明：记 $F_1=P(g(x),y,f(y)),F_2=P(g(a),g(x),z)$

则

$$F_1\cdot\theta=P(g(a),g(a),f(g(a)))$$

且

$$F_2\cdot\theta=P(g(a),g(a),f(g(a)))$$

于是有 $F_1\cdot\theta=F_2\cdot\theta$，所以按合一的定义可知，$\theta$ 是公式集 F 的一个合一，且公式集 F 是可合一的。

4. 自然演绎推理的应用

下面将通过例子讨论如何使用自然演绎推理中的等价式、永真蕴含式及置换、合一方法完成从前提到逻辑结论的证明过程。

例 3.30　设已知如下事实：

$P,Q,Q\rightarrow R,P\rightarrow S,P\wedge R\rightarrow T,S\wedge T\rightarrow A$

求证：A 为真。

证明：$Q,Q\rightarrow R\Rightarrow R$　　(假言推理)

$P,R\Rightarrow P\wedge R$　　(引入合取词)

$P\wedge R,P\wedge R\rightarrow T\Rightarrow T$　　(假言推理)

$P,P\rightarrow S\Rightarrow S$　　(假言推理)

$S,T\Rightarrow S\wedge T$　　(引入合取词)

$S,S\wedge T\rightarrow A\Rightarrow A$　　(假言推理)

原命题得证。

例 3.31　设已知如下事实：

(1) 只要是能开花的绿色植物，小雪就喜欢。

(2) 花卉市场 A 卖的所有绿色植物都是能开花的。

(3) 三角梅在花卉市场 A 售卖。

求证：小雪喜欢三角梅。

证明：首先，定义谓词，即

Bloom(x)：x 是能开花的绿色植物。

$Like(y,z)$：y 喜欢 z。

$Market\_A(k)$：k 在花卉市场 A 售卖。

依据题意，上述事实可用谓词逻辑表示如下：

$$(\forall x)(Bloom(x) \rightarrow Like(Xue,x))$$

$$(\forall x)(Market\_A(x) \rightarrow Bloom(x))$$

$$Market\_A(Tri\_Plum)$$

其中，x 的论域为所有绿色植物，Xue 表示小雪，Tri_Plum 表示三角梅。

利用自然演绎推理方法可得

$(\forall x)(Market\_A(x) \rightarrow Bloom(x)) \Rightarrow Market\_A(y) \rightarrow Bloom(y)$

（全称固化）

$Market\_A(Tri\_Plum), Market\_A(y) \rightarrow Bloom(y) \Rightarrow Bloom(Tri\_Plum)$

（假言推理，置换{Tri_Plum/y}）

$(\forall x)(Bloom(x) \rightarrow Like(Xue,x)) \Rightarrow Bloom(z) \rightarrow Like(Xue,z)$

（全称固化）

$Bloom(Tri\_Plum), Bloom(z) \rightarrow Like(Xue,z) \Rightarrow Like(Xue, Tri\_Plum)$

（假言推理，置换{Tri_Plum/z}）

由谓词定义可知，Like(Xue，Tri_Plum)表示小雪喜欢三角梅，原命题得证。

自然演绎推理的优点：定理证明过程自然，易于理解，有丰富的推理规则可用；推理过程符合人类的思维习惯，因此具有很好的可解释性。

自然演绎推理的主要缺点：在推理方向的选择上无明确指示，试探性和技巧性很强；在问题规模较大时容易产生组合爆炸；推理过程中得到的中间结论一般按指数规律递增。因此，自然演绎推理对于求解复杂问题的推理不利，甚至难以实现。

3.3.3 归结演绎推理

自然演绎推理方法在推理方向的选择上技巧性很强。如果每一个推理方向都探索，又容易导致组合爆炸。那么，有没有一种方法能够将逻辑推理的过程转换为逻辑计算的过程呢？逻辑计算并不需要太多技巧，只需要按照运算法则计算即可，因而更适合交给计算机完成。本节将介绍的归结演绎推理就是这样的方法。

归结演绎推理是一种基于鲁滨逊归结原理的机器推理技术。鲁滨逊归结原理也称为消解原理，是鲁滨逊于 1965 年提出的一种基于逻辑的“反证法”，其能够机械化地证明定理。归结演绎推理基本思想是把永真性的证明转化为不可满足性的证明，即证明 $P \rightarrow Q$ 永真，只要证明 $P \wedge \neg Q$ 为不可满足即可（$\neg(P \rightarrow Q) \Rightarrow \neg(\neg P \vee Q) \Rightarrow P \wedge \neg Q$，连词化归律，摩根定律，双重否定律）。

1. 永真性和不可满足性

为了后面推理需要，首先介绍谓词公式的永真性、可满足性与不可满足性的概念。

永真性：如果谓词公式 P 对非空论域 D 上的任一解释都取得真值 T，则称 P 在 D

上是永真的；如果 P 在任何非空论域上均是永真的，则称 P 永真。

由于谓词公式的一个解释是指对谓词公式中各个变元的一次真值指派，因此要利用该定义去判定一个谓词公式为永真，就必须枚举每个非空论域中的每个解释，并逐一进行判断。当解释的个数有限时，尽管枚举工作量大，公式的永真性毕竟还可以判定；当解释个数无限时，其永真性就很难通过枚举的方法判定。

可满足性：对于谓词公式 P，如果至少存在论域 D 上的一个解释，使公式 P 在此解释下的真值为 T，则称公式 P 在 D 上是可满足的。谓词公式的可满足性也称为相容性。

不可满足性：如果谓词公式 P 对非空论域 D 上的任一解释，都取真值 F，则称 P 在 D 上是不可满足的；如果 P 在任何非空论域上均是不可满足的，则称 P 不可满足。不可满足性又称为永假性或不相容性。

2. 谓词公式的范式

谓词公式的范式即是谓词公式的标准形式。在归结演绎推理中往往需要将谓词公式转换为与之等价的范式。根据量词在公式中出现的情况，可将谓词公式的范式分为以下两种。

1）前束范式

设 F 为一谓词公式，如果其中的所有量词均非否定地出现在公式的最前面，且它们的辖域为整个公式，则称 F 为前束范式。

前束范式的一般形式为

$$(Q_1x_1)\cdots(Q_2x_2)M(x_1,x_2,\cdots,x_n)$$

其中：$Q_i(i=1,2,\cdots,m)$为前缀，是一个由全称量词或存在量词组成的量词串；$M(x_1,x_2,\cdots,x_n)$为母式，是一个不包含任何量词的谓词公式。

2）Skolem 范式

如果前束范式中所有的存在量词都在全称量词之前，则称这种形式的谓词公式为 Skolem 范式。相对于前束范式，Skolem 范式提出了更严格的要求。

例 3.32　前束范式和 Skolem 范式举例。

$(\exists x)(\forall y)(\exists z)\big(P(x,y)\vee Q(z)\wedge R(y,z)\big)$是前束范式，但不是 Skolem 范式。

$(\exists x)(\exists z)(\forall y)\big(P(x,y)\vee Q(z)\wedge R(y,z)\big)$是前束范式，也是 Skolem 范式。

3. 子句集及其化简

采用归结演绎推理方法会将谓词公式转化与之对应的子句集，归结演绎推理是在子句集上进行的，因此在讨论归结演绎推理方法之前，介绍子句集的有关概念及化简方法。

1）子句及子句集

首先介绍子句和子句集的相关概念。

文字：原子谓词公式及其否定统称为文字。

例如：$P(x)$，$\neg P(x)$，$Q(x)$，$\neg Q(x)$均是文字。

子句：任何文字的析取式称为子句。

例如：$P(x)\vee Q(y)$，$R(x,y)\vee\neg S(y)\vee T(z)$都是子句。

空子句：不包含任何文字的子句称为空子句。由于空子句不含有任何文字，也就不能被任何解释所满足，因此空子句是永假的，不可满足的。空子句一般被记为□或 NIL。

子句集：由子句或空子句所构成的集合称为子句集。

2) 子句集及其化简

任何一个谓词公式都可以通过应用等价关系及推理规则将其转化成相应的子句集。其化简步骤如下。

(1) 消去连接词"→"和"↔"。

反复使用连词化归律

$$P \rightarrow Q \Leftrightarrow \neg P \vee Q \quad 及 \quad P \leftrightarrow Q \Leftrightarrow (P \wedge Q) \vee (\neg P \wedge \neg Q)$$

即可消去谓词公式中的连接词"→"和"↔"。

如：$(\forall x)\big((\forall y)P(x,y) \rightarrow \neg(\forall y)\big(Q(x,y) \rightarrow R(y)\big)\big)$

可等价转化为

$$(\forall x)\big(\neg(\forall y)P(x,y) \vee \neg(\forall y)\big(\neg Q(x,y) \vee R(y)\big)\big)$$

(2) 减少否定符号的辖域。

反复使用双重否定律

$$\neg\neg P \Leftrightarrow P$$

摩根定律

$$\neg(P \vee Q) \Leftrightarrow \neg P \wedge \neg Q \text{ 及 } \neg(P \wedge Q) \Leftrightarrow \neg P \vee \neg Q$$

量词转换律

$$\neg(\exists x)P \Leftrightarrow (\forall x)(\neg P) \text{ 及 } \neg(\forall x)P \Leftrightarrow (\exists x)(\neg P)$$

将每个否定符号"¬"移到紧靠谓词的位置，使得每个否定符号最多只作用于一个谓词上。

则经步骤(2)化简后的谓词公式可转化为

$$(\forall x)\big((\exists y)\neg P(x,y) \vee (\exists y)\big(Q(x,y) \wedge \neg R(y)\big)\big)$$

(3) 对变元标准化。

变元标准化要求不同量词约束的变元有不同的名字。具体做法是在一个量词的辖域内把谓词公式中受该量词约束的变元全部用另一个没有出现过的任意变元代替。

经步骤(3)化简后的谓词公式可转化为

$$(\forall x)\big((\exists y)\neg P(x,y) \vee (\exists z)\big(Q(x,z) \wedge \neg R(z)\big)\big)$$

(4) 化为前束范式。

经过步骤(3)的变元标准化后，所有约束变元的名字都不同，因此可以把量词移动到谓词公式的最左边，从而形成前束范式。注意，在移动量词的过程中，不能改变量词的相对顺序。

经步骤(4)化简后的谓词公式可转化为

$$(\forall x)(\exists y)(\exists z)\big(\neg P(x,y) \vee \big(Q(x,z) \wedge \neg R(z)\big)\big)$$

(5) 消去存在量词。

消去存在量词时,需要区分以下两种情况。

① 若存在量词不出现在全称量词的辖域内(它的左边没有全称量词),只要用一个新的个体常量替换受该存在量词约束的变元,就可消去该存在量词。

如:$(\exists y)(\exists z)\Big(\neg P(x,y)\vee\big(Q(x,z)\wedge\neg R(z)\big)\Big)$通过消去存在量词,可转换为

$$\neg P(x,a)\vee\big(Q(y,b)\wedge\neg R(b)\big)$$

② 若存在量词位于一个或多个全称量词的辖域内,即形如:

$$(\forall x_1)\cdots(\forall x_n)(\exists y)P(x_1,\cdots,x_n,y)$$

则不能直接消去存在量词,而需要用 Skolem 函数 $g(x_1,\cdots,x_n)$替换受该存在量词约束的变元,再消去该存在量词。下面给出 Skolem 函数的定义。

如果存在量词在全称量词的辖域内,如$(\forall x)(\exists y)P(x,y)$变量 y 的取值依赖于变量 x 的取值,令这种依赖关系由函数 $g(x)$来表示,它把每个 x 值映像到存在的那个 y,这个函数称为 Skolem 函数。

经步骤(4)化简后的谓词公式要消去存在量词时,需要用到 Skolem 函数,其可转换为

$$(\forall x)\Big(\neg P\big(x,f(x)\big)\vee\Big(Q\big(x,g(x)\big)\wedge\neg R\big(g(x)\big)\Big)\Big)$$

(6) 化为 Skolem 标准形。

Skolem 标准型的一般形式是$(\forall x_1)\cdots(\forall x_n)M(x_1,\cdots,x_n)$,其中,$M(x_1,\cdots,x_n)$是 Skolem 标准形的母式,由子句的合取构成。

对步骤(5)已经去掉存在量词的前束范式的母式应用分配律

$$P\vee(Q\wedge R)\Leftrightarrow(P\vee Q)\wedge(P\vee R)$$

可以得到 Skolem 标准形的谓词公式。

将上述经步骤(5)化简后的谓词公式示例化为 Skolem 标准形,可得

$$(\forall x)\Big(\Big(\Big(\neg P\big(x,f(x)\big)\vee Q\big(x,g(x)\big)\Big)\wedge\Big(\neg P\big(x,f(x)\big)\vee\neg R\big(g(x)\big)\Big)\Big)$$

(7) 消去全称量词。

谓词公式化为 Skolem 标准形后,其母式中的全部变元均受全称量词的约束,并且全称量词的次序已无关紧要,因此可以省去全称量词。但认为剩下的母式的变元仍是被全称量词量化的。

例如,经步骤(6)化为 Skolem 标准形的谓词公式示例,去掉全称量词后得

$$\Big(\neg P\big(x,f(x)\big)\vee Q\big(x,g(x)\big)\Big)\wedge\Big(\neg P\big(x,f(x)\big)\vee\neg R\big(g(x)\big)\Big)$$

(8) 消去合取词。

去掉步骤(7)化简后的谓词公式中的所有合取词,把母式用子句集的形式表示出来。这里的表示也只是认为换一种表示形式,子句集中的子句仍然存在合取关系。其中,子句集中的每个元素就是一个子句。

例如，步骤(8)所得公式的子句集中包含以下两个子句：

$$\neg P(x,f(x)) \vee Q(x,g(x))$$

$$\neg P(x,f(x)) \vee \neg R(g(x))$$

(9) 更换变元名称。

对子句集中的某些变元重新命名，使任意两个子句中不出现相同的变元名。由于每个子句都对应着谓词公式中的一个合取元，并且所有变元都由全称量词量化的，因此任意两个不同子句的变元之间实际上不存在任何关系。这样，更换变元名是不会影响公式的真值的。

例如，对步骤(8)所得公式，可把第二个子句集中的变元名 x 更换为 y，得到如下子句集：

$$\neg P(x,f(x)) \vee Q(x,g(x))$$

$$\neg P(y,f(y)) \vee \neg R(g(y))$$

3) 子句集的应用

通过子句集化简的 9 个步骤，可以将任何谓词公式转化为与之相对应的标准子句集。由于在消去存在量词时所用的 Skolem 函数可以不同，因此化简后的标准子句集是不唯一的。从形式上看，以子句集的方式表达的谓词公式更简单、更明确。那么原始谓词公式和与之对应的子句集有何联系呢？简单地说，当原谓词公式为不可满足(永假)时，其标准子句集则一定是不可满足的，即 Skolem 化并不影响原谓词公式的永假性。这个结论很重要，是归结原理的主要依据，可用定理的形式来描述。

定理 3.1 设有谓词公式 F，其标准子句集为 S，则 F 为不可满足的充要条件是 S 为不可满足的。

上述定理的证明思路是证明从谓词公式到标准子句集的 9 个转化步骤均不改变原谓词公式的不可满足性。限于篇幅，具体的证明步骤本书不做介绍。

由定理 3.1 可知，要证明一个谓词公式是不可满足的，只要证明其相应的标准子句集是不可满足的。证明一个子句集的不可满足性可由“鲁滨逊归结原理”来解决。

4. 鲁滨逊归结原理

鲁滨逊归结原理是通过对子句集中的子句做逐次归结来证明子句集的不可满足性的，是对定理自动证明的一个重大突破。

1) 基本思想

由谓词公式转换为子句集的方法可知，在子句集中子句之间是合取关系。只要有一个子句不可满足，整个子句集就是不可满足的。此外，前面已经指出空子句是不可满足的。因此，一个子句集中如果包含空子句，此子句集就一定是不可满足的。

鲁滨逊归结原理就是基于上述认识提出的，其基本思想如下。

(1) 将所有的已知条件化简为子句集 S_1。

(2) 将欲证明的逻辑结论否定，并化简为子句集 S_2。

(3) 将 S_1 和 S_2 合并，得到扩展的子句集 S，然后设法检验子句集 S 是否含有空子句，若含有空子句，则表明 S 是不可满足的；否则，转步骤(4)。

(4) 若扩展的子句集 S 中不含有空子句，则继续使用归结法，在子句集中选择合适的子句进行归结，直至导出空子句或不能继续归结为止。

如果能够通过归结方法在子句集中导出空子句，则说明子句集是不可满足的，进而说明逻辑结论的否定是不可满足的，从而证明了逻辑结论的永真性。

鲁滨逊归结原理可分为命题逻辑归结原理和谓词逻辑归结原理。下面将分别进行介绍。

2) 命题逻辑归结原理

(1) 命题逻辑的归结式。

首先给出归结式的相关定义。

互补文字：若 P 是原子谓词公式，则称 P 与 $\neg P$ 为互补文字。

命题逻辑归结、归结式与亲本子句：设 C_1 和 C_2 是子句集中的任意两个子句，如果 C_1 中的文字 L_1 与 C_2 中的文字 L_2 互补，那么可从 C_1 和 C_2 中分别消去 L_1 和 L_2，并将 C_1 和 C_2 中余下的部分按**析取关系**构成一个新的子句 C_{12}，则称这一过程为命题逻辑归结，称 C_{12} 为 C_1 和 C_2 的归结式，称 C_1 和 C_2 为 C_{12} 的亲本子句。

例 3.33　设 $C_1=P\vee Q, C_2=\neg P\vee R\vee S$，求 C_1 和 C_2 的归结式 C_{12}。

解：由归结的定义可知，互补的文字是 $L_1=P$ 和 $L_2=\neg P$。在归结式中消去互补文字，并按析取关系构成新的子句得 $C_{12}=Q\vee R\vee S$。

例 3.34　设 $C_1=P, C_2=\neg P$，求 C_1 和 C_2 的归结式 C_{12}。

解：互补的文字是 $L_1=P$ 和 $L_2=\neg P$，则根据归结过程得到归结式为 $C_{12}=\text{NIL}$。说明 C_1 和 C_2 的归结式为空子句。可见 C_1 和 C_2 组成的子句集为不可满足的。

例 3.35　设 $C_1=P\vee\neg Q, C_2=\neg P, C_3=Q$，求 C_1、C_2 和 C_3 的归结式 C_{123}。

解：需求解三个子句的归结结果，先对其中两个子句进行归结，再将归结结果和第三个子句进行归结。先对 C_1 和 C_2 归结可以得到 $C_{12}=\neg Q$，再对 C_{12} 与 C_3 归结得到 $C_{123}=\text{NIL}$。也可以先对 C_1 和 C_3 归结得到 $C_{13}=P$，再对 C_{13} 与 C_2 归结同样得到 $C_{123}=\text{NIL}$。可见，对子句集进行归结的顺序并不影响归结结果。子句集的归结顺序可以不唯一，结果却是唯一的。归结过程表示为如图 3.29 所示的树状结构，称为子句集的归结树。

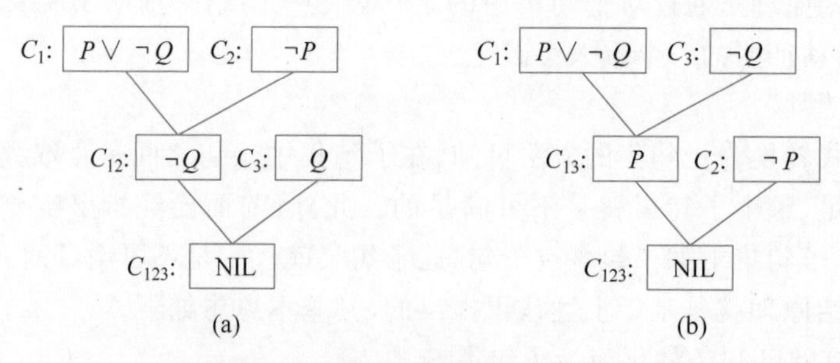

图 3.29　归结过程的树状结构表达

(2) 命题逻辑归结式的性质。

对命题逻辑归结式的性质可用如下定理、推论描述。

定理 3.2 归结式 C_{12} 是其亲本子句 C_1 和 C_2 的逻辑结论。

证明：由于 C_1 和 C_2 是 C_{12} 的亲本子句，则可设 $C_1=P\vee C_1'$，$C_2=\neg P\vee C_2'$，且 C_1 和 C_2 关于解释 I 为真。则只需证明 $C_{12}=C_1'\vee C_2'$ 关于解释 I 也为真。

显然，对于解释 I，P 和 $\neg P$ 中必有一个为真，一个为假。

若 P 为假，则必有 C_1' 为真，不然会使 C_1 为假，这与前提假 C_1 为真矛盾，因此只能有 C_1' 为真。

同理，若 $\neg P$ 为假，则必有 C_2' 为真。

因此，必有 $C_{12}=C_1'\vee C_2'$ 关于解释 I 为真。

即 C_{12} 是其亲本子句 C_1 和 C_2 的逻辑结论。原命题得证。

这个定理是归结原理中很重要的一个定理，由它可得到以下两个推论。

推论 3.1 设 C_1 和 C_2 是子句集 S 中的两个子句，C_{12} 是 C_1 和 C_2 的归结式，若用 C_{12} 代替 C_1 和 C_2 后得到新的子句集 S_1，则由 S_1 的不可满足性可以推出原子句集 S 的不可满足性。即 S_1 是不可满足的$\Rightarrow S$ 是不可满足的。

推论 3.2 设 C_1 和 C_2 是子句集 S 中的两个子句，C_{12} 是 C_1 和 C_2 的归结式，若把 C_{12} 加入 S 中，得到新的子句集 S_2，则 S_2 和原子句集 S 的不可满足性是等价的。即 S_2 是不可满足的$\Leftrightarrow S$ 是不可满足的。

推论 3.1 和推论 3.2 的证明可利用不可满足性的定义和归结过程来完成，证明过程类似定理 3.2，本书从略。

上述两个推论告诉我们，为证明子句集 S 的不可满足性，只要对其中可进行归结的子句进行归结，并把归结式加入子句集 S 中，或者用归结式来代替它的亲本子句，然后对新的子句集证明其不可满足性就可以。如果通过归结能得到空子句，根据空子句的不可满足性，即可得到原子句集 S 是不可满足的结论。

在命题逻辑中，这种不可满足性的推理过程可用如下定理描述。

定理 3.3 子句集 S 是不可满足的，当且仅当存在一个从 S 到空子句的归结过程。

上述定理的证明需要用到海伯伦原理。本书限于篇幅，这里证明从略。需要指出，鲁滨逊归结原理仅对不可满足的子句集 S 适用，对可满足的子句集 S 是得不出任何结果的。

3）谓词逻辑归结原理

在谓词逻辑中，子句集中的谓词通常含有变元，因此不能像命题逻辑那样直接消去互补文字，而需要首先通过置换操作对待归结的两个谓词公式的互补文字进行合一后才能归结。

(1) 谓词逻辑的归结式。

与命题逻辑类似，在谓词逻辑中也需要先定义归结的概念。

谓词逻辑归结、归结式与亲本子句：设 C_1 和 C_2 是子句集中没有公共变元的任意两个子句，L_1 和 L_2 分别是 C_1 和 C_2 中文字。如果 L_1 和 L_2 存在最一般合一 σ，使得 $L_1\sigma$ 与 $L_2\sigma$ 互补，则称

$$C_{12}=(\{C_1\sigma\}-\{L_1\sigma\})\cup(\{C_2\sigma\}-\{L_2\sigma\})$$

为 C_1 和 C_2 的归结式，称 C_1 和 C_2 为 C_{12} 的亲本子句，称这一过程为谓词逻辑的归结。

这里使用集合符号和集合的运算是为了说明问题方便。即先将子句 $C_i\sigma$ 和 $L_i\sigma$ 写成集合的形式,并在集合表示下做减法和并集运算,再写成子句集的形式。

可见,谓词逻辑归结的定义与命题逻辑归结极为类似,其区别如下。

第一,谓词逻辑中通常变元的名字不同,需要用合一将互补文字的变元统一后再进行消解。

第二,定义中要求 C_1 和 C_2 无公共变元。这是因为如果 C_1 和 C_2 存在公共变元,可能导致无法合一,从而不能消去互补文字。其实,在归结过程中 C_1 和 C_2 不能存在公共变元,已经在原始谓词公式化简为子句集的步骤(9)中保证了。因为步骤(9)的工作就是更换子句集中不同子句的变元名称。

例 3.36 设 $C_1=P(a)\vee Q(x)$,$C_2=\neg P(y)\vee R(y)\vee S(z)$,求 C_1 和 C_2 的归结式 C_{12}。

解:合一后,可能互补的文字是 $L_1=P(a)$ 和 $L_2=\neg P(y)$。取 L_1 和 L_2 的合一 $\sigma=\{a/y\}$,则 $C_1\sigma=P(a)\vee Q(x)$,$C_2\sigma=\neg P(a)\vee R(a)\vee S(z)$。在归结式中消去互补文字,并按析取关系构成新的子句得 $C_{12}=Q(x)\vee R(a)\vee S(z)$。

例 3.37 设 $C_1=P(x)\vee P(f(a))$,$C_2=\neg P(y)\vee Q(y)\vee R(a)$,求 C_1 和 C_2 的归结式 C_{12}。

解:在 C_1 中两个文字的谓词名均是 P,但变元不同。应首先在 C_1 内部进行一次合一,化简后再与 C_2 做归结。

取 $\sigma_1=\{f(a)/x\}$,则 $C_1\sigma_1=P(f(a))\vee P(f(a))=P(f(a))$。

显然,$L_1=P(f(a))$ 和 $L_2=\neg P(y)$,取 L_1 和 L_2 的合一 $\sigma_2=\{f(a)/y\}$,则 $C_1\sigma_1\sigma_2=P(f(a))$,$C_2\sigma_2=\neg P(f(a))\vee Q(f(a))\vee R(a)$。在归结式中消去互补文字,并按析取关系构成新的子句得 $C_{12}=Q(f(a))\vee R(a)$。

在例 3.37 中,对参加归结的某个子句,若其内部有可合一的文字,则在进行归结之前应先对这些文字进行合一。$C_1\sigma_1$ 称为 C_1 的因子。本应是 C_1 与 C_2 进行归结,但使用 σ_1 做完合一后变成了 C_1 的因子 $C_1\sigma_1$ 与 C_2 进行归结。此时,谓词逻辑归结的定义仍然适用,$C_1\sigma_1$ 和 C_2 的归结式依然记为 C_{12}。

更一般的情况是,对于两个谓词逻辑归结中的子句 C_1 和 C_2,C_1 与 C_2 的归结式、$C_1\sigma_1$ 与 C_2 的归结式、C_1 与 $C_2\sigma_2$ 的归结式以及 $C_1\sigma_1$ 与 $C_2\sigma_2$ 的归结式均可称为子句 C_1 和 C_2 的二元归结式,记为 C_{12}。

这里还需要强调几种不能归结的情况。

① 谓词不一致不能归结。如 $P(y)$与 $\neg Q(y)$不能归结。

② 常量之间不能归结。如 $Q(a)$与 $\neg Q(b)$不能通过置换$\{a/b\}$完成归结。变量可以置换为常量完成归结,但常量之间不能置换。因为 $Q(a)$关于解释 I 的真值并不能保证与 $Q(b)$的真值相同。

③ 变量与其函数之间不能归结。如 $P(x)$与 $\neg P(f(x))$不同通过置换$\{f(x)/x\}$完

成归结。道理与②相同。

④ 不能同时消去两个互补对，这可能导致结论不正确，如例 3.38。

例 3.38 设 $C_1 = P(a) \vee Q(b)$，$C_2 = \neg P(a) \vee \neg Q(b)$，求 C_1 和 C_2 的归结式 C_{12}。

解：C_1 与 C_2 是中存在两个互补对（$P(a)$ 与 $\neg P(a)$、$Q(b)$ 与 $\neg Q(b)$），若同时消去两个互补对，得到 NIL，说明 C_1 与 C_2 矛盾。实际上，从谓词公式的逻辑含义上看，C_1 与 C_2 并不矛盾。所以，C_1 与 C_2 不能归结，NIL 不是 C_1 和 C_2 的二元归结式。

(2) 谓词逻辑归结式的性质。

对谓词逻辑，定理 3.2、推论 3.1、推论 3.2 和定理 3.3 仍然适用，这里不再赘述。若通过谓词逻辑归结法将子句集归结出空子句，则可证明原谓词公式否定的不可满足性。

5. *归结演绎推理的方法*

无论是对于命题逻辑还是对于谓词逻辑，归结演绎推理的方法都极为类似。归结演绎推理是一种命题自动证明方法，其基本思想是反证：将要证明的结论加否定，并证明其不可满足性。具体方法如下。

假设 F 为已知的前提条件，G 为欲证明的结论，且 F 和 G 都是公式集的形式。根据反证法"G 为 F 的逻辑结论，当且仅当 $F \wedge \neg G$ 是不可满足的"，可把已知 F 证明 G 为真的问题转化为证明 $F \wedge \neg G$ 为不可满足的问题。再根据定理 3.1 和定理 3.2，在不可满足的意义上公式集 $F \wedge \neg G$ 与其子句集是等价的，又可把 $F \wedge \neg G$ 在公式集上的不可满足问题转化为子句集上的不可满足问题。这样就可用归结原理进行定理的证明。

应用归结原理证明定理的过程称为归结反演。已知 F，证明 G 为真的归结反演过程如下。

(1) 否定目标公式 G，得 $\neg G$。

(2) 把 $\neg G$ 并入公式集 F 中，得到 $\{F, \neg G\}$。

(3) 把 $\{F, \neg G\}$ 化为子句集 S。

(4) 应用归结原理对子句集 S 中的子句进行归结，并把每次得到的归结式并入 S 中。如此反复，若出现空子句，则停止归结，此时就证明了 G 为真。

下面举例说明归结反演过程。

例 3.39 设已知的公式集为 $\{P, (P \wedge Q) \to R, (S \vee T) \to Q, T\}$，求证结论 R。

解：假设结论 R 为假，将 $\neg R$ 加入公式集，并化为子句集，得到

$$S = \{P, \neg P \vee \neg Q \vee R, \neg S \vee Q, \neg T \vee Q, T, \neg R\}$$

归结过程的树状表达如图 3.30 所示。

在该树中，由于根部出现空子句，因此命题 R 得到证明。

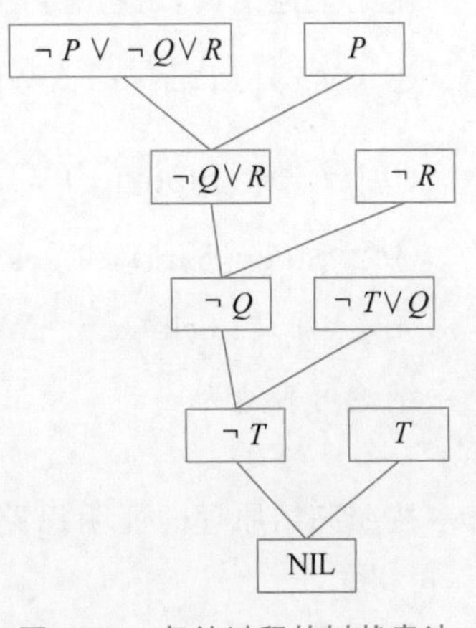

图 3.30 归结过程的树状表达

这个归结证明过程为：开始假设子句集 S 中的所有子句均为真，即原公式集为真，$\neg R$ 也为真；然后利用归结原理，对子句集中含有互补文字的子句进行归结，并把

所得的归结式并入子句集中；重复这一过程，最后归结出了空子句。于是，可知子句集 S 是不可满足的，即开始时假设 $\neg R$ 为真是错误的，这就证明了 R 为真。

例 3.40 已知：

F：$(\forall x)\big((\exists y)(A(x,y) \wedge B(y)) \rightarrow (\exists z)(C(z) \wedge D(x,z))\big)$

G：$\neg(\exists x)C(x) \rightarrow (\forall x)(\forall y)\big(A(x,y) \rightarrow \neg B(y)\big)$

求证：G 是 F 的逻辑结论。

证明：先把 G 否定并放入 F 中，得到$\{F, \neg G\}$；再将$\{F, \neg G\}$化简为子句集，得到

① $\neg A(x,y) \vee \neg B(y) \vee C(g(x))$

② $\neg A(u,v) \vee \neg B(v) \vee D(u,g(u))$

③ $\neg C(k)$

④ $A(m,n)$

⑤ $B(j)$

其中，子句①和②由 F 化简得到，③、④和⑤由 $\neg G$ 化简得到。归结过程如图 3.31 所示。

因此，G 是 F 的逻辑结论。

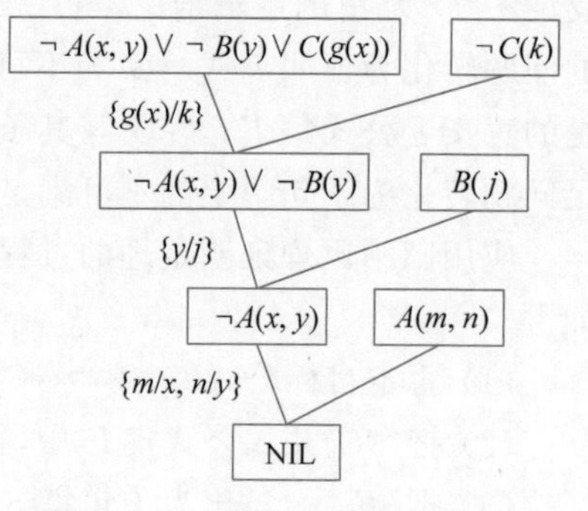

图 3.31　归结过程的树状表达

例 3.41 快乐学生问题。设任何能通过毕业考试且能获奖的人都是快乐的；任何认真学习或运气好的人都能通过毕业考试；小云不认真学习，但运气好；任何运气好的人都能获奖。求证小云是快乐的。

证明：定义谓词，即

$\mathrm{Pass}(x)$：x 能通过毕业考试。

$\mathrm{Win}(x)$：x 能获奖。

$\mathrm{Lucky}(x)$：x 是幸运的。

$\mathrm{Study}(x)$：x 是认真学习的。

$\mathrm{Happy}(x)$：x 是快乐的。

基于上述谓词，由题意可知，前提条件可表达为

① $(\forall x)\big((\mathrm{Pass}(x) \wedge \mathrm{Win}(x)) \rightarrow \mathrm{Happy}(x)\big)$

② $(\forall x)\big((\mathrm{Study}(x) \vee \mathrm{Lucky}(x)) \rightarrow \mathrm{Pass}(x)\big)$

③ $\neg \mathrm{Study}(\mathrm{Yun}) \wedge \mathrm{Lucky}(\mathrm{Yun})$

④ $(\forall x)\big(\mathrm{Lucky}(x) \rightarrow \mathrm{Win}(x)\big)$

结论可表达为

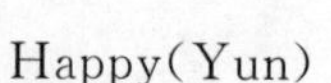

$$\mathrm{Happy}(\mathrm{Yun})$$

按照归结原理的证明思路，将结论否定，加入前提条件公式集合中，并化简为子句集，可得

⑤ $\neg \mathrm{Pass}(x) \vee \neg \mathrm{Win}(x) \vee \mathrm{Happy}(x)$

⑥ ¬Study(y)∨Pass(y)

⑦ ¬Lucky(z)∨Pass(z)

⑧ ¬Study(Yun)

⑨ Lucky(Yun)

⑩ ¬Lucky(k)∨Win(k)

结论的否定：¬Happy(Yun)

其中,⑤由①化简得出；⑥和⑦由②化简得出；⑧和⑨由③化简得出；⑩由④化简得出；再加上结论的否定,共同构成了子句集。该子句集归结过程如图3.32所示。

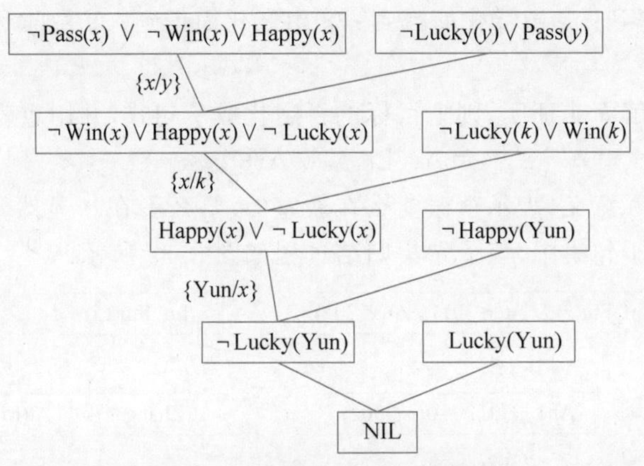

图3.32 归结过程的树状表达

由于归结结果得到了空子句,于是原命题得证。

从例3.41可知,对于实际生活中的逻辑推理问题,可以先由谓词逻辑法进行知识表示,然后应用归结演绎推理即可证明逻辑结论。这样的问题求解思想是人工智能符号主义学派的主要思路,其基本假设是符号运算能够模拟人类智能。

归结演绎推理是不是只能在逻辑结论已知的情况下对其完成证明,而不能在逻辑结论未知的条件下推导出逻辑结论呢？其实,归结演绎推理不仅仅只能完成逻辑结论的证明。

例3.42 上课教室问题。已知：信息工程专业的学生在301教室或302教室上课；张帆和李振都是信息工程专业的学生；张帆和李振在不同教室上课；张帆在302教室上课。试问李振在哪个教室上课？

解：用归结演绎推理对其进行求解。

首先,定义谓词如下。

Inf_Stu(x)：x是信息工程专业的学生。

At(y,z)：y在z上课,其中,y的论域是学生集合,z的论域是教室集合。

基于上述谓词,由题意可知,前提条件可表达为

① ($\forall x$)(Inf_Stu(x)→At(x,301)∨At(x,302))

② Inf_Stu(Zhang)

③ Inf_Stu(Li)

④ At(Zhang,z)→¬At(Li,z)

⑤ At(Zhang,302)

将前提条件的谓词公式化简为子句集,可得

⑥ ¬Inf_Stu(x) ∨ At(x,301) ∨ At(x,302)

⑦ Inf_Stu(Zhang)

⑧ Inf_Stu(Li)

⑨ ¬At(Zhang,z) ∨ ¬At(Li,z)

⑩ At(Zhang,302)

其中,⑥由①化简得到;⑦由②化简得到;⑧由③化简得到;⑨由④化简得到;⑩由⑤化简得到。

由于本题是求解而非证明,则把目标的否定化成子句式,并用重言式表达,得到

$$\neg At(Li,v) \vee At(Li,v)$$

重言式没有实际意义,表示李振要么在教室 v,要么不在。显然,这是一个永真的命题。把重言式加入子句集中,该子句集归结过程如图 3.33 所示。

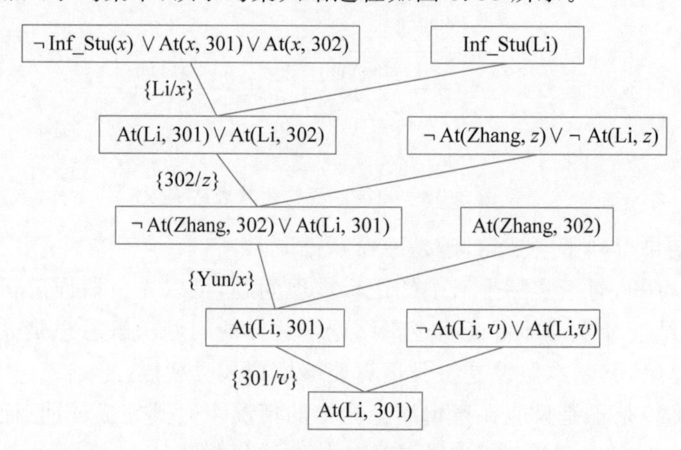

图 3.33 归结过程的树状表达

由于归结结果得到了 At(Li,301),表明李振在 301 教室上课。

3.4 本章小结

本章介绍了确定性知识的表示和推理方法,要点回顾如下。

- 知识是由"信息"和"关联"两个基本要素构成的。实现信息之间关联的形式可以有很多种,其中最常用的一种形式是"如果……则……"。
- 从推理的结构角度出发,认为推理由两个以上判断组成,每个判断揭示的是概念之间的联系和关系;从过程的角度出发,可以认为推理是在给定信息和已有知识的基础上进行的一系列加工操作。
- 常用的确定性知识表示方法有谓词逻辑法、产生式表示法和语义网络法。
- 常用的确定性知识推理方法有产生式推理、自然演绎推理和归结演绎推理。

习题

1. 按知识的适用范围、知识的作用效果、知识的确定性,知识可以被分为哪些类别?分别列出类别,并举例说明。

2. 用谓词逻辑表示如下知识。

(1) 李白不仅擅长写诗,而且爱喝酒。

(2) 每个学生都有自己的指导老师。

(3) 凡是喜欢编程序的人都喜欢计算机。

(4) 在302教室中的学生要么是信息工程专业的,要么是通信工程专业的。

(5) 除非邱云是广东人,否则他一定不会说粤语。

(6) 不是所有生活在大海中的生物都是鱼。

3. 指出下列谓词公式的变元、量词辖域、约束变元与自由变元。

(1) $(\forall x)\big(P(x)\rightarrow Q(x,y)\big)$

(2) $(\forall x)P(x,y)\rightarrow(\forall z)(\exists y)Q(z,y)$

(3) $(\forall x)(\exists y)\big(P(x,y)\vee Q(y,z)\big)\wedge(\exists x)R(x,y,z)$

4. 什么是产生式?它的基本形式是什么?代表什么含义?

5. 简述产生式系统的基本组成,并逆向列举三个生活中使用产生式系统(专家系统)的案例。

6. 简述产生式系统中正向推理和逆向推理的过程及适用范围。

7. 对下列命题分别画出其语义网络。

(1) 杜老师从4月到8月给信息工程系的学生讲授"模式识别"课程。

(2) 考研培训班的学生有男有女,有应届生有往届生。

(3) 信息工程系足球队和通信工程系足球队进行了一场友谊赛,最终2:2握手言和。

(4) 王朋将一本《三国演义》作为生日礼物送给了金峰。

(5) 天河科技公司位于科海路123号,其人力资源部主管是陈巧,女,28岁,硕士学位,陈巧拥有一辆白色丰田牌轿车。

8. 将下列命题用一个语义网络表示出来。

(1) 树和草都是植物。

(2) 树和草都有根。

(3) 水草是草,其生活在水中。

(4) 果树是树,能结果。

(5) 桃树是果树,能结桃子。

9. 什么是置换?什么是合一?

10. 判断下列公式能否合一,如果可以合一,求出其相应的置换。

(1) $P(x,y)$和$P(a,b)$

(2) $P(x,f(y),y)$和$P(f(a),f(b),x)$

(3) $P(f(x),b)$和$P(y,z)$

(4) $P(x,y)$和$P(y,x)$

(5) $P(f(x),y)$和$P(y,f(b))$

11. 假设F为已知前提,G为欲证明的结论,简述证明G为真的归结演绎推理过程。

12. 将下列谓词公式化简为子句集形式。

(1) $(\forall x)(P(x)\to Q(x,y))$

(2) $\neg(\forall x)P(x,y)\to(\forall z)(\exists y)Q(z,y)$

(3) $(\forall x)(\exists y)(P(x,y)\vee Q(y,z))\to(\forall y)(\exists x)R(x,y,z)$

(4) $(\forall x)(\forall y)(P(x,y)\to\neg(\exists z)(Q(x,y)\vee\neg R(x,z))$

13. 对下列各题分别证明G是否为F的逻辑结论。

(1) F:$(\exists x)(\exists y)(P(f(x))\wedge Q(f(y)))$

G:$P(f(a))\wedge P(y)\wedge Q(y)$

(2) F:$(\forall x)(P(x)\to(\forall y)(Q(y)\to\neg R(x,y)))$

$(\exists x)(P(x)\wedge(\forall y)(K(y)\to R(x,y)))$

G:$(\forall x)(K(x)\to\neg Q(x))$

(3) F:$(\forall x)(P(x)\to(Q(x)\wedge R(x)))$

$(\exists x)(P(x)\wedge S(x))$

G:$(\exists x)(S(x)\wedge R(x))$

14. 已知所有不贫穷并且聪明的人都是快乐的,那些看书的人是聪明的。粘健能看书且不贫穷,快乐的人过着激动人心的生活。用归结演绎推理求证粘健过着激动人心的生活。

15. 已知能够阅读的个体都是有文化的;海豚是没有文化的;某些海豚是有智能的。用归结原理证明某些有智能的个体并不能阅读。

16. 假设张家被盗,公安局派出5个人去调查。分析案情时,侦察员A说"赵与钱中至少有一个人作案",侦察员B说"钱与孙中至少有一个人作案",侦察员C说"孙与李中至少有一个人作案",侦察员D说"赵与孙中至少有一个人与此案无关",侦察员E说"钱与李中至少有一个人与此案无关"。如果这5个侦察员的话都是可信的,试用归结演绎推理求出谁是盗窃犯。

17. 画出思维导图,串联本章所讲的知识点。

第4章 搜索策略

第3章介绍了确定性知识的表示方法和推理方法。但读者可能会有一个疑问，在复杂的推理中（如例3.8“机器人搬箱子问题”），如何能够高效地找到一条从初始状态到目标状态的路径？这就是本章要讨论的搜索策略。同时，搜索策略也是构建第2章介绍的“目标驱动型 Agent”的方法之一。

4.1 搜索概述

4.1.1 搜索的含义

谈到搜索，读者可能首先想到的是Google、百度等网络搜索引擎，或是购物网站上输入商品名称后单击的“搜索”按钮，但上述概念都不是本章要讨论的搜索技术。

在人工智能中，依靠经验，利用已有知识，根据问题的实际情况，不断寻找可利用知识，从而构造一条代价最小的推理路线，使问题得以解决的过程称为搜索。实际上，人工智能研究的对象大多是属于结构不良或非结构化的问题，一般很难获得其全部信息，也没有现成的固有方法可循，因而只能依靠经验和知识，逐步摸索求解。

搜索有两个基本要素：

一是问题的表示方法。和第3章介绍的用于确定性推理的知识表示方法类似，要进行搜索，也需要将问题表示为计算机可以自动化处理的方式。本章将介绍两种针对搜索的知识表示方法，即状态空间求解方法（见4.1.2节）和问题归约求解方法（见4.1.3节）。

二是搜索算法。根据是否在搜索过程中利用与领域知识相关的先验信息，搜索算法包括盲目搜索和启发式搜索两类。4.2节将介绍盲目搜索，4.3节和4.4节将介绍启发式搜索。4.5节介绍的博弈搜索可以看成“与/或树”启发式搜索的一种特殊形式。

4.1.2 状态空间求解方法

状态空间法是人工智能中最基本的问题求解方法。状态空间法的基本思想是用“状态”和“操作”来表示和求解问题。

1. 基于状态空间法的问题表示

在状态空间表示法中，“状态”、“操作”和“状态空间”是核心的三个要素，用“状态”和“操作”表示问题，用“状态空间”表示问题求解过程。

状态是表示问题求解过程中，当前问题所处具体状况的数据结构，可表示为 $S_k=\{S_{k0},S_{k1},S_{k2},\cdots,S_{kN}\}$，其中，$S_{ki}(i=1,2,\cdots,N)$ 为问题状态的第 i 个分量。当每个分量都给予确定值时，就得到了当前问题的一个具体状态。

操作也称为算符，它是把问题从一种状态变换为另一种状态的手段。操作的作用是使问题的状态可以相互转换。当对一个问题状态使用某个可用操作时，它将引起该状态中某些分量值的变化，从而使该问题从一个具体状态变为另一个具体状态。操作可理解为状态集合上的一个函数，它描述了状态之间的转换关系。

状态空间是由一个问题的全部状态以及这些状态之间的相互关系所构成的集合，可用三元组 (S,F,G) 表示，其中，S 为问题的所有初始状态的集合，F 为该问题所有操作的集合，G 为该问题目标状态的集合。考虑一个有向图，如果把状态表示为有向图中的节点，把操作表示为边，则该有向图表示出一个状态如何通过操作转换到另一个状态。该有向图表示了整个状态空间，称为状态空间图。

2. 状态空间法求解的基本过程

任何以状态和操作为基础的问题求解方法都可称为状态空间法。用状态空间法求解问题可以分为以下三个步骤。

(1) 选择适当的形式化描述“状态”及“操作”的方法。

(2) 构建状态转换图，从某个初始状态出发，每次使用一个操作，实现不同状态之间的转换，直到找到目标状态。

(3) 由初始状态到目标状态的算符序列就是该问题的一个解。

上述问题求解过程就是一个典型的搜索过程，具体的搜索方法将在后面详细讨论，这里只是对状态空间法的一般描述。

3. 状态空间法举例

例 4.1 二阶梵塔问题。梵塔问题是一个典型的需要使用搜索方法解决的问题。在一个远东的寺庙中有三根钢针，编号分别是 1、2 和 3。在初始情况下，1 号钢针上穿有 A 和 B 两个金片，A 比 B 小，A 位于 B 的上面，如图 4.1 所示。要求把这两个金片全部移到另一根钢针上，而且规定每次只能移动一个金片，任何时刻都不能使大片压在小片的上面。

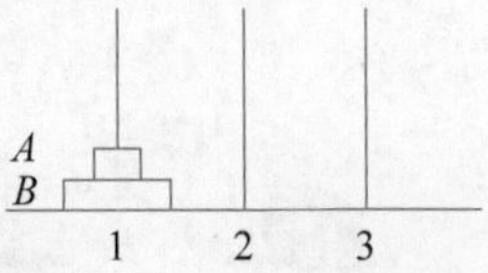

A B 1 2 3

图 4.1 二阶梵塔问题示意图

解：使用状态空间法来求解该问题。首先需要明确问题的状态。

设用 $S_k=\{S_{kA},S_{kB}\}$ 表示问题的状态。其中，S_{kA} 表示金片 A 所在的钢针号，S_{kB} 表示金片 B 所在的钢针号。那么全部可能的问题状态共有 9 种：

$$S_0=\{1,1\},\quad S_1=\{1,2\},\quad S_2=\{1,3\},\quad S_3=\{2,1\},\quad S_4=\{2,2\}$$

$$S_5=\{2,3\},\quad S_6=\{3,1\},\quad S_7=\{3,2\},\quad S_8=\{3,3\}$$

问题的初始状态是 S_0，目标状态是 S_4 和 S_8，如图 4.2 所示。

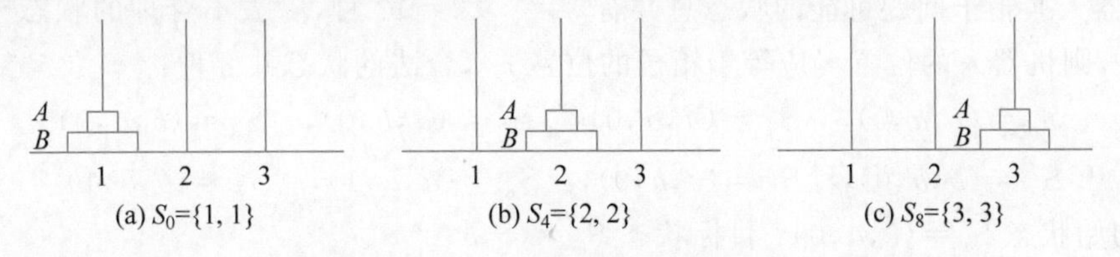

(a) $S_0=\{1, 1\}$ (b) $S_4=\{2, 2\}$ (c) $S_8=\{3, 3\}$

图 4.2 二阶梵塔问题部分典型状态

由题意可知，该问题有两类操作，分别是移动金片 A 和移动金片 B。于是可以定义操作 A_{ij} 和 B_{ij}，其中，A_{ij} 表示把金片 A 从第 i 号钢针移到 j 号钢针上，B_{ij} 表示把金片 B 从第 i 号钢针移到 j 号钢针上。那么可能的操作共有 12 种：A_{12}，A_{13}，A_{21}，A_{23}，A_{31}，A_{32}；B_{12}，B_{13}，B_{21}，B_{23}，B_{31}，B_{32}。

根据上述 9 种可能的状态和 12 种操作可构成二阶梵塔问题的状态空间图，如图 4.3 所示。

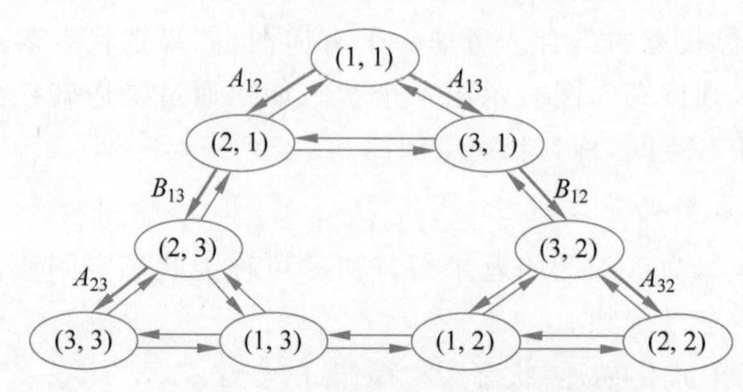

图 4.3 二阶梵塔问题的状态空间图

有了二阶梵塔问题的状态空间图，如果能找到一个操作序列，使得该问题能由初始状态一步一步转换到目标状态，这个操作序列就是该问题的解。搜索的目的是找出这样的操作序列。由图 4.3 可知，从初始节点{1,1}到目标节点{2,2}及{3,3}的任何一条路径都是问题的一个解。其中，最短的路径长度是 3，它由 3 个操作组成(在图中箭头加粗)。例如，从初始状态{1,1}开始，通过使用操作 A_{12}、B_{13} 和 A_{23}，可到达目标状态{3,3}。

例 4.2 回顾例 3.8“机器人搬箱子问题”，使用状态空间法求解。

在一个房间里，c 处有一个机器人，a 和 b 处各有一张桌子，分别称为桌 a 和桌 b，桌 a 上有一箱子，如图 4.4 所示。要求机器人从 c 处出发，把箱子从桌 a 上拿到桌 b 上，再回到 c 处。使用状态空间法求解。

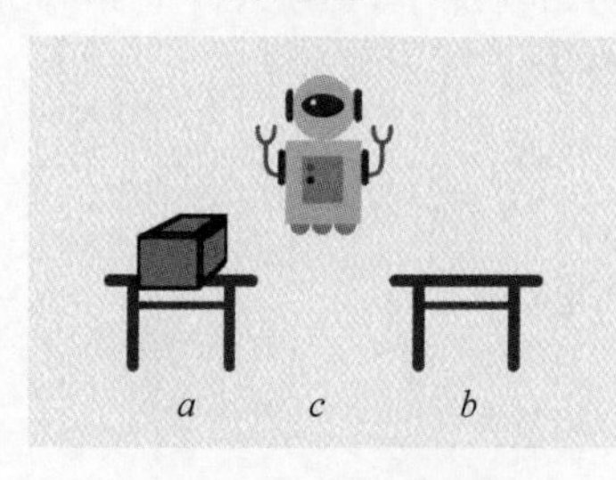

图 4.4 机器人搬箱子问题

解：首先定义该问题的状态。与机器人搬箱子问题相关的状态变量包括机器人的位置 r、箱子的位置 v、机器人手里是否拿着箱子 h，于是可以用如下三元组来表示机器人搬箱子问题的状态：

$$S=(r,v,h)$$

其中：r 的取值范围是$\{a,b,c\}$；v 的取值范围是$\{a,b\}$；h 的取值范围是$\{0,1\}$，其中 $h=1$ 表示机器人拿着箱子，$h=0$ 表示机器人没拿箱子。

机器人搬箱子问题可能的状态总共有 $3\times2\times2=12$ 种，除去不合理的状态 4 种(如果 $h=1$，则机器人的位置 r 应等于箱子的位置 p)，合法的状态共 8 种：

$$S_0=(c,a,0),\quad S_1=(a,a,0),\quad S_2=(a,b,0),\quad S_3=(b,a,0)$$
$$S_4=(b,b,0),\quad S_5=(c,b,0),\quad S_6=(a,a,1),\quad S_7=(b,b,1)$$

其中，初始状态 $S_0=(c,a,0)$；目标状态 $S_5=(c,b,0)$。

下面定义操作。典型的操作应该有三种。

GT_i：机器人运行到 i 处，i 的取值范围是$\{a,b,c\}$。

P：机器人拿起箱子。

D：机器人放下箱子。

注意，操作 P 和操作 D 的执行需要满足一定的前提条件。操作 P 执行的前提条件是 $r=v$ 且 $h=0$，操作 D 执行的条件是 $r=a$ 或 $r=b$，且 $h=1$。

该问题的状态空间图如图 4.5 所示。由图可以看出，由初始状态变为目标状态的操作序列为$\{GT_a, P, GT_b, D, GT_c\}$。

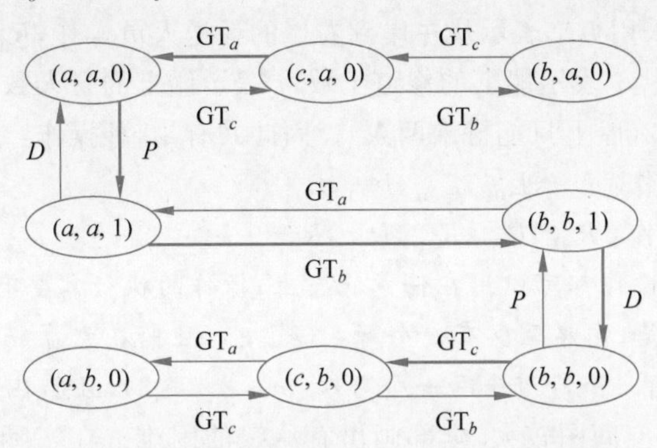

图 4.5 机器人搬箱子问题的状态空间图

例 4.3 修道士(Missionaries)和野人(Cannibals)渡河问题(简称 M-C 问题)。在河的左岸有三个野人、三个修道士和一条船,修道士想用这条船把所有的野人运到河对岸,但受以下条件的约束:一是修道士和野人都会划船,但每次船上至多可载两个人;二是在河的任一岸,如果野人数目超过修道士数目,修道士就会被野人吃掉。如果野人会服从任何一次过河安排,试规划一个确保修道士和野人都能过河,且没有修道士被野人吃掉的安全过河计划。

解:首先定义该问题的状态。在 M-C 问题中,与问题状态关联的变量包括左岸修道士的人数、左岸野人的人数、右岸修道士的人数、右岸野人的人数,以及船位于左岸或右岸。左岸修道士人数和右岸修道士人数存在关联关系,其和为 3。因此,只需要设左岸修道士人数为 m,则右岸修道士人数为 $3-m$。同理,设左岸野人人数为 c,则右岸野人人数为 $3-c$。设描述船的状态变量为 b,则 $b=1$ 表示船在左岸,$b=0$ 表示船在右岸。于是可以用如下三元组来表示 M-C 问题的状态:

$$S=(m, c, b)$$

其中:m 和 c 的取值范围是 0、1、2、3;b 的取值范围是 0、1。

因此,M-C 问题共有 $4\times4\times2=32$ 种状态。但这 32 种状态并非都有意义。除去不合法状态(如(3,3,0))和修道士被野人吃掉的状态(如(1,3,0)),余下的状态共有 16 种:

$S_0=(3,3,1)$, $S_1=(3,2,1)$, $S_2=(3,1,1)$, $S_3=(2,2,1)$

$S_4=(1,1,1)$, $S_5=(0,3,1)$, $S_6=(0,2,1)$, $S_7=(0,1,1)$

$S_8=(3,2,0)$, $S_9=(3,1,0)$, $S_{10}=(3,0,0)$, $S_{11}=(2,2,0)$

$S_{12}=(1,1,0)$, $S_{13}=(0,2,0)$, $S_{14}=(0,1,0)$, $S_{15}=(0,0,0)$

初始状态 $S_0=(3,3,1)$,目标状态 $S_{15}=(0,0,0)$。

在 M-C 问题中,操作是指用船把修道士或野人从河的左岸运到右岸,或从河的右岸运到左岸的动作。其必须满足以下条件。

(1) 船至少由一个人(修道士或野人)操作,左岸、右岸的修道士人数总和与野人人数总和不变。

(2) 每次操作,船上的人数不得超过两个。

(3) 操作后,不应产生非法的状态。

基于上述分析,采用 L_{ij} 表示从左岸到右岸的运送人员操作,R_{ij} 表示从右岸到左岸的运送人员操作,其中,i 表示船上的修道士数,j 表示船上的野人数,且 $i+j\geqslant1$(船上必须有人操作),$i+j\leqslant2$(船上只能搭乘两人)。因此共有 10 种操作:

左岸到右岸的操作:L_{01},L_{02},L_{10},L_{20},L_{11}

右岸到左岸的操作:R_{01},R_{02},R_{10},R_{20},R_{11}

注意:*不是每种操作都可以用在任意状态上,操作的执行需要有一定的前提。例如:L_{01} 操作的执行前提是,左岸至少有一个野人($c\geqslant1$),且船在左岸($b=1$);R_{11} 操作的执行前提是,右岸至少有一个修道士和一个野人($m\leqslant2$,$c\leqslant2$),且船在右岸($b=0$)。*

M-C 问题的状态空间图较大,全部画出有一定的困难。在实际中,当状态空间图较大时,一般会一边构建状态空间图,一边寻找从初始状态到目标状态的路径(这一过程将在 4.2 节和 4.3 节详细讨论)。例 4.10 将会重新讨论 M-C 问题,并给出 M-C 问题的搜索结果。

4.1.3 问题归约求解方法

人类在求解较为困难的问题时,最基本的思想是对问题进行分解或等价变换,将原来难以求解的问题转化为一系列较为容易求解的子问题,然后对这些子问题逐个求解。通过对问题进行分解或等价变换从而实现问题求解的方法就是问题归约求解方法。

1. 问题的分解和"与树"

如果一个问题 P 可以归约为一组子问题 P_1,P_2,…,P_n,并且只有当所有子问题 P_i($i=1,2,\cdots,n$)都有解时,原问题 P 才有解,则称此种归约为**问题的分解**,即分解所得到的子问题的"与"与原问题 P 等价。

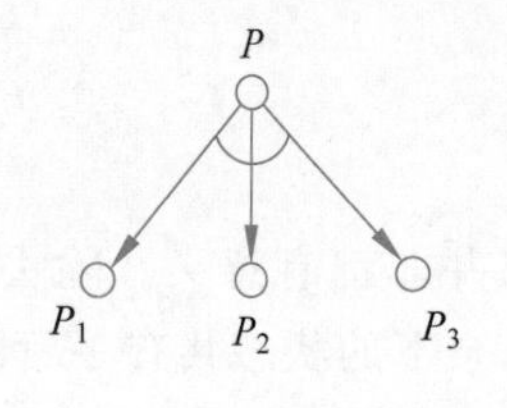

图 4.6 "与树"的示意图

问题的分解可以用"与树"来表示。例如,设 P 可以分解为三个子问题,分别是 P_1、P_2、P_3,则问题 P 与其子问题之间的关系可用如图 4.6 所示的"与树"来表示。在图 4.6 所示的"与树"中,由原问题引出的三条有向边指向分解后的子问题,并用一条弧线横跨三条有向边,代表分解得到的子问题之间是"与"的关系,当且仅当三个子问题分别被求解,原问题才能求解。

2. 问题的等价转换和"或树"

如果一个问题 P 可以归约为一组子问题 P_1,P_2,…,P_n,并且这些子问题 P_i($i=1,2,\cdots,n$)中只要有一个有解,则原问题 P 就有解,则称此种归约为**问题等价变换**,简称**变换**,即分解所得到的子问题的"或"与原问题 P 等价。

问题的变换可以用"或树"来表示。例如,设 P 可以变换为三个问题,分别是 P_1、P_2、P_3,则问题 P 与其变换后的问题之间的关系可用如图 4.7 所示的"或树"来表示。"或树"和"与树"非常类似,只是缺少了与树中横跨各条有向边的弧线。"或树"表示变换得到的问题中只要有一个可以被求解,原问题就可以求解。

3. "与/或树"及相关概念

在实际的问题求解过程中,问题的分解和变换通常是一并存在的,也就是需要将"与树"和"或树"结合在一起使用,这就是"与/或树",如图4.8所示。

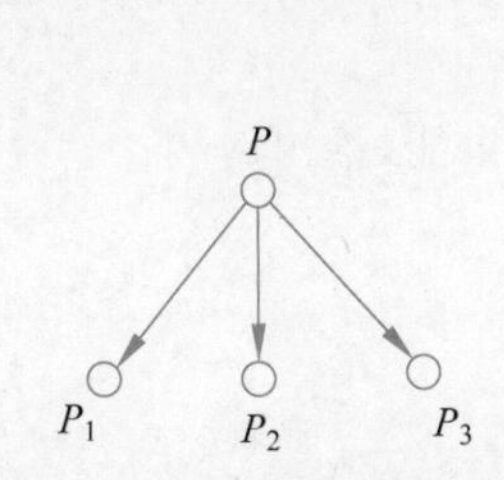

图4.7 "或树"的示意图

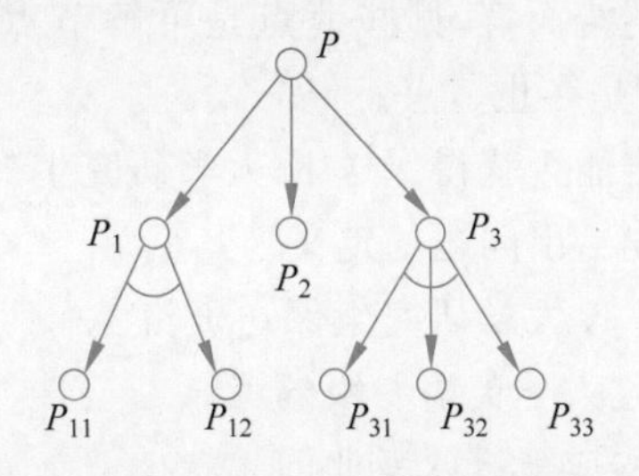

图4.8 "与/或树"的示意图

在图4.8所示的"与/或树"中,问题P变换为三个等价的子问题P_1、P_2、P_3。而P_1又可以分解为P_{11}和P_{12}两个子问题,P_3又可以分解为P_{31}、P_{32}和P_{33}三个子问题。于是由"与/或树"的表示可知,对于问题P有三种求解方法:一是同时求解问题P_{11}和P_{12};二是求解问题P_2;三是同时求解问题P_{31}、P_{32}和P_{33}。可见,"与/或树"描述的是使用问题归约法后,如何求解原问题的策略。

"与/或树"中有如下相关概念:

端节点:在"与/或树"中,没有子节点的节点称为端节点。

终止节点:在"与/或树"中,对应本原问题解的节点称为终止节点。可见,终止节点一定是端节点,但端节点不一定是终止节点。

可解节点:在"与/或树"中,满足以下三种情况的节点为可解节点。

① 任何终止节点都是可解节点。

② 对"或"节点,当其子节点中至少有一个为可解节点时,该"或"节点就是可解节点。

③ 对"与"节点,只有当其子节点全部为可解节点时,该"与"节点才是可解节点。

不可解节点:在"与/或树"中,满足以下三种情况的节点为不可解节点。

① 不为终止节点的端节点是不可解节点。

② 对"或"节点,若其全部子节点都为不可解节点,则该"或"节点是不可解节点。

③ 对"与"节点,只要其子节点中有一个为不可解节点,该"与"节点就是不可解节点。

解树:由可解节点构成,并且由这些可解节点可以推出初始节点(对应着本原问题)为可解节点的子树为解树。显然,解树描述了本原问题的求解过程,在解树中一定包含初始节点。值得注意的是,解树并不唯一。

例4.4 K大学研究生保送资格问题。

K大学规定,如果要获得研究生保送资格,需要同时满足3个条件:条件1,通过大学英语6级的考试;条件2,课程成绩进入专业前10%;条件3,在国家级学科竞赛中获奖。同时又规定:如果能够获得雅思考试6.5以上或PETS5考试60分以上或托福考试80分以上,则等同视为条件1满足;如果能够在本科期间发表论文并在校运会上取得名次,则可认为条件3破格满足。赵涛没有参加大学英语6级考试,但雅思考试得到8分。

他课程成绩进入专业前 2%。他没有参加过国家级学科竞赛，但已发表两篇论文，且在校运会足球比赛中随队获得季军。

问：(1) 给出 K 大学研究生保送资格问题的"与/或树"。

(2) 对赵涛而言，哪些节点是可解节点，哪些节点是不可解节点；哪些节点是端节点，哪些节点是终止节点。

(3) 赵涛能否获得保送 K 大学研究生的资格？如果能，给出解树。

解：首先给出问题的定义。

P：获得 K 大学研究生保送资格。

P_1：通过大学英语 6 级的考试。

P_2：课程成绩进入专业前 10%。

P_3：在国家级学科竞赛中获奖。

P_{11}：雅思考试 6.5 以上。

P_{12}：PTES5 考试 60 分以上。

P_{13}：托福考试 80 分以上。

P_{31}：本科期间发表论文。

P_{32}：校运会上取得名次。

K 大学研究生保送资格问题的"与/或树"如图 4.9 所示。

在图 4.9 所示的与/或中，P_{11}、P_{12}、P_2、P_{13}、P_{31} 和 P_{32} 是端节点。

对赵涛而言，P_{11}(雅思考试 6.5 以上)、P_2(课程成绩进入专业前 10%)、P_{31}(本科期间发表论文)和 P_{32}(校运会上取得名次)是终止节点，它们都是对应本原问题的端节点。

可解节点是 P_{11}(雅思考试 6.5 以上)、P_2(课程成绩进入专业前 10%)、P_{31}(本科期间发表论文)、P_{32}(校运会上取得名次)、P_1(P_1 是"或"节点，其子节点 P_{11} 为可解节点)、P_3(P_3 是"与"节点，其子节点均为可解节点)、P(P 是"与"节点，其子节点均为可解节点)。

不可解节点是 P_{12} 和 P_{13}。

对赵涛而言，本原问题 P 是可解节点，因而赵涛能够获得保送 K 大学研究生的资格，解树如图 4.10 所示。

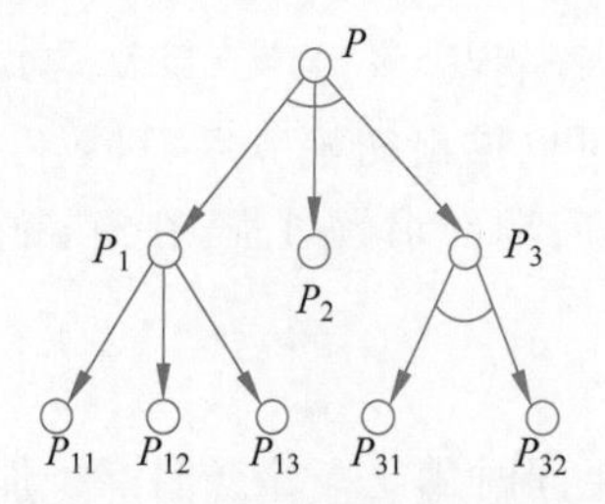

图 4.9　K 大学研究生保送资格问题的"与/或树"

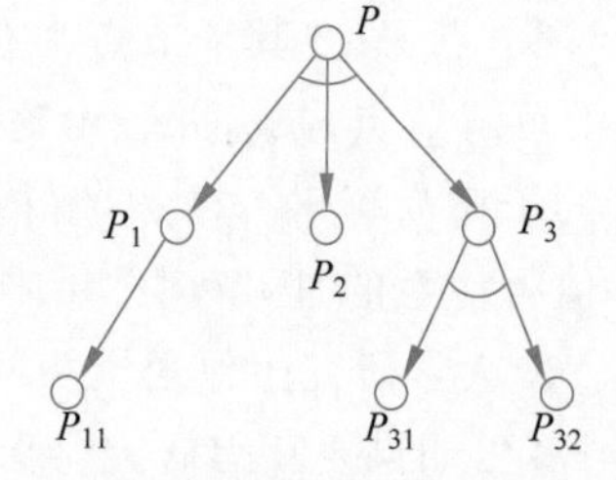

图 4.10　赵涛能否获得 K 大学研究生保送资格问题"与/或树"的解树

问题归约求解过程就是生成解树，即证明本原节点是可解节点的过程。和状态空间法类似，实际中一般也不会将整棵"与/或树"生成出来再求解，而是一边构造"与/或树"，一边生成解树。这一过程涉及搜索算法,将在4.4节详细讨论。

4. 问题归约法求解的举例

例 4.5 三阶梵塔问题。

有 A、B、C 三个金片及1、2、3三根钢针,三个金片按自上而下、从小到大的顺序穿在1号钢针上,要求把它们全部移到3号钢针上,而且每次只能移动一个金片,任何时刻都不能把大的金片压在小的金片上面,如图4.11所示。

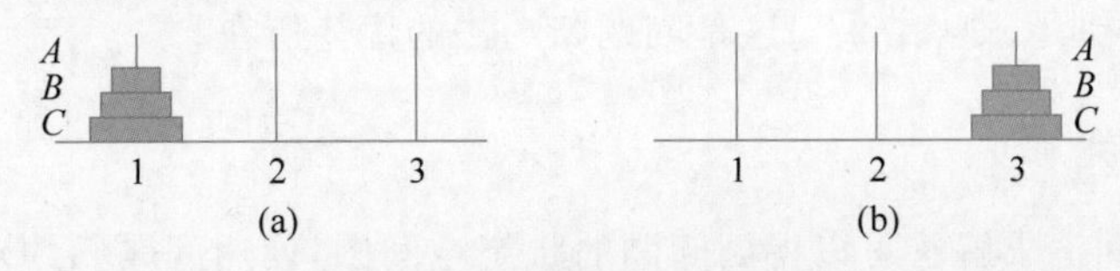

图 4.11 三阶梵塔问题示意图

解:例4.1使用状态空间法求解了二阶梵塔问题。使用状态空间法也能求解三阶梵塔问题,只是三阶梵塔问题的状态的数量较二阶梵塔问题而言会增加许多。本例使用问题归约法来求解。

与求解二阶梵塔问题类似,首先定义问题的状态。

用 $S_k=\{S_{kA},S_{kB},S_{kC}\}$ 表示问题的状态,其中,S_{kA} 表示金片 A 所在的钢针号,S_{kB} 表示金片 B 所在的钢针号,S_{kC} 表示金片 C 所在的钢针号。

利用问题归约方法,原问题可分解为以下三个子问题。

① 把金片 A 和 B 移到2号钢针上的双金片移动问题,即

$$\{1,1,1\}\rightarrow\{2,2,1\}$$

② 把金片 C 移到3号钢针上的单金片移动问题,即

$$\{2,2,1\}\rightarrow\{2,2,3\}$$

③ 把金片 A 及 B 移到3号钢针上的双金片移动问题,即

$$\{2,2,3\}\rightarrow\{3,3,3\}$$

显然,分解后的三个子问题是"与"的关系,每一个子问题都比原来的问题容易解决。其中,子问题②是单金片移动问题,可以直接完成;而子问题①和③是二阶梵塔问题,在例4.1中已完成求解。在这里也可以对子问题①和③表述的二阶梵塔问题继续使用问题归约法进行分解,因而可以画出如图4.12所示的"与/或树"。

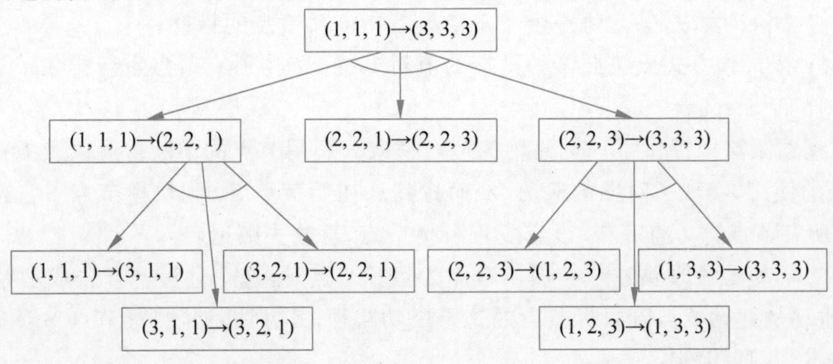

图 4.12 利用问题归约法求解三阶梵塔问题得到的"与/或树"

在图4.12所示的“与/或树”中，所有端节点均为终止节点，因而对应三阶梵塔问题的根节点是可解节点。求解顺序如下：

第①步：{1,1,1}→{3,1,1}，{3,1,1}→{3,2,1}，{3,2,1}→{2,2,1}

第②步：{2,2,1}→{2,2,3}

第③步：{2,2,3}→{1,2,3}，{1,2,3}→{1,3,3}，{1,3,3}→{3,3,3}

通过问题归约法求解例三阶梵塔问题，避免了状态空间法求解过程中对某些无效状态的搜索，快速得到了求解结果。这是问题归约法的优势所在。

4.1.4 图搜索策略

使用状态空间法求解法可以得到问题的状态空间图，使用问题归约求解法可以得到“与/或树”，两者都可以看成一种网络。问题的求解过程就是在网络中找到一条从初始状态到目标状态的操作序列。

在实际问题中，无论是完整的状态空间图还是完整的“与/或树”都极其庞大，很难将其全部画出后再找到一条操作的求解路径，因而需要一边构建状态空间图或“与/或树”，一边进行求解。本节将介绍的图搜索策略就是这样的方法。图搜索策略可以直观地理解为在图中寻找路径的方法，其目的是找到一条从问题初始状态到目标状态的路径。

在图搜索的算法中，用 S_0 表示问题的初始状态，S_T 表示问题的目标状态，Open表存放刚生成并待扩展的节点，Closed表存放已经扩展或将要扩展的节点。这里对某个节点（表示问题的某个状态）的“扩展”是指，将该节点所表示状态可能转换（适用各种操作）得到的所有状态列出来，并生成新的一个或多个节点。

算法4.1 图搜索策略的一般框架如下：

Step1：初始化Open表和Closed表均为空表；

Step2：把初始节点 S_0 放入Open表中；

Step3：如果Open表为空，则问题无解，失败退出；

Step4：把Open表的第一个节点取出放入Closed表，并记该节点为 n；

Step5：考查 n 是否为目标节点 S_T，若是，则得到问题的解，成功退出；

Step6：若节点 n 不可扩展，则转第Step3；

Step7：扩展节点 n，将所有未在Open表和Closed表中出现过的子节点添加到Open表中，并为每一个子节点设置指向父节点的指针；

Step8：按某种方式或按照某种试探的值对Open表中所有节点重新排序；

Step9：转Step3。

在图搜索策略中提供了一个通用的搜索框架。利用节点的不断扩展以及Open表和Closed表的使用，实现了对图的遍历，从而找到从初始节点 S_0 到目标节点 S_T 的一条路径；或是所有节点都考查完毕，没有发现目标节点，算法失败退出。

Step5中，每当发现被选作扩展的节点为目标节点时，这一过程就宣告成功结束。这时，能够重现从起始节点到目标节点的这条成功路径，其办法是从目标节点 S_T 按指针向初始节点 S_0 返回追溯。

Step8 对 Open 表上的节点进行排序，以便能够从中选出一个“最好”的节点作为 Step4 扩展使用。这种排序可以是任意的(盲目的，属于盲目搜索，见 4.2 节)，也可以用各种启发思想或其他准则为依据(属于启发式搜索，见 4.3 节和 4.4 节)。

当 Open 表中不再剩有未被扩展的端节点时，过程就以失败告终。在失败终止的情况下，从起始节点出发，一定达不到目标节点。

4.2 状态空间的盲目搜索

在图搜索策略算法中，Step8 会按照某种策略对 Open 表中所有节点重新排序。如果这种排序不考虑问题本身的特点，而按照某种固定策略排序，就称为盲目搜索策略。盲目搜索分为广度优先搜索和深度优先搜索两类。

4.2.1 广度优先搜索

广度优先搜索就是对当前节点进行扩展后，首先对每一个被扩展的节点进行考查，然后逐个扩展这些节点，探索更远的范围。其搜索过程是一个搜索范围逐步横向扩大的过程。广度优先搜索算法符合图搜索策略的一般框架，用 S_0 表示问题的初始状态，S_T 表示问题的目标状态，Open 表存放刚生成并待扩展的节点，Closed 表存放已经扩展或将要扩展的节点。

首先给出广度优先搜索算法的步骤。

算法 4.2 广度优先搜索算法：

Step1：初始化 Open 表和 Closed 表均为空表；

Step2：把初始节点 S_0 放入 Open 表中；

Step3：如果 Open 表为空，则问题无解，失败退出；

Step4：把 Open 表的第一个节点取出放入 Closed 表，并记该节点为 n；

Step5：考查 n 是否为目标节点 S_T，若是，则得到问题的解，成功退出；

Step6：若节点 n 不可扩展，则转 Step3；

Step7：扩展节点 n，将所有未在 Open 表和 Closed 表中出现过的子节点添加到 Open 表的尾部，并为每一个子节点设置指向父节点的指针；

Step8：转 Step3。

在广度优先搜索算法中，新扩展的节点总是添加到 Open 表的尾部，而每一次考查新的节点时总是取 Open 表的头部。于是，在 Open 表中先扩展得到的节点也先被考查。可见，按照数据结构的观点看，在广度优先搜索算法中 Open 表是一个队列。

例 4.6 使用广度优先搜索算法求解八数码难题。

在 3×3 的方格棋盘上，分别放置了标有数字 1、2、3、4、5、6、7、8 的八张牌，初始状态 S_0，目标状态 S_T，可以使用的操作有空格左移、空格上移、空格右移、空格下移，如图 4.13 所示。试用广度优先搜索算法求解。

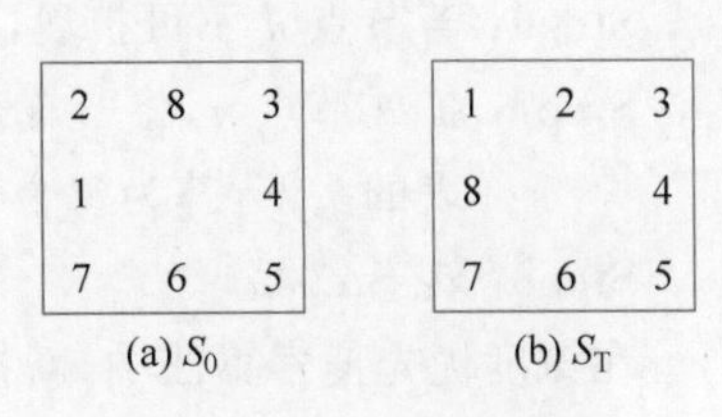

图 4.13 八数码难题

解：八数码难题较为适合使用状态空间法进行表

示。状态就是当前数字排列的样子,而操作就是“空格左移”“空格上移”“空格右移”“空格下移”四个。

使用广度优先搜索算法求解八数码难题的搜索过程如图 4.14 所示。

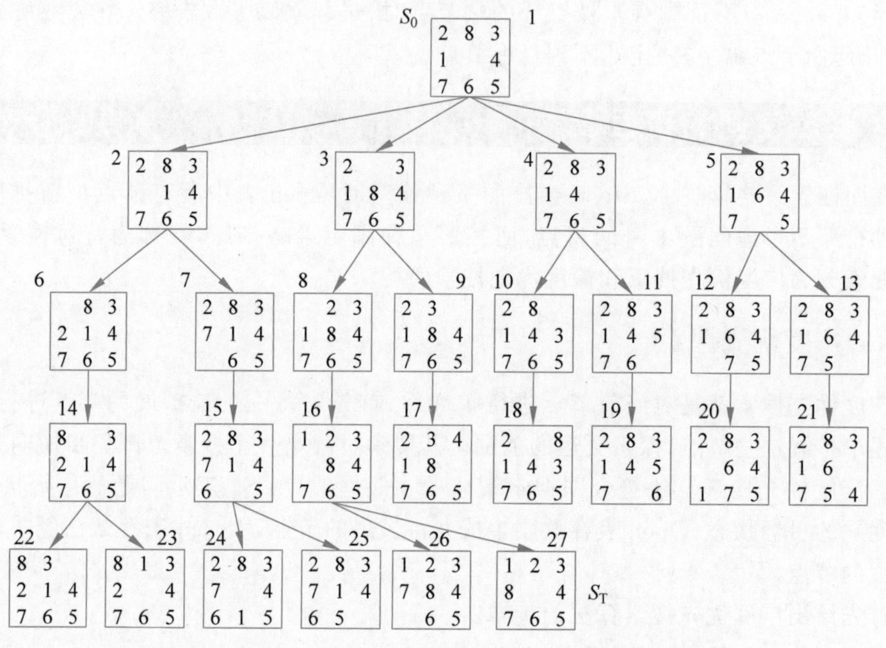

图 4.14 使用广度优先搜索算法求解八数码难题的搜索过程

可见,从初始状态 S_0 到目标状态 S_T 共扩展了 27 个节点。搜索路径是 $1(S_0)\to3\to8\to16\to27(S_T)$。

4.2.2 深度优先搜索

首先给出深度优先搜索的算法步骤。

算法 4.3 深度优先搜索算法:

Step1:初始化 Open 表和 Closed 表均为空表;

Step2:把初始节点 S_0 放入 Open 表中;

Step3:如果 Open 表为空,则问题无解,失败退出;

Step4:把 Open 表的第一个节点取出放入 Closed 表,并记该节点为 n;

Step5:考查 n 是否为目标节点 S_T,若是,则得到问题的解,成功退出;

Step6:若节点 n 不可扩展,则转 Step3;

Step7:扩展节点 n,将所有未在 Open 表和 Closed 表中出现过的子节点插入 Open 表的头部,并为每个子节点设置指向父节点的指针;

Step8:转 Step3。

在深度优先搜索算法中,新扩展的节点总是插入 Open 表的头部,而 Open 表头部的节点总是最先被考查。于是,最后生成的节点总是最先被考查。可见,按照数据结构的观点看，在深度优先搜索算法中 Open 表是一个栈。

深度优先搜索算法和广度优先搜索算法的步骤基本相同，但是，两个算法对于 Open 表中的节点排序不同，在深度优先搜索算法中最后进入 Open 表的节点总是排在最前面，即后生成的节点先扩展。

值得注意的是，深度优先搜索是一种非完备策略，即对某些本身有解的问题，采用深度优先搜索可能找不到最优解，也可能根本找不到解。这是因为在某些分支上根本不存在最优解甚至解，而这些分支又是无限的。

常用的解决办法是增加一个深度限制，当搜索达到一定深度但还没有找到解时，停止深度搜索，向广度发展。这种方法称为有界深度优先搜索。

4.3 状态空间的启发式搜索

在实际生活中，如果评价某人做一件事情是“盲目”的，总是倾向于“贬义”，至少说明这个人做事时“按部就班”，不会根据实际情况变通。比如，我们去一栋很大的别墅中寻找主人的牙刷，如何寻找呢？是从门厅开始一步一步慢慢往里找吗？事实上，大多数人不会这么做，他们会直接去盥洗间或卫生间寻找，因为在那里找到主人牙刷的概率比门厅或客厅更大。“牙刷一般放在盥洗间”这样的信息就是“启发性信息”。在搜索过程中用到启发性信息的算法称为启发式搜索。

4.3.1 启发性信息及估价函数

启发性信息是指与具体问题求解过程有关的，可引导搜索过程朝着最有希望方向前进的控制信息。通常，启发性信息一般有三类。

(1) 有效地帮助确定扩展节点的信息。

(2) 有效地帮助决定哪些后继节点应被生成的信息。

(3) 能决定在扩展一个节点时哪些节点应从搜索树上删除的信息。

一般来说，搜索过程使用的启发性信息的启发能力越强，扩展的无用节点就越少。换言之，搜索的效率也就越高。

在启发式搜索过程中，启发性信息一般用估价函数来表达。估价函数是用来估计节点重要性的函数。对于搜索过程中的节点 n，估价函数的一般形式如下：

$$f(n)=g(n)+h(n) \tag{4-1}$$

式中：$f(n)$为从初始节点 S_0 出发，约束经过节点 n 到达目标节点 S_T 的所有路径中最小路径代价的估计值。$f(n)$由 $g(n)$和 $h(n)$两部分组成，$g(n)$是从初始节点 S_0 到节点 n 的实际代价，$h(n)$是从节点 n 到目标节点 S_T 的最优路径的估计代价。可见，$g(n)$从节点 n 需要回溯找到问题初始状态 S_0，形成一条路径，然后计算该路径上所有边的代价之和。$h(n)$需要根据问题的特点来进行估计，$h(n)$表达了搜索过程中的启发性信息，通常称为启发函数。

例 **4.7** 在八数码难题中构造估价函数。

在 3×3 的方格棋盘上，分别放置了标有数字 1、2、3、4、5、6、7、8 的 8 张牌，初始状态

S_0，目标状态 S_T，可以使用的操作有空格左移、空格上移、空格右移、空格下移，如图 4.15 所示。试构造估价函数。

解：在例 4.6 中已经定义了八数码难题的状态及操作。那么对于某一个搜索过程出现的状态 n，$g(n)$定义为从初始状态 S_0→当前状态 n 所经历的操作个数。$h(n)$定义为与目标状态 S_T 相比，当前状态 n“不在位”的数字个数。通常，对于节点 n，“不在位”的数码个数越多，说明它离目标状态越远。

如对于初始节点 S_0 而言，$g(S_0)=0$（初始状态没有执行过任何操作）。$h(S_0)=3$（与目标状态 S_T 相比，数字“1”“2”“8”不在该在的位置上），如图 4.16 所示。

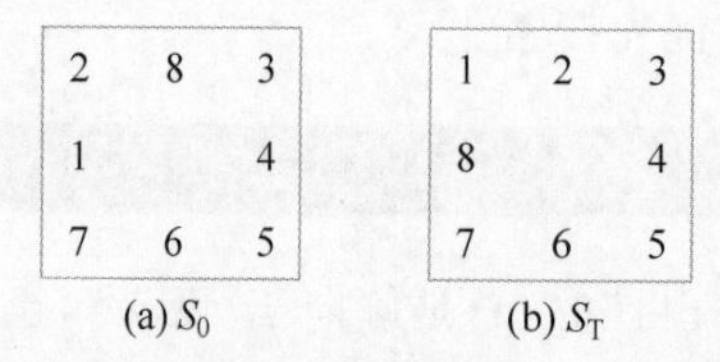

图 4.15　八数码难题的估价函数构造

S_0			
	2	8	3
	1		4
	7	6	5

图 4.16　启发式函数中“不在位”数字标识

因此

$$f(S_0)=g(S_0)+h(S_0)=0+3=3$$

估价函数描述了某个状态 n 离目标状态 S_T 的“远近”。

4.3.2　A 算法

由于估价函数描述了搜索过程中某个状态 n 离目标状态 S_T 的“远近”，一个比较直观的想法是能否优先考查离目标状态 S_T 较“近”的节点。显然，这样做能较快地找到目标状态。如果能在搜索的每步都利用估价函数 $f(n)=g(n)+h(n)$对 Open 表中的节点进行排序（见算法 4.1 中 Step8），则该搜索算法为 A 算法。由于估价函数中带有问题自身的启发性信息，因此 A 算法也称为启发式搜索算法。

根据搜索过程中选择扩展节点的范围，启发式搜索算法可分为全局择优搜索算法和局部择优搜索算法。全局择优搜索算法每当需要扩展节点时，总是从 Open 表的所有节点中选择一个估价函数值最小的节点进行扩展。局部择优搜索算法每当需要扩展节点时，总是从刚生成的子节点中选择一个估价函数值最小的节点进行扩展。可见，全局择优搜索算法类似于盲目搜索中的广度优先搜索算法，局部择优搜索算法类似于盲目搜索中的深度优先搜索算法。限于篇幅，本书仅讨论全局择优的 A 算法，下面给出其一般步骤。

算法 4.4　全局择优的 A 算法：

Step1：初始化 Open 表和 Closed 表均为空表；

Step2：把初始节点 S_0 放入 Open 表中，计算 $f(S_0)=g(S_0)+h(S_0)$；

Step3：如果 Open 表为空，则问题无解，失败退出；

Step4：把 Open 表的第一个节点取出放入 Closed 表，并记该节点为 n；

Step5：考查 n 是否为目标节点 S_T，若是，则得到问题的解，成功退出；

Step6：若节点 n 不可扩展，则转 Step3；

Step7：扩展节点 n，将所有未在 Open 表和 Closed 表中出现过的子节点添加到 Open 表中，并为每个子节点设置指向父节点的指针；

Step8：针对 Open 表中每个节点 n_i，计算估价函数 $f(n_i)$，并按照 $f(n_i)$ 由小到大的顺序对 Open 表中所有节点重新排序；

Step9：转 Step3。

由于上述算法的 Step8 要对 Open 表中的全部节点按其估价函数值从小到大重新进行排序，这样在 Step3 取出的节点一定是 Open 表的所有节点中估价函数值最小的。因此，它是一种全局择优的搜索方式。

例 4.8 用全局择优的 A 算法求解八数码难题。

在 3×3 的方格棋盘上，分别放置了标有数字 1、2、3、4、5、6、7、8 的八张牌，初始状态 S_0，目标状态 S_T，可以使用的操作有空格左移、空格上移、空格右移、空格下移，如图 4.17 所示。试用全局择优的 A 算法求解。

解：基于例 4.7 定义的估价函数 $f(n)=g(n)+h(n)$，其中：$g(n)$ 表示从初始状态 S_0 到当前状态 n 所经历的操作个数；$h(n)$ 表示与目标状态 S_T 相比，状态 n“不在位”的数字个数。数码难题全局择优的 A 算法求解过程如图 4.18 所示。

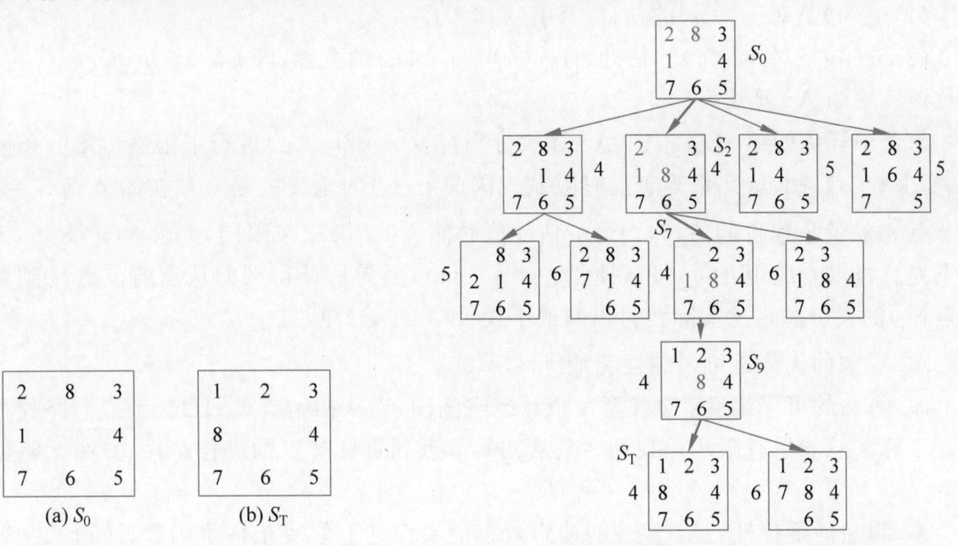

图 4.17 八数码难题　　图 4.18 八数码难题全局择优的 A 算法求解过程

可见，从初始状态 S_0 到目标状态 S_T 共扩展了 11 个节点，较广度优先搜索算法扩展的 27 个节点而言，大幅缩减了扩展和考查的节点的数量，提升了搜索效率。全局择优的 A 算法搜索路径是 $S_0 \rightarrow S_2 \rightarrow S_7 \rightarrow S_9 \rightarrow S_T$。

4.3.3 A* 算法

从例 4.8 可以看出，由于使用了估价函数，更接近目标状态的节点被优先考查并扩展，因而有效缩减了扩展节点的数目，提升了搜索效率。但值得注意的是，A 算法之所以能够发挥作用，合理设计估价函数至关重要。估价函数不合理，不仅可能会增加扩展节点的数目，甚至这可能导致算法不收敛。为此，需要对估价函数进行某些限制。A^*算法就是对估价函数加上一些限制后得到的一种启发式搜索算法。

1. A^*算法的概念及特性

假设$f^*(n)$为从初始节点S_0出发，约束经过节点n到达目标节点S_T的最小代价值，则估价函数$f(n)$是$f^*(n)$的估计值。

与A算法估价函数$f(n)$类似，$f^*(n)$可表示为

$$f^*(n)=g^*(n)+h^*(n) \tag{4-2}$$

式中：$g^*(n)$表示从初始节点S_0到当前节点n的最小代价；$h^*(n)$表示从当前节点n到目标节点S_T的最小代价。

A算法估价函数$f(n)=g(n)+h(n)$与$f^*(n)$类比，$g(n)$是对$g^*(n)$的估计，$h(n)$是对$h^*(n)$的估计。在这两个估计中，虽然$g(n)$的值容易计算，但它不一定是从初始节点S_0到节点n的真正最小代价，很可能从初始节点S_0经过另一条路径到达节点n的代价更小，只是这条路径暂时还未搜索到，故有$g(n)\geqslant g^*(n)$。

如果对全局择优A算法中的估价函数$f(n)=g(n)+h(n)$做如下限制：

(1) $g(n)$是对$g^*(n)$的估计，且$g(n)>0$；

(2) $h(n)$是对$h^*(n)$的估计，且$h(n)$是$h^*(n)$的下界，即$h(n)\leqslant h^*(n)$。

则称该算法为A^*算法。

与全局择优的A算法相比，A^*算法分别对$g(n)$和$h(n)$进行了限制。第一条限制中，要求$g(n)>0$，这几乎等于没有限制。因为$g(n)$的定义就是对从初始节点S_0到当前节点n的最小代价的估计，而这个估计值必然$\geqslant 0$。第二条限制，要求$h(n)$是$h^*(n)$的下界。可以看成用$h(n)$"乐观地"估计$h^*(n)$，因为估计得到的从当前节点n到目标节点S_T的代价总是比实际要付出的最小代价($h^*(n)$)更小。

A^*算法的优势是可采纳性和最优性。

A^*算法的可采纳性：对任意一个状态空间图，当从初始节点到目标节点有路径存在时，A^*算法总能在有限步内找到一条从初始节点到目标节点的最佳路径，并在此路径上结束。

A^*算法的最优性：A^*算法的搜索效率很大程度上取决于估价函数$h(n)$。在满足$h(n)\leqslant h^*(n)$前提下，$h(n)$值越大越好。$h(n)$值越大，说明它携带的启发性信息越多，A^*算法搜索时扩展的节点就越少，搜索效率就越高。A^*算法的这一特性也称为A^*算法的信息性。

限于篇幅，上述两个特性的证明过程本书略去。

A^*算法的可采纳性保证了A^*算法的搜索能力和收敛性。也就是说，只要估价函数满足限制要求，A^*算法就必然收敛，且可以找到最优解。

A^*算法的最优性则指出，在设计估价函数时，除了应满足$h(n)\leqslant h^*(n)$最基本要求，还使得启发性函数$h(n)$值尽量接近于$h^*(n)$真实值，因为越接近，启发性信息越强，搜索效率就越高。

2. A*算法应用举例

例 4.9　例 4.8 中求解八数码难题的 A 算法是否为 A*算法?

答：在例 4.8 中，$g(n)$表示从初始状态 S_0 到当前状态 n 所经历的操作个数；显然 $g(n)$是对 $g^*(n)$的估计，且 $g(n)>0$，A*算法限制(1)满足；$h(n)$表示与目标状态 S_T 相比，状态 n"不在位"的数字个数。对于 1 个不在位的数字，至少需要进行 1 次操作才能将该数字移到正确的位置上。于是，对于任意的状态 n，均有 $h(n) \leqslant h^*(n)$，A*算法限制(2)满足。综上，例 4.8 中的全局择优 A 算法是 A*算法。

例 4.10　使用 A*算法求解例 4.3 中描述的 M-C 问题。在河的左岸有三个野人、三个修道士和一条船，修道士想用这条船把所有的野人运到河对岸，但受以下条件的约束：一是修道士和野人都会划船，但每次船上至多可载两个人；二是在河的任一岸，如果野人数目超过修道士数目，修道士就会被野人吃掉。如果野人会服从任何一次过河安排，试规划一个确保修道士和野人都能过河，且没有修道士被野人吃掉的安全过河计划。

解：沿用例 4.3 定义的状态与操作。设左岸修道士人数为 m，左岸野人人数为 c，左岸的船数为 b，则右岸修道士人数为 $3-m$，右岸野人人数为 $3-c$，右岸船数为 $1-b$。

于是，可以用如下三元组来表示 M-C 问题的状态：

$$S=(m,c,b)$$

式中：m 和 c 的取值范围是 0～3；b 的取值范围是 0～1。

M-C 问题的初始状态 $S_0=(3,3,1)$，目标状态 $S_T=(0,0,0)$。

设 L_{ij} 表示从左岸到右岸的运送人员操作，R_{ij} 表示从右岸到左岸的运送人员操作，其中，i 表示船上的修道士数，j 表示船上的野人数，且 $i+j \geqslant 1$(船上必须有人操作)，$i+j \leqslant 2$(船上只能搭乘两人)。因此共有 10 种操作。

左岸到右岸的操作：$L_{01}, L_{02}, L_{10}, L_{20}, L_{11}$。

右岸到左岸的操作：$R_{01}, R_{02}, R_{10}, R_{20}, R_{11}$。

使用 A*算法求解 M-C 问题，首先需要确定估价函数。

设 $g(n)=d(n)$，$h(n)=m+c-2b$

则

$$f(n)=d(n)+m+c-2b$$

式中：$d(n)$为节点的深度，即已经进行了几次渡河操作。

通过分析可知，$h(n) \leqslant h^*(n)$，满足 A*算法的限制条件。M-C 问题的 A*算法求解过程如图 4.19 所示。

分析可知，在 M-C 问题的求解过程中，由于有了启发性信息的帮助，A*算法避免了对很多无用节点的考查和扩展。

例 4.11　探路猫问题。如图 4.20 所示的封闭房间中，有若干障碍物、一只探路猫和一块骨头，试规划一条让探路猫找到骨头的最短路径。

解：为了简化问题，首先将房间离散化，分成若干格子。如图 4.21(a)所示。认为探路猫每一次可以向上、向下、向左、向右移动 1 格。定义探路猫到骨头之间的距离为曼哈顿距离，如图 4.21(b)所示。

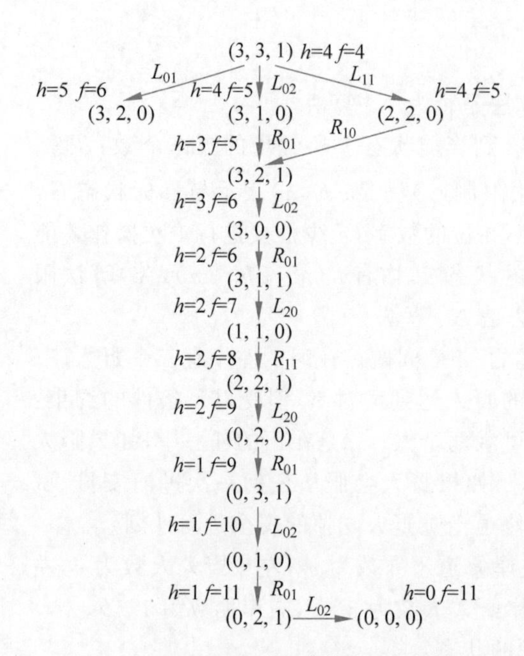

图 4.19　M-C 问题的 A^* 算法求解过程

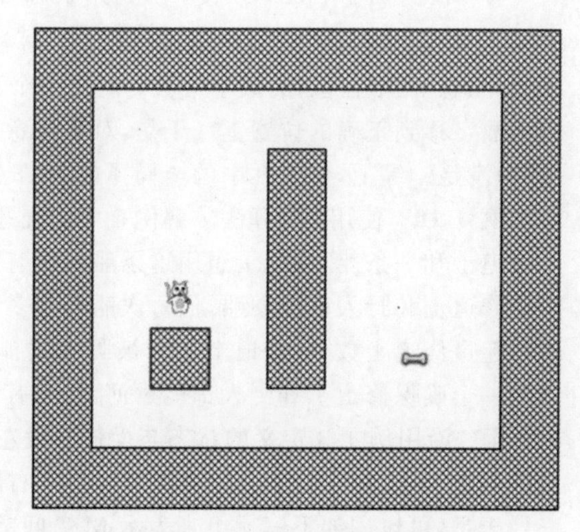

图 4.20　探路猫问题描述

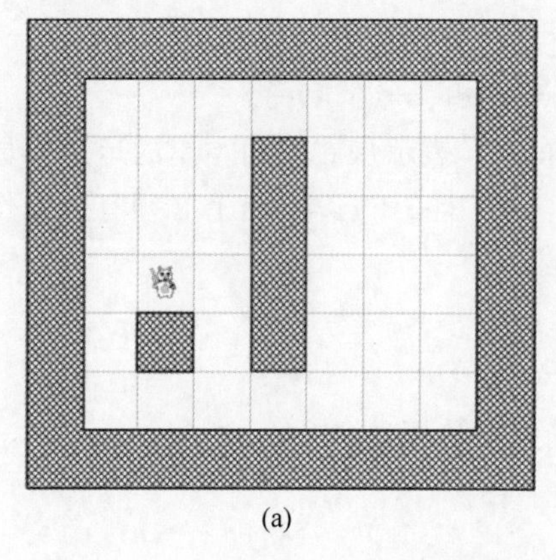

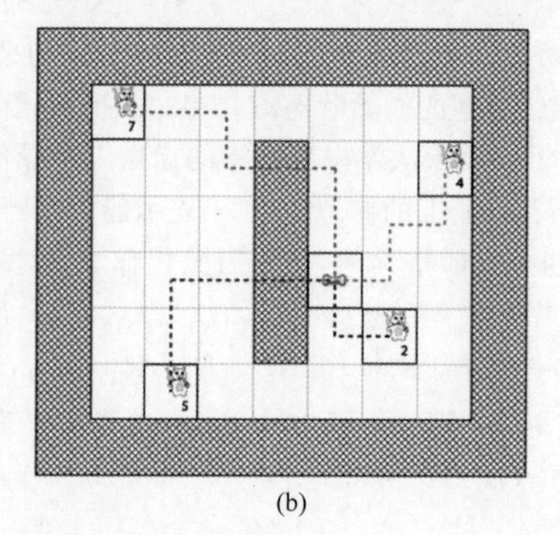

图 4.21　探路猫问题中离散化后的空间与距离定义

基于离散化后的空间,问题的初始状态 S_0 为探路猫初始位置(可以用格子的坐标表示),目标状态 S_T 为骨头所在的位置。可以应用的操作包括探路猫向上、向下、向左、向右移动 1 格。

基于距离的概念可以定义估价函数。设 $g(n)=p(S_0,n)$,$h(n)=d(n,S_T)$,其中,$p(S_0,n)$表示探路猫从初始状态 S_0 到当前节点 n 移动了多少步。$d(n,S_T)$表示从当前节点 n 到目标节点 S_T 的曼哈顿距离。显然,$g(n)$是对 $g^*(n)$的估计,且 $g(n)>0$。在计算 $h(n)$时没有考虑房间中障碍物。实际上,探路猫要到达骨头所在的格必须绕过障碍物,所以有 $h(n)\leqslant h^*(n)$。满足 A^* 算法的两条限制。探路猫问题的估价函数可设计为

$$f(n)=g(n)+h(n)=p(S_0,n)+d(n,S_T)$$

使用 A* 算法求解探路猫问题的搜索过程如图 4.22 所示。

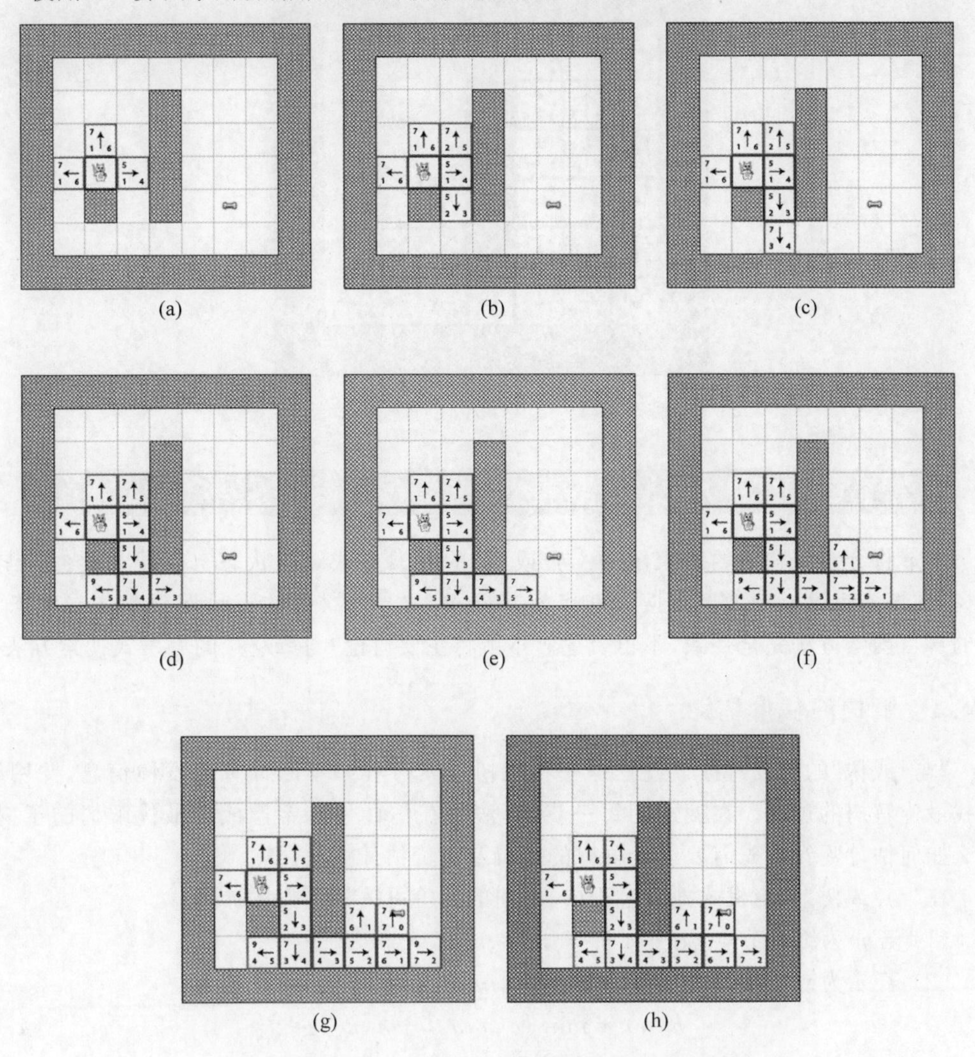

图 4.22 使用 A* 算法求解探路猫问题的搜索过程

由探路猫问题求解过程可知,在估价函数的帮助下,A* 算法寻找下一步扩展的节点时表现了很好的引导性。扩展的节点总是朝与目标节点距离缩小的方向在前进。

在图 4.22(c)所示的步骤中,Open 表中所有的节点的 $f(n)$ 值均为 7,图 4.22(c)中选择了 $g(n)$ 最大的节点优先考查。这是因为 $f(n)$ 由 $g(n)$ 和 $h(n)$ 组成,$g(n)$ 是探路猫实际走过的路径长度,而 $h(n)$ 仅仅是一个估计。在 $f(n)$ 相同的情况下,优先选择 $g(n)$ 较大的节点进行扩展是较理性的策略。值得注意的是,这个策略并不在标准的 A* 算法步骤中。

如果没有挑选到图 4.22(c)所示的节点进行扩展会怎么样呢?如图 4.23 所示,选了另一个节点进行扩展。显然,根据扩展后的结果,标准的 A* 算法依然能很快地回到图 4.22(c)所示的待扩展节点上。

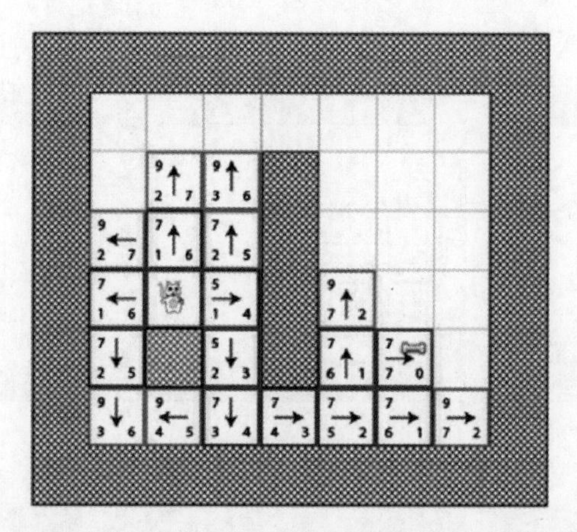

图 4.23　探路猫问题中当 $f(n)$ 值相同时待考查节点的选择

4.4 "与/或树"的启发式搜索

本节将介绍问题归约法表示的"与/或树"的搜索方法。与状态空间搜索类似,"与/或树"的搜索也可以分为盲目搜索和启发式搜索。"与/或树"的盲目搜索方法与状态空间的盲目搜索方法完全一致,不再赘述。本节将主要讨论"与/或树"的启发式搜索方法。

4.4.1　解树的代价估计

"与/或树"的启发式搜索过程是一种在树搜索过程中不断计算启发性信息,并用于寻找最优解树的过程。在搜索的每一步,算法总在估计最有希望成为最优解树的子树。那么如何估计呢?首先需要讨论解树的代价及代价估计方法。

在"与/或树"的启发式搜索过程中,解树的代价可按如下方法计算。

(1) 若 n 为终止节点,则其代价 $h(n)=0$。

(2) 若 n 为或节点,且子节点为 $n_1,n_2,\cdots,n_k$,则节点 n 的代价为

$$h(n)=\min_{1\leqslant i\leqslant k}\{c(n,n_i)+h(n_i)\} \tag{4-3}$$

式中:$c(n,n_i)$为节点 n 到其子节点 n_i 的边代价。

(3) 若 n 为与节点,且子节点为 $n_1,n_2,\cdots,n_k$,则 n 的代价可用和代价法或最大代价法计算。

用和代价法,其计算公式为

$$h(n)=\sum_{i=1}^{k}c(n,n_i)+h(n_i) \tag{4-4}$$

用最大代价法,其计算公式为

$$h(n)=\max_{1\leqslant i\leqslant k}\{c(n,n_i)+h(n_i)\} \tag{4-5}$$

(4) 若 n 是端节点,但不是终止节点,则 n 不可扩展,其代价定义为 $h(n)=\infty$。

(5) 根节点的代价即为解树的代价。

可见,计算解树的代价是由叶子节点向根节点倒推的过程。

例 4.12　用和代价法和最大代价法分别求如图 4.24 所示的“与/或树”的解树代价。已知 t_1、t_2、t_3 为终止节点，E 和 F 为不可解端节点。

解：用和代价法，该解树的代价为

$$h(A)=2+3+8+4+2+7=26$$

用最大代价法，该解树的代价为

$$h(A)=\max\{\max\{(2+3),8\}+4,(2+7)\}=12$$

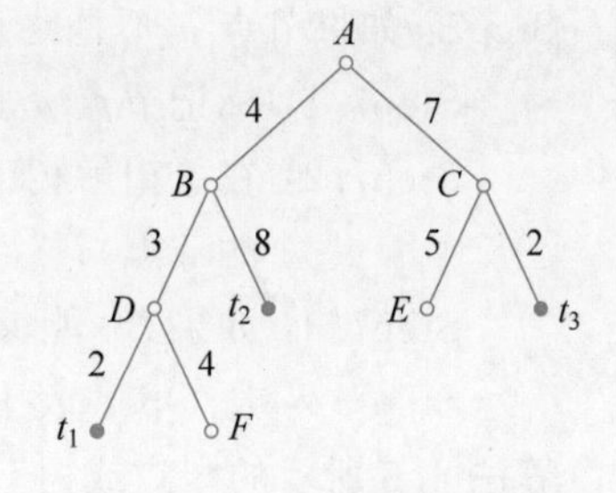

图 4.24　求该“与/或树”解树的代价

4.4.2　希望解树判定与启发式搜索过程

1. 希望解树

在“与/或树”中存在大量的分支节点，为了找到最优解树，应该优先扩展最有可能包含在最优解树中的节点。由于这些节点及其父节点所构成的“与/或树”最可能成为最优解树的一部分，因此称它为**希望解树**，简称**希望树**。注意，在找到真正的最优解树之前，解树的代价都是估计出来的，所以在搜索过程中希望解树可能是不断变化的。

希望解树 T 是搜索过程中最有可能成为最优解树的那棵树：

(1) 初始节点 S_0 在希望解树 T 中；

(2) 如果 n 是具有子节点 $n_1,n_2,\cdots,n_k$ 的或节点，则 n 的某个子节点 n_i 在希望解树 T 中的充分必要条件为

$$\min_{1\leqslant i\leqslant k}\{c(n,n_i)+h(n_i)\} \tag{4-6}$$

(3) 如果 n 是与节点，则 n 的全部子节点都在希望解树 T 中。

2. “与/或树”的启发式搜索过程

“与/或树”的启发式搜索过程是通过代价估计方法不断判断希望解树 T，并对希望解树 T 中节点进行扩展的过程。算法一般步骤如下。

算法 4.5　“与/或树”的启发式搜索算法

Step1：初始化 Open 表和 Closed 表均为空表。

Step2：把初始节点 S_0 放入 Open 表中，(用和代价法或最大代价法)计算 $h(S_0)$。

Step3：计算希望解树 T。

Step4：依次从 Open 表取出 T 的端节点放入 Closed 表，并记该节点为 n。

Step5：如果节点 n 是终止节点，则

　　Step5.1：标记节点 n 为可解节点；

　　Step5.2：在希望解树 T 中标记所有可解的节点(因节点 n 可解而可解的节点)；

　　Step5.3：如果 S_0 能够被标记为可解节点，则 T 就是最优解树，成功退出；

　　Step5.4：从 Open 表中删去具有可解先辈的所有节点，转 Step3。

Step6：如果节点 n 不是终止节点，但可扩展，则

　　Step6.1：扩展节点 n，生成 n 的所有子节点；

　　Step6.2：把这些子节点都放入 Open 表中，并为每个子节点设置指向父节点 n 的指针，转 Step3。

Step7：如果节点 n 不是终止节点，且不可扩展，则

Step7.1：标记节点 n 为不可解节点；

Step7.2：在希望解树 T 中标记所有不可解的节点（因节点 n 不可解而不可解的节点）；

Step7.3：如果 S_0 能够被标记为不可解节点，则问题无解，失败退出；

Step7.4：从 Open 表中删去具有不可解先辈的所有节点，转 Step3。

算法 4.5 所示的"与/或树"启发式搜索过程中，通过反复对希望解树的计算、考查和节点扩展，分析初始节点 S_0 是否可解。Step5、Step6 和 Step7 分别说明了当希望解树中节点是终止节点、不可解但可扩展端节点以及不可解且不可扩展端节点时的处理方法。关键是能否判定初始节点 S_0 的可解性，如果能，那么成功退出，否则失败退出。

例 4.13 "与/或树"启发式搜索过程举例。

对初始节点 S_0 扩展后得到如图 4.25 所示的"与/或树"。

其中，节点 B、C、E、F 均为不可解但可扩展的端节点。其估计值分别为 $h(B)=3$，$h(C)=3$，$h(E)=3$，$h(F)=2$。设节点之间的边代价均为 1。由于节点 A 和节点 D 均为"与"节点，则由和代价法可知：

$$h(A)=(h(B)+1)+(h(C)+1)=8$$
$$h(D)=(h(E)+1)+(h(F)+1)=7$$

节点 S_0 为"或"节点，所以

$$h(S_0)=\min\{(h(A)+1),(h(D)+1)\}=8$$

可见，目前希望树为 S_0 的右子树，包括节点 S_0、D、E、F。

按照算法 4.5 的步骤，对节点 E 进行扩展得到如图 4.26 所示的"与/或树"。

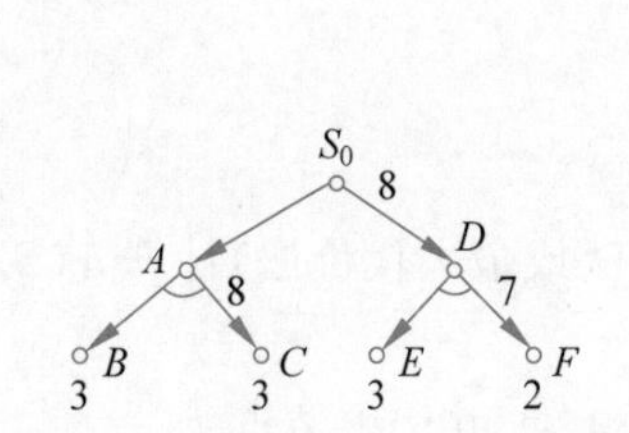

图 4.25 "与/或树"启发式搜索举例：S_0 扩展后

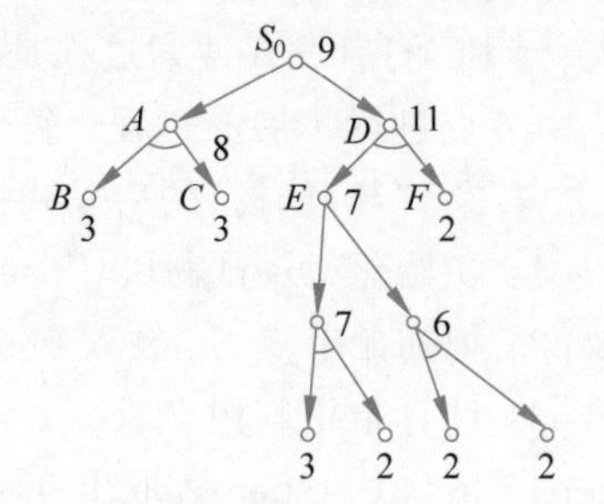

图 4.26 "与/或树"启发式搜索举例：扩展节点 E 后

当扩展节点 E 以后，依然得到了 6 个不可解但可扩展的端节点，采用和代价估计得到的结果如图 4.26 所示。于是 $h(E)$ 发生了变化。此时，$h(E)=7$，从而导致

$$h(D)=(h(E)+1)+(h(F)+1)=11$$

于是有

$$h(S_0)=\min\{(h(A)+1),(h(D)+1)\}=\min\{(8+1),(11+1)\}=9$$

可见，目前的希望解树发生了变化，为 S_0 的左子树，包括节点 S_0、A、B、C。

对节点 B 进行扩展得到如图 4.27 所示的"与/或树"。

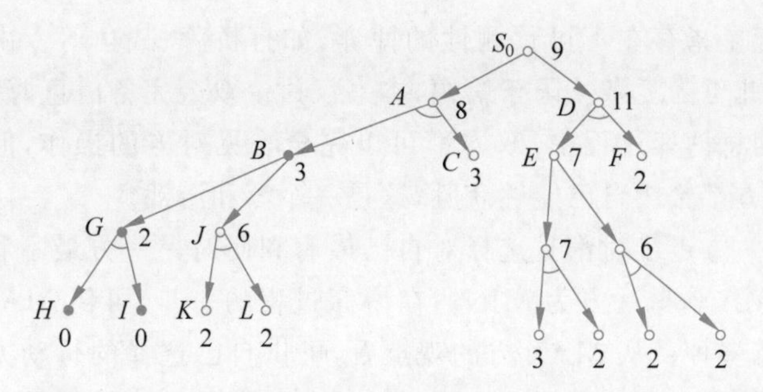

图 4.27 “与/或树”启发式搜索举例：扩展节点 B 后

当节点 B 扩展后，最终得到 4 个端节点，分别是 H、I、K、L，其中，H、I 为终止节点，其代价为 0，K 和 L 是不可解但可扩展的端节点，估计值均是 2。H、I、G、B 被标记为可解节点，可以从 Open 表中删除。则由和代价法计算得知 $h(B)=3$，因此 $h(S_0)=9$。可见，希望解树还是 S_0 的左子树。希望树包括节点 S_0、A、B、C、G、H、I。

对节点 C 进行扩展得到如图 4.28 所示的“与/或树”。

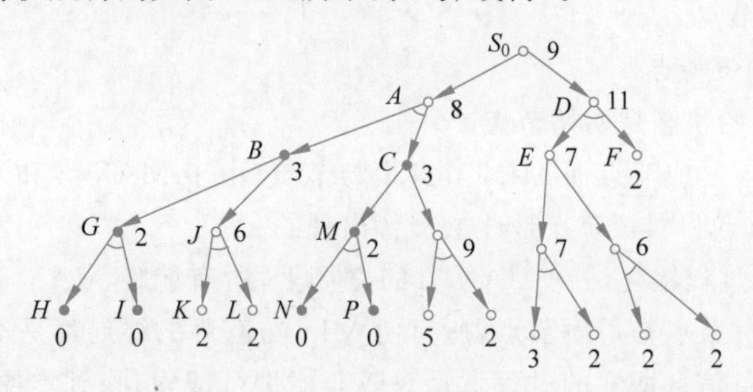

图 4.28 “与/或树”启发式搜索举例：扩展节点 C 后

如图 4.28 所示，节点 C 扩展后，得到终止节点 N 和 P，于是标记 N、P 为可解节点，由于 C 是或节点，于是标记为可解节点。又由于 B 和 C 均为可解节点，则与节点 A 被标记为可解。所以，初始状态节点 S_0 被标记为可解节点。“与/或树”启发式搜索算法成功退出。对应本原问题 S_0 的终止节点是 H、I、N、P。

4.5 博弈树及其搜索

4.5.1 博弈的含义

博弈的本意是下棋，引申义是在一定条件下，遵守一定的规则，一个或几个拥有绝对理性思维的人或团队，从各自允许选择的行为或策略进行选择并加以实施，并从中各自取得相应结果或收益的过程。

可见，博弈是一类富有智能行为的竞争活动，小到下棋、打麻将，大到国家之间竞争，甚至战争等都是博弈。博弈可分为双人完备信息博弈和机遇性博弈。双人完备信息博弈就是两位选手对垒，轮流走步，每方不仅知道对方已经走过的棋步，还能估计出对方未来的走步。对弈的结果是一方赢，另一方输，或者双方和局。这类博弈的实例如象棋、围棋等。机遇性博弈是指存在不可预测性的博弈,如打桥牌、战争等。由于机遇性博弈不具备完备信息,因此更为复杂。限于篇幅,本书仅讨论双人完备信息博弈问题。

在双人完备信息博弈过程中,双方都可以完全看见对方的操作,但双方均不能干扰对手的决策,且双方都希望自己能够获胜,这是一个零和游戏。

因此,当任何一方走步时都是选择对自己最有利而对另一方最不利的行动方案。假设博弈的一方为 MAX,另一方为 MIN。在博弈过程的每步,可供 MAX 和 MIN 选择的行动方案都可能有多种。从 MAX 方的观点看,可供自己选择的行动方案之间是“或”的关系,因为如何决策的主动权掌握在自己手里;而可供对方选择的行动方案之间是“与”的关系,原因是主动权掌握在 MIN 一方的手里,MIN 选择哪个方案,不受自己控制,因此 MIN 可能采取的任何一个方案都需要被考虑。MAX 必须防止那种对自己最为不利的情况的发生。

若把双人完备信息博弈过程用图表示出来,就可得到一棵“与/或树”,这种“与/或树”称为博弈树。在博弈树中,该 MAX 方走步的节点称为 MAX 节点,而该 MIN 方走步的节点称为 MIN 节点。

博弈树具有如下特点。

(1) 博弈的初始状态是初始节点。

(2) MAX 节点是或节点而 MIN 节点是与节点,由于 MAX 方和 MIN 方轮流走步,博弈树中的“或”节点和“与”节点是逐层交替出现的。

(3) 整个博弈过程始终站在 MAX 方的立场上,所有能使 MAX 一方获胜的终局都是本原问题,相应的节点是可解节点,所有使 MIN 方获胜的终局都是不可解节点。

因此,双人完备信息博弈的过程就是对博弈树进行搜索,找到本原问题(使 MAX 方获胜的终局)的方法。

4.5.2 极大/极小过程

在现实生活中通常考查较为复杂的博弈问题。如中国象棋棋局的数量大约有 10^{150} 种,要构造出整个博弈树是不可能的。一种可行的方法是用当前正在考查的节点生成博弈树的一部分,这棵博弈树的叶节点通常不是哪一方能够获胜的节点,需要用估价函数 $f(n)$ 对每个叶子节点 n 所代表的棋局进行估值。显然,对 MAX 有利的节点,其估价函数取正值;对 MIN 有利的节点,其估价函数取负值;使双方利益均等的节点,其估价函数取接近于 0。计算博弈树中非叶节点的估价值,可以根据叶节点的估价值回溯倒推。由于 MAX 方总是选择估值最大的节点(轮到自己走棋,选择对自己最有利的局面),因此 MAX 节点的估价值应该取其后继节点估值的最大值。而由于 MIN 方总是选择使估值最小的节点(轮到对手走棋,应当考虑对自己最不利的局面),因此 MIN 节点的估价值应取其后继节点估值的最小值。这样一步一步从下而上地递归计算估价值,直至求出当前待走步节点的估价值。由于我们是站在 MAX 的立场上,因此应选择具有最大估价值的走步。这一过程称为**极大/极小过程**。这个过程类似于某些下棋高手能够往后看到若干步棋局的变化,评估并决策对自己最有利的棋局走向。下面通过一个例子来说明估价函数和极大/极小过程。

例 4.14 井字棋游戏。设有一个三行三列的棋盘,如图 4.29 所示,两个棋手轮流走步,谁先使自己的棋子连成三子一线为赢。设 MAX 方的棋子用"×"标记,MIN 方的棋子用"○"标记,并假设 MAX 方先走步。

解:对于某个节点 n,如果 n 是 MAX 的必胜局,则 $h(n)=+\infty$;如果 n 是 MIN 的必胜局,则 $h(n)=-\infty$;如果 n 对于 MAX 和 MIN 均为胜负未定局,则可以定义 $h(n)=h^{+}(n)-h^{-}(n)$。其中:$h^{+}(n)$表示只看"×"棋子对 MAX 方的估价,在本例中,$h^{+}(n)$表示棋局 n 上有可能使"×"成三子一线的数目;$h^{-}(n)$表示只看"○"棋子对 MIN 方的估价,在本例中,$h^{-}(n)$表示棋局 n 上有可能使"○"成三子一线的数目。如图 4.29(b)所示的棋局中,$h(n)=h^{+}(n)-h^{-}(n)=6-4=2$,即认为当前的棋局对 MAX 方更有利。

在搜索过程中可以将具有轴对称性或旋转对称性的棋局合并,以减少搜索空间。如图 4.30 所示棋局可以认为是同一个棋局。

图 4.29 井字棋游戏

图 4.30 井字棋中具有对称性的典型棋局

MAX 方走第一步棋时的博弈树如图 4.31 所示。叶节点下面的数字是该节点的估价值。在博弈树中 MAX 节点与 MIN 节点交替出现,MAX 节点是或节点,MIN 节点是与节点。

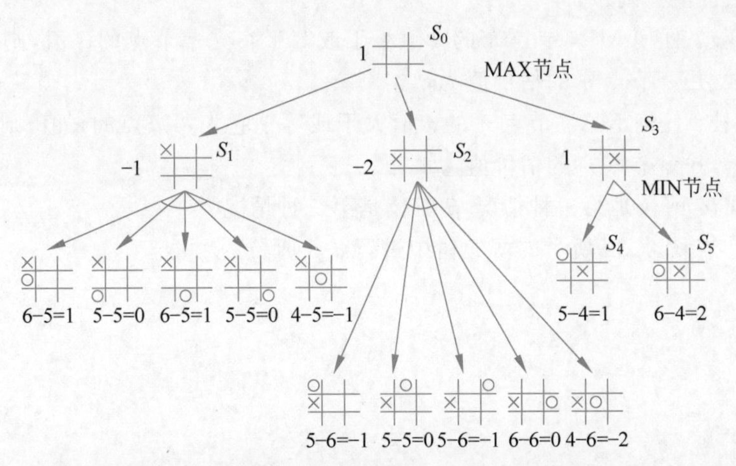

图 4.31 井字棋局 MAX 方走第一步棋的博弈树

叶节点下面的数字是该节点的估值,非叶节点旁边的数字是通过倒推方法计算出的节点估价值。如果 MAX 方走 S_1 表示的棋局,则 MIN 节点有 5 种可能的应对,最差的情况估价值是-1,S_1 的估价值需要考虑最难应付的情况,所以 $h(S_1)=-1$。也就是说,对 MAX 而言 S_1 是一步"昏着儿",这样走对 MIN 方更有利。同理,可以计算出 $h(S_2)=$

$-2, h(S_3)=1$。S_0 是 MAX 节点，应选择其子节点中最大的估价值作为自身估价值，因此 $h(S_0)=1$。可以看出，对 MAX 来说，S_3 是一步相对较好的走棋，它具有最大的估价值。

注意，如图 4.31 的博弈树只考虑了扩展 1 步的情况。当然，也可以考虑扩展更多步的情况，博弈树生成与节点估价的方式类似。

4.5.3 *α*-*β* 剪枝

在博弈树搜索中，如果扩展的层数加深（下棋时多往后推算几步），则需要考查的节点会呈指数级增长。实际上，不需要考查所有的节点，也就是说没有必要遍历博弈树中每个节点就可以计算出正确的极小/极大值。比如：第一种情况，MAX 方走出"昏着儿"后，避免 MIN 方如何应对的一系列博弈树搜索可以不做；第二种情况，假设 MIN 方是有竞争力的对手，不会出现低级的失误，而走出"昏着儿"。所以，对于 MIN 方的棋路应优先选择估价值较低的分支进行扩展，并分析 MAX 方可能的应对方式，而不是选择价值较高的分支进行搜索。

对于第一种情况比较容易理解。对于第二种情况是为了减少搜索空间，暂时不考虑 MIN 方出现低级失误的情况。因为如果 MIN 方果真出现了低级失误，那么轮到 MAX 方走棋时，再沿着当前棋局（MIN 方失误后的）往下搜索，而不必在上一轮 MAX 方走棋时考虑 MIN 方失误的情况。

对于不必继续搜索的分支可以直接"剪掉"，这种技术称为博弈树的 **α-β 剪枝**。

设 MAX 节点的 α 值为当前节点的子节点的最大估价值，MIN 节点的 β 值为当前子节点的最小估价值。则：

（1）α 剪枝：任何 MIN 节点 n 的 β 值小于或等于它先辈节点的 α 值，则 n 以下的分支可停止搜索，并令节点 n 的估价值为 β。

（2）β 剪枝：任何 MAX 节点 n 的 α 值大于或等于它先辈节点的 β 值，则 n 以下的分支可停止搜索，并令节点 n 的估价值为 α。

容易发现，α 剪枝是第一种情况，β 剪枝是第二种情况。

例 4.15 在图 4.32 所示的博弈树中进行 α-β 剪枝。

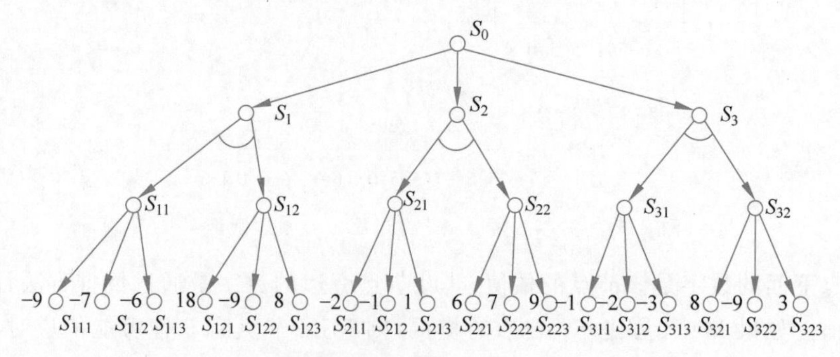

图 4.32 对博弈树进行 α-β 剪枝

解：对于如图 4.32 所示的决策树，第一层的 S_0 是 MAX 节点，第二层的 S_1、S_2、S_3 是 MIN 节点，MAX 节点与 MIN 节点交替出现，以此类推，所有叶子节点均是 MIN 节点。叶节点的估计值都标在节点左侧。假设从左至右考查博弈树，则由于 $\beta(S_{111})=-9$，则 $\alpha(S_{11})\geqslant-9$。考查完 S_{111}、S_{112}、S_{113} 三个节点，可知 $\alpha(S_{11})=-6$，则 $\beta(S_1)\leqslant-6$。由于 $\beta(S_{121})=18$，则 $\alpha(S_{12})\geqslant18$。而 $\beta(S_{122})\leqslant\alpha(S_{12})$，则由 α 剪枝规则可知，S_{122} 以下的部分可以去掉。同理，由 α 剪枝规则可知，S_{123} 以下的部分也可以去掉，$\alpha(S_{12})=18$。由于 $\alpha(S_{11})=-6$ 且 $\alpha(S_{12})=18$，则 $\beta(S_1)=-6$，$\alpha(S_0)\geqslant-6$。

以此类推，由 $\beta(S_{211})=-2$，$\beta(S_{212})=-1$ 和 $\beta(S_{213})=1$ 可知，$\alpha(S_{21})=1$，则 $\beta(S_2)\leqslant 1$。由 $\beta(S_{221})=6$，$\beta(S_{222})=7$ 和 $\beta(S_{223})=9$ 可知，$\alpha(S_{22})=9$。于是，$\beta(S_2)=1$，$\alpha(S_0)\geqslant1$。

又由 $\beta(S_{311})=-1$，$\beta(S_{312})=-2$ 和 $\beta(S_{313})=-3$ 可知，$\alpha(S_{31})=-1$，则 $\beta(S_3)\leqslant -1$。而前面已经得到 $\alpha(S_0)\geqslant1$，则由 β 剪枝规则可知，若 $\alpha(S_{32})\geqslant\beta(S_3)$，则 S_{32} 分支下节点均可以去掉。

因此，经过计算后各节点的估价值和剪枝的结果如图 4.33 所示。

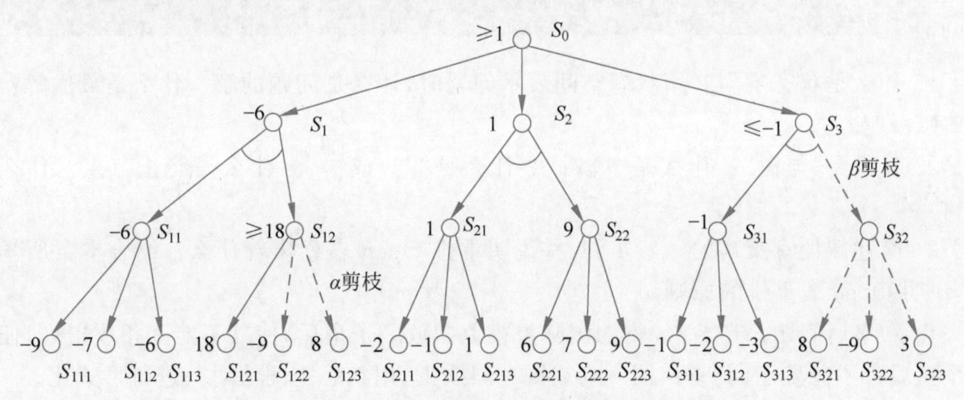

图 4.33 博弈树 α-β 剪枝后的结果

显然，经过 α-β 剪枝操作有效减小了博弈树搜索空间。最终可知，$\alpha(S_0)=1$，MAX 方最佳的策略是 S_2，如果 MIN 方走了 S_{21}，则 MAX 方可走 S_{213}。此时的局面对 MAX 方最有利。

4.6 本章小结

本章介绍了搜索方法，要点回顾如下。

- 搜索是指依靠经验，利用已有知识，根据问题的实际情况，不断寻找可利用知识，从而构造一条代价最小的推理路线，使问题得以解决的过程。
- 搜索有两个基本要素，即问题的表示方法和搜索算法。搜索问题的表示方法有状态空间求解方法和问题归约求解方法。搜索算法基于图搜索策略可以分为盲目搜索与启发式搜索。盲目搜索可以分为广度优先搜索与深度优先搜索，其中深度优先搜索是一种不完备的搜索策略，可以通过限制最大搜索深度的方法对其改进。启发式搜索与盲目搜索的区别在于是否利用启发性信息。启发性信息是指与具体问题求解过程有关的可引导搜索过程朝着最有希望方向前进的控制信息。启发性信息一般用估价函数表示。启发性信息越强，扩展的无用节点就越少。

- A^* 算法与全局择优 A 算法的区别在于是否对估价函数进行限制。A^* 算法具有可采纳性和最优性。
- 在进行“与/或树”启发式搜索时，可采用和代价法或最大代价法对各节点估值。希望解树是在搜索过程中最有可能成为最优解树的那棵树。
- 博弈树是指把双人完备信息博弈过程用图表示出来而得到的“与/或树”。博弈树中 MAX 节点是或节点，MIN 节点是与节点，MAX 节点与 MIN 节点交替出现。
- 在博弈树中可从叶节点开始从下而上地递归计算每个节点的估价值。其中，MAX 方选择为估值最大的子节点，MIN 方选择为估值最小的子节点，这一过程称为极大/极小过程。
- 在博弈树搜索过程中，可通过 α-β 剪枝方法有效缩小搜索空间。

习题

1. 什么是状态空间？用状态空间表示问题时，什么是问题的解？什么是最优解？最优解唯一吗？

2. 什么是“与树”？什么是“或树”？什么是“与/或树”？什么是终止节点？什么是解树？

3. 简述图搜索策略的一般步骤，并说明重排 Open 表意味着什么？结合本章所学知识，说明 Open 表重排的原则。

4. 八皇后问题。在 8×8 格的国际象棋上摆放 8 个皇后，使其不能互相攻击，即任意两个皇后都不能处于同一行、同一列或同一斜线上，用状态空间法对其进行形式化。

5. 农夫过河问题。有一农夫带一条狼、一只羊和一筐菜，欲从河的左岸乘船到右岸，但受下列条件限制：船太小，农夫每次只能带一样东西过河；如果没有农夫看管，则狼要吃羊，羊要吃菜。使用状态空间法设计一个安全渡河的方案，要求定义出状态、操作，并画出完整的状态空间图。

6. 简述盲目搜索策略下深度优先搜索与广度优先搜索的区别和联系。

7. 用广度优先搜索和深度优先搜索方法分别求解习题 5“农夫过河问题”，要求画出搜索树。

8. 考虑例 4.6 中所描述八数码难题，利用有界深度优先搜索算法对其进行求解，并画出搜索树。

9. 什么是启发式搜索？什么是估价函数？对于估价函数 $f(n)=g(n)+h(n)$，简述 $g(n)$与 $h(n)$的含义。

10. 考虑例 4.8 中所描述的八数码难题，利用 A^* 算法对其进行求解。要求 $h(n)$设计为当前状态中每个数码离正确位置的曼哈顿距离。画出搜索树。

11. 如图 4.34 所示的“与/或树”，分别用和代价法、最大代价法求解树的代价。其中，节点 t_1、t_2 和 t_3 为终止节点。

12. 如图 4.35 所示的“与/或树”,分别用和代价法、最大代价法求解树的代价。其中,节点 t_1、t_2、t_3 和 t_4 为终止节点。

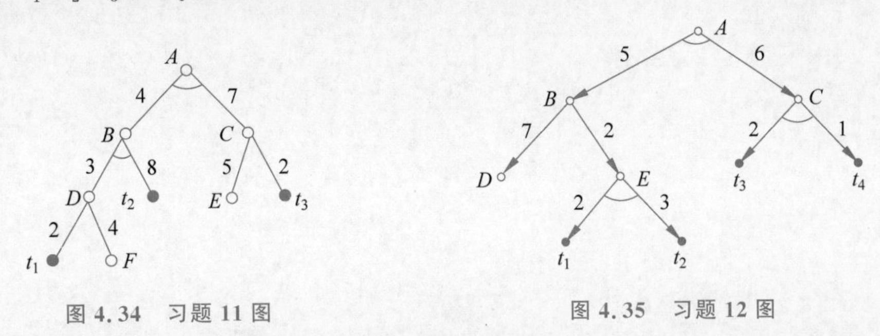

图 4.34　习题 11 图

图 4.35　习题 12 图

13. 如图 4.36 所示的博弈树,叶节点的估价值在节点左侧,对该博弈树做如下工作:

(1) 计算各节点的估价值;

(2) 利用 α-β 剪枝方法剪去不必要的分支。

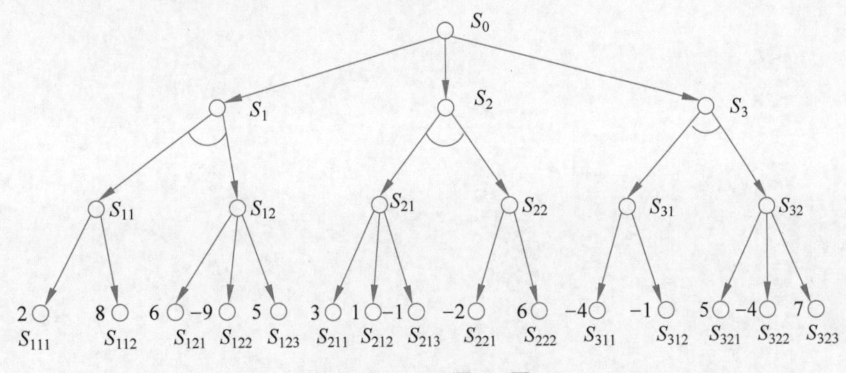

图 4.36　习题 13 图

14. 考虑如图 4.37 描述的两人游戏。两个选手轮流走棋,规定选手 A 先走。每一方可以将自己的棋子移动到任一方向上的相邻空位中。如果对方的棋子占据着相邻的位置,则可以跳过对方棋子到下一个空位。假设棋子 A 在 1 号格,棋子 B 在 2 号格,则棋子 A 可以跳过棋子 B 到达 3 号格。当一方的棋子移动到对方的端点时游戏结束,先到者胜。

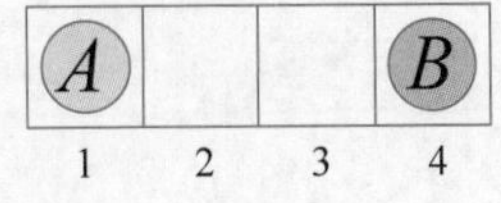

图 4.37　习题 14 图

(1) 对该问题画出完整的博弈树。要求每个状态用(S_A,S_B)表示,其中 S_A 和 S_B 表示棋子的位置;每个终止状态用方框画出,并标注其估价值;把循环状态(在到根节点的路径中已经出现过的状态)画上双层方框,并将其估价值标记为“?”。

(2) 给出每个节点的估价值。如何处理循环状态节点的估价值“?”,并给出理由。解释为什么标准的极大/极小过程在求解该博弈树所有节点估价值时会失败?如何对其修正。

(3) 这个 4 个方格游戏可以推广到 n 个方格,其中 $n>2$。证明:如果 n 是偶数,则 A 一定能赢;如果 n 是奇数,则 A 一定会输。

15. 画出思维导图,串联本章所讲的知识点。

第5章 智能优化算法

第4章介绍了搜索的概念，通过搜索方法的应用，从理论上讲能够找到所有优化问题的全局最优解。实际上并非如此，如某些问题的规模很大，状态空间极为复杂，即使采用目前最快的巨型计算机，也要花费很长时间（数天、数年甚至更长时间）才能得到结果，这在现实生活中是无法接受的。于是，考虑这样一类优化方法，能在可接受的时间内给出较优化的用户满意解（次优解）而非全局最优解。本章介绍的智能优化算法就是这样的方法。本章首先介绍邻域的概念、基于局部搜索算法的思路，在此基础上介绍几种常用的智能优化方法。

5.1 智能优化算法概述

5.1.1 优化问题的复杂度

在电子、通信、计算机、自动化、机器人、经济学和管理学等众多学科中不断出现了许多复杂的组合优化问题。

例5.1 0-1背包问题。

给定 n 种物品和1个背包，物品 i 的重量是 W_i、价值为 V_i，背包的容量为 C。应如何选择装入背包的物品，使得装入背包中物品的总价值最大？

在该问题中，任一物品只有放入背包或不放入背包两种选择，对应可用1或0分别表示，所以称为0-1背包问题，其本质上属于组合优化问题，即通过对数学方法的研究去寻找离散事件的最优编排、分组、次序或筛选等。在此类问题中往往需要在庞大的搜索空间中寻找最优解或者准最优解。若采用传统优化方法（如搜索方法）需要遍历整个搜索空间，问题规模较大时会出现“组合爆炸”现象，算法难以在有效时间内完成搜索。鉴于实际工程问题的复杂性、非线性、约束性以及建模困难等特点，寻求高效的智能优化算法已成为热门研究内容之一。

优化问题按照其求解的复杂程度可以分为以下四类。

(1) P类问题：所有可以在多项式时间内求解的判定问题构成P类问题。

(2) 非确定性多项式（Nondeterministic Polynomial，NP）类问题：复杂问题不能确定是否在多项式时间内找到答案，但可以在多项式时间内验证答案是否正确。显然，P类问题是NP类问题的子集。

长期以来，研究人员一直试图搞清楚NP类问题是否等于P类问题，即那些能在多项式时间内验证得出正确解的问题，是否都是具有多项式时间求解算法的问题呢？如果解决了这个问题，所有的NP问题都可以通过计算机解决，因为它们都存在多项式时间求解算法。

(3) NP-完全（NP-Complete，NPC）问题：为了论证“NP类问题是否等于P类问题”，研究人员想了很多办法，其中之一是问题约化。问题约化：如果用问题B的算法可以解决问题A，那么问题A可以简化成问题B。

如果存在这样一个NP问题，所有的NP问题都可以约化成它，则该问题称为NP完全问题。换句话说，只要找到某个NP完全问题的多项式时间求解算法，那么所有的NP问题都解决。

(4) NP-难(NP-Hard)问题：NP-完全问题需要满足它是一个NP问题，以及所有的NP问题都可以约化到它。

NP-难问题是满足NP-完全问题定义的第二条但不一定满足第一条，即所有的NP问题都能约化到它，但它本身不一定是NP问题。显然，NP-难问题比NP-完全问题的范围大，因为NP-难问题没有限定属于NP类问题，即NP-完全问题是NP-难问题的子集。

目前尚未找到任何一个NP-完全问题或NP-难问题的多项式时间求解算法，只能用穷举法逐个检验，计算时间随问题的复杂程度通常呈指数增长。

在实际中，针对NP-难问题，为了在有效时间内给出求解结果，通常是降低对NP-难问题解的最优化要求，即不一定寻找最优解，而是寻找接近最优解的次优解（用户满意解）。本章要介绍的智能优化算法采用了这样的求解思路，是NP-难问题最有效的求解方法之一。

5.1.2 典型智能优化算法

针对典型的NP-难问题，传统优化算法搜索空间巨大，甚至可能搜索不到最优解。受到人类智能、生物群体社会性或自然现象规律的启发，研究人员提出很多智能优化算法来解决复杂优化问题，此类方法都是通过模拟或揭示某些自然界的现象和过程或生物群体的智能行为而得到发展。此类方法具有简单、通用、便于并行处理等特点，并可寻找到全局最优解或是接近全局最优的结果，在优化领域称它们为智能优化算法。

智能优化算法在解决大空间、非线性、全局寻优、组合优化等复杂优化问题方面所具有的独特优势，得到了国内外学者的广泛关注，目前已发展出许多有效的智能优化算法，比较典型的有依据固体物质退火过程和组合优化问题之间相似性提出的模拟退火算法、模仿自然界生物进化机制的遗传算法、模仿蚁群觅食路径选择的蚁群优化算法以及鱼群或鸟群运动行为的粒子群算法等。

本章将针对上述智能优化算法分别进行介绍。在介绍具体智能优化算法之前，首先引入邻域的概念，并介绍基于邻域的局部搜索算法。

5.1.3 邻域的概念

邻域是智能优化算法中一个非常重要的概念，也是众多智能优化算法完成求解的基础。对于函数优化问题，邻域可定义为在距离空间中以一点为中心的一个超球体。对于组合优化问题，邻域可定义为$N: x \in D \rightarrow N(x) \in 2^D$，且$x \in N(x)$，称为一个邻域映射。其中，$2^D$表示$D$的所有子集组成的集合，$N(x)$称为$x$的邻域。如果$y \in N(x)$，则称$y$为$x$的一个邻居。

邻域的构造依赖问题决策变量的表示，邻域的结构在现代智能化优化算法中起重要作用。下面通过例子说明邻域的构造方式和应用方法。

例5.2 旅行商问题的邻域。

旅行商问题(Traveling Salesman Problem，TSP)是典型的NPC问题，其可描述为假设有一个旅行商人要访问N个城市，他必须选择所要走的路径，路径的限制是每个城市只能访问一次，而且最后要回到原来出发的城市。路径的选择目标是要求得的路径路程为所有路径中的最小值。

TSP解的一种表示方法为$D=\{x=(i_1,i_2,\cdots,i_n)\mid i_1,i_2,\cdots,i_n$是城市序号的排列$\}$。可定义它的邻域映射为2-opt，即$x$中的两个元素进行对换，即$N(x)$中共包含$x$的$C_n^2=n(n-1)/2$个邻居和$x$本身。

以4个城市的TSP为例，当$x=(1,2,3,4)$时，表示旅行商从1号城市出发，以此经过2、3、4号城市，最终回到1号城市。此时，$C_4^2=6$，则x的邻域$N(x)=\{(2,1,3,4),(3,2,1,4),(4,2,3,1),(1,3,2,4),(1,4,3,2),(1,2,4,3),(1,2,3,4)\}$。

类似可定义k-opt($k\geqslant 2$)，即对k个元素按一定规则互换。k的取值不同，邻域的结构也将完全不同。

5.1.4 局部搜索算法

基于邻域的概念可设计局部搜索算法求解TSP。方法如下。

Step1：选定一个初始可行解x_0，记录当前最优解$x_{\text{best}}:=x_0$，设$T=N(x_{\text{best}})$。

Step2：当$T\backslash\{x_{\text{best}}\}=\varnothing$，或满足其他停止运算准则时，输出计算结果，停止运算；否则，从T中选一集合S，得到S中的最好解x_{now}；若$f(x_{\text{now}})<f(x_{\text{best}})$，则$x_{\text{best}}:=x_{\text{now}}$，$T=N(x_{\text{best}})$；重复Step2。

其中，$f(\cdot)$表示旅行商问题中的评价准则，即旅行距离。

例5.3　5城市旅行商问题的局部搜索算法求解示例。

5城市TSP中，各城市示意图和邻接矩阵如图5.1所示。

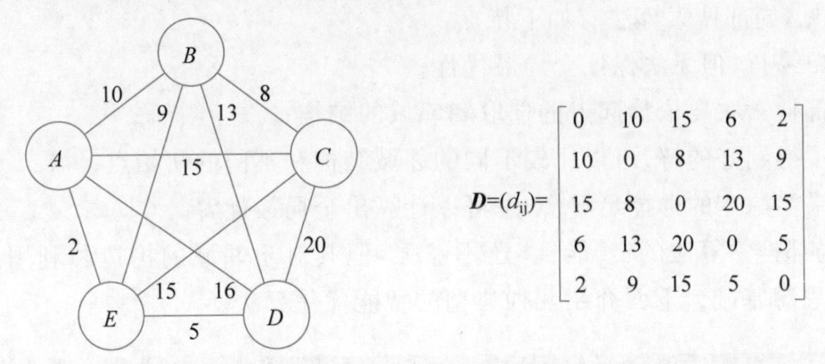

$$D=(d_{ij})=\begin{bmatrix}0&10&15&6&2\\10&0&8&13&9\\15&8&0&20&15\\6&13&20&0&5\\2&9&15&5&0\end{bmatrix}$$

图5.1　5城市旅行商问题的示意图和邻接矩阵

假设，选定初始解为$x_{\text{best}}=(ABCDE)$，$f(x_{\text{best}})=45$，定义邻域映射为对换两个城市位置的2-opt，选定城市A为起点。

考虑两种利用邻域进行搜索的方法：

方法一：全邻域搜索。

第一步，计算$N(x_{\text{best}})=\{(ABCDE),(ACBDE),(ADCBE),(AECDB),(ABDCE),(ABEDC),(ABCED)\}$。

对应目标函数为$f(x)=\{45,43,45,60,60,59,44\}$。

则$x_{\text{best}}:=x_{\text{now}}=(ACBDE)$。

第二步，计算 $N(x_{best})=\{(ACBDE),(ABCDE),(ADBCE),(AEBDC),(ACDBE),(ACEDB),(ACBED)\}$。

对应目标函数为 $f(x)=\{43,45,44,59,59,58,43\}$。

则 $x_{best}=(ACBDE)$没有变化，算法退出。

方法二：一步随机搜索。

第一步，从 $N(x_{best})$中随机选择一个解，如 $x_{now}=(ACBDE)$，其对应的目标函数为 $f(x)=43<45$，则 $x_{best}:=x_{now}=(ACBDE)$。

第二步，继续从 $N(x_{best})$中随机选择一个解，如 $x_{now}=(ADBCE)$，其对应的目标函数为 $f(x)=44>43$，则 $x_{best}=(ACBDE)$，不变。

上述步骤可继续进行，直到算法退出。

一步搜索算法又称为随机爬山算法。随机爬山算法通过在邻域中随机选择解的方式探索更优化解，但其只能接受比当前找到的最好解 x_{best} 更好的解，否则，保持 $x_{now}=x_{best}$ 不变。显然，这个特性容易使局部搜索算法陷入局部最优解，如图 5.2 所示。

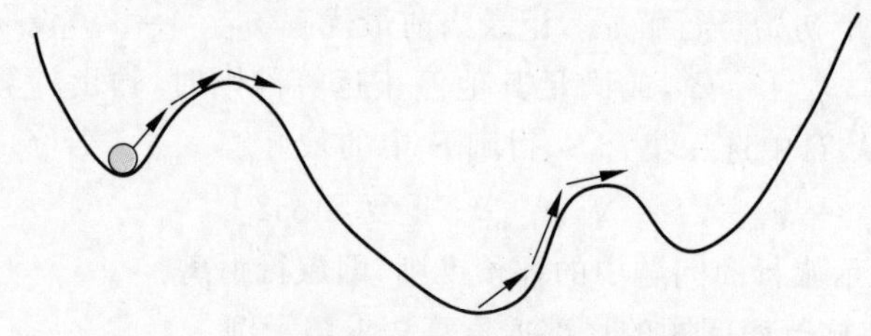

图 5.2 局部最优解与全局最优解示意图

由此可见，局部搜索算法有如下特点：

(1) 简单易行，但无法保证全局最优性；

(2) 局部搜索主要依赖起点的选取和邻域的结构；

(3) 为了得到好的解，可以比较不同的邻域结构和不同的初始点；

(4) 如果初始点的选择足够多，总可以计算出全局最优解。

显然，局部搜索算法的“智能性”还不够强，但其对于邻域的构造和利用是现代智能优化算法的思想基础。下面介绍几种典型的智能优化算法。

5.2 模拟退火算法

5.2.1 模拟退火算法的原理

模拟退火算法思想最早由 Metropolis 等于 1953 年提出，1983 年 Kirkpatrick 等将其应用于组合优化，用于解决 NP-Hard 问题。与局部搜索算法相比，该方法克服初值依赖性，而且改善优化过程，避免陷入局部极值。

顾名思义，该算法是对现实生活中物理退火过程的模拟。在物理退火过程中，首先把固体加热到足够高的温度，使分子呈随机排列状态，然后逐步降温使之冷却，最后分子以低能状态排列，达到某种稳定固体状态。这一过程可概括为以下三个核心流程。

(1) 加温过程：增强粒子的热运动，消除系统原先可能存在的非均匀态。

(2) 等温过程：对于与环境换热而温度不变的封闭系统，系统状态的自发变化总是朝自由能减少的方向进行，当自由能达到最小时，系统达到平衡态。

(3) 冷却过程：使粒子热运动减弱并渐趋有序，系统能量逐渐下降，得到低能的晶体结构。

图5.3(a)到图5.3(b)是加温过程，图5.3(b)到图5.3(c)是冷却过程，而等温过程发生在图5.3(b)中。

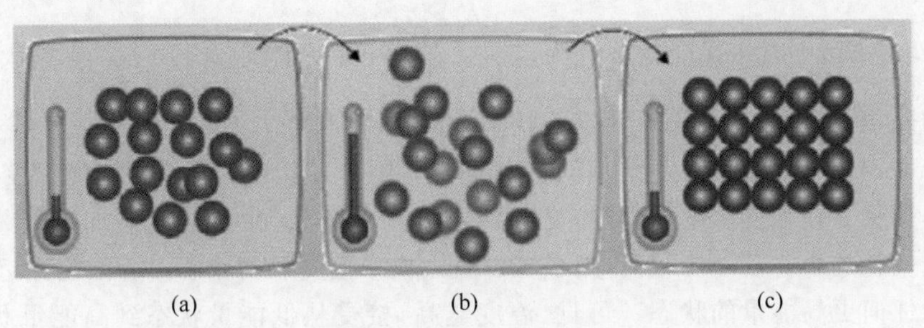

图5.3　物理退火三个过程

模拟退火算法主要对其中的等温过程进行模拟。在该过程中，系统状态总体趋势是自由能由高到低变化，但也有随机的分子从低向高变化。对该过程进行理论描述，物理学的研究表明，在温度 T 时，分子停留在状态 r 的概率服从玻耳兹曼分布，即

$$P\{\bar{E}=E(r)\}=\frac{1}{Z(T)}\exp\left(-\frac{E(r)}{k_{\mathrm{B}}T}\right) \tag{5-1}$$

式中：$\bar{E}$ 为分子能量的一个随机变量；$E(r)$为状态 r 的能量；k_{B} 为玻耳兹曼常数，$k_{\mathrm{B}}>0$；$Z(T)$为概率标准化因子(常数)，且有

$$Z(T)=\sum_{s\in\mathcal{D}}\exp\left(-\frac{E(s)}{k_{\mathrm{B}}T}\right) \tag{5-2}$$

式中：$\mathcal{D}$为状态空间。

假设同一个温度 T，有两个能量状态 E_1 和 E_2，且 $E_1<E_2$，则

$$\begin{aligned}P\{\bar{E}=E_1\}-P\{\bar{E}=E_2\}&=\frac{1}{Z(T)}\exp\left(-\frac{E_1}{k_{\mathrm{B}}T}\right)-\frac{1}{Z(T)}\exp\left(-\frac{E_2}{k_{\mathrm{B}}T}\right)\\&=\frac{1}{Z(T)}\exp\left(-\frac{E_1}{k_{\mathrm{B}}T}\right)\left[1-\exp\left(-\frac{E_2-E_1}{k_{\mathrm{B}}T}\right)\right]\end{aligned} \tag{5-3}$$

由于

$$1-\exp\left(-\frac{E_2-E_1}{k_{\mathrm{B}}T}\right)>0$$

可知

$$P\{\bar{E}=E_1\}-P\{\bar{E}=E_2\}>0$$

可见，在同一温度下分子停留在低能量状态的概率大于停留在高能量状态的概率。由式(5-3)可进一步推断出，随着温度的降低，分子停留在最低能量状态的概率加大。值

得注意的是，这里存在一定随机性，即分子停留在低能量状态的概率会更大一些，并不代表分子一定只向能量低的状态变化。

为了模拟上述固体在恒定温度下达到热平衡的过程，可以用蒙特卡洛方法(计算机随机模拟方法)进行模拟；该方法虽然思路简单，但必须大量采样才能得到比较精确的结果，计算量很大。

为使模拟固体等温过程更加快速可行，Metropolis 于 1953 年提出以概率接受新状态的准则，也称为 Metropolis 准则。其核心思想为对于温度 T，由当前状态 i 转移到新状态 j，若 $E_j \leqslant E_i$，则直接接受状态 j 为当前状态；若概率 $P=\exp\left(-\frac{E_j-E_i}{k_B T}\right)$ 大于[0,1) 区间内的随机数，则接受状态 j 为当前状态，否则维持状态 i 不变。

Metropolis 准则表明：若新状态的能量变小，则必定接受；若新状态能量变大，则以一定概率接受。在相同温度下，状态之间的能量差值越大，由低能量态向高能量态转换成功的概率就越小。若温度很高，则系统以较大概率接受一切状态。若温度接近 0，则系统不接受任何更高能量的状态。可见，温度越高，接受从低能量状态到高能量状态转换的概率就越大。在高温下可接受与当前状态能量差较大的新状态，在低温下只接受与当前状态能量差较小的新状态。

将组合优化问题与物理退火过程相对比，各种状态或参数的对应相似性如表 5.1 所示。

表 5.1 组合优化与物理退火相似性

组合优化问题	物理退火	组合优化问题	物理退火
解	粒子状态	Metropolis 抽样过程	等温过程
最优解	能量最低状态	控制参数的下降	冷却
设定初温	熔解过程	目标函数	能量

因此，Metropolis 抽样准则为计算机模拟物理退火过程提供了可能。由表 5.1 列出的关联关系，可以通过计算机模拟物理退火过程求解复杂的优化问题，这就是模拟退火算法的核心思想。模拟退火算法流程如图 5.4 所示。

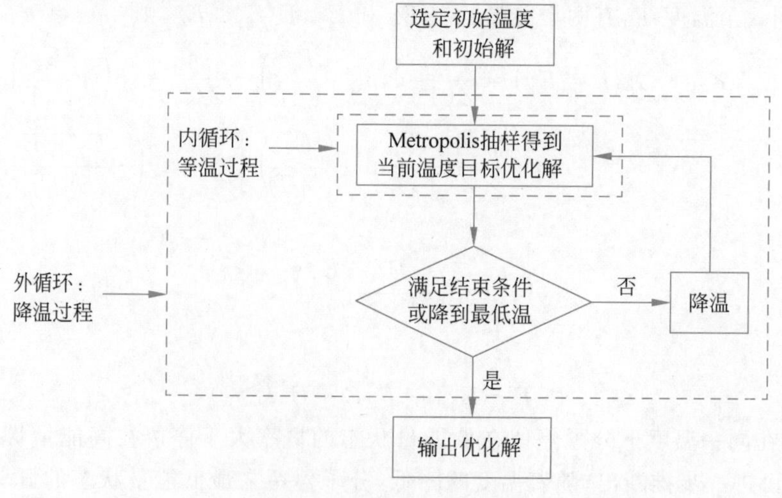

图 5.4 模拟退火算法流程

5.2.2 模拟退火算法的描述

算法 5.1 模拟退火算法。

```
给定初温 t=t_0,随机产生初始状态 s=s_0,令 k=0;
Repeat                //外循环
  Repeat              //内循环
    产生新状态 s_j=Genete(s);
      if min{1,exp[-(C(s_j)-C(s))/t_k]}>=random[0,1]
      s=s_j;
  Until 抽样稳定准则满足;
  退温 t_{k+1}=update(t_k),并令 k=k+1;
Until 算法终止准则满足;
输出算法搜索结果。
```

由算法 5.1 的描述可知,模拟退火算法的关键要素可以概括为“三函数两准则一初温”。

1. 三函数

1) 状态产生函数

$$s_j = \text{Genete}(s)$$

原则:设计状态产生函数(邻域函数)的出发点应该是尽可能保证产生的候选解遍布全部的解空间。通常,状态产生函数由两部分组成,即产生候选解的方式和候选解产生的概率分布。

方法:在当前状态下的邻域结构内以一定的概率方式(均匀分布、正态分布、指数分布等)产生。

2) 状态接受函数

$$\min\left\{1,\exp\left[-\left(C(s_j)-C(s)\right)/t_k\right]\right\} >= \text{random}[0,1],\ s=s_j$$

式中:$C(s_j)$为当前解 s_j 的目标函数值。

状态接受函数一般以概率的方式给出,不同的状态接受函数的差别主要是接受概率的形式不同。设计状态接受概率,应该遵循以下原则。

(1) 在固定温度下,接受使目标函数下降的候选解的概率大于使目标函数上升的候选解的概率;

(2) 随温度的下降,接受目标函数上升的解的概率要逐渐减少;

(3) 当温度趋于零时,只能接受目标函数下降的解。

方法:状态接受函数的引入是模拟退火算法实现全局搜索的关键因素。一般而言,状态接受函数只要满足上述三个原则即可,其具体形式对算法影响不大,通常用 $\min\left\{1,\exp\left[-\left(C(s_j)-C(s)\right)/t_k\right]\right\}$ 作为模拟退火算法的状态接受函数。

3）退温函数

$$t_{k+1}=\text{update}(t_k)$$

即温度的下降方式，用于在外循环中修改温度值。降温方式对算法性能影响很大。降温过快可能丢失最优值点，降温过慢可能导致算法收敛速度极大降低。为保证全局收敛性，一般要求温度下降趋于0。

常用的退温函数如下。

（1）比例退火方式：$t_{k+1}=\alpha \cdot t_k$，其中，$0<\alpha<1$。α 越接近1，温度下降越慢。α 的大小可以不断变化。如果 α 大小不变，则比例退火方式的降温过程在高温区速度较快，低温区速度逐渐减慢。

（2）衰减退火方式：$t_{k+1}=t_0(K-k)/K$。其中 K 为温度下降的总次数（预先设定的常数）。

2. 两准则

1）内循环终止准则

内循环终止准则分为以下两种算法。

（1）非时齐算法：每个温度下只产生一个或少量候选解。

（2）时齐算法：常采用 Metropolis 抽样稳定准则，需要等温过程中晶体分子的状态转移达到稳定状态后再进行降温过程。确定在等温状态下系统稳定有如下三种方法。

① 检验目标函数的均值是否稳定（如均值变化小于某一个阈值）。

② 连续若干步的目标值变化较小（如目标值变化小于某一个阈值）。

③ 按一定步数抽样（抽样步数通常较多）。

2）外循环终止准则

外循环终止，代表算法计算结束。常用的外循环终止准则如下。

（1）设置终止温度的阈值（通常要求这个阈值应接近于0）。

（2）设置外循环迭代次数（迭代达到一定步数，算法自动退出）。

（3）算法搜索到的最优值连续若干步保持不变。

3. 初温

原则上通过理论分析可以得到初温的解析式，但解决实际问题时难以得到精确的初温参数。实际应用中往往需要将初温设置得充分大，实验表明，初温越大，获得高质量解的概率越大，但也会花费较多的计算时间。常用的初温设置方法如下。

（1）均匀抽样一组状态，以各状态目标值的方差为初温。

（2）随机产生一组状态，确定两两状态间的最大目标差值，根据差值，利用一定的函数确定初温。

（3）其他一些经验公式。

5.2.3 模拟退火算法的应用

模拟退火算法的应用很广泛，可以有效求解 NP-Hard 问题。本节将介绍如何用模拟退火算法求解实际问题。

例 5.4　如图 5.5 所示，假设某小区内有 30 个安保巡逻打卡点，其在平面图上对应的坐标如下：

41 94;37 84;54 67;25 62;7 64;2 99;68 58;71 44;54 62;83 69;64 60;18 54;22 60;83 46;91 38;25 38;24 42;58 69;71 71;74 78;87 76;18 40;13 40;82 7;62 32;58 35;45 21;41 26;44 35;4 50

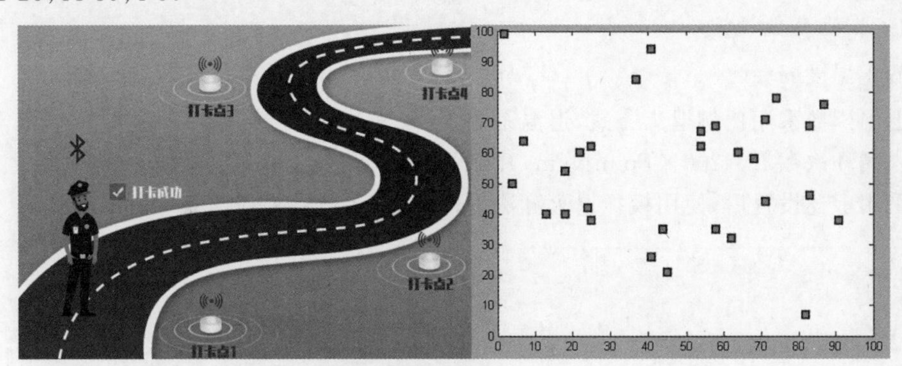

图 5.5　巡逻打卡问题

安保人员需要从第一个打卡点出发巡逻所有打卡点，最终返回第一个打卡点。如何设计保安的巡逻路线，使得巡逻路线总长度最小？

该问题可以抽象为 TSP，其已经被证明是一典型的 NP-难问题。目前尚未发现多项式时间求解方法。尝试用模拟退火算法求解。

1. 问题编码

采用与例 5.3 相同的编码方式，即采用访问打卡点的序号进行问题编码。后续的各种处理都基于该问题编码方式进行。

2. 设计状态产生函数

状态产生函数基于邻域的概念进行设计，设计了三种邻域结构操作，以生成多样化的新状态。具体如下所示。

(1) 互换操作，即随机选定两个打卡点的序号，直接将其交换，如图 5.6 所示。

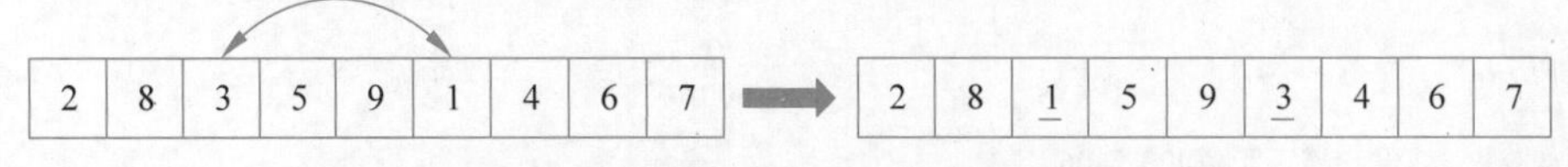

图 5.6　状态产生函数互换操作示意图

(2) 逆序操作，即随机选定连续若干打卡点，并将访问顺序逆转，如图 5.7 所示。

图 5.7　状态产生函数逆序操作示意图

(3) 插入操作，随机选择某个城市序号插入某随机位置，如图 5.8 所示。

3. 设置初始温度

随机地选择一些打卡点，并计算这些点之间的距离，然后用其中的最大值减去最小

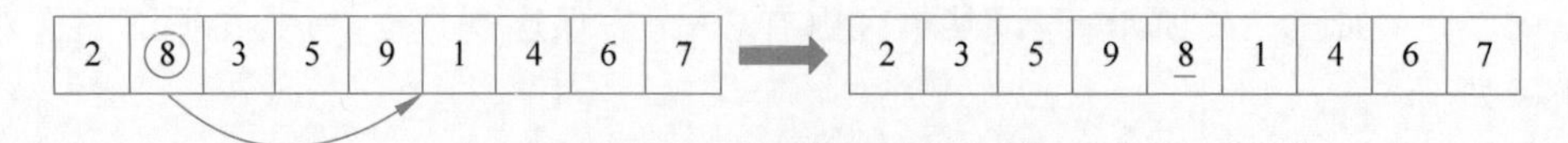

图 5.8　状态产生函数插入操作示意图

值，再除以经验值 log0.9，作为初始温度。

4. 其他参数设定

截止温度 $t_f=0.01$；

退温函数采用比例退火方式，退温系数 $\alpha=0.9$；

内循环次数 $L=200\times$PointNum，其中 PointNum 为打卡点的数量。

采用上述设置后，使用模拟退火算法进行计算，运行结果如图 5.9 所示。

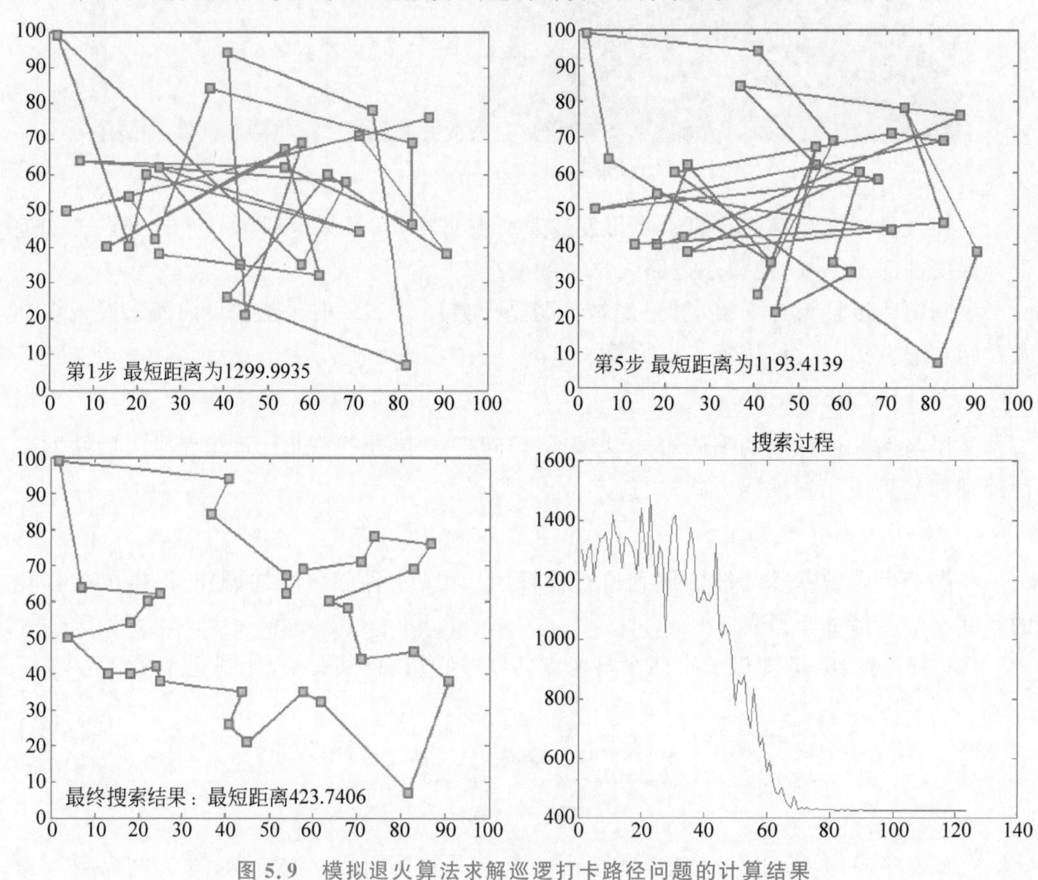

图 5.9　模拟退火算法求解巡逻打卡路径问题的计算结果

5.2.4　模拟退火算法的改进

模拟退火算法具有质量高、初值鲁棒性强、简单、通用、易实现等优点，其不足主要是较高的初始温度、较慢的降温速率、较低的终止温度，以及各温度下足够多次的抽样，因此优化过程较长，耗时较多。针对效率问题，常用的改进方法如下。

(1) 设计合适的状态产生函数。针对问题的特点，设计更加合理高效的状态产生函数，在更有可能包含最优解的区域产生解。

(2) 避免状态的迂回搜索。采用一定的记忆方式，使算法记住已经产生过的解，避免对局部空间反复搜索。

(3) 采用并行搜索结构。利用并行计算方式，将搜索空间划分为多个子空间，进行并行搜索，然后汇总处理各子空间的搜索结果。

(4) 避免陷入局部极小，改进对温度的控制方式。主要通过引入随机状态，使搜索具有跳出局部空间的能力。

(5) 选择合适的初始状态。比如可引入先验信息或其他约束条件，通过控制搜索的起始位置减少搜索空间。

(6) 设计合适的算法终止准则。除了以找到目标状态为终止条件外，也可合理设定内循环、外循环的次数，从而控制总的搜索计算量。

(7) 增加升温或重升温过程，避免陷入局部极小。从模拟退火算法的原理可知，升温能够使系统处于不稳定状态，从而有利于跳出局部极值。

(8) 结合其他智能优化算法或搜索机制的算法。比如将模拟退火算法的结果作为其他搜索算法的初始解。

(9) 上述各方法的综合。

5.3 遗传算法

5.3.1 遗传算法的原理

1. 遗传算法的产生及发展历程

在达尔文(Darwin)的进化论和孟德尔(Mendel)的遗传变异理论的基础上，产生了一种在基因和种群层次上模拟自然界生物进化过程与机制的问题求解技术，称为演化计算，遗传算法是其最初形成的一种具有普遍影响的模拟进化优化算法。

20世纪50年代，一些生物学家开始研究使用数字计算机模拟生物的自然遗传与自然进化过程。1963年，德国柏林技术大学的雷肯伯格(I. Rechenberg)和施韦费尔(H. P. Schwefel)，在做风洞实验时产生了进化策略的初步思想。60年代，福格尔(L. J. Fogel)在设计有限态自动机时提出进化规划的思想。1966年福格尔等出版了《基于模拟进化的人工智能》，系统阐述了进化规划的思想。60年代中期，美国密西根大学的霍兰德(J. H. Holland)教授提出借鉴生物自然遗传的基本原理用于自然和人工系统的自适应行为研究和串编码技术。1967年，巴格利(J. D. Bagley)首次提出"遗传算法"一词。1975年，Holland出版了著名的《自然与人工系统中的适应》，标志遗传算法诞生。70年代初，Holland提出了"模式定理"，一般认为是"遗传算法的基本定理"，从而奠定了遗传算法研究的理论基础。1985年，在美国召开了第一届遗传算法国际会议，并且成立了国际遗传算法学会(International Society of Genetic Algorithms，ISGA)。至今，以遗传算法为代表的演化计算仍然是国际上的研究热点。

2. 遗传算法的思想来源

遗传算法思想源自生物进化理论和遗传学，在计算机处理中借鉴了以下基本知识。

(1) 达尔文自然选择学说。

① 遗传：子代和父代具有相同或相似的性状，保证物种的稳定性。

② 变异：子代与父代，子代不同个体之间总有差异，是生命多样性的根源。

③ 自然选择：自然界中，适应性强的变异个体被保留，适应性弱的变异个体被淘汰，表现出生存斗争和适者生存的现象，称为自然选择。注意，自然选择是长期的、缓慢的、连续的过程。

(2) 遗传学基本概念与术语。

染色体：遗传物质的载体。

脱氧核糖核酸(DNA)：大分子有机聚合物，双螺旋结构。

遗传因子：DNA 或 RNA 长链结构中占有一定位置的基本遗传单位。

基因型：遗传因子组合的模型。

表现型：由染色体决定性状的外部表现。

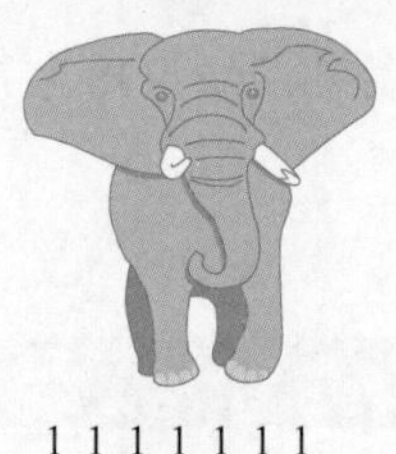

图 5.10　表现型基因对大象外貌的影响

基因型和表现型的例子如图 5.10 所示。假设大象的基因型表示为一串数字，白象的基因型为“1 1 1 1 1 1 1”，黑象的基因型为“1 1 1 0 1 1 1”。因为其基因型不同，个体的表现型不同，表现出白象与黑象两种特性。

基因座：遗传基因在染色体中所占据的位置，同一基因座可能有的全部基因称为等位基因。

个体：染色体带有特征的实体。

种群：个体的集合，该集合内个体数量称为种群的大小。

进化：生物在其延续生存的过程中，逐渐适应其生存环境，使得其品质不断得到改良，这种生命现象称为进化或演化。

适应度：度量某个物种对于生存环境的适应程度。对生存环境适应程度较高的物种将获得更多的繁殖机会，而对生存环境适应程度较低的物种，其繁殖机会就会相对较少，甚至逐渐灭绝。

选择：决定以一定的概率从种群中选择若干个体的操作。

复制：细胞在分裂时，遗传物质 DNA 通过复制而转移到新产生的细胞中，新的细胞就继承了旧细胞的基因。

交叉：在两个染色体的某一相同位置处 DNA 被切断，其前后两串分别交叉组合形成两个新的染色体。又称基因重组，俗称“杂交”。

变异：在细胞进行复制时可能以很小的概率产生某些复制差错，使 DNA 发生某种变异，产生出新的染色体，这些新的染色体表现出新的性状。

编码：表现型到基因型的映射。

解码：从基因型到表现型的映射。

1930—1947 年，达尔文进化论与遗传学走向融合，多布然斯基(Th. Dobzhansky)于

1937 年发表的《遗传学与物种起源》成为融合进化论与遗传学的代表作。

生物物种作为复杂系统，具有奇妙的自适应、自组织和自优化能力，这是生物在进化过程中体现的一种智能，也是人工系统梦寐以求的功能。

我们考虑这样一个场景。一片山地包含若干山峰，一群兔子立志找到最高峰。它们采用的方法是，首先随机选择一个地点，然后兔子之间交配生下子代兔子，子代兔子的位置为其父代的两个个体的中间。接下来，兔子可随机往某个方向随机移动一段距离。我们规定，位置海拔更高的兔子对环境的适应能力更强，其有更多的觅食和繁殖机会，被天敌吃掉的概率也更低。于是兔子在繁衍若干代之后，大量的兔子会集中在海拔更高的位置，直到找到最高峰。遗传算法正是用计算机模拟这个过程找到问题优化解。

5.3.2 遗传算法的实现

遗传算法是模拟自然界生物进化过程与机制的问题求解技术，基本遗传算法的流程（图 5.11）如下：

Step1：选择合适的编码形式，对待考查的个体进行编码；

Step2：初始化种群，设置算法运行参数；

Step3：评估种群中个体的适应度；

Step4：以适应度为依据，从种群中选择两个个体作为待交叉的父代个体；

Step5：将两个父代个体的染色体进行交叉，产生两个子代个体；

Step6：对子代的染色体进行变异；

Step7：转 Step4，直到子代种群产生；

Step8：如果满足算法结束条件，则算法退出，输出解；

Step9：转 Step3。

按照图 5.11 中基本遗传算法的流程，算法具有编码、选择、交叉、变异等关键操作。

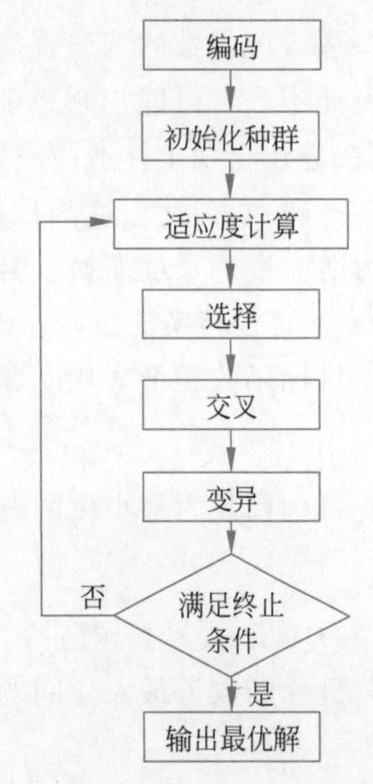

图 5.11 基本遗传算法流程

1. 编码

由设计空间向编码空间的映射，对应表现型到基因型的映射。编码的选择是影响算法性能和效率的重要因素。常用的一种编码方式是二进制编码，如数据对"(1,2)"的二进制编码可表示为"00010010"，其中编码的前半部分"0001"是十进制数字"1"的二进制编码，后半部分"0010"是十进制数字"2"的二进制编码。与编码对应的是解码，即由编码空间向设计空间的映射，对应基因型到表现型的映射。其可看作编码操作的逆映射。

在遗传算法操作中，种群中个体都以编码方式存在，后续的遗传操作都作用在编码后的个体上。

1）编码原则。

健壮的编码通常符合如下原则。

(1) 完备性：问题空间的所有解都能表示为所设计的基因型。

(2) 健全性：任何一个基因型都对应于一个可能解。

(3) 非冗余性：问题空间和表达空间一一对应。

2) 多种编码方式。

编码的方式多种多样,但通常有如下编码方式。

(1) 二进制编码：用一串“0”或“1”组成的二进制数进行编码,其编码、解码操作简单易行,交叉、变异等遗传操作便于实现。因为其变异后可能导致表现型变化很大,不连续,所以可能会远离最优解,达不到稳定。二进制编码也容易出现海明悬崖问题。

(2) 浮点数编码：又称为实数编码,其基于多个浮点数进行问题编码。

(3) 格雷码编码：两个相邻的数用格雷码表示,其对应的码位只有一个不同,可以提高算法的局部搜索能力。这是格雷码相比二进制码而言所具备的优势。

(4) 符号编码：染色体编码串中的基因值取自一个无数值含义而只有代码含义的符号集。这些符号可以是字符,也可以是数字。例如,对于旅行商问题,城市编号的排列可构成一个表示旅行路线的个体。

(5) 复数编码：与实数编码相对,其用复数对个体进行编码。

2. 适应度函数

个体的适应度是个体在种群生存的优势程度度量,用于区分个体的“好与坏”,其具体数值使用适应度函数进行量化计算,也称为评价函数。适应度函数的设计原则如下：

(1) 单值,连续,非负,最大化；

(2) 合理,一致性；

(3) 计算量小；

(4) 通用性强。

适应度函数的选取直接影响遗传算法的收敛速度以及能否找到最优解。适应度函数设计不当有可能出现欺骗问题。比如,在进化初期个别超常个体可能会控制选择过程,在进化末期个体适应度差异太小,导致算法陷入局部极值。

一般而言,适应度函数是由目标函数变换而成的,对目标函数值域的某种映射变换称为适应度的尺度变换。常用的三种适应度函数的构造方式如下：

1) 直接转换法

目标函数为最大化问题：

$$\mathrm{Fit}(f(x)) = f(x) \tag{5-4}$$

目标函数为最小化问题：

$$\mathrm{Fit}(f(x)) = -f(x) \tag{5-5}$$

2) 截断式界限构造法

目标函数为最大化问题：

$$\mathrm{Fit}(f(x)) = \begin{cases} f(x) - c_{\min}, & f(x) > c_{\min} \\ 0, & \text{其他} \end{cases} \tag{5-6}$$

式中：$c_{\min}$ 为 $f(x)$的最小估计值。

目标函数为最小化问题：

$$\mathrm{Fit}(f(x))=\begin{cases}c_{\max}-f(x), & f(x)<c_{\max}\\0, & 其他\end{cases} \tag{5-7}$$

式中：$c_{\max}$ 为 $f(x)$的最大估计值。

截断式界限构造法的作用是将部分目标函数评价不好的个体的适应度赋值为0，即让其不可能通过选择、交叉、变异等遗传操作进入子代种群，也就是直接丢弃这部分适应度不高的个体。

3）比例式界限构造法

目标函数为最大化问题：

$$\mathrm{Fit}(f(x))=\frac{1}{1+c-f(x)},\quad c\geqslant 0, c-f(x)\geqslant 0 \tag{5-8}$$

式中：c 为目标函数 $f(x)$的保守估计值。

目标函数为最小化问题：

$$\mathrm{Fit}(f(x))=\frac{1}{1+c+f(x)},\quad c\geqslant 0, c+f(x)\geqslant 0 \tag{5-9}$$

式中：c 为目标函数 $f(x)$的保守估计值。

比例式界限构造法能够有效防止种群中的超常个体控制进化过程的问题。

3. 选择

遗传算法中的选择操作是用来确定如何从父代种群中按某种方法选取适应度较高的个体，以便将优良基因片段遗传到下一代种群。选择操作用来确定参与交叉操作的个体，以及被选个体将产生多少个子代个体。

1）个体选择概率计算

(1) 按比例的适应度分配方法：假设种群中包含 n 个个体，某个个体 i 的适应度为 f_i，则其被选中的概率为

$$P_i=\frac{f_i}{\sum_{i=1}^{n} f_i} \tag{5-10}$$

由式(5-10)可知，在按比例的适应度分配方法中，当前个体 i 被选中的概率是其适应度与种群中所有个体适应度之和的比。

注意，在按比例的适应度分配方法中，个体适应度大小与其被选中的概率之间存在明确的比例关系，关联度较强，种群中个体适应度越高，则其基因被保留在种群中的概率也越大。其缺点是，如果种群中存在超强个体(适应度比其他个体高很多的个体)，则易导致子代个体绝大部分来自该超强个体，使种群多样性丧失，也就是生物学中的“近亲繁殖”。这样容易导致算法早熟收敛。为避免此情况，也可以使用其他适应度分配方法，如下面要介绍的基于排序的策略。

(2) 基于排序的适应度分配方法：在基于排序的适应度分配中，首先对种群中所有

个体按适应度进行排序，然后按排名的高低直接为每个个体赋予选择概率。常用的方法有线性排序和非线性排序。

线性排序：

$$P_i = \frac{1}{\mu}\left[\eta_{\max} - (\eta_{\max} - \eta_{\min}) \cdot \frac{i-1}{\mu-1}\right] \tag{5-11}$$

式中：$1 \leqslant \eta_{\max} \leqslant 2, \eta_{\min} = 2 - \eta_{\max}$，是预先设定的超参数；$i$ 为排序后的个体序号；μ 为种群中个体的总数。

非线性排序：

$$P_i = c(1-c)^{i-1} \tag{5-12}$$

式中：i 为排序后的个体序号；c 为排序第一的个体的选择概率，是预先设定的超参数。

在基于排序的适应度分配方法中，个体选择概率与适应度的数值大小没有直接关系，其仅和个体适应度排序情况相关。因此，该方法能够较好地限制超常个体的选择概率，从而保证了种群的多样性。但正因为个体选择概率与个体适应度数值大小的联系不够直接，也容易导致种群中会丢失某些优质个体的基因，使算法收敛过程变得缓慢。

2）选择算子

（1）轮盘赌选择：假想有一个转盘如图 5.12 所示，个体的适应度大小代表了扇形区域的大小。每一次选择过程就是给转盘一个推力将转盘旋转起来，当转盘自然停下时，固定指针指向哪个扇形区域，该扇形区域代表的个体被选中。显然，个体适应度越大，其扇形面积越大，指针落到其扇形区域内的可能性也越大。因此，在轮盘赌算子中，个体被选中的概率与其适应度大小成正比。

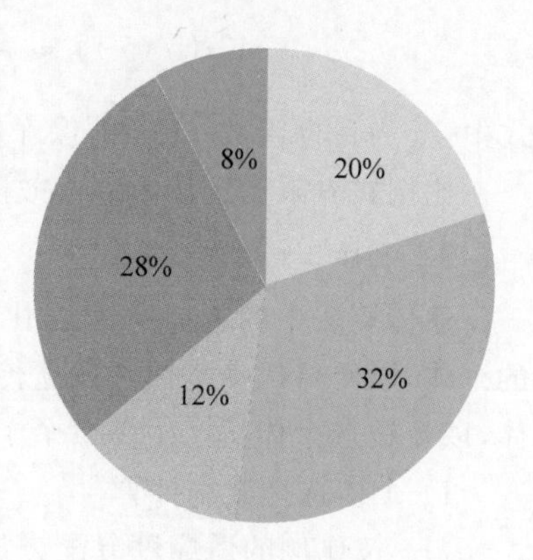

图 5.12　轮盘赌算子示例

在具体实现中，可以通过计算机采用如下方式模拟轮盘赌算子的过程：第一步，计算每个个体的累积概率。累积概率的计算方式如表 5.2 所示。第一个个体的累积概率等于其选择概率，从第二个个体开始，其累积概率等于其选择概率加上前一个个体的选择概率。第二步，生成一个在[0,1]区间内的随机数，若该随机数小于或等于某个个体的累积概率，但大于其前一个个体的累积概率，则表示该个体被选择算子所选中。第三步，重复第二步，直到选择的个体数量达到要求。

表 5.2　累积概率计算示例

个体编号	1	2	3	4	5	6	7	8	9	10
适应度	2.0	1.8	1.6	1.4	1.2	1.0	0.8	0.6	0.4	0.2
选择概率	0.18	0.16	0.15	0.13	0.11	0.09	0.07	0.06	0.03	0.02
累积概率	0.18	0.34	0.49	0.62	0.73	0.82	0.89	0.95	0.98	1.00

(2) 随机遍历抽样：随机遍历抽样算子的第一步和第二步操作与轮盘赌选择算子相同，也是先计算各个个体的选择概率和累积概率，并随机生成一个在[0,1]区间内的随机数 p_0，若该随机数小于或等于某个个体的累积概率，但大于其前一个个体的累积概率，则表示该个体被选择算子所选中。随机遍历抽样算子与轮盘赌选择算子的区别在第三步。在第三步中，随机遍历抽样算子随机生成一个在[0,1]区间内的随机数 b 作为偏移量，则计算 $p_i=\{p_0+i\cdot b\}$，其中，$i=1,2,3,\cdots$，算子$\{\cdot\}$表示取小数部分。然后，根据 p_i 落在累积概率的区间确定后续被选中的个体，直到选择的个体数量达到要求。如表 5.2 所示的例子中，其随机遍历抽样结果如图 5.13 所示。

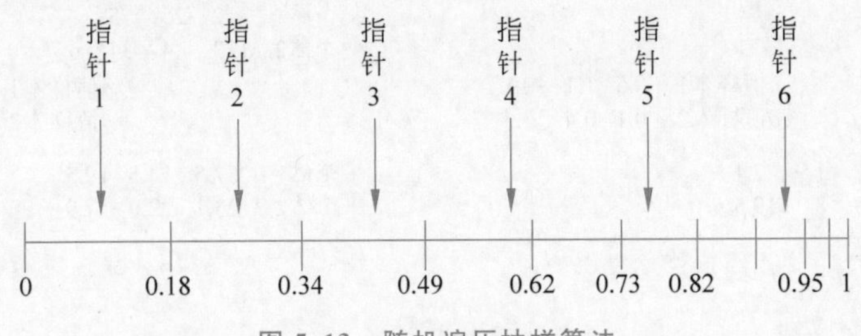

图 5.13 随机遍历抽样算法

在图 5.14 中，选中的个体序号分别为 1、2、3、4、6、8。

(3) 锦标赛选择：从种群中随机采样 s 个个体(注意采样是有放回的)，然后选择最优的个体进入下一代，只有个体的适应度值优于其他 $s-1$ 个竞争者时才能赢得锦标赛。其中，$2\leqslant s<M$，M 是种群中个体的总数量。显然，s 越大，选择强度越强，更优秀的个体容易被选出；但 s 过大容易破坏种群的多样性。值得注意的是，在锦标赛选择算子中，最差的个体肯定不会幸存，而最优的个体在其参与的所有锦标赛中都能获胜。

(4) 截断选择：根据适应度值对种群中的个体按照从优到劣的顺序进行排序，只有前 n 个最好的个体被选择进入下一代。截断选择是一种非常基础的选择算法，它的优势是能够快速地在大量种群中选择个体。截断选择是在动植物育种方面的标准方法，按照表现型价值排序，只有最好的动植物才会被选择繁殖。

4. 交叉

交叉算子是指把两个父代个体的部分结构加以替换、重组而生成新个体的操作。其目的是在编码空间进行有效搜索，同时降低对有效模式的破坏概率。习惯上对实数编码的操作称为重组，对二进制编码的操作称为交叉。交叉操作是遗传算法区别于其他进化算法的重要特征，在遗传算法的运算中起核心作用。

1) 实值重组

(1) 离散重组：子个体的每个基因可以按等概率随机地挑选父个体中的基因。离散重组的操作如图 5.14 所示。

(2) 中间重组：中间重组操作中，子代个体的基因由父代个体基因通过计算得到，计算公式为

$$子个体=父个体1+\alpha(父个体2-父个体1) \tag{5-13}$$

式中：α 为比例因子，由$[-d,1+d]$上均匀分布的随机数产

父个体1	12	25	5
父个体2	123	4	34
子个体1	123	4	5
子个体2	12	4	34

图 5.14 离散重组操作

生。当 $d=0$ 时，为中间重组，一般取 $d=0.25$。子代编码的每个基因均产生一个 α。如图 5.15 所示，为计算子个体 1 的第一个编码，首先随机生成 $\alpha=0.5$，然后根据父个体 1 和父个体 2 对应位置上的编码，采用式(5-13)可计算出子个体 1 的第一个编码为 67.5。

(3) 线性重组：线性重组和中间重组的操作方式类似，其区别是中间重组中针对子代编码的每个基因均产生一个 α，在线性重组中某子代个体的所有基因均用同一个 α，如图 5.16 所示。

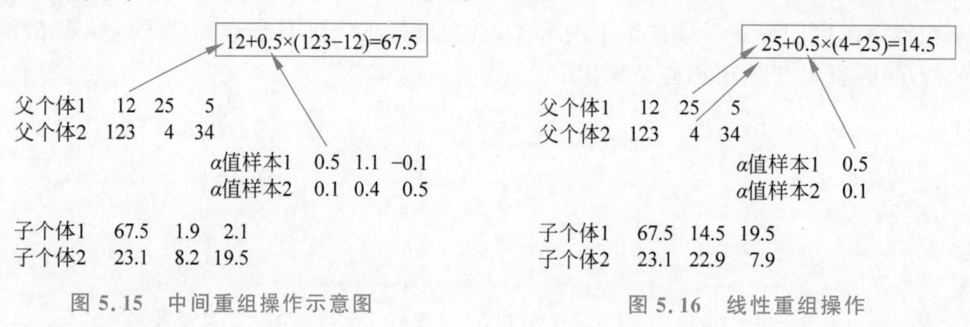

图 5.15　中间重组操作示意图　　图 5.16　线性重组操作

2) 二进制交叉

(1) 单点交叉：首先在个体编码串中只随机设置一个交叉点，然后在该点相互交换两个配对个体的部分染色体，如图 5.17 所示。

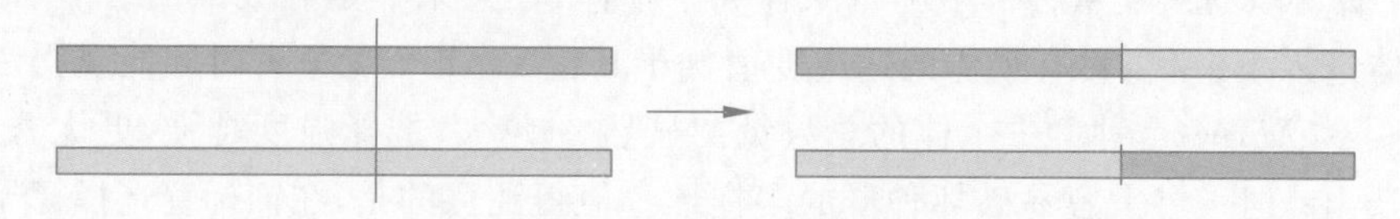

图 5.17　单点交叉操作示意图

(2) 多点交叉：与单点交叉不同，多点交叉首先会随机生成两个以上的交叉点，然后在多个交叉点相互交换两个配对个体的部分染色体，如图 5.18 所示。

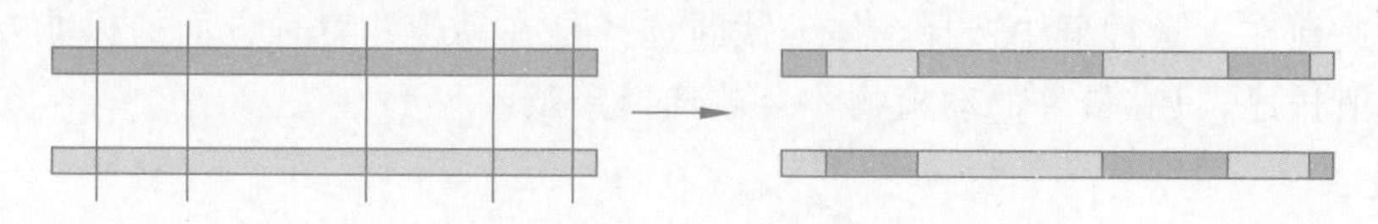

图 5.18　多点交叉操作示意图(5 个交叉点)

5. 变异

变异运算是指按一定概率将个体染色体编码串中的某些基因座上的基因值用该基因座上的其他等位基因来替换，从而形成新的个体的过程。因此，变异是按照一定的概率随机改变某个个体遗传信息的过程，变异使遗传算法具有局部的随机搜索能力，并使遗传算法可维持群体多样性，防止出现未成熟收敛现象。此外，研究发现，当遗传算法通过交叉算子已接近最优解邻域时，利用变异算子的这种局部随机搜索能力可以加速向最优解收敛。

变异操作的基本步骤：第一步，对种群中每个个体以事先设定的变异概率 p_m 判断是否进行变异；第二步，对需要变异的个体随机选择基因位进行变异。

针对不同的编码方式，通常采用不同的变异方法，下面将详细介绍。

1）面向二进制编码的变异方法

面向二进制编码的变异方法是改变染色体的某一个位点上基因，使这个基因变成它的等位基因，并且通常会引起一定的表现型变化。二进制编码的遗传操作过程和生物学中的过程非常类似，基因串上的“0”或“1”有一定概率变成与之相反的“1”或“0”。

常用的二进制编码变异操作是对个体编码串中以变异概率、随机指定的某一位或某几位基因座上的值做反转运算（“0”变为“1”或“1”变为“0”），称为随机反转变异算子，如图 5.19 所示。

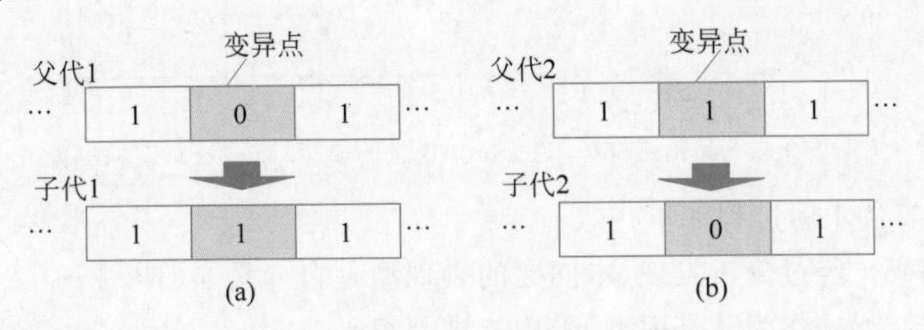

图 5.19 二进制编码变异操作

2）面向浮点型编码的变异方法

面向浮点型编码的变异方法一般是对原来的浮点数增加或者减少一个小随机数。比如，原来的浮点数串为 1.2，3.4，5.1，6.0，4.5，变异后得到浮点数串为 1.2，**3.5**，5.1，**5.9**，4.5。这个小随机数也有大小之分，称为“步长”。一般而言，步长越大，开始时进化的速度会比较快，但在进化过程末期比较难收敛到精确的点上；小步长与之相反。

值得注意的是，变异只能在少数基因位上进行，且变异的幅度通常不宜太大。变异过于剧烈，很难保证种群的遗传稳定性，从而丢失进化过程中积累得到的优良基因片段，导致遗传算法退化为随机搜索。

5.3.3 遗传算法的应用

遗传算法提供了一种求解复杂系统问题的通用框架，它不依赖问题的具体领域，且有很强的鲁棒性，其广泛应用于许多领域，典型的应用包括函数优化问题求解和组合优化问题求解两方面。

1. 函数优化

函数优化是遗传算法应用的经典领域，同时也是对基于演化计算的各种算法进行性能评价的常用算例，学者们构造出了各种各样复杂形式的测试函数，包括连续函数和离散函数、凸函数和非凸函数、低维函数和高维函数、单峰函数和多峰函数等。对于非线性、单峰、多目标等较难的函数优化问题，遗传算法能够获得较好的结果。

例 5.5 求一元函数 $f(x)=x\sin(10\pi x)+2.0(x\in[-1,2])$的最大值。

解：$f(x)$的函数图像如图 5.20 所示。这是一个复杂的多峰函数，在整个定义域内会出现多个极值。当 x 在 1.8～1.9 时，函数取到最大值。采用数学方法对该问题求解难度较大,需要求解三角方程且在多个极值点上逐个判断。这里通过遗传算法求解。

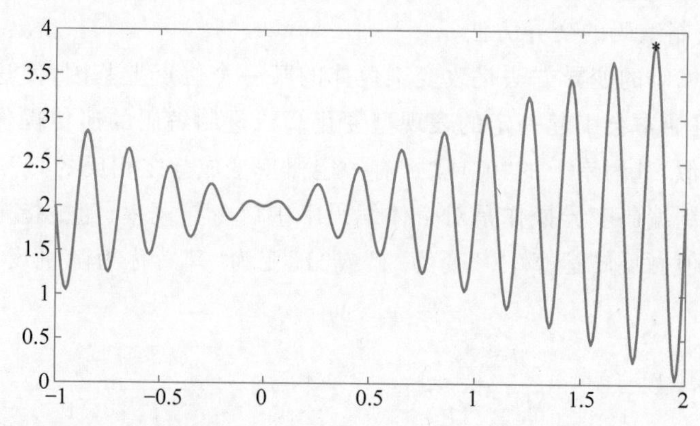

图 5.20　一元函数 $f(x)=x\sin(10\pi x)+2.0(x\in[-1,2])$图像

使用遗传算法求解过程如下。

Step1：编码。经过分析发现,本问题的表现型是自变量 $x(x\in[-1,2])$,将 x 的二进制形式作为其基因型,采用二进制编码。

注意,编码的长度取决于求解精度要求。若求解精度到 6 位小数,区间长度为 $2-(-1)=3$,即需将区间分为 $3/0.000001=3\times10^6$ 等份。因为 $2097152=2^{21}<3000000<2^{22}=4194304$,所以编码的二进制串长应为 22 位。

Step2：生成初始种群。首先需要设定种群的规模,即每一代的种群包含多少个个体。种群规模是遗传算法的超参数,事前必须设定,如可设定为 30、50 等。种群的生成方式可采用完全随机的方式生成个体,即生成多个长度为 22 的二进制串。

Step3：计算适应度。采用 $f(x)$ 作为适应度函数。注意,需要将个体的二进制编码形式映射为$[-1,2]$之间的实数,然后代入 $f(x)$ 计算其适应值。采用的方法如下。

(1) 将一个二进制串$(b_{21}b_{20}\cdots b_0)$转换为十进制数：

$$(b_{21}b_{20}\cdots b_0)_2=\Big(\sum_{i=0}^{21}b_i 2^i\Big)_{10}=x' \tag{5-14}$$

(2) 将 x'对应为区间$[-1,2]$内的实数：

$$x=-1.0+x'\frac{2-(-1)}{2^{22}-1} \tag{5-15}$$

Step4：设计选择算子,选用轮盘赌选择算子。

Step5：设计交叉算子,选用二进制单点交叉算子。

Step6：设计变异算子,选用二进制随机反转变异算子。

算法超参数设置：种群大小 50,交叉概率 0.75,变异概率 0.05,最大代数 200(算法退出条件)。

遗传算法求解函数最大值如图 5.21 所示,求解函数最大值问题最优解变化过程如表 5.3 所示。

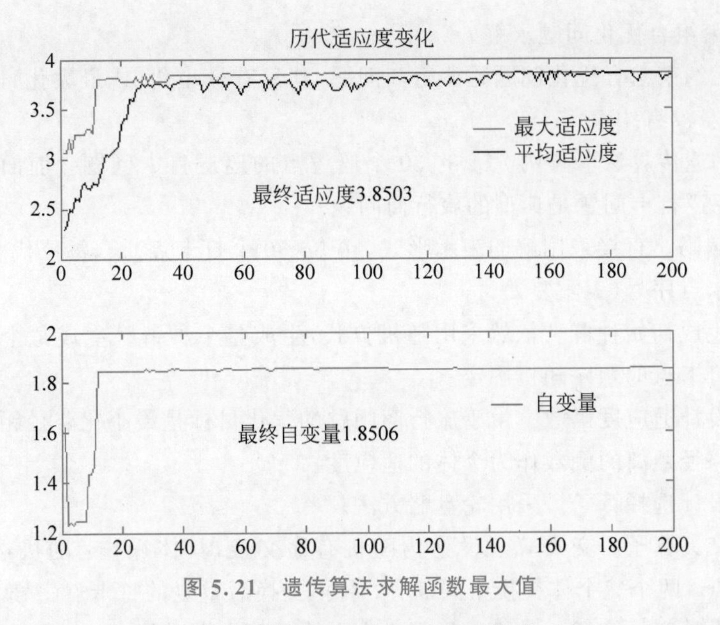

图 5.21　遗传算法求解函数最大值

表 5.3　求解函数最大值问题最优解变化过程

迭 代 数	自 变 量	适 应 度
1	1.4495	3.4494
9	1.8395	3.7412
17	1.8512	3.8499
30	1.8505	3.8503
50	1.8506	3.8503
80	1.8506	3.8503
120	1.8506	3.8503
200	1.8506	3.8503

最终得到最佳个体：

$S_{max} = <1111001100111011111100>$

$X_{max} = 1.8506$

$f(X_{max}) = 3.8503$

值得注意的是，使用遗传算法求解函数优化问题不需要函数可导，甚至不要求函数连续。这是基于求导的数学方法所不具备的优势。

2. 组合优化

在有限个可行解的集合中找出最优解的一类优化问题称为组合优化问题。实践证明，遗传算法对于组合优化中的 NP-Hard 问题非常有效，在 0-1 背包问题、旅行商问题、装箱问题及图形划分等问题上已经成功应用了遗传算法。典型的组合优化问题可分为无约束组合优化问题和带约束组合优化问题。下面将分别介绍使用遗传算法对其求解的方法。

1）无约束组合优化问题求解

典型的无约束组合优化问题是旅行商问题，其只有最小化（或最大化）优化目标的要求，而对解本身没有约束。

本节使用遗传算法求解例 5.4 的 30 个巡逻点的巡逻打卡问题。前面已经分析，30 个巡逻点的巡逻打卡问题是典型的旅行商问题。

Step1：编码。直接采用解的表示形式，30 位（30 个打卡点）长，每位代表所经过的打卡点序号（无重复）。

Step2：生成初始种群。依然采用随机方式，生成整个种群。生成每个个体时，访问打卡点的顺序随机确定。

Step3：设计适应度函数。由于旅行商问题的优化目标是最小化路径距离，可以选择路径距离的倒数作为个体的适应度。

Step4：设计选择算子。采用轮盘赌方法。

Step5：交叉算子。交叉算子设计为随机有序交换，具体操作：随机选取两个交叉点；两个父个体交换中间部分；替换交换后重复的打卡点序号。

Step6：设计变异算子。随机选择同一个个体的两个点进行交换。

算法超参数设置：种群规模 100；交叉概率 0.8；变异概率 0.2；终止代数 2000。

采用上述设置后，使用遗传算法进行计算，运行结果如图 5.22 所示。

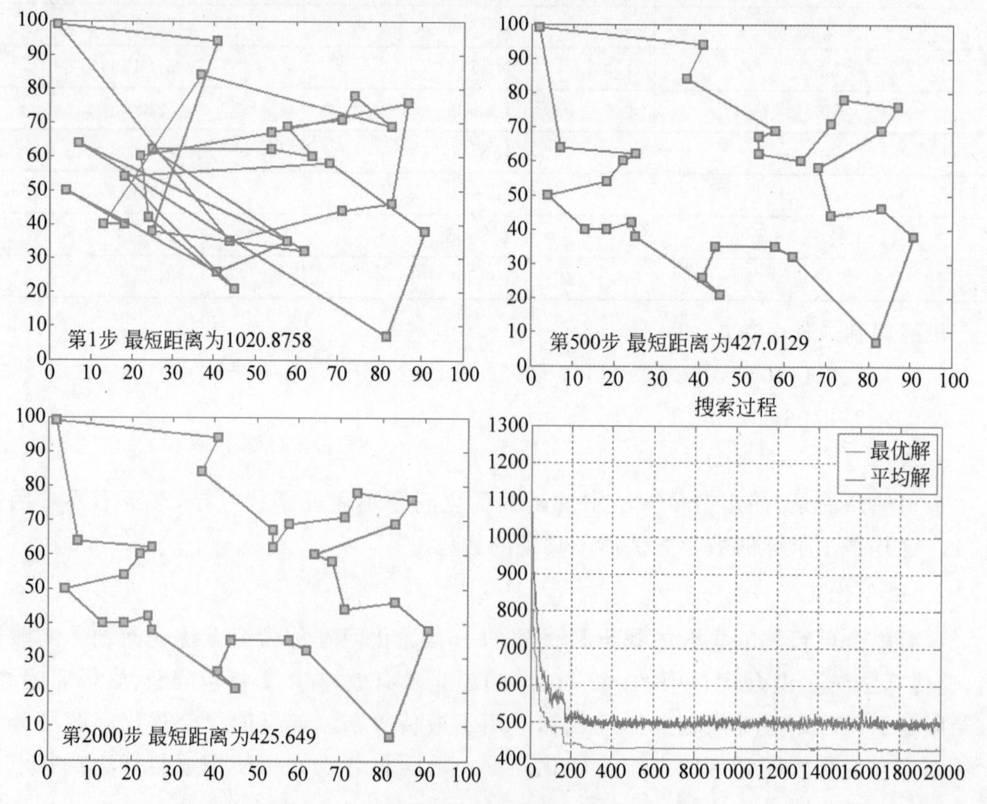

图 5.22　遗传算法求解巡逻打卡路径问题

这里通过遗传算法找到最优解为 425.649,比例 5.4 中用模拟退火算法找到的最优解 423.7406 差一些。需要说明的是,智能优化算法不一定能找到最优解,其目标是寻找足够好的次优解或用户满意解,且两次运行同一遗传算法所得到的结果也不一定相同。

2) 带约束的组合优化问题求解

带约束的组合优化问题又称为约束最优化问题,其一般形式如下:

$$\begin{cases} \text{minimize } f(x) \\ \text{s.t. } g_i(x) \leqslant 0 (i=1,2,\cdots,p) \\ \qquad h_j(x) = 0 (i=1,2,\cdots,q) \end{cases} \tag{5-16}$$

式中:$f(x)$是优化目标,不等式 $g_i(x)$和等式 $h_j(x)$均为约束。

从式(5-16)可知,约束最优化问题不仅要求目标函数达到最小,而且解 x 需要满足不等式 $g_i(x)$和等式 $h_j(x)$的约束。

直接按无约束问题求解的方式来处理约束最优化问题是行不通的,主要有两个原因:一是随机生成的初始种群中可能有大量不可行解;二是交叉、变异等遗传算子作用于可行解后也可能产生不可行解。

使用遗传算法解决约束最优化问题的关键是对约束的有效处理,主要包括以下两种方法。

(1) 罚函数法。

罚函数法的核心思想是将有约束问题转化为无约束问题。其构造惩罚项,并包含到适应度评价中,通常有加法和乘法两种形式。

罚函数法的加法形式:

$$\text{fitness}(x) = f(x) + rP(x), \quad \begin{cases} P(x) = 0, & x \in X \\ P(x) > 0, & x \notin X \end{cases}, \quad r < 0 \tag{5-17}$$

式中:x 为遗传算法中个体;X 为可行解域;fitness(x)为个体 x 的适应度评价函数;$P(x)$为罚函数;r 为惩罚系数。

在式(5-17)中,$rP(x)$就是惩罚项。如果个体没有违反任何约束($x \in X$),则惩罚项为 0;否则,惩罚项的存在会导致个体 x 的适应度降低。

罚函数法的乘法形式:

$$\text{fitness}(x) = f(x) \cdot P(x), \quad \begin{cases} P(x) = 1, & x \in X \\ P(x) < 1, & x \notin X \end{cases} \tag{5-18}$$

式中:x 为遗传算法中个体;X 为可行解域;fitness(x)为个体 x 的适应度评价函数;$P(x)$为罚函数。当个体 x 违反约束时,$P(x)<1$,也会导致个体 x 的适应度降低。

对简单约束问题采用定量惩罚,如只要违反约束,就适应度降低相同的数量;对复杂约束问题可采用变量惩罚。变量惩罚的罚函数由可变惩罚率和违反约束的惩罚量组成。

可变惩罚率是指个体违反约束程度不同或算法进化迭代次数的不同。调整罚函数的惩罚系数 r 有如下的处理方式。

① 基于解违反约束程度:随着违反约束程度变得严重而增加惩罚压力,称为静态惩罚。

② 基于算法的进化迭代次数：随着进化过程的进展而增加惩罚压力，称为动态惩罚。

违反约束的惩罚量是指在惩罚系数不变的情况下，合理设计罚函数 $P(x)$，使个体违反约束的程度越大，则 $P(x)$ 越大。

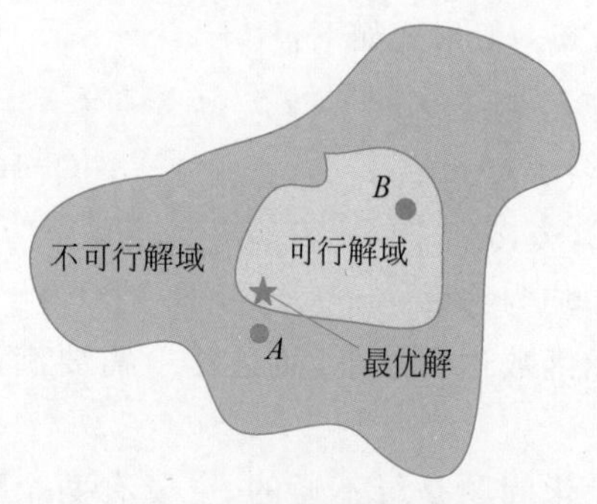

图 5.23　可行解域与不可行解域示意图及最优解分布位置

问题的解空间可以划分为可行解域和不可行解域，如图 5.23 所示。罚函数法的优势在于能够在可行解域和不可行解域搜索最优解。大量研究表明，最优解总是出现在可行解域与不可行解域的边界上。在遗传算法的进化过程中，一个不可行解(图 5.23 中 A 点)包含的染色体片段信息可能比可行解(图 5.23 中 B 点)中的染色体片段信息更接近最优解。

注意，使用罚函数法需要谨慎地在过轻或过重惩罚之间找到平衡。惩罚力度过大可能造成搜索只停留在可行解域内，且容易早熟收敛；惩罚力度过小可能造成种群中存在大量毫无意义的不可行解，搜索过程在无意义区域浪费大量时间，也难以找到最优解。

(2) 解修正法。

解修正方法的思想是将不可行解转化为可行解，需要按照相关领域知识设计解修正算法，并且解修正算法的效果和效率对问题求解效果影响较大。在约束修正算法设计合理、修正算法运行代价较小的情况下，解修正方法相较于罚函数方法通常能取得更好的结果。

例如，使用遗传算法求解例 5.1 中的 0-1 背包问题。采用罚函数法，可设计个体的适应度函数等于装入物品价值减去超重部分物品价值乘以惩罚系数；采用解修正法，可按照性价比(或重量、价值、随机等)原则去除超重的背包内物品，直至背包不再超重。

5.3.4　遗传算法的改进

遗传算法的改进方法一直是研究的热点，目前已有大量成果。这里介绍精英解保持、自适应遗传算法和基于小生境技术的遗传算法三种常用的改进方法。

1. 精英解保持

遗传算法中的基因并不一定真实地反映待求解问题的本质，因此各个基因之间未必就相互独立。如果只是简单地进行杂交，很可能破坏了较好的基因片段，这样就没有达到通过进化过程累积优良基因的目的。精英保留策略可以避免杂交操作破坏最优个体。此外，轮盘赌等选择算子也可能以较小概率丢失种群中最优解。为了防止当前群体的最优个体在下一代发生丢失，导致遗传算法不能收敛到全局最优解，De Jong 提出了“精英选择”策略，也称为“精英保留”策略。该策略的思想是把群体在进化过程中迄今出现的最好个体(称为精英个体 Elitist)不进行配对交叉而直接复制到下一代中。

精英个体是种群进化到当前为止遗传算法搜索到的适应度最高的个体，它具有最好的基因结构和优良特性。采用精英保留的优点是遗传算法在进化过程中出现的最优个体不会被选择、交叉和变异操作丢失和破坏。精英保留策略对改进标准遗传算法的全局收敛能力产生了重大作用，学者们已经从理论上证明了具有精英保留的标准遗传算法依概率1收敛到全局最优解。

2. 自适应遗传算法

交叉概率 P_c 和变异概率 P_m 的选择是影响遗传算法行为和性能的关键，直接关系到算法的收敛性。P_c 越大，新个体产生的速度就越快，但过大会使优秀个体的结构很快被破坏；P_c 过小，搜索过程缓慢，以至停滞不前。P_m 过大，变成纯粹的随机搜索；P_m 过小，不易产生新个体结构。

显然，当种群中各个体适应度趋于一致或趋于局部最优时，应使 P_c 和 P_m 增加；而当种群中个体适应度比较分散时，应使 P_c 和 P_m 减少。同时，适应度较高的个体，应设定较低的 P_c 和 P_m；适应度较低的个体，应设定较高的 P_c 和 P_m。

因此，可以按照一定的规则在遗传算法运行过程中动态地调整 P_c 和 P_m，使得算法具有自适应能力。

3. 基于小生境技术的遗传算法

小生境(niche)是生物学中的概念，表示特定环境中的一种组织功能；在自然界中，往往特征、性状相似的物种相聚在一起，并在同类中繁衍后代。在标准遗传算法中，容易"近亲繁殖"，即两个有类似基因的个体交叉产生的子代个体与双亲极为接近，破坏了种群中的潜在多样性。于是，学者提出了小生境遗传算法(Niche Generic Algorithm, NGA)，将种群中个体划分为若干类，这些类内个体的基因相似度相对较高，类间个体的基因相似度相对较低。选择操作时，从每类选出优秀个体进行交叉、变异操作，或组成新的种群。

基于小生境技术的遗传算法能够保持解的多样性，提高全局搜索能力，比较适合复杂多峰函数的优化。

5.4 其他典型智能优化算法简介

除了前面介绍的模拟退火算法和遗传算法之外，还有很多其他的智能优化算法。在自然界中各种生物群体显现出来的智能近几十年来得到了广泛关注，学者通过对简单生物体的群体行为进行模拟提出了群智能算法。其中，模拟蚁群觅食过程的蚁群优化算法(Ant Colony Optimization, ACO)和模拟鸟群运动方式的粒子群算法(Particle Swarm Optimization, PSO)是两种主要的群智能算法，本节将分别进行介绍。

5.4.1 蚁群优化算法

蚁群优化算法是一种源于大自然生物世界的新的仿生进化算法，是由意大利学者多里戈(M. Dorigo)和马聂佐(V. Maniezzo)等于20世纪90年代初期通过模拟自然界中蚂蚁集体寻径行为而提出的一种基于种群的启发式随机搜索算法。蚂蚁有能力在没有任何提示的情形下找到从巢穴到食物源的最短路径,并且能随环境的变化,适应性地搜索新的路径,产生新的选择。目前,蚁群优化算法已被广泛应用于求解优化问题。

1. 算法原理

蚁群优化算法又称为人工蚁群优化算法,是模拟真实蚂蚁群行为而设计的求解优化问题的一种仿生算法。

通过对蚁群觅食行为的观察发现了如下现象。

(1) 蚁群觅食是群体行为,单只蚂蚁的觅食路径(从巢穴到达食物源的路径)并不一定是最优的,但通过群体协作总可找到最优路径。

(2) 蚁群觅食开始选择路径是随机的,但随着蚂蚁搬运食物来回于巢穴与食物源之间,路径的选择会越来越趋于有组织,当然也有少数蚂蚁有随机行走的现象。

进一步研究发现,蚂蚁会在其经过的路径上释放"信息素",蚁群内的蚂蚁对"信息素"具有感知能力,它们会倾向于沿着"信息素"浓度较高路径行走,而每只路过的蚂蚁都会在路上留下"信息素",这就形成一种类似正反馈的机制,这样经过一段时间后,整个蚁群就会沿着最短路径到达食物源。

受到真实蚁群觅食的启发,学者们设想了人工蚁群系统。人工蚁群系统具有如下特点。

(1) 每一只人工蚂蚁(简称蚂蚁)在行动路径上均释放信息素。

(2) 当"蚂蚁"碰到还没走过的路口,就随机挑选一条路走。"信息素"随时间挥发,对于某一条路径而言,"信息素"浓度与路径长度成反比。

(3) 其他觅食的蚂蚁根据不同路径上的"信息素"的浓度来选择路径,浓度越大,越有可能沿着其方向行进。

(4) 当更多的蚂蚁选择某条路径时,这条路径因为聚集了越来越多的"信息素"而变得更有吸引力,进而吸引更多的蚂蚁走这条路。

(5) 这种作用形成一种正反馈机制,使最优觅食路径被越来越多的蚂蚁选择,最优路径上的"信息素"浓度越来越大。

(6) 最终蚁群找到最优寻食路径。

在蚁群觅食过程中有以下两个重要的机制相互作用推进了这种最优行为。

(1) 蚂蚁在行进路径上不断累积信息素,使得不同路径变得不一样。

(2) 路径上信息素的不断累积改变了蚂蚁选择路径的概率。

从而形成一种蚂蚁行为不断改变所选路径,路径不断对蚂蚁行为产生影响的双向作用,直到绝大多数蚂蚁选择了最优路径。

2. 算法描述

这里以例 5.2 中的旅行商问题为例介绍基本蚁群优化算法及其流程。基本蚁群优化算法可以表述如下:在算法的初始时刻,将 m 只蚂蚁随机地放到 n 座城市,同时为每只蚂蚁保存一个禁忌表 $\text{tabu}_k(k=1,2,\cdots,m)$,用来记录蚂蚁 k 已经走过的城市。初始化禁忌表 tabu_k 时,将其第一个元素设置为蚂蚁 k 当前所在的城市。设 $\tau_{ij}(t)$表示在 t 时刻,城市 i 到城市 j 的"信息素"浓度。初始化 $\tau_{ij}(t)=c$(c 是较小的常数),表示刚开始时，各路径上的信息素量相等，且接近于0。

算法运行过程中，每只蚂蚁根据路上残留的“信息素”量和启发式信息（两城市间的距离）独立地选择下一座城市，在时刻 t，蚂蚁 k 从城市 i 转移到城市 j 的概率可表示为

$$p_{ij}^{(k)}(t)=\begin{cases}\dfrac{[\tau_{ij}(t)]^{\alpha}\cdot[\eta_{ij}]^{\beta}}{\sum\limits_{s\in J_k(i)}[\tau_{is}(t)]^{\alpha}\cdot[\eta_{is}]^{\beta}}, & j\in J_k(i)\\ 0, & \text{其他}\end{cases} \tag{5-19}$$

式中：$J_k(i)=\{1,2,\cdots,n\}-\text{tabu}_k$，表示蚂蚁 k 下一步允许选择的城市集合。禁忌表 tabu_k 记录了蚂蚁 k 已经走过的城市。当所有 n 座城市都加入禁忌表 tabu_k 中时，蚂蚁 k 便完成了一次周游，此时蚂蚁 k 所走过的路径便是 TSP 的一个可行解。式(5-19)中的 η_{ij} 是一个启发式因子，表示蚂蚁从城市 i 转移到城市 j 的期望程度。在蚁群优化算法中，η_{ij} 通常取城市 i 与城市 j 之间距离的倒数。α、β 分别表示信息素和期望启发式因子的相对重要程度。当所有蚂蚁完成一次周游后，各路径上的信息素根据下式更新：

$$\tau_{ij}(t+1)=(1-\rho)\cdot\tau_{ij}(t)+\Delta\tau_{ij} \tag{5-20}$$

式中：ρ 为路径上“信息素”的蒸发系数($0<\rho<1$)，则 $1-\rho$ 为“信息素”的持久性系数；$\Delta\tau_{ij}$ 为本次迭代中边 $i\to j$ 上信息素的增量，即

$$\Delta\tau_{ij}=\sum_{k=1}^{m}\Delta\tau_{ij}^{(k)} \tag{5-21}$$

式中：$\Delta\tau_{ij}^{(k)}$ 为第 k 只蚂蚁在本次迭代中留在边 (i,j) 上的“信息素”量，如果蚂蚁 k 没有经过边 (i,j)，则 $\Delta\tau_{ij}^{(k)}$ 的值为零。$\Delta\tau_{ij}^{(k)}$ 可表示为

$$\Delta\tau_{ij}^{(k)}=\begin{cases}\dfrac{Q}{L_k}, & \text{蚂蚁 } k \text{ 在本次周游中经过边}(i,j)\\ 0, & \text{其他}\end{cases} \tag{5-22}$$

式中：Q 为正常数；L_k 为第 k 只蚂蚁在本次周游中所走过路径的长度。

实际上，M. Dorigo 一共提出了三种群算法的模型，式(5-22)称为 ant-cycle 模型，另外两个模型分别称为 ant-quantity 模型和 ant-density 模型，其差别主要在于 $\Delta\tau_{ij}$ 的表达方式。

在 ant-quantity 模型中，$\Delta\tau_{ij}$ 表示为

$$\Delta\tau_{ij}^{(k)}=\begin{cases}\dfrac{Q}{d_{ij}}, & \text{蚂蚁 } k \text{ 在本次周游中经过边}(i,j)\\ 0, & \text{其他}\end{cases} \tag{5-23}$$

式中：Q 为正常数；d_{ij} 为城市 i 到城市 j 的距离。

在 ant-density 模型中，$\Delta\tau_{ij}$ 表示为

$$\Delta\tau_{ij}^{(k)}=\begin{cases}Q, & \text{蚂蚁 } k \text{ 在本次周游中经过边}(i,j)\\ 0, & \text{其他}\end{cases} \tag{5-24}$$

式中：Q 为正常数。

实际上，蚁群优化算法是正反馈原理和启发式算法相结合的一种算法。在选择路径

时，蚂蚁不仅利用了路径上的“信息素”，而且用到了城市间距离的倒数作为启发式信息。实验结果表明，通常情况下，ant-cycle 模型比 ant-quantity 和 ant-density 模型有更好的性能。这是因为 ant-cycle 模型利用全局信息更新路径上的信息素量，而 ant-quantity 和 ant-density 模型使用的是局部信息。

求解 TSP 的基本蚁群优化算法的步骤如下。

Step1：参数初始化。令时间 $t=0$ 和循环次数 $N_c=0$，设置最大循环次数 G，将 m 个蚂蚁随机置于 n 个元素（城市）上，令有向图上每条边 (i,j) 的初始化“信息素”量 $\tau_{ij}(t)=c$，其中 c 为常数，且初始时刻 $\Delta\tau_{ij}=0$；

Step2：设置蚂蚁的索引号 $k=1$；

Step3：设置当前蚂蚁 k 已访问的城市数量 $num_{city}=1$；

Step4：蚂蚁个体 k 根据式(5-19)计算的概率选择城市 j 并前进，$j\in J_k(i)$；

Step5：将城市 j 加入禁忌表 $tabu_k$ 中，$num_{city}=num_{city}+1$；

Step6：如果 $num_{city}<n$，即蚂蚁 k 尚未完成周游，则跳转到 Step4；

Step7：记录本次周游路线；

Step8：根据式(5-20)和式(5-21)更新每条路径上的“信息素”量；

Step9：蚂蚁索引 $k=k+1$；

Step10：若 $k\leqslant m$（尚有蚂蚁没有完成本轮的周游），则跳转到 Step3；

Step11：循环次数 $N_c=N_c+1$；

Step12：若满足结束条件（$N_c\geqslant G$），则循环结束并输出程序优化结果；否则，清空禁忌表，并跳转到 Step2。

上述算法中，G 是循环次数的上限。

5.4.2 粒子群算法

生物学家 Reynolds 在 1987 年提出了一个非常有影响力的鸟群聚集模型，在他的仿真模型中每个鸟类个体都遵循以下三条规则：第一，避免与邻域个体相冲撞；第二，匹配邻域个体的速度；第三，飞向鸟群中心，且整个群体飞向目标。1995 年，美国社会心理学家肯尼迪(J. Kennedy)和电气工程师埃伯哈特(R. Eberhart)提出了粒子群算法，该算法的提出是受对鸟类群体行为进行建模与仿真的研究结果的启发。粒子群算法一经提出，由于该算法简单，容易实现，立刻引起了演化计算领域学者的广泛关注，形成了研究热点。粒子群中的每个个体在一维或二维网格空间中与相邻个体相互作用，从而表现出自组织、自优化的特点。

1. 算法原理

鸟类在捕食过程中，鸟群成员可以通过个体之间的信息交流与共享获得其他成员的发现与飞行经历。在食物源零星分布并且不可预测的条件下，这种协作机制所带来的优势远远大于对食物的竞争所引起的劣势。

将优化问题解空间（也称为搜索空间）的解（数学上可用一个 n 维矢量表示）表示成搜索空间的一只“鸟”，称为粒子(particle)，粒子无质量、无体积。每个粒子都有一个被某个优化函数确立的适应值(代表目标函数值)、一个坐标位置(代表解)和一个速度,速度决定粒子的移动方向和距离。粒子群算法就是让粒子根据当前周围粒子的运动情况,在解空间中搜索最优解。

粒子群算法的信息共享机制可以解释为一种共生合作的行为,即每个粒子都在不停地进行搜索,并且其搜索行为在不同程度上受到群体中其他个体的影响。同时,这些粒子还具备对所经历最佳位置的记忆能力,即其搜索行为在受其他个体影响的同时还受到自身经验的引导。粒子群算法首先随机初始化所有粒子的位置和速度,其中粒子的位置用于表征问题的可行解,然后通过种群间粒子个体的合作与竞争来求解优化问题。

2. 算法描述

假设在一个 n 维的目标搜索空间中,有 N 个粒子组成一个种群,其中第 i 个粒子的位置可表示为一个 n 维的矢量:

$$\boldsymbol{X}_i=(x_{i1},x_{i2},\cdots,x_{in})^{\mathrm{T}},\quad i=1,2,\cdots,N \tag{5-25}$$

第 i 个粒子的速度也可以表示为一个 n 维的矢量:

$$\boldsymbol{V}_i=(v_{i1},v_{i2},\cdots,v_{in})^{\mathrm{T}},\quad i=1,2,\cdots,N \tag{5-26}$$

第 i 个粒子迄今为止搜索到的最优位置称为个体极值,记为

$$\boldsymbol{P}_i=(p_{i1},p_{i2},\cdots,p_{in})^{\mathrm{T}},\quad i=1,2,\cdots,N \tag{5-27}$$

当前种群迄今为止搜索到的最优位置称为种群极值,记为

$$\boldsymbol{P}_g=(p_{g1},p_{g2},\cdots,p_{gn})^{\mathrm{T}} \tag{5-28}$$

在找到这两个最优值时,粒子根据式(5-29)和式(5-30)来更新自己的速度和位置:

$$v_{ij}(t+1)=wv_{ij}(t)+c_1r_1\big(p_{ij}(t)-x_{ij}(t)\big)+c_2r_2\big(p_{gj}(t)-x_{ij}(t)\big) \tag{5-29}$$

$$x_{ij}(t+1)=x_{ij}(t)+v_{ij}(t+1) \tag{5-30}$$

式中:i 表示微粒序号;j 表示变量的第 j 个维度;t 表示迭代次数;c_1 和 c_2 为学习因子,也称加速常数,分别表示微粒向自身最好位置和全局最好位置飞行的调整步长;v_{ij} 为粒子的速度,$v_{ij}\in[-v_{\max},v_{\max}]$,$v_{\max}$ 为常数,由用户设定来限制粒子的速度。w 为权重,表示在多大程度上保留原来的速度。当 w 较大时,全局收敛能力较强,局部收敛能力较弱;反之,局部收敛能力较强,全局收敛能力较弱。$r_1\sim U(0,1)$,$r_2\sim U(0,1)$为两个服从均匀分布的独立随机变量,称为惯性因子,其值越大,表示搜索的范围越大。$p_{ij}(t)$ 是当前粒子的最优解位置的分量,$p_{gj}(t)$是粒子群中全局最优粒子的最优解位置的分量。式(5-29)右边由三部分组成:第一部分为“惯性”或“动量”部分,反映了粒子的运动“习惯”,代表粒子有维持自己先前速度的趋势;第二部分为“认知”部分,反映了粒子对自身历史经验的记忆或回忆,代表粒子有向自身历史最佳位置逼近的趋势;第三部分为“社会”部分,反映了粒子间协同合作与知识共享的群体历史经验,代表粒子有向群体或邻域历史最佳位置逼近的趋势。

标准粒子群算法的步骤如下。

Step1:初始化。确定粒子群规模,每个微粒的初始位置和初始速度。

Step2:计算所有微粒的适应度值。

Step3:更新微粒的当前最好位置。对于每个微粒,比较当前适应度值与所经历过的

最好位置 P_i,若当前位置更好,则更新微粒最好位置。

Step4：更新微粒的全局最好位置。对于每个微粒,比较其当前最好位置适应度值与当前全局最好位置适应度值,若某个微粒的当前最好值更好,则更新微粒全局最好位置。

Step5：根据式(5-29)和式(5-30)得到每个微粒下一个时间片段(或称为下一代微粒)的新的位置。

Step6：若不满足终止条件,则返回 Step2 继续上述过程。

3. 算法特点

粒子群算法本质是一种随机搜索算法,它是一种智能优化技术。该算法能以较大概率收敛于全局最优解。实践证明,它适合在动态、多目标优化环境中寻优,与传统优化算法相比,具有较快的计算速度和更好的全局搜索能力。其特点如下。

(1) 粒子群算法是基于群智能理论的优化算法,通过群体中粒子间的合作与竞争产生的群体智能指导优化搜索。与其他算法相比,粒子群算法是一种高效的并行搜索算法。

(2) 粒子群算法与遗传算法都是随机初始化种群,使用适应值来评价个体的优劣程度和进行一定的随机搜索。但粒子群算法根据自己的速度来决定搜索,没有遗传算法的交叉与变异。与进化算法相比,粒子群算法保留了基于种群的全局搜索策略,但是其采用的"速度-位移"模型操作简单,避免了复杂的遗传操作。

(3) 由于每个粒子在算法结束时仍保持其个体极值,即粒子群算法除了可以找到问题的最优解,还会得到若干较好的次优解,因此将粒子群算法用于调度和决策问题可以给出多种有意义的方案。

(4) 粒子群算法特有的记忆使其可以动态地跟踪当前搜索情况并调整其搜索策略。另外,粒子群算法对种群的大小不敏感,即使种群数目下降,性能下降也不是很大。

5.5 本章小结

本章介绍了智能优化算法的用途、主要智能优化算法的提出过程、算法思想、实现步骤、关键操作等知识,要点回顾如下。

- 优化问题按照其求解的复杂程度,可以分为 P 问题、NP 问题、NP-完全问题三类。
- 智能优化算法在解决大空间、非线性、全局寻优、组合优化等复杂优化问题方面具有的独特优势。
- 模拟退火算法的流程可以概括为"三函数两准则一初温"。
- 遗传算法的关键操作包括编码、选择、交叉、变异等。
- 蚁群优化算法核心思想是模拟蚁群的觅食过程,通过对信息素的利用,寻找最优路径。
- 粒子群算法模拟鸟群飞行和觅食过程,每个粒子既参考自身历史经验的记忆或回忆,也参考鸟群中最优粒子的历史信息,确定下一时刻自身的位置和速度,从而达到迭代寻优的目的。

习题

1. 简述优化问题的概念,按照复杂度优化问题可分为几类?

2. 列举几种典型的智能优化算法。

3. 当存在局部最优点干扰时,哪些手段可以有助于优化算法跳出局部最优,继续靠近全局最优?

4. 简述模拟退火算法中的"三函数两准则"。

5. 简述模拟退火算法流程。

6. 简述模拟退火算法的优缺点。

7. 遗传算法中包含哪些基本遗传算子?

8. 遗传算法中常用的编码方式有哪些?

9. 用遗传算法解函数 $f(x)=-3x^2-2x\sin x\,(x\in[2,8])$ 的极小值问题,应如何构造适应度函数?

10. 分别简单描述遗传算法与模拟退火算法是如何在优化过程中引入随机性的。

11. 简述遗传算法的优缺点。

12. 简述基本蚁群算法的算法思想和流程,如何用蚁群算法求解 0-1 背包问题,写出步骤。

13. 简述基本粒子群算法的流程,并说明其优点。

14. 画出思维导图,串联本章所讲的知识点。

第6章 特征提取与选择

基于计算机实现单个或多个样本的类别的判定是人工智能多种应用的前提，涉及的领域属于模式识别。本章首先介绍有关模式识别的基本概念，给出模式识别系统工作的一般流程，然后重点介绍模式识别中的核心环节之一特征提取与选择。

6.1 模式识别基础

6.1.1 模式识别的基本问题

模式识别(Pattern Recognition，PR)就是通过计算机用数学方法来研究模式的自动处理和判读。

在模式识别领域，一般可将输入模式 $\boldsymbol{x}_i$ 表示为一个 D 维列矢量(向量)，称为**特征矢量**，记为 $\boldsymbol{x}_i \in \mathbb{R}^D$；模式 $\boldsymbol{x}_i$ 对应的类别表示为标量，记为 $y_i \in \mathbb{R}$；此时该模式识别问题可建模为如下映射关系：

$$\boldsymbol{x}_i \rightarrow y_i = f(\boldsymbol{x}_i) \tag{6-1}$$

式中：$f(\cdot)$代表具体的模式识别方法对应的算子。$\boldsymbol{x}_i$ 的全体构成的 D 维空间称为**特征空间**。

需要说明，并非所有的模式识别问题的输入都假设为列向量，输入模式 $\boldsymbol{x}_i$ 可以是矩阵或者张量；并非所有的模式识别问题的输出都假设为唯一的标量，例如在多标记分类中，一个样本可以对应多个不同角度的标签(例如，对一部电影可同时赋予其“动作片”“喜剧片”两个标签)。

模式识别方法可以从不同的角度进行分类。

(1) 根据建模 $f(\cdot)$过程中模式标签信息的使用情况，模式识别方法可以分为监督学习方法、半监督学习方法和无监督学习方法三类。监督学习方法要求所有模式必须有标签，并会利用全部标签信息以构造分类器；无监督学习方法完全不使用标签信息；半监督学习方法介于监督学习和无监督学习之间，允许部分模式没有标签。半监督学习方法构造分类器时，综合利用有标签模式和无标签模式的信息。

(2) 根据建模 $f(\cdot)$使用技术路线的差异，模式识别方法可以分为统计模式识别方法、结构模式识别方法、模糊模式识别方法、人工神经网络方法等类型。

6.1.2 模式识别的基本流程

模式识别任务一般分为训练和测试两个阶段，其基本流程如图 6.1 所示。训练阶段主要是基于已经获取的样本数据构造并学习出识别模型，测试阶段主要是基于已训练好的模型对未知类别的样本进行类别的预测。

针对训练阶段，典型的模式识别系统的工作流程主要包括对识别对象进行数据获取、数据预处理、特征提取与选择、分类器训练、性能评估等环节；针对测试阶段，工作流程包括数据获取、数据预处理、特征提取与选择、分类器预测、性能评估等环节。在训练环节，由于已知训练样本的真实类别标签，通常还可以将训练评估的结果反馈到分类器训练过程以进一步优化分类算法。

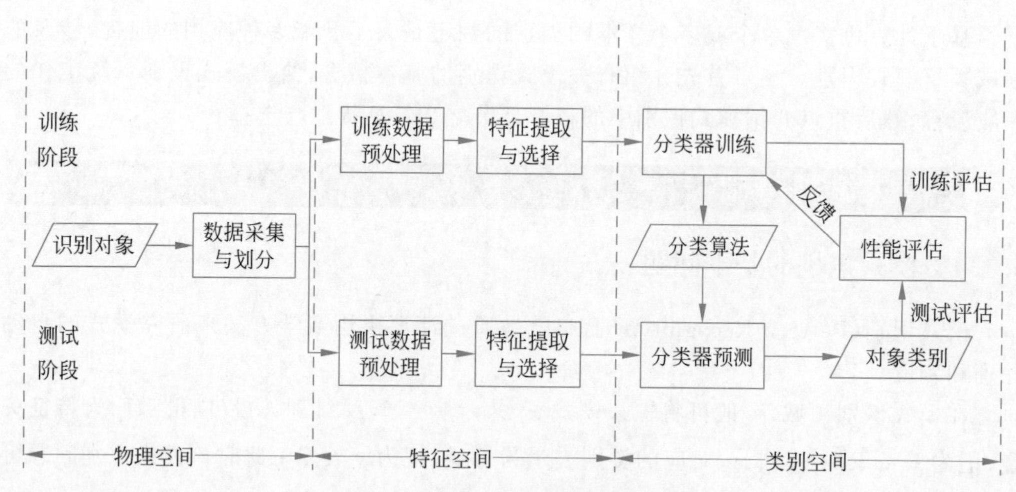

图 6.1　模式识别的基本流程

分析整个模式识别处理的流程，其蕴含了由“识别对象→识别对象特征→识别对象类别”的转换过程。从这个角度来说，模式识别实际上对应了“物理空间→特征空间→类别空间”的信息空间转换过程。

6.1.3　模式识别中的随机矢量

1. 随机矢量的分布函数

设 $\boldsymbol{X}=(X_1,X_2,\cdots,X_n)^{\mathrm{T}}$ 为随机矢量，$\boldsymbol{x}=(x_1,x_2,\cdots,x_n)^{\mathrm{T}}$ 为确定性矢量，则随机矢量 $\boldsymbol{X}$ 的联合概率分布函数可定义为

$$F(x_1,x_2,\cdots,x_n)=P(X_1\leqslant x_1,X_2\leqslant x_2,\cdots,X_n\leqslant x_n) \tag{6-2}$$

式中：$P(\cdot)$表示括号中事件同时发生的概率，写成矢量形式为

$$F(\boldsymbol{x})=P(\boldsymbol{X}\leqslant \boldsymbol{x}) \tag{6-3}$$

这里约定，一个矢量小于(或大于)另一个矢量是指它的每个分量均小于(或大于)另一个矢量的对应分量。随机矢量 $\boldsymbol{X}$ 的联合概率密度函数定义为

$$p(x_1,x_2,\cdots,x_n)\triangleq p(\boldsymbol{x})=\partial^n F(x_1,x_2,\cdots,x_n)/\partial x_1\partial x_2\cdots\partial x_n \tag{6-4}$$

设集合由 c 类模式组成，第 i 类记为 ω_i，ω_i 类模式的特征矢量有其自己的分布函数和概率密度函数。

ω_i 类的模式特征矢量的分布函数定义为

$$F(\boldsymbol{x}\mid\omega_i)\triangleq P(\boldsymbol{X}\leqslant \boldsymbol{x}\mid\omega_i) \tag{6-5}$$

ω_i 类的模式特征矢量的概率密度函数定义为

$$p(\boldsymbol{x}\mid\omega_i)\triangleq \partial^n F(x_1,x_2,\cdots,x_n\mid\omega_i)/\partial x_1\partial x_2\cdots\partial x_n \tag{6-6}$$

2. 随机矢量的统计特性

1) 均值矢量(期望矢量)

n 维随机矢量 $\boldsymbol{X}$ 的数学期望定义为

$$\boldsymbol{\mu}=E(\boldsymbol{X})\triangleq\overline{\boldsymbol{X}}=\begin{bmatrix}E[X_1]\\E[X_2]\\\vdots\\E[X_n]\end{bmatrix}\triangleq\int_{X^n}\boldsymbol{x}p(\boldsymbol{x})\mathrm{d}\boldsymbol{x}\tag{6-7}$$

其中：$\boldsymbol{\mu}$ 的第 i 维分量 μ_i 可表示为

$$\mu_i=E[X_i]=\int_{-\infty}^{\infty}x_i p(x_i)\mathrm{d}x_i\tag{6-8}$$

2）条件期望

在模式识别中经常需要计算 ω_i 类模式的特征矢量的均值矢量。在这种情况下，以类别 ω_i 作为条件，定义 ω_i 类随机矢量的条件期望矢量为

$$\boldsymbol{\mu}_{\omega_i}=E[\boldsymbol{X}\mid\omega_i]=\int_{X^n}\boldsymbol{x}p(\boldsymbol{x}\mid\omega_i)\mathrm{d}\boldsymbol{x}\tag{6-9}$$

3）协方差矩阵

随机矢量 $\boldsymbol{X}$ 的自协方差矩阵表征各分量围绕其均值的散布情况及各分量间的相关（协同变化）关系，其定义为

$$\begin{aligned}\boldsymbol{\Sigma}&=E[(\boldsymbol{X}-\overline{\boldsymbol{X}})(\boldsymbol{X}-\overline{\boldsymbol{X}})^{\mathrm{T}}]\\&=\int_{X^n}(\boldsymbol{x}-\boldsymbol{\mu})(\boldsymbol{x}-\boldsymbol{\mu})^{\mathrm{T}}p(\boldsymbol{x})\mathrm{d}\boldsymbol{x}\triangleq(\sigma_{ij}^2)_{n\times n}\end{aligned}\tag{6-10}$$

式中：σ_{ij}^2 为 $\boldsymbol{X}$ 的第 i 个分量与第 j 个分量的协方差，且有

$$\begin{aligned}\sigma_{ij}^2&=E[(X_i-\overline{X}_i)(X_j-\overline{X}_j)]\\&=\int_{-\infty}^{\infty}\int(x_i-\mu_i)(x_j-\mu_j)p(x_i,x_j)\mathrm{d}x_i\mathrm{d}x_j\end{aligned}\tag{6-11}$$

当 $i=j$ 时，σ_{ii}^2 便是 X_i 的方差。

4）自相关矩阵

随机矢量 $\boldsymbol{X}$ 的自相关矩阵定义为

$$\boldsymbol{R}=E[\boldsymbol{X}\boldsymbol{X}^{\mathrm{T}}]\tag{6-12}$$

由定义可知，$\boldsymbol{X}$ 的协方差矩阵和自相关矩阵间的关系为

$$\boldsymbol{\Sigma}=\boldsymbol{R}-\overline{\boldsymbol{X}}\overline{\boldsymbol{X}}^{\mathrm{T}}=\boldsymbol{R}-\boldsymbol{\mu}\boldsymbol{\mu}^{\mathrm{T}}\tag{6-13}$$

5）相关系数

随机变量 $\boldsymbol{X}$ 的第 i 个分量和第 j 个分量的相关系数定义为

$$r_{ij}=\frac{\sigma_{ij}^2}{\sigma_{ii}\sigma_{jj}}\tag{6-14}$$

由柯西-施瓦兹不等式可知

$$|\sigma_{ij}^2|\leqslant\sigma_{ii}\sigma_{jj}\tag{6-15}$$

则

$$-1\leqslant r_{ij}\leqslant 1\tag{6-16}$$

基于此，相关系数矩阵可定义为

$$\boldsymbol{r}=[r_{ij}]_{n\times n}\tag{6-17}$$

6）协方差矩阵的非负性

显然，协方差矩阵和自相关矩阵都是对称矩阵。

设 $\boldsymbol{A}$ 为对称矩阵，对任意的矢量 $\boldsymbol{x}$，$\boldsymbol{x}^{\mathrm{T}}\boldsymbol{A}\boldsymbol{x}$ 是 $\boldsymbol{A}$ 的二次型，若对任意的 $\boldsymbol{x}$，恒有

$$\boldsymbol{x}^{\mathrm{T}}\boldsymbol{A}\boldsymbol{x} \geqslant 0 \tag{6-18}$$

则称 $\boldsymbol{A}$ 是非负定矩阵。若对任意的 $\boldsymbol{x}$，恒有

$$\boldsymbol{x}^{\mathrm{T}}\boldsymbol{A}\boldsymbol{x} > 0 \tag{6-19}$$

则称 $\boldsymbol{A}$ 是正定矩阵。对于正定矩阵，其各阶主子式非零（包括 $|\boldsymbol{A}| \neq 0$）。

协方差矩阵 $\boldsymbol{\Sigma}$ 是非负定的，即 $\forall\, \boldsymbol{x} \rightarrow \boldsymbol{x}^{\mathrm{T}}\boldsymbol{\Sigma}\boldsymbol{x} \geqslant 0$。

3. 随机变量、随机矢量间的统计关系

1）不相关

对于随机矢量 $\boldsymbol{X}$ 的第 i 个分量 X_i 和第 j 个分量 X_j，若有

$$\sigma_{ij}^2 = E[(X_i - \overline{X}_i)(X_j - \overline{X}_j)] = 0, \quad i \neq j \tag{6-20}$$

则称它们不相关。X_i 和 X_j 不相关，等价于

$$E(X_i X_j) = E[X_i]E[X_j] \tag{6-21}$$

随机矢量 $\boldsymbol{X}$ 和 $\boldsymbol{Y}$ 不相关的充要条件是互协方差矩阵 $\mathrm{cov}(\boldsymbol{X},\boldsymbol{Y})$ 满足

$$\mathrm{cov}(\boldsymbol{X},\boldsymbol{Y}) = E\,[(\boldsymbol{X} - \bar{\boldsymbol{X}})(\boldsymbol{Y} - \bar{\boldsymbol{Y}})^{\mathrm{T}}] = 0 \tag{6-22}$$

即

$$E[\boldsymbol{X}\boldsymbol{Y}^{\mathrm{T}}] = E\,[\boldsymbol{X}]\,E\,[\boldsymbol{Y}^{\mathrm{T}}] \tag{6-23}$$

2）正交

如果随机矢量 $\boldsymbol{X}$ 和 $\boldsymbol{Y}$ 满足

$$E\,[\boldsymbol{X}^{\mathrm{T}}\boldsymbol{Y}] = 0 \tag{6-24}$$

则称随机矢量 $\boldsymbol{X}$ 和 $\boldsymbol{Y}$ 正交。

3）独立

如果随机矢量 $\boldsymbol{X}$ 和 $\boldsymbol{Y}$ 的联合概率密度函数 $p(\boldsymbol{x},\boldsymbol{y})$ 满足

$$p(\boldsymbol{x},\boldsymbol{y}) = p(\boldsymbol{x})p(\boldsymbol{y}) \tag{6-25}$$

则称随机矢量 $\boldsymbol{X}$ 和 $\boldsymbol{Y}$ 独立。

独立与不相关是容易相互混淆的概念。事实上，独立性是比不相关性更强的条件。独立必不相关，反之不然。

例 6.1 随机变量的相关性与独立性。

设随机变量 $X \in [-1,1]$，随机变量 $Y = X^2$。试问 X 与 Y 之间是否相关？是否独立？

解：X 与 Y 之间的函数关系如图 6.2 所示。

由于 X 相对于 x 轴对称，则有

$$\mathrm{cov}(X,Y) = E\left[(X - \mu_X)(Y - \mu_Y)\right] = 0$$

于是 X 与 Y 之间不相关。

但由于 $Y = X^2$，可知 Y 值完全由 X 值决定。显然，X 与 Y 之间不独立。

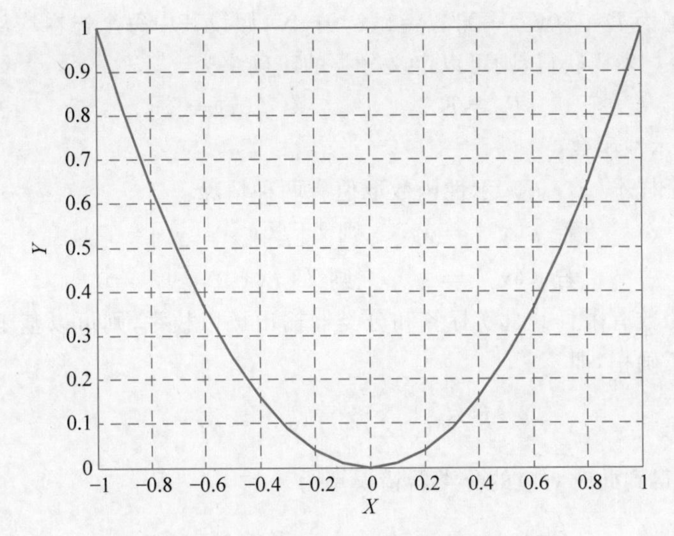

图 6.2 随机变量 X 与 Y 之间的函数关系

4. 随机矢量的变换

设随机矢量 $\boldsymbol{Y}$ 是另一随机矢量 $\boldsymbol{X}$ 的函数，即

$$\boldsymbol{Y}=\begin{bmatrix}Y_1\\Y_2\\\vdots\\Y_n\end{bmatrix}=\begin{bmatrix}a_{11}X_1+a_{12}X_2+\cdots+a_{1n}X_n\\a_{21}X_1+a_{22}X_2+\cdots+a_{2n}X_n\\\vdots\\a_{n1}X_1+a_{n2}X_2+\cdots+a_{nn}X_n\end{bmatrix}=\begin{bmatrix}a_{11}a_{12}\cdots a_{1n}\\a_{21}a_{22}\cdots a_{2n}\\\vdots\\a_{n1}a_{n2}\cdots a_{nn}\end{bmatrix}\begin{bmatrix}X_1\\X_2\\\vdots\\X_n\end{bmatrix}$$

$$=\boldsymbol{A}\cdot\boldsymbol{X} \tag{6-26}$$

则 $\boldsymbol{Y}$ 的概率密度函数与 $\boldsymbol{X}$ 的概率密度函数的关系为

$$p(\boldsymbol{Y})=p(\boldsymbol{X})/\|\boldsymbol{A}\| \tag{6-27}$$

式中：$\|\boldsymbol{A}\|$ 为行列式 $|\boldsymbol{A}|$ 取绝对值。

$\boldsymbol{Y}$ 的均值矢量与 $\boldsymbol{X}$ 的均值矢量的关系为

$$\boldsymbol{\mu}_y=E[\boldsymbol{Y}]=\boldsymbol{A}E[\boldsymbol{X}]=\boldsymbol{A}\boldsymbol{\mu}_x \tag{6-28}$$

式中：$\boldsymbol{\mu}_y$ 和 $\boldsymbol{\mu}_x$ 分别为随机变量 $\boldsymbol{Y}$ 与 $\boldsymbol{X}$ 的均值。

$\boldsymbol{Y}$ 的自协方差矩阵与 $\boldsymbol{X}$ 的自协方差矩阵之间的关系为

$$\begin{aligned}\boldsymbol{\Sigma}_y&=E[(\boldsymbol{Y}-\boldsymbol{\mu}_y)(\boldsymbol{Y}-\boldsymbol{\mu}_y)^{\mathrm{T}}]\\&=\boldsymbol{A}E[(\boldsymbol{X}-\boldsymbol{\mu}_x)(\boldsymbol{X}-\boldsymbol{\mu}_x)^{\mathrm{T}}]\boldsymbol{A}^{\mathrm{T}}=\boldsymbol{A}\boldsymbol{\Sigma}_x\boldsymbol{A}^{\mathrm{T}}\end{aligned} \tag{6-29}$$

式中：$\boldsymbol{\Sigma}_y$、$\boldsymbol{\Sigma}_x$ 分别为随机变量 $\boldsymbol{Y}$、$\boldsymbol{X}$ 的自协方差矩阵。

6.1.4 模式识别方法的性能评估

1. 分类正确率与错误率

根据式(6-1)，模式识别实际上求解的是模式 $\boldsymbol{x}_i$ 与其对应类别标签 y_i 的映射关系，因此可以通过考查映射 $f(\cdot)$ 的准确性对模式识别方法的性能进行评估。

将样本集记为 $D=\{(\boldsymbol{x}_i,y_i)\}, i=1,2,\cdots,N$，假设其中每个样本均从同一个联合分布 $p(\boldsymbol{x},y)$ 中独立采样获得，则可以定义分类的正确率为

$$P_{\mathrm{c}}=E_{(\boldsymbol{x},y)\sim p(\boldsymbol{x},y)}\chi[f(\boldsymbol{x})=y] \tag{6-30}$$

式中：$\chi[\cdot]$ 为示性函数。

对于某一个样本 $(\boldsymbol{x}_i,y_i)$，示性函数取值有两种情况：

$$\text{若 } f(\boldsymbol{x}_i)=y_i, \quad \text{则 } \chi[f(\boldsymbol{x}_i)=y_i]=1 \tag{6-31}$$

$$\text{若 } f(\boldsymbol{x}_i)\neq y_i, \quad \text{则 } \chi[f(\boldsymbol{x}_i)=y_i]=0 \tag{6-32}$$

如果样本个数有限且其真实标签和分类器输出可以枚举，则可以基于样本数据得到近似的分类器正确率，即

$$\hat{P}_{\mathrm{c}}=\frac{1}{N}\sum_{i=1}^{N}\chi[f(\boldsymbol{x}_i)=y_i] \tag{6-33}$$

同理，可以得到此时对应的分类器错误率为

$$\hat{P}_{\mathrm{e}}=1-\hat{P}_{\mathrm{c}}=1-\frac{1}{N}\sum_{i=1}^{N}\chi[f(\boldsymbol{x}_i)=y_i] \tag{6-34}$$

在实际的模式识别应用中，一般需要将样本集分解为训练集 D_{train} 和测试集 D_{test}。训练阶段分类器对于训练样本的分类错误率称为训练误差，测试阶段分类器对于测试样本的分类错误率称为测试误差。一般来说，训练误差对于指导分类器的训练过程具有重要意义；测试误差也称为泛化误差，其表征了该分类器预测新样本数据时产生的误差，能够反映分类器泛化能力的大小。

2. 二分类问题中的精度(或查准率)、召回率(或查全率)、F_1 分数、P-R 曲线和 ROC 曲线

上述的分类正确率与错误率简单通用，但是在某些场合难以满足对分类器性能多样化的评估需求。例如，针对坦克和装甲车两类分类问题，分类正确率能反映测试集中有多少比例的样本被正确分类，但是并不能回答诸如下面的问题：

(1) 预测为坦克的样本中有多少个是真正的坦克(查准率或精度)；

(2) 真正的坦克中有多少个被正确预测出来(查全率或召回率)。

为了满足上述的评估需求，可以根据样本真实类别和分类器预测输出的类别将样本分类情况分为四种，如表 6.1 所示。

表 6.1　坦克装甲车分类情况

真实标签	预测标签	
	1(坦克)	**0(装甲车)**
1(坦克)	真正(True Positive，TP)类	假负(False Negative，FN)类
0(装甲车)	假正(False Positive，FP)类	真负(True Negative，TN)类

注："真正类"表示实际标签和预测标签均为正类(标签值为 1)的情况；"真负类"表示实际标签和预测标签均为负类(标签值为 0)的情况；"假负类"表示真实标签为正类，预测标签为负类的情况；"假正类"表示真实标签为负类，预测标签为正类的情况。

为便于理解，上述四种名称中第二个字"正"或"负"表示的是预测输出为正类或负

类,第一个字“真”或“假”表达的是实际类别与预测结果的吻合情况,“真”描述的是实际类别与预测输出类别一致,“假”描述的是实际类别与预测类别不一致。

1）查准率与查全率

在上述描述基础上,全体样本 $N=\mathrm{TP}+\mathrm{FP}+\mathrm{TN}+\mathrm{FN}$,正类样本数为 $\mathrm{TP}+\mathrm{FN}$,负类样本数为 $\mathrm{TN}+\mathrm{FP}$,由此可具体定义精度(或查准率,P)和召回率(或查全率,R)如下：

$$P=\frac{\mathrm{TP}}{\mathrm{TP}+\mathrm{FP}} \tag{6-35}$$

$$R=\frac{\mathrm{TP}}{\mathrm{TP}+\mathrm{FN}} \tag{6-36}$$

式中：P 和 R 均是对部分样本的统计量,P 侧重对分类器预测输出为正类的数据的统计,R 侧重对真正类样本的统计。

2）F_1 分数

通过 P 和 R 的定义式可以发现,二者之间既矛盾又统一：若想获得较高的 P 值,分类器倾向于关注“更有把握”的正样本,放弃把握性不大的正样本；在此情况下,分类器可能漏掉很多“没有把握”的正样本,导致 R 值降低,反之亦然。

由此,可综合 P 和 R 两个指标来构建如下的 F_1-score(**F_1 分数**,简称为 F_1)指标：

$$F_1=\frac{2\times P\times R}{P+R} \tag{6-37}$$

上式可视为对查准率和查全率的调和平均,其取值越高,一般分类器的性能越好。

实际上,比 F_1 分数指标更一般的指标是 F_β 分数,定义如下：

$$F_\beta=\frac{(1+\beta^2)\times P\times R}{\beta^2\times P+R} \tag{6-38}$$

式中：如果 $\beta=1$,则 F_β 分数是标准的 F_1 分数；如果 $\beta>1$,则偏重于查全率(典型应用如逃犯信息检索)；如果 $\beta<1$,则偏重于查准率(典型应用如商品推荐系统)。

3）P-R 曲线

除了 F_1 分数,也可以用 P-R 曲线(查准率-查全率曲线)来刻画统筹考虑查准率与查全率的指标。根据学习器的预测结果按正例可能性大小对样例进行排序,并逐个把样本作为正例进行预测,则可以得到 P-R 曲线,如图 6.3 所示。

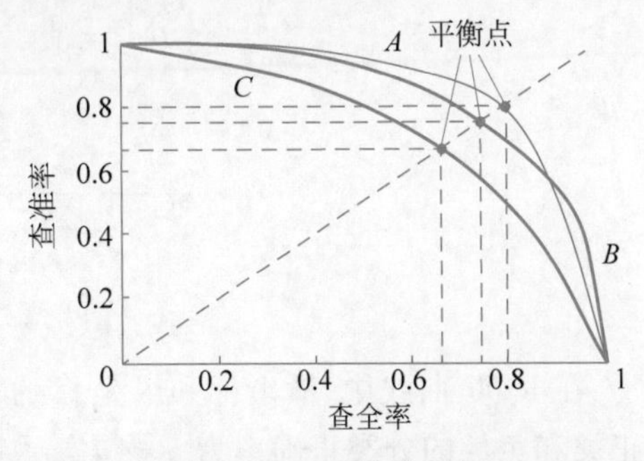

图 6.3 P-R 曲线示例

图 6.3 中,平衡点是曲线上“查准率＝查全率”时的取值,可用于度量 P-R 曲线有交叉的分类器性能高低。显然,图 6.3 中 A 线代表的分类器性能优于 B 线和 C 线。

4）ROC 曲线

很多分类器模型都含有参数,因此可对式(6-1)进行改写来进行描述

$$\boldsymbol{x}_i\rightarrow y_i=f(\boldsymbol{x}_i;\boldsymbol{\theta}) \tag{6-39}$$

式中：$\boldsymbol{\theta}$ 代表模型参数,其为标量或者矢量,在一定的范围内取值。一般而言,$\boldsymbol{\theta}$ 取不同值

时分类器的分类性能不尽相同,因此仅仅依赖上述定义的 P、R 和 F_1 分数很难系统地对该分类器的性能进行评估。

受试者工作特征(Receiver Operating Characteristic,ROC)**曲线**最早源自军事领域,用于描述雷达侦测目标的性能,随后被广泛应用于医学领域。该曲线以假正类率(False Positive Rate,FPR)为横坐标,以真正类率(True Positive Rate,TPR)为纵坐标,FPR 与 TPR 的定义如下:

$$\mathrm{FPR}=\frac{\mathrm{FP}}{\mathrm{TN}+\mathrm{FP}} \tag{6-40}$$

$$\mathrm{TPR}=\frac{\mathrm{TP}}{\mathrm{TP}+\mathrm{FN}} \tag{6-41}$$

容易知道,FPR 表达的是实际负类样本中假正类(预测为正而实际为负类)样本所占的比例;TPR 表达的是实际正类样本中真正类(预测与实际均为正类)所占的比例,真正类率与 R 相等。

典型的 ROC 曲线如图 6.4 所示,曲线上的每个点对应分类器模型 $f(\boldsymbol{x}_i;\boldsymbol{\theta})$ 中参数 $\boldsymbol{\theta}$ 一种取值情况下的假正类率和真正类率,变换参数取值则可得到 ROC 曲线。由此可以看出,ROC 可以在考虑参数变化因素的条件下更为全面系统地对分类器性能进行评估。

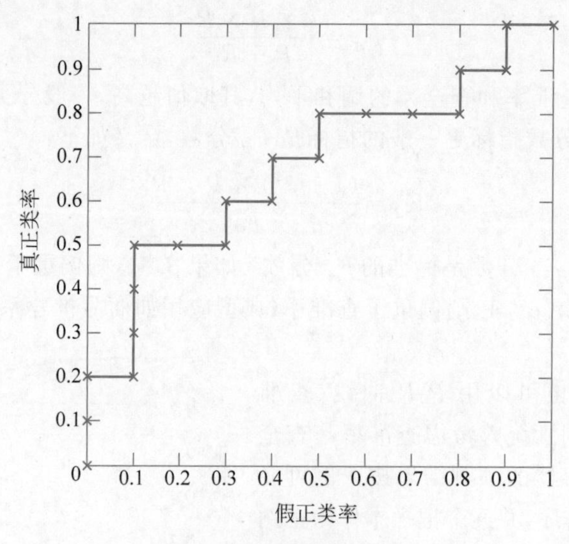

图 6.4　ROC 曲线示例

在 ROC 曲线中,横坐标和纵坐标的取值范围均为 [0,1]。一个随机猜想的分类器(正类和负类的分类正确率为 50%)实际对应连接(0,0)到(1,1)的对角线线段。鉴于通常所做的模式分类器性能应优于随机猜想分类器的假设,一般的模式分类器的 ROC 曲线均在对角线的上侧。

为了更好地基于 ROC 曲线对分类器性能进行评估,典型的方法是计算 ROC 曲线下的面积(Area Under Curve,AUC)。显然,AUC 的取值一般在[0,1]。将横坐标记为 x,纵坐标记为 y,ROC、AUC 与分类器性能如表 6.2 所示。

表 6.2 ROC、AUC 与分类器性能

AUC 取值	ROC 曲线位置	分类器类型	分类器特点
AUC=1	$y=1$	理想分类器	能得出100%正确预测
0.5<AUC<1	$y>x$ 且 $y<1$	一般分类器	能得出50%～100%正确预测
AUC=0.5	$y=x$	随机猜测	分类正确率接近50%，没有预测价值
AUC<0.5	$y<x$	较差的分类器	分类正确率小于50%，可作为反向预测使用

3. 多分类问题中的混淆矩阵和 Kappa 系数

查准率、查全率、F_1 分数、ROC 曲线和 AUC 主要是针对二分类器的性能评估提出的，不能直接用于评估多分类器。

对多分类器进行性能评估主要有两种策略：一是将多分类问题转化为若干二分类问题进行讨论；二是直接定义合适的多分类指标。前者计算起来相对复杂，尤其是当类别数较大时计算量较大。这里主要介绍混淆矩阵和 Kappa 系数两种多分类器的性能评估方法。

1）混淆矩阵

混淆矩阵是基于表 6.1 所示矩阵的多类扩展，假设样本类别个数为 C，样本的总数为 N，混淆矩阵 $\boldsymbol{M}$ 的尺寸为 $C\times C$，矩阵中的元素 M_{ij} 表示真实类别为 i 但分类器预测输出为 j 的样本数量。假设坦克、装甲车、卡车三类分类情况如表 6.3 所示，则对应的混淆矩阵为

$$\boldsymbol{M}=\begin{bmatrix} M_{11} & M_{12} & M_{13} \\ M_{21} & M_{22} & M_{23} \\ M_{31} & M_{32} & M_{33} \end{bmatrix} \tag{6-42}$$

容易知道，性能优良的多分类器对应的混淆矩阵的对角线元素应该尽可能大，但非对角线上的元素取值应尽可能小。

表 6.3 坦克/装甲车/卡车分类情况

真实标签	预测标签		
	坦克 ω_1	装甲车 ω_2	卡车 ω_3
坦克 ω_1	M_{11}	M_{12}	M_{13}
装甲车 ω_2	M_{21}	M_{22}	M_{23}
卡车 ω_3	M_{31}	M_{32}	M_{33}

2）Kappa 系数

Kappa 系数是在混淆矩阵基础上构建的分类评价指标，其基本计算公式如下：

$$\text{Kappa}=\frac{p_o-p_e}{1-p_e} \tag{6-43}$$

式中：p_o 为总体分类精度，即所有样本中被正确分类的样本比例；p_e 为每一类真实样本个数与预测为该类样本个数乘积的和，再除以样本个数的平方。

以上述定义的混淆矩阵为例，每一类样本的实际个数分别记为 N_1、N_2、N_3，则有 $N_i=M_{i1}+M_{i2}+M_{i3}$，$i=1,2,3$；分类器预测输出中被判为 ω_i 类的样本个数 $L_i=M_{1i}+M_{2i}+M_{3i}$，$i=1,2,3$。此时，有

$$p_o=\frac{M_{11}+M_{22}+M_{33}}{N} \tag{6-44}$$

$$p_e=\frac{N_1L_1+N_2L_2+N_3L_3}{N^2} \tag{6-45}$$

可以发现，该指标考虑了模型偶然预测准确某一个类别的可能性，可以一定程度上防止模型数据集类别不均衡导致的评估偏差，它是一种更加鲁棒、有效的度量方式。

6.1.5 模式识别中的基本原则

实践经验和理论研究表明，不能脱离应用与问题简单地讲一种学习算法或识别算法比其他的某些算法更好。讨论一种算法的优劣应在一定的背景下进行，背景就是针对某一类具体的应用问题在一些性能技术指标下进行比较，不存在任何一种与对象知识或运用无关的更好的学习算法或识别算法。

任何一种算法的优劣都不是绝对的，它们只是相对一些应用或问题表现得更好，但对另一些应用或问题可能表现较差。某种算法对某个特定问题比另一种算法更好，也仅仅是因为它与问题匹配，更适合这一特定的模式识别任务。

在模式识别的理论中存在与物理学类似的"守恒定律"，如果想在一些方面上得到性能提高，就不可避免地在另外一些方面付出性能代价。广义地讲，得到(正的)和付出(负的)达到某种意义上的平衡(零和)。"**没有免费午餐定理**"阐述了这一基本规律，某一种学习或识别算法比另一种分类性能更好总是相对某个相关的目标函数而言的，它们的识别错误率对所有可能的目标函数的求和结果却是相等的。所有可能的目标函数意味着所有可能的应用。"没有免费午餐定理"表明，在没有"假设"前提下，不能泛泛地说哪种算法是优越的，没有理由偏爱某一学习或分类算法而轻视另一种，这些假设就是前面谈到的应用背景和性能指标。"没有免费午餐定理"告诉我们，掌握更多的不同种类的技术是实践者面对任意新的分类问题时仍能保持从容不迫态度的最佳保证。

类似地，上述关于算法的观点对于特征的优劣也是成立的。"**丑小鸭定理**"是指世界上不存在分类的客观标准，一切分类的标准都是主观的。"丑小鸭定理"表明，在没有"假设"的前提下，不存在"优越"或"更好"的特征表达，不存在与问题无关的优越或更好的特征集合或属性集合。一种算法优良性总是因为选用的判决规则、学习算法、所使用的训练样本集以及训练时的精度(或何时停止)与实际要解决的问题相匹配。因此，设计优良的分类器，必须深入了解问题，尽可能多地利用对象的各种知识，掌握和试探较多的分类识别方法，所有的目的都是使方法和问题匹配。

设计优良的分类器应该遵循"**最小描述原理**"，即使模型的算法复杂度与和该模型相适应的训练数据的描述长度之和最小。算法复杂度的度量应独立于程序语言种类，这样能可靠地进行复杂度比较，可提供数据的内在的固有的信息量。也就是说，模型的复杂

度应尽量和训练数据的多少相匹配。

6.2 特征提取与选择概述

特征提取与选择是模式识别系统在数据采集和预处理后的第一个重要环节，其基本任务是从表示原始模式的多维度的特征数据中求出对分类识别最有效的特征或特征集合，实现特征空间维数的压缩以及模式的紧致表示。这里的有效，指的是经过特征提取与选择处理得到的特征能够更好地反映各类的类内特性和类间差异。

特征提取与选择完成的实际上是模式的降维，其可以描述为：给定 N 个 D 维模式，组成模式集 $X=\{\boldsymbol{x}_1,\boldsymbol{x}_2,\cdots,\boldsymbol{x}_N\}\in\mathbb{R}^{D\times N}$，求映射 $\boldsymbol{x}_i\in\mathbb{R}^D\xrightarrow{P}\tilde{\boldsymbol{x}}_i\in\mathbb{R}^d$，$d<D$，$i=1,2,\cdots,N$；或者直接给出 $\widetilde{X}=\{\tilde{\boldsymbol{x}}_1,\tilde{\boldsymbol{x}}_2,\cdots,\tilde{\boldsymbol{x}}_N\}\in\mathbb{R}^{d\times N}$，则称 $\widetilde{X}$ 是对 X 的降维。上述描述中，降维的方式可能是显式的，即存在映射函数 $P(\cdot)$ 由 X 求得 $\widetilde{X}$，也有可能是隐式的，即不存在显示的映射函数，但是可以通过某种方式获得低维的表示 $\widetilde{X}$。

特征提取与选择主要针对原始模式数据特征维度较高的场景展开，其必要性主要体现在两方面。

一是减少模式识别系统存储和处理模式数据的数据量，提升模式识别系统的推广(泛化)能力。图6.5给出了一个典型模式识别系统分类正确率与特征维数的关系曲线。通过观察可以发现，随着特征维数的增加，分类正确率呈现先上升再下降的趋势。事实上，对于绝大多数模式识别问题，更高的维数并不一定会带来更高的识别准确度。

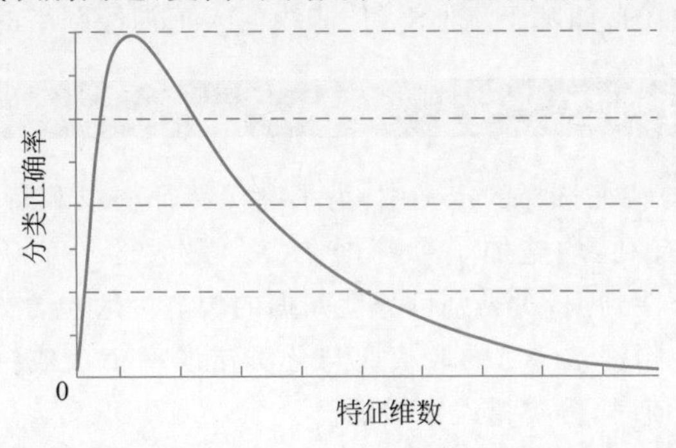

图6.5 典型模式识别系统分类正确率与特征维数的变化曲线

二是应对“维数灾难”。“维数灾难”可描述为当模式的维数增加时样本分布空间的体积急速膨胀以致样本分布变得越来越稀疏，为了获得统计上最优的分类器性能，分类器此时训练所需的样本数量应相对于维数呈指数增长。假设对手机照片进行分类，该手机照片的尺寸为4000×3000，这意味着模式的维数高达1200万，为获得较高的分类正确率需要1200万的指数倍数量的样本，这对于绝大多数实际应用场景来说是很难承受的。

根据手段的不同，模式降维可分为特征选择(feature selection)和特征提取(feature extraction)两大类技术。

为便于描述，这里将 N 个 D 维样本写为矩阵形式：

$$X=[x_1,x_2,\cdots,x_N]\triangleq\begin{bmatrix}f_1\\f_2\\\vdots\\f_D\end{bmatrix}\in\mathbb{R}^{D\times N} \tag{6-46}$$

式中：$x_i=[x_{i1},x_{i2},\cdots,x_{iD}]^{\mathrm{T}}$ 为第 i 个样本($i=1,2,\cdots,N$)，$f_r=[f_{r1},f_{r2},\cdots,f_{rN}]$ 为所有样本第 r 个特征组成的向量($r=1,2,\cdots,D$)。

特征选择是指从特征集 $F=\{f_1,f_2,\cdots,f_D\}$ 中选择最优的特征子集 $F'=\{f'_1,f'_2,\cdots,f'_d\}$，使得某个特征评价准则 $J(F')$($J(\cdot)$ 也称类别可分性判据，将在 6.3 节介绍)最优，其中 d 为选择后的特征个数，且 $d<D$。

特征提取是指在使判据 $J(\cdot)$ 取最大的目标下，对原始特征集进行数学变换后实现特征降维。典型地，假设采用线性变换矩阵对模式矩阵 X 进行特征提取，其一般形式可描述为

$$\widetilde{X}_{d\times N}=P^{\mathrm{T}}X_{D\times N} \tag{6-47}$$

式中：$P\in\mathbb{R}^{D\times d}$，称为变换矩阵。

此时也可将特征提取后得到的特征集合表示为 $F'=\{f'_1,f'_2,\cdots,f'_d\}$，其中 f'_i 为 $\widetilde{X}_{d\times N}$ 中第 i 行元素构成的向量。

特征选择无需进行坐标变换，而是直接挑选原坐标空间的子空间即可。而特征提取相当于对原维空间进行坐标变换，再取变换后子空间的过程。这里需要指出，还有很多特征提取方法是非线性的，如基于流形学习、非线性人工神经网络的特征提取方法等。

6.3 类别可分性判据

在上述特征提取与特征选择的定义中，为了确保特征提取和特征选择后获得的模式特征集合对于分类更有利，均施加了令判据 $J(F')$ 最大的约束条件。在实际应用时，$J(\cdot)$ 又称为类别可分性判据，对类别可分性判据的构造一般包含如下要求。

(1) 单调性要求：判据 $J(\cdot)$ 的取值应与分类错误率 P_{e}(或错误率的界)有单调关系，当 $J(\cdot)$ 达到最大值时，分类错误率最低。

(2) 可加性要求：令 $J_{ij}(\cdot)$ 为 ω_i 和 ω_j 两类间的可分性判据函数，当特征独立时，判据具有可加性，即

$$J_{ij}(f_1,f_2,\cdots,f_d)=\sum_{l=1}^{d}J_{ij}(f_l) \tag{6-48}$$

(3) 判据具有类似"距离"的某些特性，包括：非负性，即当 $i\neq j$ 时，$J_{ij}(\cdot)>0$，当 $i=j$ 时，$J_{ij}(\cdot)=0$；对称性，即 $J_{ij}(\cdot)=J_{ji}(\cdot)$。

(4) 对特征数量变化的单调性要求：加入新的特征分量不会使判据值降低，即

$$J_{ij}(f_1,f_2,\cdots,f_d)\leqslant J_{ij}(f_1,f_2,\cdots,f_d,f_{d+1}) \tag{6-49}$$

当实际使用特征提取与特征选择方法时，并不一定需要全部满足上述四方面的要求。实际应用较多的类别可分性判据主要包含基于几何距离的、基于概率分布的和基于

后验概率的可分性判据。

6.3.1 基于几何距离的可分性判据

在很多模式识别问题中通常假设不同类的模式分布于特征空间的不同位置，且要求各类的类域不重叠或者仅有少量重叠，这为从几何上构造类别可分性判据提供了条件。假设包含 c 类样本，即 $\omega_1,\omega_2,\cdots,\omega_c$，其中第 l 类包含 N_l 个样本，记作 $\omega_l=\{\boldsymbol{x}_k^l,k=1,2,\cdots,N_l\}$，则类内几何距离、类间几何距离，以及类内、类间、总的离差矩阵按表 6.4～表 6.6 的方式进行计算。

表 6.4 类内几何距离描述及公式

名 称	描 述	公 式
类内均值矢量	第 l 类样本的均值矢量	$\boldsymbol{m}^l=\frac{1}{N_l}\sum_{k=1}^{N_l}\boldsymbol{x}_k^l$ 式中：N_l 为 ω_l 类样本的数量
类内模式距离	类内任意两个样本 $\boldsymbol{x}_i^l$、$\boldsymbol{x}_j^l$ 间的距离	$d(\boldsymbol{x}_i^l,\boldsymbol{x}_j^l)=[(\boldsymbol{x}_i^l-\boldsymbol{x}_j^l)^{\mathrm{T}}(\boldsymbol{x}_i^l-\boldsymbol{x}_j^l)]^{\frac{1}{2}}=\left[\sum_{a=1}^{D}(x_{ia}^l-x_{ja}^l)^2\right]^{\frac{1}{2}}$ 式中：x_{ia}^l 和 x_{ja}^l 为样本 $\boldsymbol{x}_i^l$，$\boldsymbol{x}_j^l$ 中的第 a 个分量
	类内均方欧几里得距离（类内任意样本 $\boldsymbol{x}_k^l$ 到类内均矢 $\boldsymbol{m}^l$ 之间距离平方的均值）	$\bar{d}^2(\omega_l)=\frac{1}{N_l}\sum_{k=1}^{N_l}(\boldsymbol{x}_k^l-\boldsymbol{m}^l)^{\mathrm{T}}(\boldsymbol{x}_k^l-\boldsymbol{m}^l)$

表 6.5 类间几何距离描述及公式

名 称	描 述	公 式
单一模式到类的距离	模式 $\boldsymbol{x}$ 到类 $\omega_l=\{\boldsymbol{x}_k^l,k=1,2,\cdots,N_l\}$ 间的距离	$d(\boldsymbol{x},\boldsymbol{w}_l)=\frac{1}{N_l}\sum_{k=1}^{N_l}d(\boldsymbol{x},\boldsymbol{x}_k^l)$
总体的均值矢量	全部类别 $\omega_1,\omega_2,\cdots,\omega_c$ 模式的均值矢量	$\boldsymbol{m}=\sum_{l=1}^{c}P_l\boldsymbol{m}^l=\sum_{l=1}^{c}\frac{N_l}{N_1+N_2+\cdots+N_c}\boldsymbol{m}^l$
两类间的距离	类 ω_l 中的模式 $\boldsymbol{x}_i^l$ 与类 ω_g 中的模式 $\boldsymbol{x}_j^g$ 的距离	$d(\boldsymbol{x}_i^l,\boldsymbol{x}_j^g)=\left[\sum_{a=1}^{D}(x_{ia}^l-x_{ja}^l)^2\right]^{\frac{1}{2}}$
	类 ω_l 与类 ω_g 间的距离	$d(\omega_l,\omega_g)=\frac{1}{N_lN_g}\sum_{i=1}^{N_l}\sum_{j=1}^{N_g}d(\boldsymbol{x}_i^l,\boldsymbol{x}_j^g)$
多类间距离	各类模式间总的样本平均距离	$\bar{d}^2(\boldsymbol{x})=\frac{1}{2}\sum_{l=1}^{c}P_l\sum_{g=1}^{c}P_g\frac{1}{N_lN_g}\sum_{i=1}^{N_l}\sum_{j=1}^{N_g}d(\boldsymbol{x}_i^l,\boldsymbol{x}_j^g)^2$ 式中：P_l 与 P_g 为 ω_l 和 ω_g 类样本出现的先验概率，在统计意义上可以认为 $P_l=\frac{N_l}{N}$，$P_g=\frac{N_g}{N}$

表 6.6　类内、类间、总的离差矩阵

类内离差矩阵	$\omega_l = \{\boldsymbol{x}_k^l, k = 1,2,\cdots, N_l\}$ 类的类内离差矩阵	$\boldsymbol{S}_{\omega_l} = \frac{1}{N_l}\sum_{k=1}^{N_l}(\boldsymbol{x}_k^l - \boldsymbol{m}^l)(\boldsymbol{x}_k^l - \boldsymbol{m}^l)^{\mathrm{T}}$
	总的类内离差矩阵	$\boldsymbol{S}_{\mathrm{w}} = \sum_{l=1}^{c} P_l \boldsymbol{S}_{\omega_l} = \sum_{l=1}^{c} P_l \frac{1}{N_l}\sum_{k=1}^{N_l}(\boldsymbol{x}_k^l - \boldsymbol{m}^l)(\boldsymbol{x}_k^l - \boldsymbol{m}^l)^{\mathrm{T}}$ 其中：P_l 为 ω_l 类样本出现的先验概率，在统计意义上可以认为 $P_l = \frac{N_l}{N}$
类间离差矩阵	全部类别 $\omega_1, \omega_2, \cdots, \omega_c$ 间的类间离差矩阵	$\boldsymbol{S}_{\mathrm{B}} = \sum_{l=1}^{c} P_l (\boldsymbol{m}^l - \boldsymbol{m})(\boldsymbol{m}^l - \boldsymbol{m})^{\mathrm{T}}$
总的离差矩阵	全部类别 $\omega_1, \omega_2, \cdots, \omega_c$ 中总的离差矩阵	$\boldsymbol{S}_{\mathrm{T}} = \frac{1}{N}\sum_{i=1}^{N}(\boldsymbol{x}_i - \boldsymbol{m})(\boldsymbol{x}_i - \boldsymbol{m})^{\mathrm{T}}, N = N_1 + N_2 + \cdots + N_c$。 容易发现，$\boldsymbol{S}_{\mathrm{T}} = \boldsymbol{S}_{\mathrm{w}} + \boldsymbol{S}_{\mathrm{B}}$

通过表中的式子可以发现，类内离差、类间离差和总的离差矩阵的计算与协方差矩阵的定义类似，它们均为对称矩阵，其矩阵中的对角线上元素含有某一维度特征的方差、均方距离等对模式分布规律描述有益的概念。总体上说，类内离差矩阵反映同一类样本中样本偏离样本均值中心的情况，类间离差矩阵反映不同类均值中心与总体均值中心的情况，总的离差矩阵反映所有样本偏离总体均值中心的情况。鉴于正交变换不改变矩阵的迹和行列式的性质，因此可使用 $\boldsymbol{S}_{\mathrm{T}}$、$\boldsymbol{S}_{\mathrm{w}}$、$\boldsymbol{S}_{\mathrm{B}}$ 的迹或行列式来构造可分性判据。比较常见的基于离差矩阵的可分性判据如下：

$$J_1 = \mathrm{tr}(\boldsymbol{S}_{\mathrm{w}}^{-1}\boldsymbol{S}_{\mathrm{B}}) \tag{6-50}$$

$$J_2 = \frac{\mathrm{tr}(\boldsymbol{S}_{\mathrm{B}})}{\mathrm{tr}(\boldsymbol{S}_{\mathrm{w}})} \tag{6-51}$$

$$J_3 = \mathrm{tr}(\boldsymbol{S}_{\mathrm{w}}^{-1}\boldsymbol{S}_{\mathrm{T}}) \tag{6-52}$$

$$J_4 = \frac{|\boldsymbol{S}_{\mathrm{w}} + \boldsymbol{S}_{\mathrm{B}}|}{|\boldsymbol{S}_{\mathrm{w}}|} = |\boldsymbol{S}_{\mathrm{w}}^{-1}\boldsymbol{S}_{\mathrm{T}}| \tag{6-53}$$

式中：tr(·)和|·|分别表示计算矩阵的迹和行列式的算子。

6.3.2　基于概率分布的可分性判据

基于几何距离的类别可分性判据主要是从模式之间、模式与类之间的距离来衡量特征的可分性，没有过多考虑各类类域的分布情况。实际上，模式所处类域的概率分布与分类器的性能紧密相关，下面考虑基于概率分布来构造在不同特征上的可分性判据。

如图 6.6 所示，假设两个类别的一维概率密度函数分别为 $p(x|\omega_1)$ 和 $p(x|\omega_2)$，可通过考查两个概率密度函数的重叠程度来衡量特征 x 的可分性。具体地，图 6.6(a)中两个概密函数完全分离，两类模式在特征上完全可分；图 6.6(b)中两个概密函数完全重叠，两类模式在特征 x 上完全不可分。

受此启发，可定义基于概率分布的可分性判据 $J_p(\cdot)$ 用于衡量两类或多类概率分

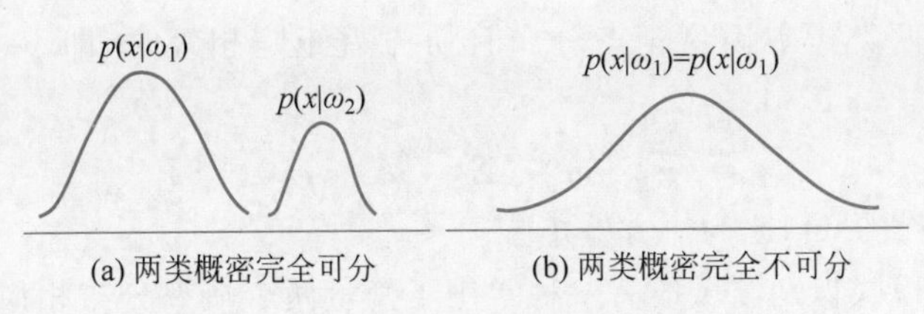

图 6.6　基于概率分布的可分性判据实例

布的重叠程度。一般而言，$J_p(\cdot)$判据应满足如下要求。

(1) 非负性，$J_p(\cdot)\geqslant 0$。

(2) 当两类完全可分时，$J_p(\cdot)$取最大值。

(3) 当两类完全不可分时，$J_p(\cdot)=0$。

典型的 $J_p(\cdot)$判据主要包括如下三种类型。

(1) J_B(Bhattacharyya 判据，简称 B 判据)：J_B 通过两个概率分布的乘积来定义可分性判据，其计算公式为

$$J_B=-\ln\int_{\Omega}[p(\boldsymbol{x}\mid\omega_1)p(\boldsymbol{x}\mid\omega_2)]^{\frac{1}{2}}\mathrm{d}\boldsymbol{x} \tag{6-54}$$

式中：Ω 为样本分布的空间。

容易看出，J_B 满足上述定义的三个要求。并且在理论上，J_B 与分类器理论上的错误率 P_e 有如下关系：

$$P_e\leqslant[P(\omega_1)P(\omega_2)]^{\frac{1}{2}}\exp(-J_B) \tag{6-55}$$

(2) J_C(Chernoff 判据，简称 C 判据)：J_C 判据实际上是 J_B 判据的扩展，其计算公式为

$$J_C=-\ln\int_{\Omega}p(\boldsymbol{x}\mid\omega_1)^s p(\boldsymbol{x}\mid\omega_2)^{1-s}\mathrm{d}\boldsymbol{x} \tag{6-56}$$

若 $s=1/2$，则 J_C 判据与 J_B 判据等价。

(3) J_D(散度(Divergence)，简称 D 判据)：除了基于概率密度函数的乘积来衡量概率分布的重叠程度，理论上也可以考虑概率密度函数的差和商来进行衡量。据此，可构造 ω_1 类相对 ω_2 类的平均可分性信息为

$$I_{12}(\boldsymbol{x})=E_1\left[\ln\frac{p(\boldsymbol{x}\mid\omega_1)}{p(\boldsymbol{x}\mid\omega_2)}\right]=\int_{\Omega}p(\boldsymbol{x}\mid\omega_1)\ln\frac{p(\boldsymbol{x}\mid\omega_1)}{p(\boldsymbol{x}\mid\omega_2)}\mathrm{d}\boldsymbol{x} \tag{6-57}$$

同理，可构造 ω_2 类相对 ω_1 类的平均可分性信息为

$$I_{21}(\boldsymbol{x})=E_2\left[\ln\frac{p(\boldsymbol{x}\mid\omega_2)}{p(\boldsymbol{x}\mid\omega_1)}\right]=\int_{\Omega}p(\boldsymbol{x}\mid\omega_2)\ln\frac{p(\boldsymbol{x}\mid\omega_2)}{p(\boldsymbol{x}\mid\omega_1)}\mathrm{d}\boldsymbol{x} \tag{6-58}$$

于是，对于 ω_1 和 ω_2 两类总的平均可分性信息称为散度 J_D，可定义为

$$J_D=\int_{\Omega}[p(\boldsymbol{x}\mid\omega_1)-p(\boldsymbol{x}\mid\omega_2)]\ln\frac{p(\boldsymbol{x}\mid\omega_1)}{p(\boldsymbol{x}\mid\omega_2)}\mathrm{d}\boldsymbol{x} \tag{6-59}$$

从数学构造上看上式是合理的。J_D 中被积分函数是两概密的差和两概密的比，其能反映出两概密的重叠程度。同时，被积分函数中两因式永远同号，故其乘积为非负。

容易推导，当两类样本满足正态分布且协方差矩阵相等时，即 $p(\boldsymbol{x}|\omega_1)\sim N(\boldsymbol{\mu}_1,\boldsymbol{\Sigma})$，$p(\boldsymbol{x}|\omega_2)\sim N(\boldsymbol{\mu}_2,\boldsymbol{\Sigma})$时，有

$$J_{\mathrm{D}}=(\boldsymbol{\mu}_1-\boldsymbol{\mu}_2)^{\mathrm{T}}\boldsymbol{\Sigma}^{-1}(\boldsymbol{\mu}_1-\boldsymbol{\mu}_2)=8J_{\mathrm{B}} \tag{6-60}$$

式中：$\boldsymbol{\mu}_1$、$\boldsymbol{\mu}_2$ 为均值矢量，$\boldsymbol{\Sigma}$ 为协方差矩阵。

需要说明，在模式识别领域还有一种常用于衡量两个概率分布相似程度的量也称为散度，其全名为 Kullback-Leibler 散度（KL 散度）。其定义式为

$$D_{\mathrm{KL}}(p\,||\,q)=\int_{\Omega}p(\boldsymbol{x})\log\frac{p(\boldsymbol{x})}{q(\boldsymbol{x})}\mathrm{d}\boldsymbol{x} \tag{6-61}$$

容易推导，当取 $p(\boldsymbol{x})=p(\boldsymbol{x}|\omega_1)$，$q(\boldsymbol{x})=p(\boldsymbol{x}|\omega_2)$，且对数算子由 $\log(\cdot)$改为 $\ln(\cdot)$时，有

$$J_{\mathrm{D}}=D_{\mathrm{KL}}[p(\boldsymbol{x}\mid\omega_1)\,||\,p(\boldsymbol{x}\mid\omega_2)]+D_{\mathrm{KL}}[p(\boldsymbol{x}\mid\omega_2)\,||\,p(\boldsymbol{x}\mid\omega_1)] \tag{6-62}$$

实际上，KL 散度 D_{KL} 是非对称的，其并不满足度量的一般要求，通过上式后得到的散度判据 J_{D} 具有对称性，可作为类别可分性判据来使用。

6.3.3 基于后验概率的可分性判据

除了从概率分布的重叠程度来衡量类别的可分性，也可以从后验概率的角度来衡量基于特征 $\boldsymbol{x}$ 的类别可分性。

对于模式 $\boldsymbol{x}$ 而言，将其判为第 ω_i 类的可能性的大小记作 $P(\omega_i|\boldsymbol{x})$，其称为后验概率。在贝叶斯决策论中，所有类别对应的后验概率之和为1，将最大后验概率所对应的类别作为模式 $\boldsymbol{x}$ 类别的准则称为最大后验概率准则，相关知识将在第8章详细介绍。

为了更有利于分类，通常要求模式 $\boldsymbol{x}$ 属于各个类别的后验概率的取值差别越大越好。以极端情况为例，若每一类的后验概率为

$$P(\omega_1\mid\boldsymbol{x})=P(\omega_2\mid\boldsymbol{x})=\cdots=P(\omega_c\mid\boldsymbol{x})=\frac{1}{c} \tag{6-63}$$

则无法根据后验概率区分模式 $\boldsymbol{x}$ 所属的类别，此时可分性最差。若某一类的后验概率为1，而其他类的后验概率均为0，则模式 $\boldsymbol{x}$ 所属的类别是唯一且确定的，可分性是最好的。

为了更好地衡量后验概率的差别，可将模式 $\boldsymbol{x}$ 所属的各类的后验概率视为随机变量，并引入信息论中的信息熵作为可分性判据的衡量标准，常用的基于信息熵的可分性判据可表述为

$$J_H=\int_{\Omega}H(\boldsymbol{x})p(\boldsymbol{x})\mathrm{d}\boldsymbol{x} \tag{6-64}$$

式中：$H(\boldsymbol{x})$为信息熵度量，一般可取香农熵或者平方熵。

香农熵为

$$H(\boldsymbol{x})=-\sum_{l=1}^{c}P(\omega_l\mid\boldsymbol{x})\log P(\omega_l\mid\boldsymbol{x}) \tag{6-65}$$

平方熵为

$$H(\boldsymbol{x})=2\left[1-\sum_{l=1}^{c}P(\omega_l\mid\boldsymbol{x})^2\right] \tag{6-66}$$

容易看出，熵 J_H 实际求的是整个特征空间中所有位置的熵的数学期望，其考虑的是模式特征 $\boldsymbol{x}$ 在整个特征空间后验概率的分布情况。J_H 越小，后验概率分布差异越大，类别可分性越强。

下面通过例 6.2 说明如何使用熵来进行类别可分性特征的判定。

例 6.2 某地区轻型坦克和重型履带式装甲车识别的特征判定。该地区轻型坦克和重型履带式装甲车的统计信息如图 6.7 所示。浅车辙印车辆占比 60%，深车辙印车辆占比约 40%，请采用香农熵判断，车辙印的深浅可否作为较好的类别可分性判据，用于区分坦克与装甲车两个类别。

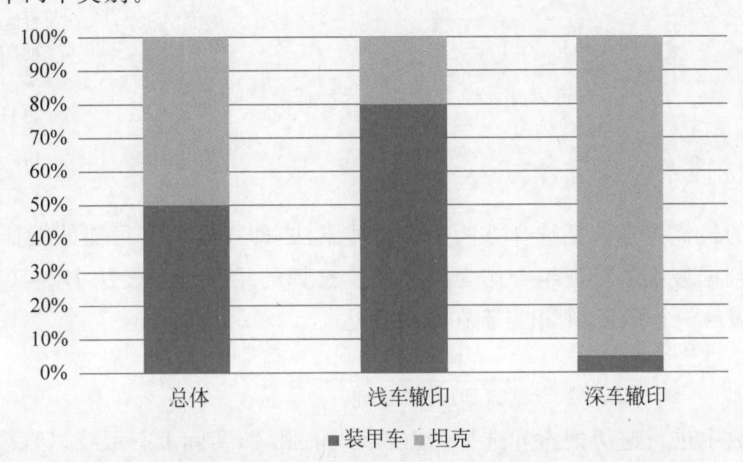

图 6.7 某地区轻型坦克和重型履带式装甲车的统计信息

解：由图 6.7 的统计数据可知，该地区中坦克和装甲车各占 50%；浅车辙印的车辆中，坦克占 20%，装甲车占 80%；深车辙印的车辆中，坦克占 95%，装甲车占 5%。

由 $H(X)=-\sum_{i=1}^{n} p(x_i)\log_b p(x_i)$ 可知

$H(S)=-0.5\log_2 0.5-0.5\log_2 0.5=1.0$

设 X:{a=“浅车辙印”;b=“深车辙印”}

$H(S|X=a)=-0.8\log_2 0.8-0.2\log_2 0.2\approx 0.7219$

$H(S|X=b)=-0.05\log_2 0.05-0.95\log_2 0.95\approx 0.2864$

$H(S|X)=0.6H(S|X=a)+0.4H(S|X=b)=0.5477$

$\text{Gain}(S,X)=H(S)-H(S|X)=0.4523$

信息熵用于描述系统的不确定性，因此，没加入深/浅车辙印特征的熵 $H(S)$ 与加入特征之后的熵 $H(S|X)$ 之间的差越大，代表系统的不确定性下降越大，即该特征加入后，类别可分性越好。因此，熵 $H(S)$ 与 $H(S|X)$ 之间的差也称为信息增益。

6.4 典型特征选择方法

根据定义，特征选择的目标在于从 D 维特征中挑选出 d 个特征，所有可能的组合数为 C_D^d，当 D 值很大时，该组合的总数很多，根据可分性判据来穷举所有可能的特征子集

代价很大，需要考虑使用一定的策略来挑选较优的特征集合。

图 6.8 给出了典型的通过搜索进行特征选择的流程。根据其中搜索策略的不同，特征选择还可分为最优搜索（如分支定界法）和次优搜索法（如顺序前进法、顺序后退法、增减 法等）两类。

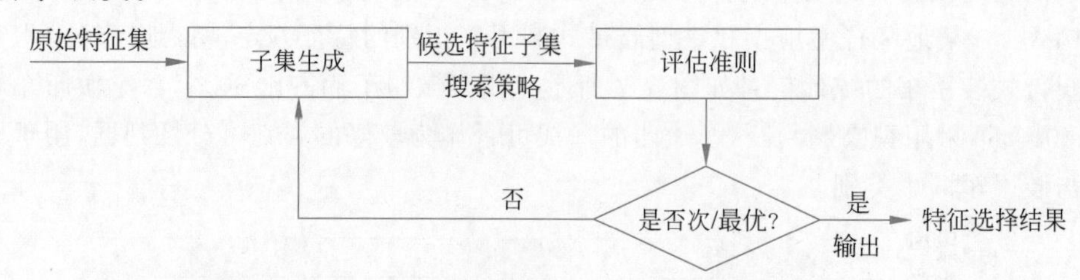

图 6.8 通过搜索进行特征选择的流程

6.4.1 最优搜索特征选择方法

最直接的最优搜索特征选择方法是穷举搜索法，即搜索所有可能的特征组合并从中找出可分性判据最大的特征组合作为最终特征选择的结果。假设从 $D=1000$ 个特征中选择最优的 $d=5$ 个特征，则相当于在数量高达

$$C_{1000}^{5}=\frac{1000!}{(1000-5)!5!}=8.2503\times 10^{12}$$

的特征组合数中进行遍历搜索和选择，其搜索代价很大，实际上一般难以直接采用。

另一种最优的特征选择方法为分支定界（branch and bound）特征选择法，该方法主要基于树结构来寻求全局最优的特征组合。相比于穷举搜索法，分支定界特征选择法首先构造一棵适合于描述特征选择问题的搜索树，然后通过合理组织搜索过程和回溯机制，舍掉大量无效的特征组合的搜索步骤，从而获得相比穷举搜索法更高的特征选择效率。

1. 特征选择搜索树的构造

首先构造适于特征搜索的树结构。图 6.9 给出了典型的基于分支定界选择特征的树结构，树上面的每个节点均代表一个特征组合，具体如下：

根节点代表由所有特征组成的特征组合。图 6.9 中共有 6 个特征参与选择，根节点表示选择的特征组合为$\{f_1,f_2,f_3,f_4,f_5,f_6\}$。

中间节点代表在其父节点基础上再剔减一个特征后形成的特征组合。节点旁边的数字代表在父节点基础上需要再次剔减的特征序号。例如，图 6.9 中从上往下第二层最左边节点标号为“1”，表示该节点和其父节点所表示的特征中去掉了特征 f_1，即该节点表示选择的特征组合是$\{f_2,f_3,f_4,f_5,f_6\}$。

叶子节点代表最终候选的特征组合，叶子节点的总数为 C_D^d。图 6.9 中需要从 6 个特征中选 2 个特征。因此，最右边叶子节点表明特征 f_3、f_4、f_5、f_6 均被剔除，其代表的特征组合为$\{f_1,f_2\}$。

在这棵树的构造过程中，核心的是确定树的层数和每层每个节点需要剔减的特征。

对于树的层数的确定，假设根节点为第 0 级，树的层数确定为 $D-d$，且第 l 层的子节点剔除特征后剩余的特征个数为$D-l$。

根据如下规则确定每一层的节点个数：同父的子节点中，从左到右节点剩余的特征集合依次减少1个特征，且保证最右侧的子节点后续只包含1个子节点。图6.9中很好地反映了这一规律。

按照如下规则确定每个节点处需要剔除特征：从第1层开始，同父子节点中剔除特征的次序按照剔除特征造成判据值变化的大小来进行排列。如图6.9所示，在第1层节点中，计算根节点处的判据$J^{(0)}$以及第1～6个特征分别被剔除后剩余特征组合的判据值$J_1^{(1)},J_2^{(1)},\cdots,J_6^{(1)}$，其中$J_k^{(q)}$表示第$q$层特征$f_k$被剔除后剩余特征组合的判据。假设$J_4^{(1)}\leqslant J_5^{(1)}\leqslant J_6^{(1)}\leqslant J_1^{(1)}\leqslant J_2^{(1)}\leqslant J_3^{(1)}$，则表明$f_3$、$f_2$、$f_1$为前3个对判据影响最小的特征值。因此，在树的第1层中剔除这3个特征，形成了第1层的3个节点。

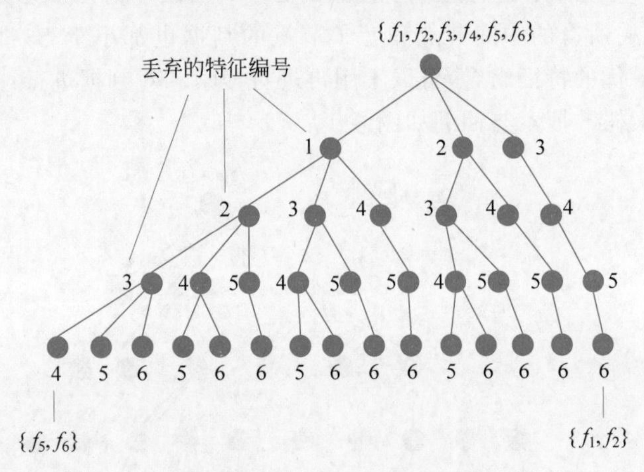

图6.9　特征选择搜索树的构造

2. 特征选择搜索树的搜索与回溯

根据上述定义的树结构，分支定界特征选择法的基本过程是从根节点出发找到最优的搜索路径，最后找到一个最优的叶子节点，该叶子节点所对应的特征组合即是最终特征选择的结果。

基于已经生成的搜索树可以实现对所有叶子节点的遍历，形成完整的穷举搜索。在实际应用中，为了提高最优特征选择的效率，分支定界特征选择方法通过合理组织搜索过程和回溯机制，能够舍弃大量不可能包含最优解的无效搜索路径，大大提升了特征选择的效率。

分支定界特征选择进行特征搜索时遵循从上到下、由右及左的原则。具体搜索策略如下。

Step1：从根节点出发，首先沿根节点的最右侧分支进行搜索，由于最右侧分支后续无分支，直接搜索至最右侧分支的叶子节点，并将该点处剩余特征组合的判据值设置为当前界值B。

Step2：沿右侧分支向上回溯，回溯到有分支的节点处停止回溯并转为向下搜索。此时搜索的方式与Step1大致类似，不同的地方是此时可以考虑将搜索路径上经过的各个节点对应的可分性判据值与当前的界值B进行比较。若某节点

处的判据值大于 B，则重复 Step1 搜索到右侧分支的叶子节点，若新到达叶子节点处的判据仍大于 B，则将 B 更新为该可分性判据值，否则 B 值保持不变；若某节点处的可分性判据值小于当前界值 B，则可以直接停止对该分支的搜索，并向上进行回溯，这样就可以舍弃对某些不可能包含最优解的子树的搜索，从而提高特征选择的效率。

需要指出，这里对于某些子树能够进行舍弃的前提条件是特征选择过程中选用的可分性判据对特征满足单调性，即 $J_{ij}(f_1, f_2, \cdots, f_d) \leqslant J_{ij}(f_1, f_2, \cdots, f_d, f_{d+1})$ 成立，这意味着特征增多时判据值不会减少。具体来说，若满足判据对特征的单调性，则某棵子树根节点处的判据会大于所有下属的中间节点和叶子节点。当该子树根节点处的判据大于界值 B 时，对该棵子树有进一步搜索的必要；当该子树根节点处的判据小于界值 B 时，意味着该子树所有的中间节点和叶子节点的判据也都小于 B，即该子树所有的叶子节点都不会是最优的特征组合，可以不用再进行搜索和对判据进行计算。

特征选择搜索树的搜索与回溯如图 6.10 所示。

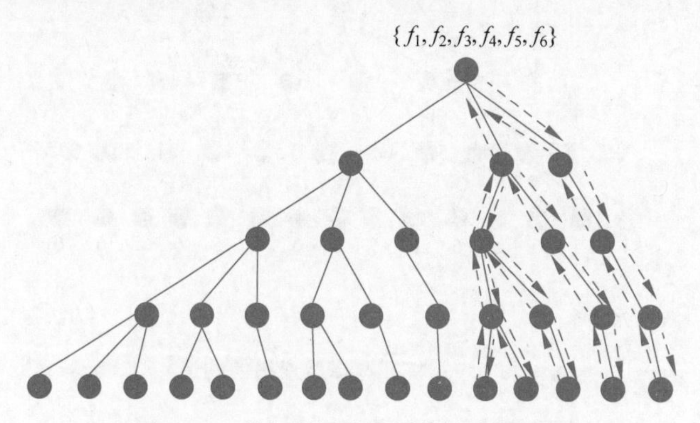

图 6.10 特征选择搜索树的搜索与回溯

6.4.2 次优搜索特征选择方法

当原始样本数据特征维数 D 较大时，穷举搜索甚至是分支定界法都可能面临搜索空间巨大而导致特征选择计算效率较低的问题。因此，在实际应用中常使用次优搜索的特征选择方法。这些方法虽然不一定能够选择出最优的特征组合，但实际应用中通常能够在可接受的时间内找到用户满意解。

典型的次优特征选择方法包括单独最优特征组合法、增添特征法、剔减特征法、增 l 减 r 法、基于智能优化算法的特征选择法等。

1. 单独最优特征组合法

单独最优特征组合法的基本流程如图 6.11 所示。该方法处理对象是多个单一的特征，首先按照一定的度量标准（类别可分性判据）对每个特征的重要性进行评价，然后选取评价最优的前 d 个特征作为输出的结果。

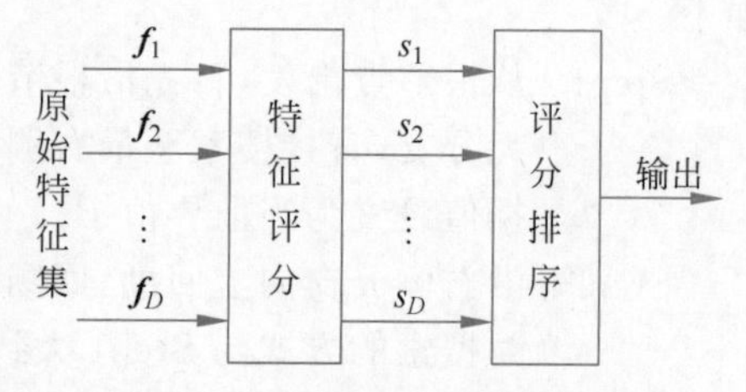

图 6.11 单独最优特征组合法

需要指出，即便各个特征相互独立，该方法选择出的特征组合也不一定是最优的特征组合。只有当所使用的特征评分的判据是可分的，即特征组合的判据等于组合中各个特征的判据之和或特征之积时，单独最优特征选择法得到的特征才是最优的。

2. 增添特征法

增添特征法是一种自底向上的次优特征选择方法，一般也称为序列前向选择(Sequential Forward Selection，SFS)方法。假设要从 D 个特征中选出 d 个特征，则增添特征法的过程可描述如下：

设已选入了 k 个特征组成特征组合，记为 X_k，把未选入的 $n-k$ 个特征 x_j ($j=1,2,3,\cdots,n-k$) 逐个与已选入的特征组合 X_k 计算可分性判据 J 值，若

$$J(X_k+x_1)\geqslant J(X_k+x_2)\geqslant\cdots\geqslant J(X_k+x_{n-k})$$

则在本轮中应将特征 x_1 选入，下一步的特征组合为 $X_{k+1}=X_k+x_1$。初始时，$k=0$，$X_0=\varnothing$，该过程一直进行到 $k=d$ 为止。

可见，增添特征法逐次从候选特征集合中选择一个特征，加入已选特征组合中，直到已选特征组合包含 d 个特征。每一轮选择的依据是新选入的这个特征，与已选入特征集合组成的新的特征组合的可分性判据值最大。

增添特征法相比单独最优特征组合法在一定程度上考虑了特征直接的相关性，其性能一般优于单独最优特征组合法。

该方法的不足主要有两点：一是计算量比单独最优特征组合法大；二是特征一旦选入便无法剔除，无法根据后续特征的情况对特征组合重新进行优化。

3. 剔减特征法

剔减特征法采取与增添特征法相反的特征选择思路，是一种自顶向下的次优特征选择方法，一般也称为序列后向选择(Sequential Backward Selection，SBS)方法。假设要从 D 个特征中选出 d 个特征，则剔减特征法的基本过程可描述如下：

设已剔除了 k 个特征，剩下的特征组合记为 $\overline{X}_k$，将 $\overline{X}_k$ 中的各特征 x_j ($j=1,2,3,\cdots,n-k$)逐个剔除，并同时计算可分性判据 J 值，若

$$J(\overline{X}_k-x_1)\geqslant J(\overline{X}_k-x_2)\geqslant\cdots\geqslant J(\overline{X}_k-x_{n-k})$$

则在这轮中 x_1 应该剔除，下一步的特征组合 $\overline{X}_{k+1}=\overline{X}_k-x_1$。初始时，$k=0$，$\overline{X}_0=\{x_1,x_2,\cdots,x_n\}$，该过程一直进行到 $k=n-d$ 为止。

可见，剔减特征法首先考虑所有 D 个特征的组合，然后逐一地剔除一个特征，直到最后的 d 个特征作为特征选择的结果。在逐一剔除的过程中，剔除的依据是保证剔除一个特征后剩余特征组合的可分性判据值最大。

剔减特征法也在一定程度上考虑了特征之间的相关性。该方法的不足主要有两点：一是由于首先在高维空间进行计算，计算量相比单独最优特征组合法和增添特征法都大；二是特征一旦剔除便无法恢复，无法根据后续情况来对特征组合重新进行优化。

4. 增 l 减 r 法

增 l 减 r 法针对增添特征法特征一旦选入后便无法剔除，以及剔减特征法特征一旦

剔除后便无法增加的问题做了综合的改进,其改进思路是在增添特征过程中进行有条件的剔减,以及在剔减特征的过程中进行有条件的增加。

增 l 减 r 法也分为自底向上和自顶向下两种模式。采用自底向上模式时,增 l 减 r 法首先根据 SFS 方法逐步增添 l 个特征,然后在增添后的特征组合中使用 SBS 方法逐步剔减 r 个特征;采用自顶向下模式时,增 l 减 r 法首先使用 SBS 方法逐步剔减 r 个特征,然后根据 SFS 方法逐步增添 l 个特征。在上述两种模式中,增添特征和剔除特征的方式与 SFS 和 SBS 方法一致,两个思路终止特征挑选的条件都是要求剩余最终所需的 d 个特征。

增 l 减 r 法相比单独的增添特征法和剔减特征法在性能上有所改善,但算法步骤更为复杂。

需要说明,在增添特征法、剔减特征法和增 l 减 r 法中,可以改变每次只添加或剔减一个特征的做法,每次添加或剔除 k 个特征,$k>1$,此时相应的特征选择方法扩展为广义顺序前进法、广义顺序后退法和广义增 l 减 r 法。

5. 基于智能优化算法的特征选择法

除了上述几种次优特征选择方法,还可以使用智能优化算法来进行特征选择。首先可以将特征选择问题归结为 0-1 背包问题,即将特征映射为物品,选入的特征认为是放入背包的物品。以遗传算法为例,可以构建 0-1 编码的染色体,并组成种群。适应值函数可以基于类别可分性判据进行构造,然后使用交叉、变异、选择等遗传操作迭代寻优,找到较优化的特征选择方案。

6.5 典型特征提取方法

6.2 节介绍了特征提取的概念,并给出了采用线性变换矩阵 $\boldsymbol{P}\in\mathbb{R}^{D\times d}$ 对模式矩阵 $\boldsymbol{X}$ 进行特征提取的一般形式 $\widetilde{\boldsymbol{X}}_{d\times N}=\boldsymbol{P}^{\mathrm{T}}\boldsymbol{X}_{D\times N}$。本节将详细介绍两种求解变换矩阵 $\boldsymbol{P}$ 的方法,与之对应的特征提取方法分别为主成分分析(Principal Component Analysis, PCA)和线性判别分析(Linear Discriminant Analysis, LDA)。

6.5.1 主成分分析法

主成分分析是应用非常广泛的一种特征提取方法,其基本思想是获取原始样本数据低维表示(提取后的特征),并使所得到的表示能够最大限度地保持原始数据的信息。

如图 6.12 所示的若干二维空间分布的样本点,每个样本点由 x_1 和 x_2 两个特征表示。现要获取其一维特征表示,即将这些样本点投影到一维特征空间。最直观的方法是用样本点的 x_1 或 x_2 特征作为一维特

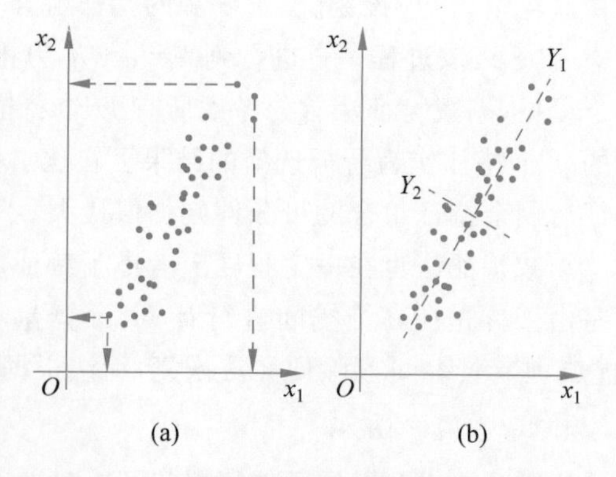

图 6.12 二维数据投影到低维空间的情况

征表示该样本点，即将原始数据分别朝 x_1 或 x_2 方向进行投影，并选择 x_1 或 x_2 方向的投影作为所提取的一维特征。可以任意选择这样的投影方向，如将原始数据分别朝 y_1 或 y_2 方向进行投影，并选择 y_1 或 y_2 方向的投影作为所提取的一维特征。直观来讲，y_1 方向和 y_2 方向得到的一维特征数据相较原始数据都存在一些误差，但 y_1 方向的误差情况更少一些。选择什么样的投影方向能够最好地保留原始样本数据的分布信息是 PCA 着重解决的问题。

一般而言，在 PCA 对原始样本数据进行特征提取前，通常对原始数据进行中心化，即令每一个样本 $\boldsymbol{x}_i=[x_{i1}x_{i2}\cdots x_{iD}]^{\mathrm{T}}$ 均减去所有样本的均值矢量 $\bar{\boldsymbol{x}}=[\bar{x}_1\bar{x}_2\cdots\bar{x}_{\mathrm{D}}]^{\mathrm{T}}$。

假设要将 D 维样本投影到一维空间，于是设某投影方向为 $\boldsymbol{p}\in\mathbb{R}^{D\times 1}$。由于只关心 $\boldsymbol{p}$ 的方向不关心 $\boldsymbol{p}$ 的大小，则可要求 $\boldsymbol{p}^{\mathrm{T}}\boldsymbol{p}=1$。样本 $\boldsymbol{x}_i$ 在该投影方向的投影结果为

$$\boldsymbol{x}_i'=(\boldsymbol{p}^{\mathrm{T}}\boldsymbol{x}_i)\boldsymbol{p}=\boldsymbol{p}^{\mathrm{T}}\boldsymbol{x}_i\boldsymbol{p} \tag{6-67}$$

此时，该样本的投影误差可记为 $\|\boldsymbol{x}_i'-\boldsymbol{x}_i\|^2$。若考虑样本集中的所有样本，则总的投影误差为

$$J(\boldsymbol{p})=\sum_{i=1}^{N}\|\boldsymbol{x}_i'-\boldsymbol{x}_i\|^2=\sum_{i=1}^{N}\|\boldsymbol{p}^{\mathrm{T}}\boldsymbol{x}_i\boldsymbol{p}-\boldsymbol{x}_i\|^2 \tag{6-68}$$

式中：$\boldsymbol{p}^{\mathrm{T}}\boldsymbol{x}_i$ 可视为模式 $\boldsymbol{x}_i$ 在投影方向上投影的长度，简记为 $\beta_i\triangleq\boldsymbol{p}^{\mathrm{T}}\boldsymbol{x}_i$，则有

$$\begin{aligned}
J(\boldsymbol{p})&=\sum_{i=1}^{N}\|\beta_i\boldsymbol{p}-\boldsymbol{x}_i\|^2\\
&=\sum_{i=1}^{N}[\beta_i^2\boldsymbol{p}^{\mathrm{T}}\boldsymbol{p}-2\beta_i\boldsymbol{p}^{\mathrm{T}}\boldsymbol{x}_i+\|\boldsymbol{x}_i\|^2]\\
&=\sum_{i=1}^{N}[\beta_i^2-2\beta_i\beta_i+\|\boldsymbol{x}_i\|^2]\\
&=\sum_{i=1}^{N}[-\beta_i{}^2+\|\boldsymbol{x}_i\|^2]\\
&=\sum_{i=1}^{N}[-\boldsymbol{p}^{\mathrm{T}}\boldsymbol{x}_i\boldsymbol{x}_i^{\mathrm{T}}\boldsymbol{p}+\|\boldsymbol{x}_i\|^2]\\
&=\sum_{i=1}^{N}-\boldsymbol{p}^{\mathrm{T}}\boldsymbol{x}_i\boldsymbol{x}_i^{\mathrm{T}}\boldsymbol{p}+\sum_{i=1}^{N}\|\boldsymbol{x}_i\|^2
\end{aligned} \tag{6-69}$$

式(6-69)中所描述的优化函数包含两项，第二项与优化变量 $\boldsymbol{p}$ 无关，故仅考虑第一项即可。具体地，记第一项中 $\boldsymbol{S}=\sum_{i=1}^{N}\boldsymbol{x}_i\boldsymbol{x}_i^{\mathrm{T}}$，根据定义其为样本的相关矩阵(考虑到前面已经进行了中心化处理，$\boldsymbol{S}$ 实际上为模式的协方差矩阵)，此时求解最优的投影方向 $\boldsymbol{p}$，等效于求解下面的优化问题：

$$\begin{aligned}
&\max \boldsymbol{p}^{\mathrm{T}}\boldsymbol{S}\boldsymbol{p}\\
&\text{s.t. }\ \boldsymbol{p}^{\mathrm{T}}\boldsymbol{p}=1
\end{aligned} \tag{6-70}$$

上述优化问题可利用拉格朗日乘子法求解，将有约束的优化问题转化为无约束的拉

格朗日函数,即

$$L=\boldsymbol{p}^{\mathrm{T}}\boldsymbol{S}\boldsymbol{p}-\lambda(\boldsymbol{p}^{\mathrm{T}}\boldsymbol{p}-1) \tag{6-71}$$

对待求优化变量 $\boldsymbol{p}$ 求偏导,并令其等于零矢量,即

$$\frac{\partial L}{\partial \boldsymbol{p}}=2\boldsymbol{S}\boldsymbol{p}-2\lambda\boldsymbol{p}=\boldsymbol{0} \tag{6-72}$$

则有

$$\boldsymbol{S}\boldsymbol{p}=\lambda\boldsymbol{p} \tag{6-73}$$

式(6-73)是一个典型的特征值分解问题,其中优化参数 λ 对应模式协方差矩阵的特征值。根据上述分析,对样本模式进行主成分分析等效于对样本协方差矩阵进行特征值分解。最优的投影方向 $\boldsymbol{p}$ 实际上对应协方差矩阵 $\boldsymbol{S}$ 最大特征值对应的特征向量。

值得说明的是,虽然上面的推导过程是将 D 维样本投影到一维空间,但在实际使用主成分分析的场景中通常的投影方向 $\boldsymbol{p}\in\mathbb{R}^{D\times d}$ $(d>1)$,即将 D 维样本投影到 d 维特征空间。此时选取的方法是将所有得到的特征值按从大到小的顺序进行排列,前 d 个最大特征值对应的特征向量组成的矩阵就是 PCA 最佳投影方向。

6.5.2 线性判别分析法

PCA 方法能够最大限度地保持原始数据的信息,但是由于未考虑类别信息,该方法实际上是一种无监督的特征提取方法,直接运用于分类,其效果不一定理想。如图 6.13 所示,根据 PCA 方法进行投影后,两类样本混叠在一起,难以构建分类器对其进行分类。

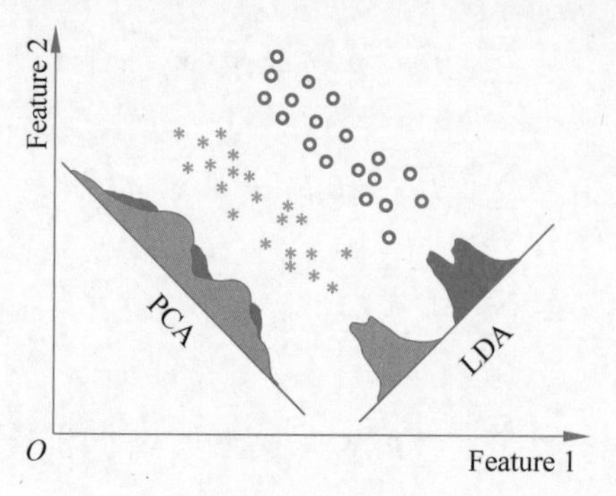

图 6.13 PCA 和 LDA 方法将二维数据投影到低维空间的情况

线性判别分析是一种利用了样本类别标签信息的有监督特征提取方法,该方法的基本思想是寻找最优的投影方向,使得多类模式在投影后同类模式聚集而不同类的模式远离。

为便于说明,下面首先介绍二分类 LDA 算法,然后扩展到多分类 LDA 算法。

1. 二分类 LDA 算法

假设模式集中包含 c 类样本,即 $\omega_1,\omega_2,\cdots,\omega_c$,第 l 类包含 N_l 个样本,记作 $\omega_l=\{\boldsymbol{x}_k^{(l)},k=1,2,\cdots,N_l\}$,其中 $\boldsymbol{x}_k^{(l)}$ 代表第 l 类的第 k 个样本。二分类 LDA 算法仅考虑包含样本 $\omega_1=\{\boldsymbol{x}_k^{(1)},k=1,2,\cdots,N_1\}$ 和 $\omega_2=\{\boldsymbol{x}_k^{(2)},k=1,2,\cdots,N_2\}$ 的情况。

下面分别针对不同类模式远离程度和同类模式聚集程度进行形式化的描述。

1）投影后不同类模式远离程度的形式化描述

假设将 D 维模式投影到一维，投影矩阵简化为投影向量，记为 $\boldsymbol{P}$，经过二分类 LDA 算法投影后得到的一维表示为 $\tilde{x}_k^{(l)}=\boldsymbol{P}^{\mathrm{T}}\boldsymbol{x}_k^{(l)}, l=1,2$。

对于投影后类间差别的描述，可基于投影后两类样本的均值之差对不同类模式的远离程度进行衡量。具体地，假设投影前两类的均值矢量为

$$\boldsymbol{\mu}_1=\frac{1}{N_1}\sum_{k=1}^{N_1}\boldsymbol{x}_k^{(1)}, \quad \boldsymbol{\mu}_2=\frac{1}{N_2}\sum_{k=1}^{N_2}\boldsymbol{x}_k^{(2)}$$

则投影后两类的均值变为

$$\tilde{\mu}_1=\frac{1}{N_1}\sum_{k=1}^{N_1}\boldsymbol{P}^{\mathrm{T}}\boldsymbol{x}_k^{(1)}=\boldsymbol{P}^{\mathrm{T}}\boldsymbol{\mu}_1 \tag{6-74}$$

$$\tilde{\mu}_2=\frac{1}{N_2}\sum_{k=1}^{N_2}\boldsymbol{P}^{\mathrm{T}}\boldsymbol{x}_k^{(2)}=\boldsymbol{P}^{\mathrm{T}}\boldsymbol{\mu}_2 \tag{6-75}$$

由此，投影后两类均值的差别可用距离度量，即

$$\|\tilde{\mu}_1-\tilde{\mu}_2\|^2=\|\boldsymbol{P}^{\mathrm{T}}(\boldsymbol{\mu}_1-\boldsymbol{\mu}_2)\|^2=\boldsymbol{P}^{\mathrm{T}}(\boldsymbol{\mu}_1-\boldsymbol{\mu}_2)(\boldsymbol{\mu}_1-\boldsymbol{\mu}_2)^{\mathrm{T}}\boldsymbol{P} \tag{6-76}$$

式中：$(\boldsymbol{\mu}_1-\boldsymbol{\mu}_2)(\boldsymbol{\mu}_1-\boldsymbol{\mu}_2)^{\mathrm{T}}$ 为投影前的类间离差矩阵，记为 $\boldsymbol{S}_b$，则投影后类间差别可表示为 $\|\tilde{\mu}_1-\tilde{\mu}_2\|^2\triangleq\tilde{\boldsymbol{S}}_b=\boldsymbol{P}^{\mathrm{T}}\boldsymbol{S}_b\boldsymbol{P}$。

2）投影后同类模式聚集程度的形式化描述

对于投影后类内模式聚集的描述，可基于投影后总的类内离差程度进行衡量。首先，投影前两个类的类内离差矩阵分别为

$$\boldsymbol{S}_{w_1}=\frac{1}{N_1}\sum_{k=1}^{N_1}(\boldsymbol{x}_k^{(1)}-\boldsymbol{\mu}_1)(\boldsymbol{x}_k^{(1)}-\boldsymbol{\mu}_1)^{\mathrm{T}} \tag{6-77}$$

$$\boldsymbol{S}_{w_2}=\frac{1}{N_2}\sum_{k=1}^{N_2}(\boldsymbol{x}_k^{(2)}-\boldsymbol{\mu}_2)(\boldsymbol{x}_k^{(2)}-\boldsymbol{\mu}_2)^{\mathrm{T}} \tag{6-78}$$

根据 $x_k^{(l)}=\boldsymbol{P}^{\mathrm{T}}\boldsymbol{x}_k^{(l)}$ 和 $\tilde{\mu}_l=\boldsymbol{P}^{\mathrm{T}}\boldsymbol{\mu}_l$ 的变换关系，可得投影后每类的类内离差度为

$$\begin{aligned}
\tilde{\mathrm{S}}_{w_l}^2&=\frac{1}{N_l}\sum_{k=1}^{N_l}(\tilde{x}_k^{(l)}-\tilde{\mu}_l)^2\\
&=\frac{1}{N_l}\sum_{k=1}^{N_l}(\tilde{x}_k^{(l)}-\tilde{\mu}_l)(\tilde{x}_k^{(l)}-\tilde{\mu}_l)^{\mathrm{T}}\\
&=\frac{1}{N_l}\sum_{k=1}^{N_l}(\boldsymbol{P}^{\mathrm{T}}\boldsymbol{x}_k^{(l)}-\boldsymbol{P}^{\mathrm{T}}\boldsymbol{\mu}_l)(\boldsymbol{P}^{\mathrm{T}}\boldsymbol{x}_k^{(l)}-\boldsymbol{P}^{\mathrm{T}}\boldsymbol{\mu}_l)^{\mathrm{T}}\\
&=\frac{1}{N_l}\sum_{k=1}^{N_l}\boldsymbol{P}^{\mathrm{T}}(\boldsymbol{x}_k^{(l)}-\boldsymbol{\mu}_l)(\boldsymbol{x}_k^{(l)}-\boldsymbol{\mu}_l)^{\mathrm{T}}\boldsymbol{P}\\
&=\boldsymbol{P}^{\mathrm{T}}\boldsymbol{S}_{w_l}\boldsymbol{P}
\end{aligned} \tag{6-79}$$

需要说明，上式尽管采用了类内离差矩阵的定义计算第 l 类的类内离差矩阵，但由

于投影后样本模式只剩一维，使得到的类内离差矩阵实际上简化为一个描述类内模式聚集程度的标量，一般称为类内离差度。由此，投影后总的类内离差度为

$$\widetilde{S}_{\omega_1}^2+\widetilde{S}_{\omega_2}^2=\boldsymbol{P}^{\mathrm{T}}(\boldsymbol{S}_{\omega_1}+\boldsymbol{S}_{\omega_2})\boldsymbol{P}=\boldsymbol{P}^{\mathrm{T}}\boldsymbol{S}_{\omega}\boldsymbol{P} \tag{6-80}$$

在针对投影后不同类模式远离程度和同类模式聚集程度进行形式化描述后，根据投影后同类模式聚集而不同类的模式远离的思想，可以直接构造 LDA 方法的目标函数为

$$J(\boldsymbol{P})=\frac{\|\tilde{\mu}_1-\tilde{\mu}_2\|^2}{\widetilde{S}_{\omega_1}^2+\widetilde{S}_{\omega_2}^2}=\frac{\boldsymbol{P}^{\mathrm{T}}\boldsymbol{S}_b\boldsymbol{P}}{\boldsymbol{P}^{\mathrm{T}}(\boldsymbol{S}_{\omega_1}+\boldsymbol{S}_{\omega_2})\boldsymbol{P}}=\frac{\boldsymbol{P}^{\mathrm{T}}\boldsymbol{S}_b\boldsymbol{P}}{\boldsymbol{P}^{\mathrm{T}}\boldsymbol{S}_{\omega}\boldsymbol{P}} \tag{6-81}$$

上述函数在数学上称为广义瑞利熵。为获得最优的投影方向 $\boldsymbol{P}^*$，LDA 需要最大化上述的目标函数，其解应满足如下的极值条件：

$$\frac{\mathrm{d}J(\boldsymbol{P})}{\mathrm{d}\boldsymbol{P}}=\frac{\mathrm{d}\left(\dfrac{\boldsymbol{P}^{\mathrm{T}}\boldsymbol{S}_b\boldsymbol{P}}{\boldsymbol{P}^{\mathrm{T}}\boldsymbol{S}_{\omega}\boldsymbol{P}}\right)}{\mathrm{d}\boldsymbol{P}}=\boldsymbol{0} \tag{6-82}$$

对其进行展开，有

$$\boldsymbol{P}^{\mathrm{T}}\boldsymbol{S}_{\omega}\boldsymbol{P}\,\frac{\mathrm{d}[\boldsymbol{P}^{\mathrm{T}}\boldsymbol{S}_b\boldsymbol{P}]}{\mathrm{d}\boldsymbol{P}}-\boldsymbol{P}^{\mathrm{T}}\boldsymbol{S}_b\boldsymbol{P}\,\frac{\mathrm{d}[\boldsymbol{P}^{\mathrm{T}}\boldsymbol{S}_{\omega}\boldsymbol{P}]}{\mathrm{d}\boldsymbol{P}}=\boldsymbol{0} \tag{6-83}$$

$$[\boldsymbol{P}^{\mathrm{T}}\boldsymbol{S}_{\omega}\boldsymbol{P}]\,2\boldsymbol{S}_b\boldsymbol{P}-[\boldsymbol{P}^{\mathrm{T}}\boldsymbol{S}_b\boldsymbol{P}]\,2\boldsymbol{S}_{\omega}\boldsymbol{P}=\boldsymbol{0} \tag{6-84}$$

$$\frac{[\boldsymbol{P}^{\mathrm{T}}\boldsymbol{S}_{\omega}\boldsymbol{P}]}{[\boldsymbol{P}^{\mathrm{T}}\boldsymbol{S}_{\omega}\boldsymbol{P}]}\boldsymbol{S}_b\boldsymbol{P}-\frac{[\boldsymbol{P}^{\mathrm{T}}\boldsymbol{S}_b\boldsymbol{P}]}{[\boldsymbol{P}^{\mathrm{T}}\boldsymbol{S}_{\omega}\boldsymbol{P}]}\boldsymbol{S}_{\omega}\boldsymbol{P}=\boldsymbol{0} \tag{6-85}$$

$$\boldsymbol{S}_b\boldsymbol{P}-J\boldsymbol{S}_{\omega}\boldsymbol{P}=\boldsymbol{0} \tag{6-86}$$

$$\boldsymbol{S}_{\omega}^{-1}\boldsymbol{S}_b\boldsymbol{P}=J\boldsymbol{P} \tag{6-87}$$

上式实际上是一个广义特征分解问题。$\boldsymbol{S}_{\omega}^{-1}\boldsymbol{S}_b$ 的最大特征矢量方向即为要求解的最佳投影方向 $\boldsymbol{P}^*$。

此外，对于

$$J\boldsymbol{P}=\boldsymbol{S}_{\omega}^{-1}\boldsymbol{S}_b\boldsymbol{P}=\boldsymbol{S}_{\omega}^{-1}(\boldsymbol{\mu}_1-\boldsymbol{\mu}_2)(\boldsymbol{\mu}_1-\boldsymbol{\mu}_2)^{\mathrm{T}}\boldsymbol{P} \tag{6-88}$$

记 $R=(\boldsymbol{\mu}_1-\boldsymbol{\mu}_2)^{\mathrm{T}}\boldsymbol{P}$，则有 $JP=\boldsymbol{S}_{\omega}^{-1}(\boldsymbol{\mu}_1-\boldsymbol{\mu}_2)R$。由于 J、R 均为标量，此时可得

$$\boldsymbol{P}=\frac{R}{J}\boldsymbol{S}_{\omega}^{-1}(\boldsymbol{\mu}_1-\boldsymbol{\mu}_2) \tag{6-89}$$

这意味着，LDA 求解的最优投影方向与向量 $\boldsymbol{S}_{\omega}^{-1}(\boldsymbol{\mu}_1-\boldsymbol{\mu}_2)$ 的方向一致，该方向便是所需求解的 $\boldsymbol{P}^*$。使用式(6-89)的好处是不必求类间离差矩阵 $\boldsymbol{S}_b$ 即可得到最佳投影方向。

2. 多分类 LDA 算法

在针对多类模式采用 LDA 方法时，基本求解思路与两分类问题类似，差别主要体现在，直接使用多类总的类内离差矩阵 $\boldsymbol{S}_{\omega}$ 和多类类间离差矩阵 $\boldsymbol{S}_B$ 代替 $\boldsymbol{S}_{\omega}$ 和 $\boldsymbol{S}_b$，此时多分类 LDA 求解最优投影方向的目标函数为

$$J(\boldsymbol{P})=\frac{|\boldsymbol{P}^{\mathrm{T}}\boldsymbol{S}_B\boldsymbol{P}|}{|\boldsymbol{P}^{\mathrm{T}}\boldsymbol{S}_{\omega}\boldsymbol{P}|} \tag{6-90}$$

其最优投影方向仍然可通过式(6-87)描述的广义特征值分解问题进行求解,即

$$\boldsymbol{S}_B\boldsymbol{P}=\lambda\boldsymbol{S}_\omega\boldsymbol{P} \tag{6-91}$$

6.6 本章小结

本章介绍了模式识别的基础知识,并针对典型的特征提取与选择方法进行介绍,要点回顾如下。

基于计算机实现单个或多个样本的类别的判定是人工智能多种应用的前提,其所涉及的领域称为模式识别。本章首先介绍有关模式识别的基本概念,给出模式识别系统工作的一般流程,然后重点介绍模式识别中的核心环节之一特征提取与选择。

- 模式识别方法可以分为监督学习方法、半监督学习方法和无监督学习方法三类。
- 模式识别任务一般分为训练和测试两个阶段。
- 模式识别的性能可采用正确率、错误率、混淆矩阵、查准率、查全率、F_1 分数、P-R 曲线、ROC 曲线、Kappa 系数等指标进行衡量。
- 类别可分性判据是选择特征的重要依据,典型的可分性判据包括基于几何距离的、基于概率分布的和基于信息熵的三大类,具体选用哪一类,应根据获得的先验知识确定。
- 特征提取与选择的目标是压缩模式特征的维数,获得对分类识别最有效的特征或特征集合。
- 常用的特征选择方法分为最优搜索特征选择法和次优搜索特征选择法两类。
- 次优搜索特征选择法在实际中更常用,典型的方法包括单独最优特征组合法、增添特征法、剔减特征法、增 l 减 r 法、基于智能优化算法的特征选择法等。
- PCA 是典型的无监督型特征提取方法,其核心是求解协方差矩阵的特征值分解问题。
- LDA 是典型的监督型特征提取方法,其核心是构造有关类内离差矩阵和类间离差矩阵的瑞利熵,并基于特征值分解方法进行求解。

习题

1. 简述模式识别的基本流程。

2. 简述特征矢量和特征空间的概念。

3. 独立和不相关之间的区别和联系是什么?

4. 特征选择和特征提取的区别是什么?

5. 模式识别分类器性能度量中以查全率-查准率作为坐标轴,越靠近右上的曲线代表的分类器性能越好的曲线是哪类曲线?而以假正例率-真正例率为坐标轴,曲线下面积越大,分类器性能越好的曲线又是哪类曲线?

6. 类别可分性判据主要包括哪三类?简述其主要思想。

7. 简述典型的最优搜索特征选择法和次优搜索特征选择法有哪些。

8. 简述基于特征值分解的 PCA 主要步骤。

9. 简述 PCA 降维和 LDA 降维的区别。

10. 有如下两类样本集,使用 LDA 方法,分别将特征空间维度 d 降到 2 和 1,并作图画出样本在特征空间中的位置。

$\boldsymbol{\omega}_1$	$\boldsymbol{\omega}_2$
$x_1^1=(0,0,0)^{\mathrm{T}}$	$x_1^2=(0,0,1)^{\mathrm{T}}$
$x_2^1=(1,0,0)^{\mathrm{T}}$	$x_2^2=(0,1,0)^{\mathrm{T}}$
$x_3^1=(1,0,1)^{\mathrm{T}}$	$x_3^2=(0,1,1)^{\mathrm{T}}$
$x_4^1=(1,1,0)^{\mathrm{T}}$	$x_4^2=(1,1,1)^{\mathrm{T}}$

11. 试编写分支定界法程序并自行产生实验数据进行特征选择。

12. 画出思维导图,串联本章所讲的知识点。

第7章 基于判别函数的分类方法

在模式识别领域待识别的模式 $\boldsymbol{x}_i$ 一般表示为一个高维向量,其在数学上可视为高维特征空间中的一个点。根据同类样本相似、不同类样本远离的一般认识,模式识别中有一类方法倾向于寻找类与类之间的判别界面,并通过将不同类模式划分至特征空间不同子区域的分类方法。在这类方法中,判别界面一般可表示为 $d(\boldsymbol{x})=0$,其中 $d(\boldsymbol{x})$ 称为判别函数,由此这类方法也称为基于判别函数的分类方法。

本章首先介绍判别函数的基本知识,然后分别介绍典型的线性判别函数分类法和非线性判别函数分类法,最后讲解支持向量机(Support Vector Machine, SVM)方法。

7.1 线性判别函数

7.1.1 线性判别函数的基本概念

如图 7.1 所示,以二维模式分类问题中的判别场景为例,假设特征空间中分布了 ω_1 和 ω_2 两类模式,两类的分类界面为一条直线,其判别函数为

$$d(\boldsymbol{x})=\omega_1 x_1+\omega_2 x_2+\omega_3=0 \tag{7-1}$$

式中:ω_1 和 ω_2 称为权系数;ω_3 为偏置常数。

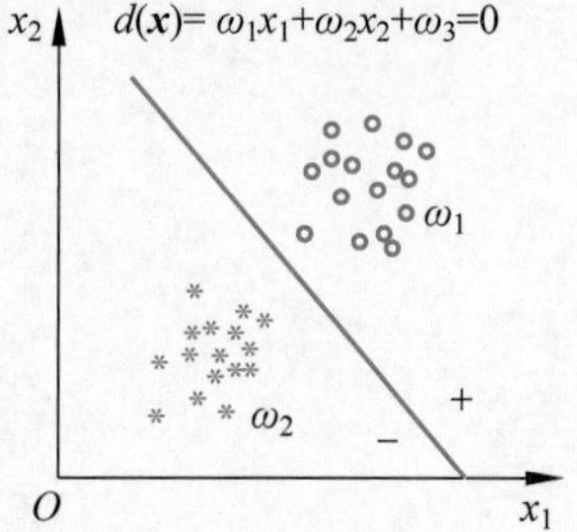

图 7.1 二维模式分类场景中的线性判别界面

类似地,将二维分类扩展到三维分类问题,两类的分类界面为一个平面,其判别函数为

$$d(\boldsymbol{x})=\omega_1 x_1+\omega_2 x_2+\omega_3 x_3+\omega_4=0 \tag{7-2}$$

进一步推广,当待分类模式的维数为 d 维且 $d>3$ 时,两类的分类界面为一个超平面,其判别函数可写为

$$d(\boldsymbol{x})=\omega_1 x_1+\omega_2 x_2+\cdots+\omega_d x_d+\omega_{d+1}=0 \tag{7-3}$$

记 $\boldsymbol{x}=(x_1,x_2,\cdots,x_d)^{\mathrm{T}}$ 为 d 维模式,$\boldsymbol{\omega}=(\omega_1,\omega_2,\cdots,\omega_d)^{\mathrm{T}}$ 为权向量或系数向量,则上式可简写为

$$d(\boldsymbol{x})=\boldsymbol{\omega}^{\mathrm{T}}\boldsymbol{x}+\omega_{d+1}=0 \tag{7-4}$$

还可将式(7-3)扩展为增广形式,即

$$d(\boldsymbol{x})=\tilde{\boldsymbol{\omega}}^{\mathrm{T}}\tilde{\boldsymbol{x}}=0 \tag{7-5}$$

式中:$\tilde{\boldsymbol{\omega}}=(\omega_1,\omega_2,\cdots,\omega_d,\omega_{d+1})^{\mathrm{T}}$ 为增广权向量;$\tilde{\boldsymbol{x}}=(x_1,x_2,\cdots,x_d,1)^{\mathrm{T}}$ 为增广特征向量。

下面介绍判别函数所蕴含的几何性质,主要涉及判别函数某处取值的大小以及正负,它们与模式分类密切相关。

性质 7.1 权向量 $\boldsymbol{\omega}=(\omega_1,\omega_2,\cdots,\omega_d)^{\mathrm{T}}$ 是分类超平面 $d(\boldsymbol{x})=\boldsymbol{\omega}^{\mathrm{T}}\boldsymbol{x}+\omega_{d+1}=0$ 的法向量。

证明:假设任意模式 $\boldsymbol{x}_1$、$\boldsymbol{x}_2$ 位于分类超平面 $d(\boldsymbol{x})=\boldsymbol{\omega}^{\mathrm{T}}\boldsymbol{x}+\omega_{d+1}=0$ 上,则下面两个方程成立:

$$d(\boldsymbol{x}_1)=\boldsymbol{\omega}^{\mathrm{T}}\boldsymbol{x}_1+\omega_{d+1}=0 \tag{7-6}$$

$$d(\boldsymbol{x}_2)=\boldsymbol{\omega}^{\mathrm{T}}\boldsymbol{x}_2+\omega_{d+1}=0 \tag{7-7}$$

两式相减可得

$$\boldsymbol{\omega}^{\mathrm{T}}(\boldsymbol{x}_1-\boldsymbol{x}_2)=0 \tag{7-8}$$

上式意味着权向量$\boldsymbol{\omega}=(\omega_1,\omega_2,\cdots,\omega_d)^{\mathrm{T}}$与分类超平面上任意向量正交，即$\boldsymbol{\omega}$为分类超平面$d(\boldsymbol{x})=\boldsymbol{\omega}^{\mathrm{T}}\boldsymbol{x}+\omega_{d+1}=0$的法向量。

性质7.2　模式$\boldsymbol{x}'$处判别函数的大小$d(\boldsymbol{x}')$正比于$\boldsymbol{x}'$到超平面$d(\boldsymbol{x})=\boldsymbol{\omega}^{\mathrm{T}}\boldsymbol{x}+\omega_{d+1}=0$的距离。

如图7.2所示，特征空间的任意模式$\boldsymbol{x}'$可写为两部分向量的和，即

$$\boldsymbol{x}'=\boldsymbol{x}_p+r\frac{\boldsymbol{\omega}}{\|\boldsymbol{\omega}\|} \tag{7-9}$$

式中：$\boldsymbol{x}_p$为将模式$\boldsymbol{x}'$投影到分类超平面上的投影；r为向量$\boldsymbol{x}'-\boldsymbol{x}_p$的长度，即$\boldsymbol{x}'$到分类超平面的垂直距离；$\boldsymbol{\omega}/\|\boldsymbol{\omega}\|$为分类超平面的单位法向量；$r\frac{\boldsymbol{\omega}}{\|\boldsymbol{\omega}\|}=\boldsymbol{x}'-\boldsymbol{x}_p$为投影误差。

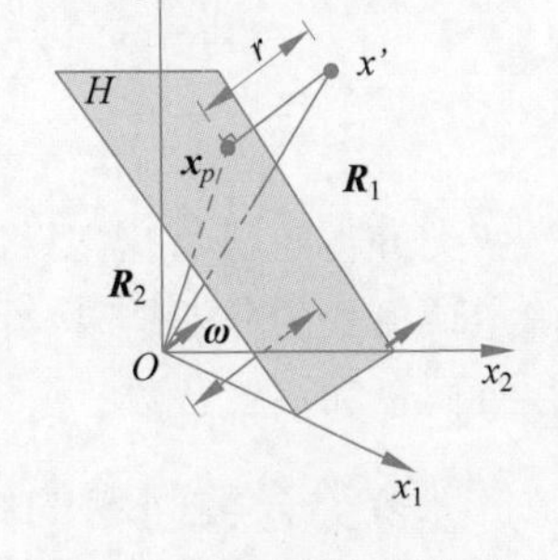

图7.2　线性判别函数与线性判别界面的关系

将式(7-9)代入式(7-4)可得

$$\begin{aligned}d(\boldsymbol{x}')&=\boldsymbol{\omega}^{\mathrm{T}}\left(\boldsymbol{x}_p+r\frac{\boldsymbol{\omega}}{\|\boldsymbol{\omega}\|}\right)+\omega_{d+1}\\&=\boldsymbol{\omega}^{\mathrm{T}}\boldsymbol{x}_p+\omega_{d+1}+\boldsymbol{\omega}^{\mathrm{T}}r\frac{\boldsymbol{\omega}}{\|\boldsymbol{\omega}\|}\\&=0+r\|\boldsymbol{\omega}\|\\&=r\|\boldsymbol{\omega}\|\end{aligned} \tag{7-10}$$

式(7-10)的结果意味着$\boldsymbol{x}'$处的线性判别函数值$d(\boldsymbol{x}')$正比于该模式到分类超平面$d(\boldsymbol{x})=\boldsymbol{\omega}^{\mathrm{T}}\boldsymbol{x}+\omega_{d+1}=0$的距离$r$。

特别地，当$\boldsymbol{x}'$位于原点时，有

$$d(\boldsymbol{0})=r\|\boldsymbol{\omega}\|=\boldsymbol{\omega}^{\mathrm{T}}\boldsymbol{0}+\omega_{d+1}=\omega_{d+1}$$

从而原点到超平面的距离为

$$r=\frac{\omega_{d+1}}{\|\boldsymbol{\omega}\|} \tag{7-11}$$

性质7.3　模式$\boldsymbol{x}'$处判别函数的方向指示出该模式$\boldsymbol{x}'$位于超平面$d(\boldsymbol{x})=\boldsymbol{\omega}^{\mathrm{T}}\boldsymbol{x}+\omega_{d+1}=0$哪一侧。

如图7.1所示，分类超平面$d(\boldsymbol{x})=\boldsymbol{\omega}^{\mathrm{T}}\boldsymbol{x}+\omega_{d+1}=0$将整个特征空间$\Omega$划分为两部分：一部分为正半空间，其中的任意一个模式$\boldsymbol{x}'$与法向量$\boldsymbol{\omega}=(\omega_1,\omega_2,\cdots,\omega_d)^{\mathrm{T}}$的夹角小于90°，此时$d(\boldsymbol{x}')$的取值为正；另一部分为负半空间，其中的任意一个模式$\boldsymbol{x}'$与法向量$\boldsymbol{\omega}=(\omega_1,\omega_2,\cdots,\omega_d)^{\mathrm{T}}$的夹角大于90°，此时$d(\boldsymbol{x}')$的取值为负。因此，计算模式$\boldsymbol{x}'$处判别函数的正、负号可以推测该模式是位于分类超平面的正半空间还是位于负半空间。

7.1.2 两类分类问题的线性判别规则

式(7-4)所示的线性判别函数可以直接应用于两类分类问题。若使用权向量、偏置常数和特征向量,则两类分类问题的判别规则如下:

$$\begin{cases} 若\ d(\boldsymbol{x})=\boldsymbol{\omega}^{\mathrm{T}}\boldsymbol{x}+\omega_{d+1}>0, & 则判决\ \boldsymbol{x}\in\omega_1 \\ 若\ d(\boldsymbol{x})=\boldsymbol{\omega}^{\mathrm{T}}\boldsymbol{x}+\omega_{d+1}<0, & 则判决\ \boldsymbol{x}\in\omega_2 \\ 若\ d(\boldsymbol{x})=\boldsymbol{\omega}^{\mathrm{T}}\boldsymbol{x}+\omega_{d+1}=0, & 则拒判或任判 \end{cases} \tag{7-12}$$

两类分类问题,只需要将待分类模式 $\boldsymbol{x}$ 代入判别函数中,根据判别函数结果的正、负来确定该模式的分类结果。因此,使用基于判别函数的分类方法的核心是确定判别函数的权重向量和偏置常数。

7.1.3 多类分类问题的线性判别规则

实际应用中可能出现多类分类问题,有必要将两类分类问题推广到多类分类问题,下面介绍三种典型的用于多类分类的线性判别规则。

1. $\omega_i/\bar{\omega}_i$ 两分法

该方法也称为 One-vs-Rest 方法,鉴于一个判别函数可以实现 ω_i 类和非 ω_i 类(记作 $\bar{\omega}_i$)的分类,若要实现对 C 类样本的分类,则至少需要 $C-1$ 个判别函数(分类界面)。

假设针对 C 类问题构建了 $C-1$ 个判别函数 $d_1(\boldsymbol{x}),d_2(\boldsymbol{x}),\cdots,d_{C-1}(\boldsymbol{x})$,$\omega_i/\bar{\omega}_i$ 两分法的判决规则是

$$\begin{cases} 若\ d_i(\boldsymbol{x})>0, & 则判决\ \boldsymbol{x}\in\omega_i \\ 若\ d_i(\boldsymbol{x})<0, & 则判决\ \boldsymbol{x}\notin\omega_i \\ 若\ d_i(\boldsymbol{x})=0, & 则拒判或任判 \end{cases} \tag{7-13}$$

如图 7.3 所示,欲实现对三类分类,则至少需要两个判别界面,其对应的线性判别函数分别为 $d_1(\boldsymbol{x})$和 $d_2(\boldsymbol{x})$。

需要指出,上述方法虽然简单,但是很容易出现某些区域的两个或两个以上判决函数同时为正的情况,这些区域中的模式是无法根据上述规则进行判决的,这些区域一般称为不确定区(Indefinite Region,IR)。图 7.3 所示的 IR 中由于同时满足 $d_1(\boldsymbol{x})>0$ 和 $d_2(\boldsymbol{x})>0$,无法确定位于该区域中的模式是属于 ω_i 类还是 ω_j 类。

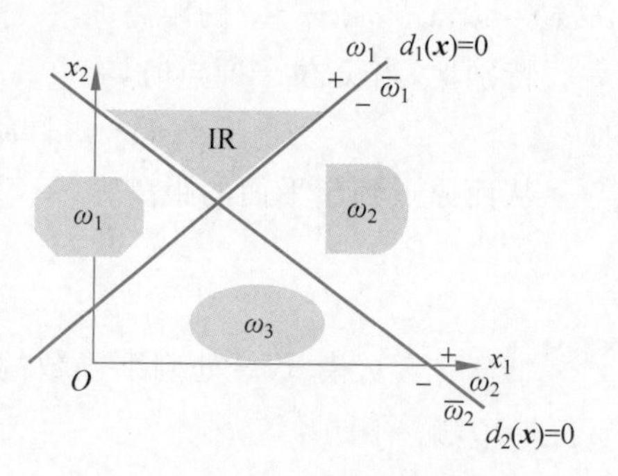

图 7.3 $\omega_i/\bar{\omega}_i$ 两分法示例

2. ω_i/ω_j 两分法

该方法也称为 Pairwise 分类方法。鉴于一个判别函数一次可以实现 ω_i 类和 ω_j 类两个类别的分类,若要实现对 C 类样本的分类,则至少需要 $C(C-1)/2$ 个判别函数(分类界面)。

假设针对 ω_i 类和 ω_j 类构造的判别函数为 $d_{ij}(\boldsymbol{x})$，ω_i/ω_j 两分法的判决规则如下：

$$若\ d_{ij}(\boldsymbol{x})>0,\quad \forall j\neq i,则判\ \boldsymbol{x}\in\omega_i \tag{7-14}$$

需要说明，所构造的判别函数要求满足 $d_{ij}(\boldsymbol{x})=-d_{ji}(\boldsymbol{x})$。此外，仅凭某一个 $d_{ij}(\boldsymbol{x})$的正负无法确认 $\boldsymbol{x}\in\omega_i$ 或 $\boldsymbol{x}\in\omega_j$，只能做出 $\boldsymbol{x}$ 位于包含了 ω_i 类的区域或是包含了 ω_j 类的区域中的推测，因为这些区域的范围超过 ω_i 类或 ω_j 类，可能还包含除 ω_i、ω_j 类以外的其他类别。

ω_i/ω_j 两分法也可能出现不确定区，如图 7.4 中 IR 所示，中间相交的区域中满足：

$$\begin{aligned} &d_{13}(\boldsymbol{x})<0,\quad d_{12}(\boldsymbol{x})>0\\ &d_{23}(\boldsymbol{x})>0,\quad d_{21}(\boldsymbol{x})<0\\ &d_{31}(\boldsymbol{x})>0,\quad d_{32}(\boldsymbol{x})<0 \end{aligned} \tag{7-15}$$

显然，此时无法根据 ω_i/ω_j 两分法对该区域的类别进行判别。

3. 无不确定区的 ω_i/ω_j 两分法

为了克服上述两种情况存在不确定区域的不足，进一步改进得到无不确定区域的 ω_i/ω_j 两分法。

该方法的基本思想是，针对 C 类构造 C 个判别函数

$$d_i(\boldsymbol{x})=\boldsymbol{\omega}_i^{\mathrm{T}}\boldsymbol{x},\quad i=1,2,\cdots,C \tag{7-16}$$

并在决策时按如下规则进行：

$$若\ d_i(\boldsymbol{x})>d_j(\boldsymbol{x}),\quad \forall j\neq i,\quad 则判决\ \boldsymbol{x}\in\omega_i \tag{7-17}$$

将该判别规则与前面两种判决规则进行对比，该规则并非根据某一模式对应的判决函数的正负关系进行判断，而是基于不等式组$\{d_i(\boldsymbol{x})>d_j(\boldsymbol{x}),\forall j\neq i\}$将特征空间划分为 C 个区域，除了处于判决界面上的模式以外，其他模式只能对应 C 个区域中的一个，这使得该方法不会存在不确定区，如图 7.5 所示。

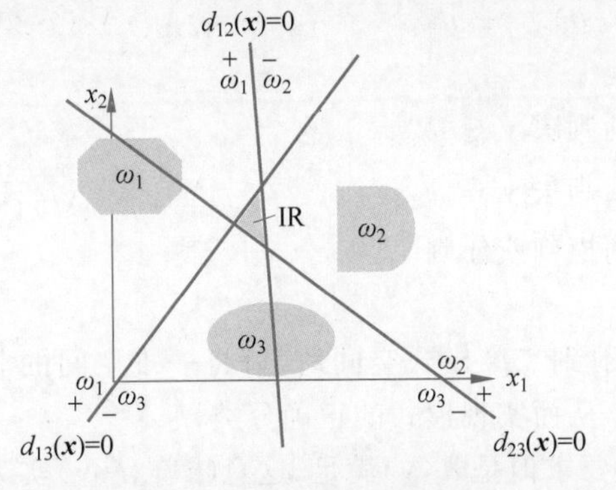

图 7.4 ω_i/ω_j 两分法示例

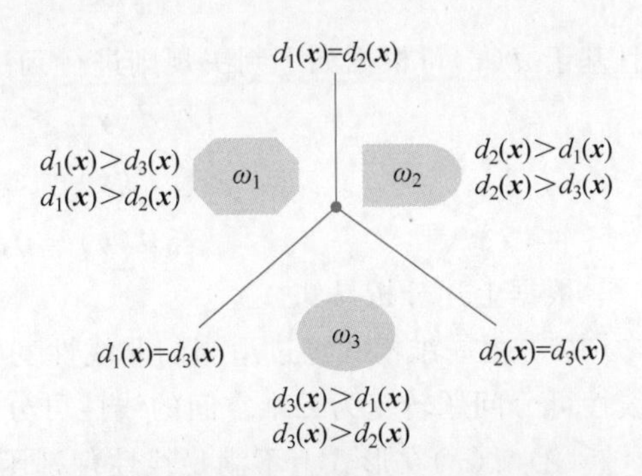

图 7.5 无不确定区的 ω_i/ω_j 两分法示例

基于上述多类分类问题的线性判别规则，可以把一个多类分类问题转化为多个二分类问题。可见，基于判别函数分类法的多类分类问题判决器由多个二分类判决器构成。因此，本章只讨论二分类问题的判别器的构造方法。

7.2 非线性判别函数

7.2.1 广义线性判别函数

线性判别函数 $d(\boldsymbol{x})=\boldsymbol{w}^{\mathrm{T}}\boldsymbol{x}+w_{d+1}$ 对于各类模式线性可分的情况是适用的,当模式类之间为线性不可分时,该方法难以正确决策出类别。

例如,对如图 7.6 所示的一维模式两类分类问题,无法找到一个满足方程 $d(x)=w_1x+w_2=0$ 的分界点,完全正确地实现对 ω_1 类和 ω_2 类的分类。但是,如果考虑构造一条通过点 a 和 b 的二次曲线,即

$$d(x)=(x-a)(x-b)=x^2-(a+b)x+ab \tag{7-18}$$

则可以根据如下规则实现对两类的正确分类:

$$\begin{cases}\text{若 } x<a \text{ 或 } x>b, & \text{则判决 } x\in\omega_1\\ \text{若 } a<x<b, & \text{则判决 } x\in\omega_2\end{cases} \tag{7-19}$$

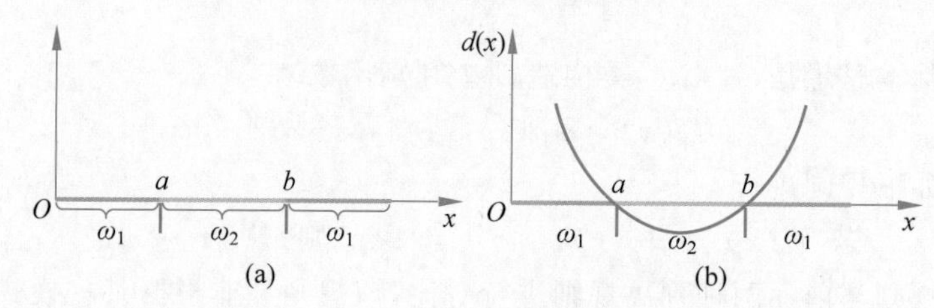

图 7.6 ω_i/ω_j 两分法的线性不可分场景示例

上述的分类方法实际上隐含地进行了升维操作,即将一维模式 x 扩展为二维模式 $\boldsymbol{y}=(y_1,y_2)^{\mathrm{T}}$,其中 $y_1=x^2,y_2=x$。此时,式(7-18)可表示为

$$d(\boldsymbol{y})=y_1-(a+b)y_2+ab \tag{7-20}$$

且基于 $d(\boldsymbol{y})$ 可根据如下判决规则进行判决:

$$\begin{cases}\text{若 } d(\boldsymbol{y})>0, & \text{则判决 } \boldsymbol{y}\in\omega_1\\ \text{若 } d(\boldsymbol{y})<0, & \text{则判决 } \boldsymbol{y}\in\omega_2\\ \text{若 } d(\boldsymbol{y})=0, & \text{则拒判或任判}\end{cases} \tag{7-21}$$

根据上述分析易知:

(1) 由一维模式经过适当的非线性变换映射到二维模式空间后,可将一维空间的非线性可分问题转变为二维空间的线性可分问题,从而实现模式的正确分类;

(2) $d(x)$ 在形式上不满足线性判别函数的要求但是 $d(\boldsymbol{y})$ 满足,这意味着 $d(\boldsymbol{y})$ 实际上是推广意义下的线性判别函数,因此这类方法也称为广义线性判别函数法。

下面给出更一般的广义线性判别函数方法的描述。给定 D 维非线性可分的模式样本集 $X=\{\boldsymbol{x}_1,\boldsymbol{x}_2,\cdots,\boldsymbol{x}_N\}$,且 $\boldsymbol{x}_i\in\mathbb{R}^D,i=1,2,\cdots,N$,对各模式进行适当的非线性变换 $\boldsymbol{x}\in\mathbb{R}^D\xrightarrow{f_1,f_2,\cdots,f_d}\boldsymbol{y}=(y_1,y_2,\cdots,y_d)^{\mathrm{T}}=\big(f_1(\boldsymbol{x}),f_2(\boldsymbol{x}),\cdots,f_d(\boldsymbol{x})\big)^{\mathrm{T}}\in\mathbb{R}^d$,且 $d>D$,并使得 $Y=\{\boldsymbol{y}_1,\boldsymbol{y}_2,\cdots,\boldsymbol{y}_N\}$ 在 $\mathbb{R}^d$ 特征空间中线性可分,该方法称为广义线性判别函

数方法。此时的广义线性判别函数表达式为

$$\begin{aligned}d(\boldsymbol{x})&=\omega_1 f_1(\boldsymbol{x})+\omega_2 f_2(\boldsymbol{x})+\cdots+\omega_d f_d(\boldsymbol{x})+\omega_{d+1}\\&=\omega_1 y_1+\omega_2 y_2+\cdots+\omega_d y_d+\omega_{d+1}\\&\triangleq\boldsymbol{\omega}^{\mathrm{T}}\boldsymbol{y}=d(\boldsymbol{y})\end{aligned}\tag{7-22}$$

广义线性判别函数方法取得成功的关键是设计合适的非线性升维变换函数 $f_j(\boldsymbol{x})$ $(j=1,2,\cdots,d)$，并获得相应的权向量$\boldsymbol{\omega}^{\mathrm{T}}$，其中$\boldsymbol{\omega}^{\mathrm{T}}$ 的获取与传统的线性判别函数中权向量的学习策略类似。下面以二次多项式函数为例来说明升维变换函数 $f_j(\boldsymbol{x})$的设计。

首先考虑二维模式情况，此时对应的判别函数为

$$d(\boldsymbol{x})=\omega_{11}x_1^2+\omega_{12}x_1x_2+\omega_{22}x_2^2+\omega_1 x_1+\omega_2 x_2+\omega_3\tag{7-23}$$

根据广义线性判别函数方法的描述，有

$$f_1(\boldsymbol{x})=x_1^2,\quad f_2(\boldsymbol{x})=x_1x_2,\quad f_3(\boldsymbol{x})=x_2^2,\quad f_4(\boldsymbol{x})=x_1,\quad f_5(\boldsymbol{x})=x_2\tag{7-24}$$

此时，有

$$\begin{aligned}&\boldsymbol{y}=(y_1,y_2,y_3,y_4,y_5)^{\mathrm{T}}=(x_1^2,x_1x_2,x_2^2,x_1,x_2)^{\mathrm{T}}\\&d(\boldsymbol{y})=\omega_{11}y_1+\omega_{12}y_2+\omega_{22}y_3+\omega_1 y_4+\omega_2 y_5+\omega_3\end{aligned}\tag{7-25}$$

下面考虑更一般的 D 维模式情况，此时对应的判别函数为

$$d(\boldsymbol{x})=\sum_{i=1}^{D}\omega_{ii}x_i^2+\sum_{i=1}^{D-1}\sum_{j=i+1}^{D}\omega_{ij}x_ix_j+\sum_{i=1}^{D}\omega_i x_i+\omega_{D+1}\tag{7-26}$$

上式各项中应包含模式 $\boldsymbol{x}$ 的各个特征分量的单独二次项、交叉二次项、一次项和常数项。为完成广义线性变换函数的非线性变换，$f_j(\boldsymbol{x})$在形式上也应表达为各个特征分量的二次项、一次项。具体来说，应含有 D 个平方项形式(由同一特征维度特征向量平方组成)的 $f_j(\boldsymbol{x})$、$D(D-1)/2$ 个交叉二次项形式(两个不同维度特征向量组成)的 $f_j(\boldsymbol{x})$ 以及 D 个一次项形式的 $f_j(\boldsymbol{x})$。在 $d(\boldsymbol{y})$的表示式中，最后还需一个常数项 ω_{D+1}。

7.2.2 二次判别函数法

二次判别函数法是与广义线性判别函数法类似的一种非线性判别函数法，其基本思想是根据模式非线性可分的特点直接构建二次判别函数 $d(\boldsymbol{x})=\boldsymbol{x}^{\mathrm{T}}\boldsymbol{\omega}\boldsymbol{x}+\boldsymbol{\omega}^{\mathrm{T}}\boldsymbol{x}+\omega_{D+1}$ 进行分类，其中与二次函数相关的矩阵$\boldsymbol{\omega}$ 是 $D\times D$ 的实对称矩阵，$\boldsymbol{\omega}^{\mathrm{T}}$，$\omega_{D+1}$ 的描述与线性判别函数对应符号一致。二次判别函数确定的分类界面是超曲面，如超球面、超椭球面或超双曲面。

7.2.3 分段线性判别函数法

分段线性判别函数法是针对某些模式类的类域分布形状比较复杂，单一的线性判别超平面难以完全区分，进而基于多段线性超平面组合来逼近复杂分类界面的方法。该方法首先基于先验知识或聚类方法(聚类将在第 10 章介绍)将一些分布复杂的类划分为若干不重叠的子类，例如将第 i 类划分为 $\omega_i=\omega_{i1}\cup\omega_{i2}\cup\cdots\cup\omega_{ic_i}$，则可定义第 i 类中的第

l 个子类的增广线性判别函数为

$$d_{il}(\boldsymbol{x})=\boldsymbol{\omega}_{il}^{\mathrm{T}}\boldsymbol{x} \tag{7-27}$$

进一步,可定义第 i 类的判别函数为

$$d_i(\boldsymbol{x})=\max_{l=1,2,\cdots,c_i} d_{il}(\boldsymbol{x}) \tag{7-28}$$

模式 $\boldsymbol{x}$ 处判别函数的大小 $d_{il}(\boldsymbol{x})$ 正比于 $\boldsymbol{x}$ 到超平面 $d_{il}(\boldsymbol{x})=\boldsymbol{\omega}^{\mathrm{T}}\boldsymbol{x}=0$ 的距离,这意味着 $d_i(\boldsymbol{x})$ 实际上综合考虑第 i 类的 c_i 个子类,并选择与各子类判别界面最远的线性判别函数作为该类整体判别函数的输出,考虑到不同位置处模式对应的最远子类通常不尽相同,判别函数 $d_i(\boldsymbol{x})$ 对应的判决界面实际上是多个线性决策面的组合。因此,该方法称为**分段线性判别函数法**。获得每一类的分段线性判别函数,最终可以根据下面决策规则进行判别:

$$\text{若 } d_j(\boldsymbol{x})=\max_{i=1,2,\cdots,C} d_i(\boldsymbol{x}),\quad \text{则判决 } \boldsymbol{x}\in\omega_j \tag{7-29}$$

若只考虑相邻的两个类别 ω_i 和 ω_j,则它们之间的判决界面是两类判别函数的等值面,即由方程 $d_i(\boldsymbol{x})-d_j(\boldsymbol{x})=0$ 所确定的决策面。需要说明的是,鉴于 $d_i(\boldsymbol{x})$ 和 $d_j(\boldsymbol{x})$ 均为分段线性判决函数,这两类之间的决策面也是由多个分类超平面组合成的相对复杂的决策界面。

除了直接针对经典线性判决函数进行扩展的非线性判别函数法,还可以专门设计适应于非线性可分问题的分类方法,典型的如核化的支持向量机、决策树、近邻法、人工神经网络等(支持向量机将在 7.3 节介绍,近邻法将在第 8 章介绍,人工神经网络方法将在第 9 章介绍)。

7.3 支持向量机

在基于判别函数的分类方法中,支持向量机是较为优秀的代表,其不仅有扎实的理论基础,而且分类性能优良,从 20 世纪 90 年代提出至如今仍在广泛使用。由此,本节将从硬间隔 SVM、软间隔 SVM 和核 SVM 三方面详细介绍 SVM 算法,其中硬间隔 SVM 针对线性可分问题提出,软间隔 SVM 和核 SVM 针对线性不可分问题提出。

7.3.1 硬间隔 SVM

1. 间隔的由来

硬间隔 SVM 源于最优分类超平面的理论,其思想最早见于 1974 年苏联学者 Vapnik 和 Chervonenkis 的《模式识别理论》。如图 7.7 所示,现有线性可分的二维两类模式,根据判决函数 $d(\boldsymbol{x})=\boldsymbol{\omega}^{\mathrm{T}}\boldsymbol{x}+\omega_3$,其中 $\boldsymbol{x}=(x_1,x_2)^{\mathrm{T}}$,$\boldsymbol{\omega}=(\omega_1,\omega_2)^{\mathrm{T}}$,通过合理选取权系数 ω_1、ω_2、ω_3 的值,可以获取无穷多个能够正确分类两类样本的判决界面 $d(\boldsymbol{x})=\boldsymbol{\omega}^{\mathrm{T}}\boldsymbol{x}+\omega_3=0$。

在候选的判决界面中哪一个界面是最优的呢?最优分类超平面理论指出,最优的分类超平面仅有一个,它不仅能将两类样本完全正确地分类,且两类中与该超平面最靠近的样本与该超平面的距离最大,此时对应的超平面便称为最优分类超平面。通常,定义

两类中与该超平面最靠近的样本与该超平面的距离为**界面间隔**，最优分类超平面称为**最大间隔分类超平面**。SVM便是求解最优超平面或者最大间隔分类超平面的模式分类方法。

2. 硬间隔SVM的问题建模

基于上述思想导出的针对线性可分问题的支持向量机分类器称为硬间隔SVM（图7.8），下面进行具体介绍。

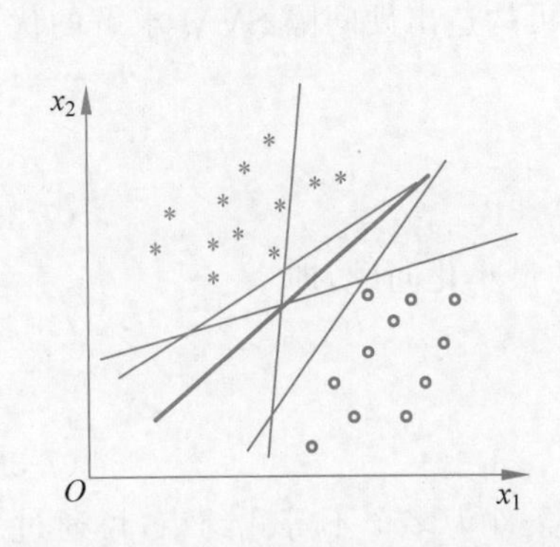

图7.7 两类问题分类超平面的选择

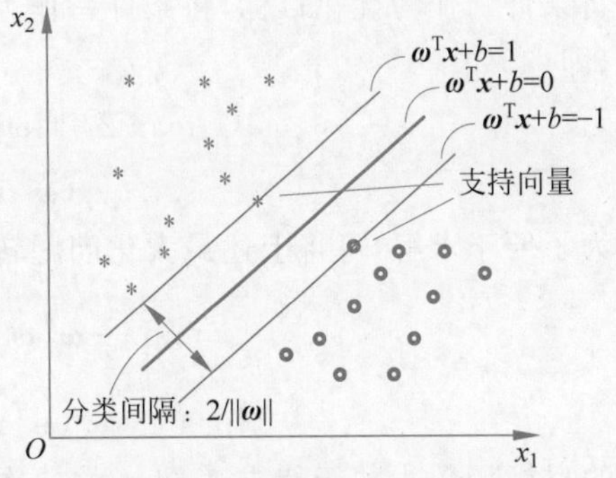

x_2
$\omega^{T}x+b=1$
$\omega^{T}x+b=0$
$\omega^{T}x+b=-1$
支持向量
分类间隔：$2/\|\omega\|$
O
x_1

图7.8 硬间隔SVM示意图

不失一般性，考虑D维模式两类分类问题，两类分别记为正类和负类，其分类超平面的方程为

$$d(\boldsymbol{x})=\boldsymbol{\omega}^{\mathrm{T}}\boldsymbol{x}+\omega_{D+1}=0 \tag{7-30}$$

且可采用下面的判决准则进行判决：

$$\begin{cases}若\boldsymbol{\omega}^{\mathrm{T}}\boldsymbol{x}_i+\omega_{D+1}>0, & 则\ y_i=1\\ 若\boldsymbol{\omega}^{\mathrm{T}}\boldsymbol{x}_i+\omega_{D+1}<0, & 则\ y_i=-1\end{cases} \tag{7-31}$$

式中：y_i代表模式$\boldsymbol{x}_i$判别后的类别标签。

考虑到最优分类超平面需要预留一定的间隔，可在决策面$\boldsymbol{\omega}^{\mathrm{T}}\boldsymbol{x}+\omega_{D+1}=0$的基础上构建出两个与之平行的界面，即

$$\begin{cases}\boldsymbol{\omega}^{\mathrm{T}}\boldsymbol{x}+\omega_{D+1}=1\\ \boldsymbol{\omega}^{\mathrm{T}}\boldsymbol{x}+\omega_{D+1}=-1\end{cases} \tag{7-32}$$

此时，可在考虑间隔的前提下对原有的判决准则进行适当修改完成判决，即

$$\begin{cases}若\boldsymbol{\omega}^{\mathrm{T}}\boldsymbol{x}_i+\omega_{D+1}\geqslant 1, & 则\ y_i=1\\ 若\boldsymbol{\omega}^{\mathrm{T}}\boldsymbol{x}_i+\omega_{D+1}\leqslant -1, & 则\ y_i=-1\end{cases} \tag{7-33}$$

注意，上式中大于号和小于号后面的1和−1可以为其他正数。不过可以证明，对整个不等式乘以相同的系数后不会改变分类结果，因此总可以将上式中不等式右边的常数项化为1和−1。此外，为描述简便，还可将式(7-33)的判决规则合并为一个式子，即

$$y_i(\boldsymbol{\omega}^{\mathrm{T}}\boldsymbol{x}_i+\omega_{D+1})>1 \tag{7-34}$$

假设与最优决策面 $\boldsymbol{\omega}^{\mathrm{T}}\boldsymbol{x}+\omega_{D+1}=0$ 最近的两类样本分别分布在超平面 $\boldsymbol{\omega}^{\mathrm{T}}\boldsymbol{x}+\omega_{D+1}=1$ 和 $\boldsymbol{\omega}^{\mathrm{T}}\boldsymbol{x}+\omega_{D+1}=-1$ 上,根据两个平行平面的距离公式,可得与最优决策面最近的样本到最优决策面的距离(界面间隔)为 $1/\|\boldsymbol{\omega}\|$,超平面 $\boldsymbol{\omega}^{\mathrm{T}}\boldsymbol{x}+\omega_{D+1}=1$ 和超平面 $\boldsymbol{\omega}^{\mathrm{T}}\boldsymbol{x}+\omega_{D+1}=-1$ 之间无样本分布且两个超平面之间的距离(分类间隔)为 $2/\|\boldsymbol{\omega}\|$。

直观来讲,为使分类的置信度更高,应该达到两方面的条件:一是保证所有样本均能够正确分类;二是尽可能拉大分类间隔。

将条件二作为优化目标,将条件一作为约束条件,可构造出硬间隔 SVM 求解的优化问题,即

$$\begin{aligned}&\max 2/\|\boldsymbol{\omega}\|\\&\text{s.t. } y_i(\boldsymbol{\omega}^{\mathrm{T}}\boldsymbol{x}_i+\omega_{D+1})>1\end{aligned}\tag{7-35}$$

为了便于求解,可将上述最大化问题转化为等价的最小化问题,即

$$\begin{aligned}&\min \frac{1}{2}\boldsymbol{\omega}^{\mathrm{T}}\boldsymbol{\omega}\\&\text{s.t. } y_i(\boldsymbol{\omega}^{\mathrm{T}}\boldsymbol{x}_i+\omega_{D+1})>1\end{aligned}\tag{7-36}$$

式中的目标函数为关于待求变量 $\boldsymbol{w}$ 的二次函数,约束条件为多个不等式约束,可通过二次规划方法进行求解。

3. *硬间隔 SVM 的求解*

经典的硬间隔 SVM 求解方法用到了拉格朗日对偶优化和 KKT(Karush-Kuhn-Tucker)条件。

1) 拉格朗日对偶优化

拉格朗日对偶是基于拉格朗日乘子法和对偶优化理论求解含等式约束及不等式约束优化问题的一种方法。例如,当求解如下的优化问题:

$$\begin{aligned}&\min f(\boldsymbol{x})\\&\text{s.t. } \begin{array}{l}l_i(\boldsymbol{x})\leqslant 0\\h_i(\boldsymbol{x})=0\end{array}\end{aligned}\tag{7-37}$$

首先基于拉格朗日乘子法将含约束问题转化为不含约束的优化问题,假设 α_i 对应第 i 个不等式约束 $l_i(\boldsymbol{x})\leqslant 0$ 的拉格朗日乘子且满足 $\alpha_i\geqslant 0$,β_i 对应第 i 个等式约束 $h_i(\boldsymbol{x})=0$ 的拉格朗日乘子,可得到如下拉格朗日乘子函数:

$$L(\boldsymbol{x},\boldsymbol{\alpha},\boldsymbol{\beta})=f(\boldsymbol{x})+\sum_{i=1}^{m}\alpha_i l_i(\boldsymbol{x})+\sum_{i=1}^{n}\beta_i h_i(\boldsymbol{x})\tag{7-38}$$

上面的优化函数相对于原始的优化问题多了求解变量 $\boldsymbol{\alpha}$ 和 $\boldsymbol{\beta}$。为从构造的拉格朗日函数中获取最优解,通常首先固定变量 $\boldsymbol{x}$,最大化拉格朗日乘子函数获取变量 $\boldsymbol{\alpha}$ 和 $\boldsymbol{\beta}$ 的优化解,然后消掉 $\boldsymbol{\alpha}$ 和 $\boldsymbol{\beta}$ 对变量 $\boldsymbol{x}$ 求优化解。对应的优化问题可表示为

$$\min_{\boldsymbol{x}}\max_{\boldsymbol{\alpha},\boldsymbol{\beta},\alpha_i\geqslant 0} L(\boldsymbol{x},\boldsymbol{\alpha},\boldsymbol{\beta})\tag{7-39}$$

在某些情况下上述问题的求解比较复杂,可将上述的优化问题转化为其对偶形式进行求解,即

$$\max_{\boldsymbol{\alpha},\boldsymbol{\beta},\alpha_i \geqslant 0} \min_{\boldsymbol{x}} L(\boldsymbol{x},\boldsymbol{\alpha},\boldsymbol{\beta}) \tag{7-40}$$

从形式上来讲,上述对偶问题首先固定变量$\boldsymbol{\alpha}$ 和 $\boldsymbol{\beta}$,通过最小化拉格朗日函数求原问题变量 $\boldsymbol{x}$ 的优化解,然后将 $\boldsymbol{x}$ 的优化解代入拉格朗日函数中求 $\boldsymbol{\alpha}$ 和 $\boldsymbol{\beta}$ 的优化解。从理论上可以证明,对偶问题的最优目标值小于或等于原问题的最优目标值,即

$$\max_{\boldsymbol{\alpha},\boldsymbol{\beta},\alpha_i \geqslant 0} \min_{\boldsymbol{x}} L(\boldsymbol{x},\boldsymbol{\alpha},\boldsymbol{\beta}) \leqslant \min_{\boldsymbol{x}} \max_{\boldsymbol{\alpha},\boldsymbol{\beta},\alpha_i \geqslant 0} L(\boldsymbol{x},\boldsymbol{\alpha},\boldsymbol{\beta}) \tag{7-41}$$

这一关系称为弱对偶关系。需要说明,弱对偶关系是普遍成立的,但是对于实际求解优化问题的准确解并没有太大的帮助。实际上,SVM 算法构造的优化问题满足 Slater 条件,其在实施拉格朗日对偶优化时满足的是更为严格的强对偶关系,在此条件下,原问题和对偶问题的最优解为相同的值($\boldsymbol{x}^*,\boldsymbol{\alpha}^*,\boldsymbol{\beta}^*$)。鉴于原问题求解更为困难,SVM 在具体处理时基于对偶问题进行求解。

下面对 SVM 的对偶化进行形式化的描述。

根据式(7-38)可以得到硬间隔 SVM 的拉格朗日乘子函数,即

$$L(\boldsymbol{\omega},\omega_{D+1},\boldsymbol{\alpha}) = \frac{1}{2}\boldsymbol{\omega}^{\mathrm{T}}\boldsymbol{\omega} + \sum_{i=1}^{N}\alpha_i\left[1 - y_i(\boldsymbol{\omega}^{\mathrm{T}}\boldsymbol{x}_i + \omega_{D+1})\right] \tag{7-42}$$

式中,待优化的变量是最优决策面的权向量 $\boldsymbol{\omega}$、ω_{D+1},以及拉格朗日乘子向量$\boldsymbol{\alpha}$,且 $\alpha_i \geqslant 0(i=1,2,\cdots,N)$。为满足优化求解的要求,式(7-42)等号右边括号中的不等式约束转换为小于 0 的形式,即令

$$l_i(\boldsymbol{x}) = 1 - y_i(\boldsymbol{\omega}^{\mathrm{T}}\boldsymbol{x}_i + \omega_{D+1}) \tag{7-43}$$

欲根据对偶问题进行优化,首先将 $L(\boldsymbol{\omega},\omega_{D+1},\boldsymbol{\alpha})$分别对待求变量$\boldsymbol{\omega}$,$\omega_{D+1}$ 求偏导,令其等于零向量 $\mathbf{0}$ 或标量 0,有

$$\frac{\partial L(\boldsymbol{\omega},\omega_{D+1},\boldsymbol{\alpha})}{\partial \boldsymbol{\omega}} = \boldsymbol{\omega} - \sum_{i=1}^{N}\alpha_i y_i \boldsymbol{x}_i = \mathbf{0} \tag{7-44}$$

$$\frac{\partial L(\boldsymbol{\omega},\omega_{D+1},\boldsymbol{\alpha})}{\partial \omega_{D+1}} = -\sum_{i=1}^{N}\alpha_i y_i = 0 \tag{7-45}$$

由此易知,$\boldsymbol{\omega} = \sum_{i=1}^{N}\alpha_i y_i x_i$,$\sum_{i=1}^{N}\alpha_i y_i = 0$,将其代入式(7-42),可得

$$\begin{aligned}
L(\boldsymbol{\omega},\omega_{D+1},\boldsymbol{\alpha}) &= \frac{1}{2}\boldsymbol{\omega}^{\mathrm{T}}\boldsymbol{\omega} + \sum_{i=1}^{N}\alpha_i - \sum_{i=1}^{N}\alpha_i y_i \boldsymbol{\omega}^{\mathrm{T}} x_i - \sum_{i=1}^{N}\alpha_i y_i \omega_{D+1} \\
&= \sum_{i=1}^{N}\alpha_i + \frac{1}{2}\boldsymbol{\omega}^{\mathrm{T}}\boldsymbol{\omega} - \boldsymbol{\omega}^{\mathrm{T}}\sum_{i=1}^{N}\alpha_i y_i x_i - \omega_{D+1}\sum_{i=1}^{N}\alpha_i y_i \\
&= \sum_{i=1}^{N}\alpha_i + \frac{1}{2}\boldsymbol{\omega}^{\mathrm{T}}\boldsymbol{\omega} - \boldsymbol{\omega}^{\mathrm{T}}\boldsymbol{\omega} - 0 \\
&= \sum_{i=1}^{N}\alpha_i - \frac{1}{2}\boldsymbol{\omega}^{\mathrm{T}}\boldsymbol{\omega} \\
&= \sum_{i=1}^{N}\alpha_i - \frac{1}{2}\left(\sum_{i=1}^{N}\alpha_i y_i \boldsymbol{x}_i\right)^{\mathrm{T}}\left(\sum_{j=1}^{N}\alpha_j y_j \boldsymbol{x}_j\right)
\end{aligned}$$

$$=\sum_{i=1}^{N}\alpha_i-\frac{1}{2}\sum_{i=1}^{N}\sum_{j=1}^{N}\alpha_i\alpha_j y_i y_j \boldsymbol{x}_i^{\mathrm{T}}\boldsymbol{x}_j \tag{7-46}$$

分析上式可知，目标函数的优化变量仅包含拉格朗日乘子向量$\boldsymbol{\alpha}$，约束条件为$\sum_{i=1}^{N}\alpha_i y_i=0$和$\alpha_i\geqslant 0$，由此硬间隔SVM对应的对偶优化问题为

$$\begin{aligned}&\min \frac{1}{2}\sum_{i=1}^{N}\sum_{j=1}^{N}\alpha_i\alpha_j y_i y_j \boldsymbol{x}_i^{\mathrm{T}}\boldsymbol{x}_j-\sum_{i=1}^{N}\alpha_i\\&\text{s. t. } \alpha_i\geqslant 0,\quad i=1,2,\cdots N\\&\sum_{i=1}^{N}\alpha_i y_i=0\end{aligned} \tag{7-47}$$

鉴于对偶问题求解更为简单，硬间隔SVM采用二次规划方法得到上式的优化解α_i^*，然后可计算出最优的权向量$\boldsymbol{\omega}^*=\sum_{i=1}^{N}\alpha_i^* y_i\boldsymbol{x}_i$。

2）KKT条件

上面已经基于拉格朗日对偶优化求解出了最优判决界面的权向量$\boldsymbol{\omega}^*$，下面借助KKT条件来求解最优判决界面的另一个参数ω_{D+1}。

KKT条件常用于求解类似于式(7-37)带有等式约束和不等式约束的优化问题，首先构造其拉格朗日乘子函数

$$L(\boldsymbol{x},\boldsymbol{\alpha},\boldsymbol{\beta})=f(\boldsymbol{x})+\sum_{i=1}^{m}\alpha_i l_i(\boldsymbol{x})+\sum_{i=1}^{n}\beta_i h_i(\boldsymbol{x})$$

则最优解$(\boldsymbol{x}^*,\boldsymbol{\alpha}^*,\boldsymbol{\beta}^*)$满足如下KKT条件。

(1) 原始可行性条件：$l_i(\boldsymbol{x}^*)\leqslant 0, h_i(\boldsymbol{x}^*)=0$。

(2) 对偶可行性条件：$\alpha_i^*\geqslant 0$。

(3) 极值条件：$\nabla_x L(\boldsymbol{x}^*,\boldsymbol{\alpha}^*,\boldsymbol{\beta}^*)=0$

(4) 互补松弛条件：$\boldsymbol{\alpha}^* l_i(\boldsymbol{x}^*)=0$

鉴于SVM算法优化问题在实施拉格朗日对偶优化时满足强对偶关系，根据上述KKT条件，可知参数ω_{D+1}满足如下互补松弛条件：

$$\alpha_i^*[1-y_i(\boldsymbol{\omega}^{*\mathrm{T}}\boldsymbol{x}_i+\omega_{D+1}^*)]=0 \tag{7-48}$$

上式等价于

$$\alpha_i^*[y_i(\boldsymbol{\omega}^{*\mathrm{T}}\boldsymbol{x}_i+\omega_{D+1}^*)-1]=0 \tag{7-49}$$

鉴于硬间隔SVM在分类时在超平面$\boldsymbol{\omega}^{\mathrm{T}}\boldsymbol{x}+\omega_{D+1}=1$和超平面$\boldsymbol{\omega}^{\mathrm{T}}\boldsymbol{x}+\omega_{D+1}=-1$之间无样本分布，实际样本的分布主要有两种情况：

(1) 满足$y_i(\boldsymbol{\omega}^{*\mathrm{T}}\boldsymbol{x}_i+\omega_{D+1}^*)-1>0$的样本位于超平面$\boldsymbol{\omega}^{\mathrm{T}}\boldsymbol{x}+\omega_{D+1}=1$或超平面$\boldsymbol{\omega}^{\mathrm{T}}\boldsymbol{x}+\omega_{D+1}=-1$外侧，根据互补松弛条件其对应的$\alpha_i^*=0$；

(2) 满足$y_i(\boldsymbol{\omega}^{*\mathrm{T}}\boldsymbol{x}_i+\omega_{D+1}^*)-1=0$的样本位于超平面$\boldsymbol{\omega}^{\mathrm{T}}\boldsymbol{x}+\omega_{D+1}=1$或超平面$\boldsymbol{\omega}^{\mathrm{T}}\boldsymbol{x}+\omega_{D+1}=-1$上，根据互补松弛条件其对应的$\alpha_i^*>0$。

进一步,将最优权向量 $\boldsymbol{\omega}^* = \sum_{i=1}^{N} \alpha_i^* y_i \boldsymbol{x}_i$ 代入最优判决函数平面方程 $d(\boldsymbol{x}) = \boldsymbol{\omega}^{\mathrm{T}} \boldsymbol{x} + \omega_{D+1} = 0$,可得

$$d(\boldsymbol{x}) = \sum_{i=1}^{N} \alpha_i^* y_i \boldsymbol{x}_i^{\mathrm{T}} \boldsymbol{x} + \omega_{D+1} = 0 \tag{7-50}$$

从形式上分析,上述最优决策平面方程的构建只取决于 $\alpha_i^* > 0$ 所对应的样本(位于超平面 $\boldsymbol{\omega}^{\mathrm{T}} \boldsymbol{x} + \omega_{D+1} = 1$ 或超平面 $\boldsymbol{\omega}^{\mathrm{T}} \boldsymbol{x} + \omega_{D+1} = -1$ 上的样本),因为 $\alpha_i^* = 0$ 的样本(位于超平面 $\boldsymbol{\omega}^{\mathrm{T}} \boldsymbol{x} + \omega_{D+1} = 1$ 或超平面 $\boldsymbol{\omega}^{\mathrm{T}} \boldsymbol{x} + \omega_{D+1} = -1$ 外侧的样本)对于构建最优决策判决界面没有提供任何帮助。因此,将 $\alpha_i^* > 0$ 的样本称为支持向量,它只属于总体样本集中的少数,但对于决策界面具有决定性作用。鉴于此,将这种寻找支持向量并构造最优判决界面的方法称为支持向量机。

对于参数 ω_{D+1} 的求解,可以基于已经求解出的最优权向量 $\boldsymbol{\omega}^*$,任选一个支持向量 $\boldsymbol{x}_i$ 及其类别标签 y_i,即可根据互补松弛条件构建出的方程 $y_i(\boldsymbol{\omega}^{*\mathrm{T}} \boldsymbol{x}_i + \omega_{D+1}^*) - 1 = 0$ 求解出最优的 ω_{D+1}^*。

7.3.2 软间隔 SVM

硬间隔要求待分类的两类样本是线性可分的,当存在少数样本不满足 $y_i(\boldsymbol{\omega}^{\mathrm{T}} \boldsymbol{x}_i + \omega_{D+1}) > 1$ 条件时,便会导致违规判决或者错误判决的情况。如图 7.9 所示,有三个样本满足 $\varepsilon_i \geqslant 1 (i = 1, 2, 3)$ 的条件,基于硬间隔 SVM 得到的判决界面会出现错判;有一个样本满足 $0 < \varepsilon_4 < 1$ 的条件,基于硬间隔 SVM 能够实现类别的正确判决,但是不满足硬间隔 SVM 中 $y_i(\boldsymbol{\omega}^{\mathrm{T}} \boldsymbol{x}_i + \omega_{D+1}) > 1$ 的约束条件,这里视为违规判决的情况。

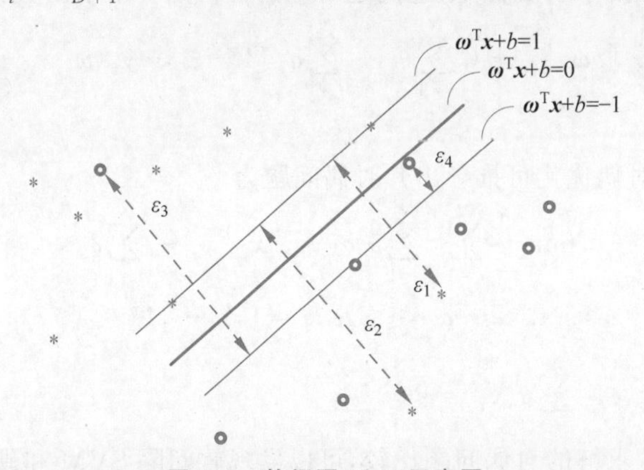

图 7.9 软间隔 SVM 示意图

针对上述存在少量错判或违规判别样本导致的非线性可分的问题,一种解决的思路是对约束条件进行松弛,将发生错误的情况融入硬间隔 SVM 定义的目标函数和约束条件中,以期获得较小的分类错误。这一方法实际上可视为硬间隔 SVM 的松弛版本,称为软间隔 SVM。

首先考虑软间隔 SVM 的约束条件，由于错分或违规的样本不再满足 $y_i(\boldsymbol{\omega}^{\mathrm{T}}\boldsymbol{x}_i+\omega_{D+1})>1$，一种改善的方法是对每个样本加入松弛变量 ξ_i，使得下式成立：

$$y_i(\boldsymbol{\omega}^{\mathrm{T}}\boldsymbol{x}_i+\omega_{D+1})\geqslant 1-\xi_i,\quad \xi_i\geqslant 0 \tag{7-51}$$

ξ_i 取值对应三种样本的情况：

(1) 当 $\xi_i=0$ 时，对应的样本 $\boldsymbol{x}_i$ 能够正确分类，这与硬间隔 SVM 情况一致；

(2) 当 $0<\xi_i<1$ 时，对应的样本 $\boldsymbol{x}_i$ 能够正确分类，但是属于违背硬间隔 SVM 约束条件的情况；

(3) 当 $\xi_i>1$ 时，对应的样本 $\boldsymbol{x}_i$ 分类错误，也属于违背硬间隔 SVM 约束条件的情况。

其次考虑软间隔 SVM 的目标函数，便可在最大化两类分类间隔的基础上对误判情况进行约束。软间隔 SVM 的目标函数定义为

$$\min\frac{1}{2}\|\boldsymbol{\omega}\|^2+C\sum_{i=1}^{N}\xi_i \tag{7-52}$$

式中：第二项表示的是所有样本潜在的错判情况的累积，C 为人工设定的参数。

由前面分析可知，ξ_i 取值越大，代表其对应样本 $\boldsymbol{x}_i$ 被错分的可能性越大。这意味着，为了获得最小的分类错误，应该使得累积的错误 $\sum_{i=1}^{N}\xi_i$ 最小。

基于上述分析，软间隔 SVM 求解的优化问题为

$$\begin{aligned}&\min\frac{1}{2}\|\boldsymbol{\omega}\|^2+C\sum_{i=1}^{N}\xi_i\\&\text{s.t. } y_i(\boldsymbol{\omega}^{\mathrm{T}}\boldsymbol{x}_i+\omega_{D+1})\geqslant 1-\xi_i\\&\xi_i\geqslant 0\end{aligned} \tag{7-53}$$

与硬间隔 SVM 的求解类似，上述问题对应的拉格朗日乘子函数为

$$L(\boldsymbol{\omega},\omega_{D+1},\boldsymbol{\alpha})=\frac{1}{2}\|\boldsymbol{\omega}\|^2+C\sum_{i=1}^{N}\xi_i+\sum_{i=1}^{N}\alpha_i[1-\xi_i-y_i(\boldsymbol{\omega}^{\mathrm{T}}\boldsymbol{x}_i+\omega_{D+1})]-\sum_{i=1}^{N}\beta_i\xi_i \tag{7-54}$$

采用拉格朗日对偶优化可推导出其对偶问题为

$$\begin{aligned}&\min\frac{1}{2}\sum_{i=1}^{N}\sum_{j=1}^{N}\alpha_i\alpha_j y_i y_j \boldsymbol{x}_i{}^{\mathrm{T}}\boldsymbol{x}_j-\sum_{i=1}^{N}\alpha_i\\&\text{s.t. } 0\leqslant\alpha_i\leqslant C,\quad i=1,2,\cdots,N\\&\sum_{i=1}^{N}\alpha_i y_i=0\end{aligned} \tag{7-55}$$

与硬间隔 SVM 求解的对偶问题比较，可以发现软间隔 SVM 和硬间隔 SVM 求解的对偶优化问题只在拉格朗日乘子 α_i 的约束条件上发生了变化，在目标函数和等式约束条件下完全一致。由此，仍然基于类似的方法进行求解，最终获得软间隔 SVM 的最优权向量为

$$\boldsymbol{\omega}^*=\sum_{i=1}^{N}\alpha_i^* y_i\boldsymbol{x}_i \tag{7-56}$$

由此可知,软间隔 SVM 的最优判决函数平面方程为

$$d(\boldsymbol{x})=\sum_{i=1}^{N}\alpha_i^* y_i \boldsymbol{x}_i^{\mathrm{T}}\boldsymbol{x}+\boldsymbol{\omega}_{D+1}^*=0 \tag{7-57}$$

7.3.3 核 SVM

软间隔 SVM 能处理较低程度的非线性可分问题,但是面对比较复杂的非线性可分问题仍然会失效。例如,图 7.10 (a)所示二维两类模式分类问题,无法根据软间隔 SVM 获得最优的判决界面实现两类模式的正确分类。

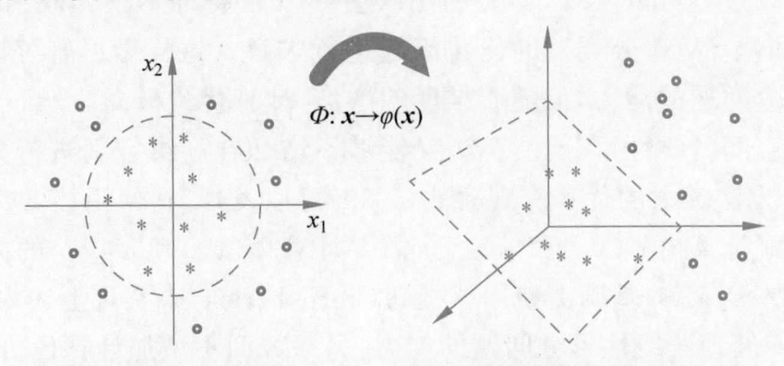

图 7.10 通过升维映射将非线性可分问题转化为线性可分问题

在 7.2.1 节针对非线性可分问题介绍了广义线性判别函数法,其基本思路是将低维模式经过适当的非线性变换映射到高维模式空间,以期将低维空间的线性不可分问题转化为高维空间的线性可分问题进行处理,如图 7.10(b)所示。该方法虽然在理论上是可行的,但是当样本维数较高或者基本分类器复杂度较高时计算复杂度很大。

例如,假设针对二维两类的非线性可分问题,硬间隔 SVM 适于处理线性可分问题,其对偶优化问题为

$$\begin{aligned}&\min \frac{1}{2}\sum_{i=1}^{N}\sum_{j=1}^{N}\alpha_i\alpha_j y_i y_j \boldsymbol{x}_i{}^{\mathrm{T}}\boldsymbol{x}_j-\sum_{i=1}^{N}\alpha_i\\&\text{s.t. } \alpha_i\geqslant 0,\quad i=1,2,\cdots,N\\&\sum_{i=1}^{N}\alpha_i y_i=0\end{aligned} \tag{7-58}$$

为了将该方法扩展,使其具备非线性可分的能力,可将上述优化问题通过映射函数 $z=\varphi(\boldsymbol{x})$改写为

$$\begin{aligned}&\min \frac{1}{2}\sum_{i=1}^{N}\sum_{j=1}^{N}\alpha_i\alpha_j y_i y_j \varphi(\boldsymbol{x}_i)^{\mathrm{T}}\varphi(\boldsymbol{x}_j)-\sum_{i=1}^{N}\alpha_i\\&\text{s.t. } \alpha_i\geqslant 0,\quad i=1,2,\cdots,N\\&\sum_{i=1}^{N}\alpha_i y_i=0\end{aligned} \tag{7-59}$$

对于映射函数 $\varphi(\boldsymbol{x})$,若考虑通过三阶多项式将原有二维模式 $\boldsymbol{x}=(x_1,x_2)^{\mathrm{T}}$ 升至 10 维,运算规则具体为

$$z=\varphi_3(\boldsymbol{x})=(1,x_1,x_2,x_1^2,x_2^2,x_1x_2,x_1^3,x_2^3,x_1^2x_2,x_1x_2^2)^{\mathrm{T}} \tag{7-60}$$

上述映射函数包含了1个常数项、2个一次项、3个二次项、4个三次项的映射计算。

若考虑采用四阶多项式，则可实现由二维模式升为15维模式，$\varphi_4(\boldsymbol{x})$在$\varphi_3(\boldsymbol{x})$的基础上还需要再增加5个四次项的映射计算，即

$$\begin{aligned}z&=\varphi_4(\boldsymbol{x})\\&=(1,x_1,x_2,x_1^2,x_2^2,x_1x_2,x_1^3,x_2^3,x_1^2x_2,x_1x_2^2,x_1^4,x_2^4,x_1x_2^3,x_1^2x_2^2,x_1^3x_2)^{\mathrm{T}}\end{aligned} \tag{7-61}$$

分析上述计算过程可以发现，首先利用映射$\varphi(\boldsymbol{x})$，将样本模式映射$\varphi(\boldsymbol{x})$到高维空间，然后代入硬间隔SVM分类器的优化问题进行求解。这样做尽管可以在理论上提升其处理非线性可分问题的能力，但随着维度的增加，计算代价极高。

既利用高维空间的线性可分性特点，又能够不增加在高维空间进行分类带来的计算代价，是核SVM方法最大的优势。观察式(7-59)可以发现，在使用核SVM求解问题时，不一定需要显示式计算出$\varphi(\boldsymbol{x}_j)$和$\varphi(\boldsymbol{x}_j)$，需要计算$\varphi(\boldsymbol{x}_j)$和$\varphi(\boldsymbol{x}_j)$的内积，即$\varphi(\boldsymbol{x}_i)^{\mathrm{T}}\varphi(\boldsymbol{x}_j)$。于是在硬SVM的基础上使用核技巧(kernel trick)来实现上述内积的简化计算，一方面扩展SVM处理非线性可分问题的能力，另一方面不增加计算代价，相关的算法称为核SVM算法。

核函数在内涵上表达的便是映射函数的内积，其基本定义如下：

定义7.1 核函数。对于样本空间任意两个数据$\boldsymbol{x},\boldsymbol{y}\in X$，设$\varphi$是从$X$到内积空间$F$的一个映射$\varphi:\boldsymbol{x}\to\varphi(\boldsymbol{x})\in F$，若函数$\kappa$满足$\kappa(\boldsymbol{x},\boldsymbol{y})=\varphi(\boldsymbol{x})\cdot\varphi(\boldsymbol{y})$，则称$\kappa(\boldsymbol{x},\boldsymbol{y})$为核函数(kernel function)。

核函数最大的作用是计算内积$\varphi(\boldsymbol{x})\cdot\varphi(\boldsymbol{y})$（即$\varphi(\boldsymbol{x})^{\mathrm{T}}\varphi(\boldsymbol{y})$）。其不需要显式地计算$\varphi(\boldsymbol{x})$与$\varphi(\boldsymbol{y})$，而是直接依据$\kappa(\boldsymbol{x},\boldsymbol{y})$的函数形式计算出内积的结果。例如，对于二维模式$\boldsymbol{x}=(x_1,x_2)^{\mathrm{T}}=(1,2)^{\mathrm{T}}$，$\boldsymbol{y}=(y_1,y_2)^{\mathrm{T}}=(1,1)^{\mathrm{T}}$，定义二阶多项式映射函数$\varphi(\boldsymbol{x})=(1,x_1^2,\sqrt{2}x_1x_2,x_2^2,\sqrt{2}x_1,\sqrt{2}x_2)^{\mathrm{T}}$，定义核函数$\kappa(\boldsymbol{x},\boldsymbol{y})=(1+x_1y_1+x_2y_2)^2$，则内积$\varphi(\boldsymbol{x})^{\mathrm{T}}\varphi(\boldsymbol{y})$有两种计算方法：

方法一：先映射，再求内积，即

$$\begin{aligned}\varphi(\boldsymbol{x})^{\mathrm{T}}\varphi(\boldsymbol{y})&=(1,1,2\sqrt{2},4,\sqrt{2},2\sqrt{2})^{\mathrm{T}}(1,1,\sqrt{2},1,\sqrt{2},\sqrt{2})\\&=1+1+4+4+2+4=16\end{aligned}$$

方法二：直接基于核函数形式计算内积，即

$$\varphi(\boldsymbol{x})^{\mathrm{T}}\varphi(\boldsymbol{y})=\kappa(\boldsymbol{x},\boldsymbol{y})=(1+1\times1+2\times1)^2=4^2=16$$

比较方法一和方法二可以发现，两种方法计算结果相同，但基于核函数形式计算内积计算更简洁，尤其当升维维数更大或者映射函数更为复杂时，基于核函数形式计算内积的优势更明显。

基于核函数代替优化问题中的映射函数内积计算项，可得核SVM求解的优化问题为

$$\min\frac{1}{2}\sum_{i=1}^{N}\sum_{j=1}^{N}\alpha_i\alpha_jy_iy_j\kappa(\boldsymbol{x}_i,\boldsymbol{x}_j)-\sum_{i=1}^{N}\alpha_i$$

$$\text{s.t. } \alpha_i \geqslant 0, \quad i=1,2,\cdots,N$$

$$\sum_{i=1}^{N} \alpha_i y_i = 0 \tag{7-62}$$

类似于硬间隔 SVM 的推导，可得到核 SVM 最终的判决界面为

$$d(x) = \operatorname{sgn}\left(\sum_{i=1}^{N} \alpha_i^* y_i \kappa(\boldsymbol{x}_i, \boldsymbol{x}) + \omega_{D+1}^*\right) \tag{7-63}$$

显然，核函数的使用可以较大地降低计算量，同时也利用了在高维空间中处理分类问题的便利性。因此，在模式识别、机器学习等领域中，核函数方法被广泛应用，这种思想又称为核技巧。注意，核函数是需要精心构造的，并不是每个函数都可以作为核函数。常用的核函数可如表 7.1 所示。

表 7.1 常用的核函数

多项式核函数	$\kappa(\boldsymbol{x}_i, \boldsymbol{x}_j) = (\boldsymbol{x}_i \cdot \boldsymbol{x}_j + 1)^d, d=2,3,4,\cdots$
高斯核函数	$\kappa(\boldsymbol{x}_i, \boldsymbol{x}_j) = \exp\left(-\frac{\\| \boldsymbol{x}_i - \boldsymbol{x}_j \\|^2}{2\sigma^2}\right)$
双曲正切核函数	$\kappa(\boldsymbol{x}_i, \boldsymbol{x}_j) = \tanh(\kappa \boldsymbol{x}_i \cdot \boldsymbol{x}_j + c)$

7.4 本章小结

本章关注基于判别界面来进行模式分类的方法，针对线性可分问题介绍了线性判别函数的概念和基本的线性判别准则，针对非线性可分问题介绍了典型的非线性可分方法，最后以支持向量机为重点讲述了求解最优线性判决界面的硬间隔 SVM、容忍少量错分样本的软间隔 SVM 以及融入核技巧的处理非线性可分问题的核 SVM。

- 模式识别问题主要包含线性可分和非线性可分两种类型，线性可分可以构造线性超平面来进行分类，非线性可分可以构造超球面、超椭球面或超双曲面进行分类。
- 线性判别函数的判决函数一般形式为 $d(\boldsymbol{x}) = \boldsymbol{\omega}^{\mathrm{T}} \boldsymbol{x} + \omega_{d+1}$。权向量 $\boldsymbol{\omega} = (\omega_1, \omega_2, \cdots, \omega_d)^{\mathrm{T}}$ 是分类超平面 $d(\boldsymbol{x}) = \boldsymbol{\omega}^{\mathrm{T}} \boldsymbol{x} + \omega_{d+1} = 0$ 的法向量。模式 $\boldsymbol{x}'$ 处判别函数的大小 $d(\boldsymbol{x}')$ 正比于 $\boldsymbol{x}'$ 到超平面 $d(\boldsymbol{x}) = \boldsymbol{\omega}^{\mathrm{T}} \boldsymbol{x} + \omega_{d+1} = 0$ 的距离。
- 在基于判别函数的分类方法中，通常将多类分类问题转化为多个二分类问题进行处理，主要处理方法有 $\omega_i/\bar{\omega}_i$ 两分法、ω_i/ω_j 两分法及无不确定区的 ω_i/ω_j 两分法等。
- 典型的非线性判别函数包括广义线性判别函数、二次判别函数和分段线性判别函数等。
- 最优分类超平面理论指出，最优的分类超平面仅有一个，它能将两类样本完全正确地分类，且两类中与该超平面最靠近的样本与该超平面的距离最大，此时对应的超平面称为最优分类超平面。
- SVM 是求解最优超平面或最大间隔分类超平面的模式分类方法。拉格朗日对偶优化和 KKT 条件是求解 SVM 优化问题的重要手段。

- SVM系列方法求解优化问题时只涉及样本内积计算的形式，可以采用核函数来代替显示的内积计算，从而高效实现样本特征在高维空间的非线性变换。

习题

1. 判别函数法的分类思路是什么？

2. 使用 ω_i/ω_j 两分法对五类样本分类，当有可能存在不确定区域时，需要多少个判别界面？

3. 当使用无不确定区域的 ω_i/ω_j 两分法对五类样本分类时，需要多少个判别界面？

4. $\omega_i/\bar{\omega}_i$ 两分法处理多类分类问题的基本思想是什么？

5. 简述广义线性判别函数法处理线性不可分问题的基本思想。

6. 简述SVM与一般分类器的区别。

7. SVM的任务目标是什么？

8. 试参照硬间隔SVM的推导方法推导软间隔SVM的对偶优化问题及最优的权向量。

9. 核函数的主要作用是什么？

10. 常用核函数有哪些？举出三个例子。

11. 画出思维导图，串联本章所讲的知识点。

第8章 基于概率的分类方法

在模式识别领域有很多分类方法基于模式特征向量实现的是确定性的推理或判决，即每个样本能且仅能被判别为唯一的一类中，如SVM方法。然而，在很多实际应用场景中特征矢量与类别并非一一对应，例如基于身高判断性别时，身高1.7m可同时对应男性和女性，这便是不确定性判决的问题。本章将基于概率统计相关知识介绍不确定性判决的方法，这些方法非常经典，在实际应用中也非常广泛。

8.1 贝叶斯决策论

8.1.1 从模式识别的角度认识贝叶斯公式

贝叶斯(Bayes)公式是贝叶斯决策论的核心，因此首先对贝叶斯公式进行介绍。

贝叶斯公式涉及样本空间划分的概念。假设Ω为试验E的样本空间，$B_1,B_2,\cdots,B_C$为一组事件，若满足：

(1) $B_i \cap B_j=\varnothing, i,j=1,2,\cdots,C, i\neq j$

(2) $B_1\cup B_2\cup\cdots\cup B_C=\Omega$

则称$B_1,B_2,\cdots,B_C$为样本空间的一个划分。

在上述关于划分的描述中，条件(1)要求划分出的空间互不相容，条件(2)要求划分具有充分性，即不存在事件的遗漏。

在划分概念的基础上，即可定义贝叶斯公式为

$$P(B_i \mid A)=\frac{P(A \mid B_i)P(B_i)}{P(A)} \tag{8-1}$$

式中：B_i为样本空间的划分；A为某个具体的事件(对应样本)；$P(A)$为事件A发生的先验概率；$P(B_i)$为划分出的某一具体空间B_i发生的先验概率。$P(A|B_i)$和$P(B_i|A)$均为条件概率，但意义不尽相同，$P(A|B_i)$为当B_i存在时单个事件A发生的概率，$P(B_i|A)$为当事件A发生后划分B_i存在的概率。若将划分B_i视为条件，事件A视为结果，则$P(A|B_i)$描述的是由条件B_i推测事件A发生的可能性的情况，$P(B_i|A)$描述的是由结果A反推条件B_i存在的情况。从这个意义上来说，一般$P(A|B_i)$称为条件概率，$P(B_i|A)$称为后验概率。若用全概率公式将$P(A)$进行展开，还可得到等价形式的贝叶斯公式，即

$$P(B_i \mid A)=\frac{P(A \mid B_i)P(B_i)}{P(A)}=\frac{P(A \mid B_i)P(B_i)}{\sum_{j=1}^{C}P(A \mid B_j)P(B_j)} \tag{8-2}$$

若用特征向量$\boldsymbol{x}$代替事件A，用类别ω_i代替划分的区域B_i，则可以得到应用于模式识别的贝叶斯公式为

$$P(\omega_i \mid \boldsymbol{x})=\frac{p(\boldsymbol{x} \mid \omega_i)P(\omega_i)}{p(\boldsymbol{x})} \tag{8-3}$$

式中：$P(\omega_i)$为先验概率，表示ω_i类出现的先验概率，简称类的概率；$p(\boldsymbol{x}|\omega_i)$为类概率密度，表示在类$\omega_i$条件下的概率密度，即类$\omega_i$模式$\boldsymbol{x}$的概率密度分布，简称类概密；

$P(\omega_i|\boldsymbol{x})$为后验概率，表示模式 $\boldsymbol{x}$ 出现条件下类 ω_i 出现的概率，即 $\boldsymbol{x}$ 来自类 ω_i 的概率；$p(\boldsymbol{x})$为总体概率密度，不考虑类别，全体样本的概率密度分布。

从模式识别的角度来看，式(8-3)中的 $\boldsymbol{x}$ 表示已经从某个类分布采样出来的样本，其已经是生成的数据，可视为结果；ω_i 表示产生采样数据的第 i 个分布，可视为原因。由此，贝叶斯公式实质上是由结果来推导原因的一种手段，在形式上实现的是由先验概率 $P(\omega_i)$和类概率密度函数 $p(\boldsymbol{x}|\omega_i)$导出后验概率 $P(\omega_i|\boldsymbol{x})$的过程。

根据后验概率的基本含义，$P(\omega_i|\boldsymbol{x})$能够反映 $\boldsymbol{x}$ 来自类 ω_i 的概率，这意味着只要获取当前样本对应所有类别的后验概率，即可选择后验概率最大的一类作为类别的决策输出。上述过程实际上就是贝叶斯决策过程，相应的决策规则称为**最大后验概率准则**，具体描述如下：

$$\text{若 } P(\omega_j \mid \boldsymbol{x}) \geqslant P(\omega_i \mid \boldsymbol{x}),\quad \forall i \neq j,\quad \text{则判决 } \boldsymbol{x} \in \omega_j \tag{8-4}$$

除了最大后验概率准则，贝叶斯决策论还包含很多其他基于概率的分类方法，如最小误判概率准则、最小损失判决准则、朴素贝叶斯分类器等。

8.1.2 最小误判概率准则

贝叶斯决策主要是针对非确定性分类问题提出的，因此在决策过程中普遍存在误判的情况，最小误判概率准则实际上就是研究如何最小化误判概率的一种贝叶斯决策方法。事实上，该准则与最大后验概率准则实际上是等价的。

以两类分类问题为例，假设 ω_1 和 ω_2 类的先验概率为 $P(\omega_1)$和 $P(\omega_2)$，以及 ω_1 和 ω_2 类概率密度函数 $p(\boldsymbol{x}|\omega_1)$和 $p(\boldsymbol{x}|\omega_2)$已知。如图 8.1 所示，分类门限 t 的取值处于在两类模式 $\boldsymbol{x}$ 的取值范围中，由于两类的概率密度函数存在交叠，使得分类门限 t 无论处于何处都有可能出现部分样本误判的情况，最小误判概率准则的目标实际上就是要求解出最佳门限 t^*，并使得误判概率最小。

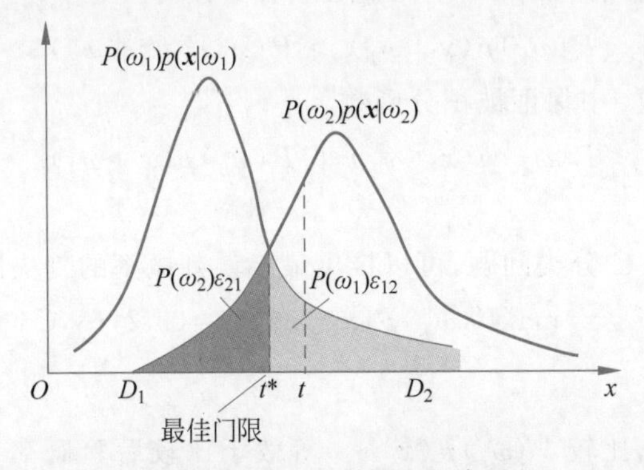

图 8.1　最小误判概率示意图

D_1 和 D_2 分别为 ω_1 和 ω_2 类的决策区域，如图 8.1 所示，$D_1\in(-\infty,t)$，$D_2\in(t,+\infty)$。此时样本误判的情况包含两部分：一是将原本属于 ω_1 的样本误判为 ω_2 类，其误判概率可描述为

$$\varepsilon_{12}=\int_{t}^{+\infty} p(\boldsymbol{x} \mid \omega_1)\mathrm{d}\boldsymbol{x}$$

二是将原本属于 ω_2 的样本误判为 ω_1 类，其误判概率可描述为

$$\varepsilon_{21}=\int_{-\infty}^{t} p(\boldsymbol{x} \mid \omega_2)\mathrm{d}\boldsymbol{x}$$

将 ε_{12} 和 ε_{21} 分别与两类的先验概率 $P(\omega_1)$和 $P(\omega_2)$进行加权求和，即可得到两类分类时总的误判概率为

$$\begin{aligned}
P_{\mathrm{e}} &= P(\omega_1)\varepsilon_{12}+P(\omega_2)\varepsilon_{21} \\
&= P(\omega_1)\int_{t}^{+\infty} p(\boldsymbol{x} \mid \omega_1)\mathrm{d}\boldsymbol{x}+P(\omega_2)\int_{-\infty}^{t} p(\boldsymbol{x} \mid \omega_2)\mathrm{d}\boldsymbol{x} \\
&= \int_{t}^{+\infty} P(\omega_1)p(\boldsymbol{x} \mid \omega_1)\mathrm{d}\boldsymbol{x}+\int_{-\infty}^{t} P(\omega_2)p(\boldsymbol{x} \mid \omega_2)\mathrm{d}\boldsymbol{x}
\end{aligned} \tag{8-5}$$

由于最小化 P_{e} 相对比较困难，等价地可以考虑最大化正确判决概率 P_{c}。考虑到 ε_{12} 表示将原属于 ω_1 的样本误判为 ω_2 类的错误概率，则将原属于 ω_1 的样本正确判为 ω_1 类的概率可表示为 $1-\varepsilon_{12}$；同理，将原属于 ω_2 的样本正确判为 ω_2 类的概率可表示为 $1-\varepsilon_{21}$。则总的正确判决概率为

$$\begin{aligned}
P_{\mathrm{c}} &= P(\omega_1)(1-\varepsilon_{12})+P(\omega_2)(1-\varepsilon_{21}) \\
&= P(\omega_1)\int_{-\infty}^{t} p(\boldsymbol{x} \mid \omega_1)\mathrm{d}\boldsymbol{x}+P(\omega_2)\int_{t}^{+\infty} p(\boldsymbol{x} \mid \omega_2)\mathrm{d}\boldsymbol{x} \\
&= \int_{-\infty}^{t} P(\omega_1)p(\boldsymbol{x} \mid \omega_1)\mathrm{d}\boldsymbol{x}+\int_{t}^{+\infty} P(\omega_2)p(\boldsymbol{x} \mid \omega_2)\mathrm{d}\boldsymbol{x}
\end{aligned} \tag{8-6}$$

分析式(8-6)可以发现，求和两部分分别针对判属为 ω_1 和 ω_2 类的决策区域 D_1 和 D_2 实现对先验概率和类概密的积分。由于两个积分项的形式完全一致，若想使总的积分和最大，则在 ω_1 的决策区域 D_1 中保证被积分函数

$$P(\omega_1)p(\boldsymbol{x} \mid \omega_1) > P(\omega_2)p(\boldsymbol{x} \mid \omega_2) \tag{8-7}$$

以及 ω_2 的决策区域 D_2 中保证被积分函数

$$P(\omega_1)p(\boldsymbol{x} \mid \omega_1) < P(\omega_2)p(\boldsymbol{x} \mid \omega_2) \tag{8-8}$$

均成立。

类似地，对于一个 C 分类问题，可以推出最小误判概率的判决准则为

$$\text{若 } P(\omega_i)p(\boldsymbol{x} \mid \omega_i)=\max_{j} P(\omega_j)p(\boldsymbol{x} \mid \omega_j),\ j=1,2,\cdots,C, \quad \text{则判决 } \boldsymbol{x} \in \omega_i \tag{8-9}$$

根据式(8-3)可知，比较 $P(\omega_i)p(\boldsymbol{x}|\omega_i)$等效于比较后验概率 $P(\omega_j|\boldsymbol{x})$。这意味着最小误判概率准则实际上等价于最大后验概率准则。

若只针对两类分类问题，最小误判概率准则可直接写为

$$\text{若 } P(\omega_1)p(\boldsymbol{x} \mid \omega_1) > P(\omega_2)p(\boldsymbol{x} \mid \omega_2), \quad \text{则判决 } \boldsymbol{x} \in \omega_1\text{，否则判决 } \boldsymbol{x} \in \omega_2 \tag{8-10}$$

此外，上式还可以改写为等价的似然比形式，即

$$若\ l(\boldsymbol{x})=\frac{p(\boldsymbol{x}\mid\omega_1)}{p(\boldsymbol{x}\mid\omega_2)}\gtrless\frac{P(\omega_2)}{P(\omega_1)},\quad 则判\ \boldsymbol{x}\in\begin{cases}\omega_1\\ \omega_2\end{cases} \tag{8-11}$$

8.1.3 最小损失判决准则

在最小误判概率准则中考虑的是使样本类别误判情况的数量发生最少，并未考虑误判所造成的代价。实际上，不同类样本被误判的代价有时会存在巨大差别。例如，在对某些具有严重危害的疾病做诊断时，将原本阳性（真患病）误诊为阴性的危害远大于将原本阴性（未患病）误诊为阳性的危害。因此，在对类似场景做模式分类时，应该考虑不同类别样本误判的代价（或损失），并在最小化判决损失的基础上寻求最优的判决结果，相应的决策方法称为最小损失判决准则。

在最小损失判决准则中，决策变量为模式的特征向量 $\boldsymbol{x}$，状态空间为 C 类样本组成的类别空间，记为 $\Psi=\{\omega_1,\omega_2,\cdots,\omega_C\}$；决策空间包含由若干决策动作组成的空间，记为 $\Delta=\{\gamma_1,\gamma_2,\cdots,\gamma_l\}$，决策的结果可以包含 $\omega_1,\omega_2,\cdots,\omega_C$ 等 C 个类别标签，也可以包含拒判等；决策代价用损失函数 $\lambda_{ij}\triangleq\lambda(\gamma_j/\omega_i)$ 进行描述。其表达的是将实际属于 ω_i 的样本做出判决 γ_j 所造成的损失。一般而言，正确的决策对应的损失可以直接设置为0。表8.1给出了典型的决策-损失。

表 8.1　最小损失判决准则的决策-损失

决策条件	ω_1	ω_2	$\cdots$	ω_C
γ_1	$\lambda(\gamma_1/\omega_1)$	$\lambda(\gamma_1/\omega_2)$	$\cdots$	$\lambda(\gamma_1/\omega_C)$
γ_2	$\lambda(\gamma_2/\omega_1)$	$\lambda(\gamma_2/\omega_2)$	$\cdots$	$\lambda(\gamma_2/\omega_C)$
$\vdots$	$\vdots$	$\vdots$	$\vdots$	$\vdots$
γ_l	$\lambda(\gamma_l/\omega_1)$	$\lambda(\gamma_l/\omega_2)$	$\cdots$	$\lambda(\gamma_l/\omega_C)$

基于上述问题的描述，可以定义对模式 $\boldsymbol{x}$ 做出决策 γ_j 时所造成的期望损失为

$$R_j(\boldsymbol{x})=\sum_{i=1}^{C}\lambda_{ij}P(\omega_i\mid\boldsymbol{x}) \tag{8-12}$$

式中，考虑了模式 $\boldsymbol{x}$ 来自所有类别的可能性，并用其属于各类的后验概率对损失进行加权。式(8-12)实际上是求对模式 $\boldsymbol{x}$ 做出决策 γ_j 条件下的平均损失，因此一般也将 $R_j(\boldsymbol{x})$ 称为条件平均损失或条件贝叶斯风险。根据式(8-3)，条件平均损失还可以写为

$$\begin{aligned}R_j(\boldsymbol{x})&=\sum_{i=1}^{C}\lambda_{ij}P(\omega_i\mid\boldsymbol{x})\\&=\sum_{i=1}^{C}\lambda_{ij}\ \frac{p(\boldsymbol{x}\mid\omega_i)P(\omega_i)}{p(\boldsymbol{x})}=\frac{\sum_{i=1}^{C}\lambda_{ij}p(\boldsymbol{x}\mid\omega_i)P(\omega_i)}{\sum_{i=1}^{C}p(\boldsymbol{x}\mid\omega_i)P(\omega_i)}\end{aligned} \tag{8-13}$$

条件平均损失 $R_j(\boldsymbol{x})$ 只考虑了对单个样本 $\boldsymbol{x}$ 做决策的风险，为了全面考虑整体样本空间，可进一步将条件平均损失扩展为决策的平均损失，即

$$R_{\gamma_j}=\int R_j(\boldsymbol{x})p(\boldsymbol{x})\mathrm{d}\boldsymbol{x} \tag{8-14}$$

式中：$p(\boldsymbol{x})$为模式的总体概率密度，反映模式在特征空间分布的所有可能。R_{γ_j} 在形式上等效于对条件平均损失 $R_j(\boldsymbol{x})$求数学期望，一般也称为平均损失或平均贝叶斯风险。

基于已定义的平均损失，最小损失判决准则实际上是在最小化平均损失的目标下求得最优的决策，由此可定义其判决规则为

$$\text{若 } R_{\gamma_j}=\min_{i=1,2,\cdots,l} R_{\gamma_i},\quad \text{则判决 } \boldsymbol{x}\in\omega_j \tag{8-15}$$

实际上，可以证明最小化平均损失等效于最小化条件平均损失。因此，在实际使用最小损失判决准则时一般使用如下判决准则：

$$\text{若 } R_j(\boldsymbol{x})=\min_{i=1,2,\cdots,l} R_i(\boldsymbol{x}),\quad \text{则判决 } \boldsymbol{x}\in\omega_j \tag{8-16}$$

特别指出，当处理两类问题（仅含 ω_1 和 ω_2 类）时，假设决策也只包含两种，分别用 γ_1 和 γ_2 表示，即判决模式 $\boldsymbol{x}$ 属于 ω_1 类或 ω_2 类。此时损失函数分别为 λ_{11}、λ_{12}、λ_{21}、λ_{22}，式(8-13)可简化为

$$\begin{aligned}R_1(\boldsymbol{x})&=\frac{[\lambda_{11}P(\omega_1\mid\boldsymbol{x})+\lambda_{21}P(\omega_2\mid\boldsymbol{x})]}{p(\boldsymbol{x})}\\&=[\lambda_{11}p(\boldsymbol{x}\mid\omega_1)p(\omega_1)+\lambda_{21}p(\boldsymbol{x}\mid\omega_2)p(\omega_2)]/p(\boldsymbol{x})\end{aligned} \tag{8-17}$$

$$\begin{aligned}R_2(\boldsymbol{x})&=\frac{[\lambda_{12}P(\omega_1\mid\boldsymbol{x})+\lambda_{22}P(\omega_2\mid\boldsymbol{x})]}{p(\boldsymbol{x})}\\&=[\lambda_{12}p(\boldsymbol{x}\mid\omega_1)P(\omega_1)+\lambda_{22}p(\boldsymbol{x}\mid\omega_2)P(\omega_2)]/p(\boldsymbol{x})\end{aligned} \tag{8-18}$$

此时比较 $R_1(\boldsymbol{x})$和 $R_2(\boldsymbol{x})$的大小，即可进行决策，即

$$\begin{aligned}&\text{若}[\lambda_{11}p(\boldsymbol{x}\mid\omega_1)P(\omega_1)+\lambda_{21}p(\boldsymbol{x}\mid\omega_2)P(\omega_2)]\\&\qquad\lesseqgtr[\lambda_{12}p(\boldsymbol{x}\mid\omega_1)P(\omega_1)+\lambda_{22}p(\boldsymbol{x}\mid\omega_2)P(\omega_2)]\\&\text{则判 } \boldsymbol{x}\in\begin{cases}\omega_1\\ \omega_2\end{cases}\end{aligned} \tag{8-19}$$

进一步整理，考虑到 $p(\omega_1)>0$，$p(\omega_2)>0$，$\lambda_{11}-\lambda_{12}<0$，$\lambda_{22}-\lambda_{21}<0$，有如下判决：

$$\begin{aligned}&\text{若}(\lambda_{11}-\lambda_{12})p(\boldsymbol{x}\mid\omega_1)P(\omega_1)\gtreqless(\lambda_{22}-\lambda_{21})p(\boldsymbol{x}\mid\omega_2)P(\omega_2)\\&\text{则判 } \boldsymbol{x}\in\begin{cases}\omega_1\\ \omega_2\end{cases}\end{aligned} \tag{8-20}$$

则将上式化为似然比形式，可得

$$\begin{aligned}&\text{若}\frac{p(\boldsymbol{x}\mid\omega_1)}{p(\boldsymbol{x}\mid\omega_2)}\gtreqless\frac{\lambda_{21}-\lambda_{22}}{\lambda_{12}-\lambda_{11}}\cdot\frac{P(\omega_2)}{P(\omega_1)}\\&\text{则判 } \boldsymbol{x}\in\begin{cases}\omega_1\\ \omega_2\end{cases}\end{aligned} \tag{8-21}$$

对比上式与最小误判概率准则的似然比形式（见式(8-11)），容易发现最小误判概率的似然比形式实际上是当取损失函数 $\lambda_{11}=\lambda_{22}=0$，$\lambda_{21}=\lambda_{12}=1$ 的特例。

8.1.4 朴素贝叶斯分类器

最小误判概率准则和最小损失判决准则由于隐含使用了贝叶斯公式，其在最终判决过程中都需要求解类概密 $p(\boldsymbol{x}|\omega_i)$ 和类先验概率 $P(\omega_i)$ 的乘积，根据概率论中的条件概率公式可得

$$p(\boldsymbol{x},\omega_i)=p(\boldsymbol{x}\mid\omega_i)P(\omega_i) \tag{8-22}$$

上式说明 $p(\boldsymbol{x}|\omega_i)P(\omega_i)$ 计算的实际上是模式特征矢量与类别的联合概率分布。对于 d 维模式特征向量 $\boldsymbol{x}=(x_1,x_2,\cdots,x_d)^{\mathrm{T}}$，假设各个维度特征 $x_1,x_2,\cdots,x_d$ 的取值可能性分别有 $k_1,k_2,\cdots,k_d$ 种，则模式 $\boldsymbol{x}=(x_1,x_2,\cdots,x_d)^{\mathrm{T}}$ 的取值可能性为 $\prod_{i=1}^{d}k_i$。假设类别为 C 类，则联合概率分布 $p(\boldsymbol{x},\omega_i)$ 的取值情况为 $C\prod_{i=1}^{d}k_i$ 种，若模式特征维数 d 很高或者各维度的取值可能性 $k_1,k_2,\cdots,k_d$ 数量很大，则通过统计方法来计算 $p(\boldsymbol{x}|\omega_i)P(\omega_i)$ 变得不再可行。

朴素贝叶斯分类器是在基本贝叶斯决策方法基础上加入特征条件独立性假设，用于简化 $p(\boldsymbol{x}|\omega_i)P(\omega_i)$ 计算的一种贝叶斯决策方法。特征条件独立性假设指的是假设每维特征独立地对分类结果发生影响，可形式化描述为

$$p(\boldsymbol{x}\mid\omega_i)=p(x_1x_2\cdots x_d\mid\omega_i)=\prod_{j=1}^{d}p(x_j\mid\omega_i) \tag{8-23}$$

模式 $\boldsymbol{x}$ 属于第 ω_i 类的后验概率可为

$$P(\omega_i\mid\boldsymbol{x})=\frac{p(\boldsymbol{x}\mid\omega_i)P(\omega_i)}{p(\boldsymbol{x})}=\frac{P(\omega_i)}{p(\boldsymbol{x})}\prod_{j=1}^{d}p(x_j\mid\omega_i) \tag{8-24}$$

由于对所有类别来说 $p(\boldsymbol{x})$ 没有差别，则朴素贝叶斯方法的判决准则为

$$\text{若 } P(\omega_i)p(\boldsymbol{x}\mid\omega_i)=\max_k P(\omega_k)\prod_{j=1}^{d}p(x_j\mid\omega_k),\quad k=1,2,\cdots,C$$

$$\text{则判决}\quad \boldsymbol{x}\in\omega_i \tag{8-25}$$

需要说明，特征条件独立性是很强的假设，在很多模式识别应用场景中并不完全满足，因此实际应用朴素贝叶斯方法时其分类精度可能会有所降低，不过鉴于计算复杂度大为降低，该方法对于很多高维特征模式的分类问题仍得到了广泛应用。下面的例子将说明如何使用朴素贝叶斯分类器。

例 8.1　根据天气情况预测某人是否打网球。表 8.2 记录了一个人两周以来在不同的天气、温度、湿度、风力条件下是否去打网球的行为。试问当天气＝“晴”，温度＝“凉爽”，湿度＝“高”，风力＝“强”时，这个人是否会去打网球？

表 8.2　某人两周的网球活动记录

时间	天气	温度	湿度	风力	是否打网球
第1天	晴	炎热	高	弱	否

续表

时间	天气	温度	湿度	风力	是否打网球
第 2 天	晴	炎热	高	强	否
第 3 天	多云	炎热	高	弱	是
第 4 天	雨	温暖	高	弱	是
第 5 天	雨	凉爽	中	弱	是
第 6 天	雨	凉爽	中	强	否
第 7 天	多云	凉爽	中	强	是
第 8 天	晴	温暖	高	弱	否
第 9 天	晴	凉爽	中	弱	是
第 10 天	雨	温暖	中	弱	是
第 11 天	晴	温暖	中	强	是
第 12 天	多云	温暖	高	强	是
第 13 天	多云	炎热	中	弱	是
第 14 天	雨	温暖	高	强	否

解：根据表中的数据可知

$$P(\text{打网球}=\text{“是”})=9/14$$
$$P(\text{打网球}=\text{“否”})=5/14$$
$$P(\text{风力}=\text{“强”}\mid\text{打网球}=\text{“是”})=3/9$$
$$P(\text{风力}=\text{“强”}\mid\text{打网球}=\text{“否”})=3/5$$
$$P(\text{湿度}=\text{“高”}\mid\text{打网球}=\text{“是”})=3/9$$
$$P(\text{湿度}=\text{“高”}\mid\text{打网球}=\text{“否”})=4/5$$
$$P(\text{温度}=\text{“凉爽”}\mid\text{打网球}=\text{“是”})=3/9$$
$$P(\text{温度}=\text{“凉爽”}\mid\text{打网球}=\text{“否”})=1/5$$
$$P(\text{天气}=\text{“晴”}\mid\text{打网球}=\text{“是”})=2/9$$
$$P(\text{天气}=\text{“晴”}\mid\text{打网球}=\text{“否”})=3/5$$

则由特征条件独立性假设可知

$$P(\text{是})P(\text{晴}\mid\text{是})P(\text{凉爽}\mid\text{是})P(\text{高}\mid\text{是})P(\text{强}\mid\text{是})=0.0053$$
$$P(\text{否})P(\text{晴}\mid\text{否})P(\text{凉爽}\mid\text{否})P(\text{高}\mid\text{否})P(\text{强}\mid\text{否})=0.0206$$

则这个人不去打网球的概率为

$$\frac{0.0206}{0.0053+0.0206}\approx 0.795$$

因此可以得出结论：这个人不会去打网球。

8.2 估计方法

8.2.1 统计推断概述

贝叶斯决策方法中要求先验概率 $P(\omega_i)$ 和类概密 $P(\boldsymbol{x}\mid\omega_i)$ 是已知的。然而，在很多模式识别应用场景中二者并非事先已知，需要基于已知的样本数据进行估计，相应的方法称为**统计推断**。

首先给出与模式识别中统计推断相关的一些概念。

1. 总体与理论量

一个模式类称为一个**总体**或**母体**，对应于一个总体的先验概率 $P(\omega_i)$、类概密 $P(\boldsymbol{x}|\omega_i)$、后验概率 $P(\omega_i|\boldsymbol{x})$、数学期望、方差等，称为该总体的**理论量**。

需要说明，在本章进行统计推断时，一个基本的假设是类与类之间的推断互不影响。因此，在讨论具体推断方式时取一个模式类而非所有样本作为总体，理论量也是针对每一类而非整个样本集而言的。

2. 子样与统计量

从总体中抽取某些模式构成的集合称为**子样**。由子样构造的函数称为**统计量**，由样本推断的分布称为**经验分布**。

子样能够部分包含总体的信息，统计量基于子样构建或计算而得，可视为理论量的一种近似。

3. 估计的表达

假设某一个理论量记为 θ，估计指由子样 $X=\{\boldsymbol{x}_1,\boldsymbol{x}_2,\cdots,\boldsymbol{x}_N\}\in\mathbb{R}^{d\times N}$ 按照某种规则构造一个统计量 $\hat{\boldsymbol{\theta}}=\theta(\boldsymbol{x}_1,\boldsymbol{x}_2,\cdots,\boldsymbol{x}_N)$ 作为$\boldsymbol{\theta}$ 的近似，其中，$\hat{\boldsymbol{\theta}}$ 为$\boldsymbol{\theta}$ 的**估计量**，函数 $\theta(\boldsymbol{x}_1,\boldsymbol{x}_2,\cdots,\boldsymbol{x}_N)$取值为 $\boldsymbol{\theta}$ 的**估计值**。

4. 估计的评估

与数理统计中使用的评估方法类似，模式识别中统计推断的评估也可以使用无偏性、一致估计、充分性等指标进行评估。

(1) **无偏性**：估计量 $\hat{\boldsymbol{\theta}}=\theta(\boldsymbol{x}_1,\boldsymbol{x}_2,\cdots,\boldsymbol{x}_N)$的数学期望等于理论量$\boldsymbol{\theta}$ 的数学期望，即

$$E[\hat{\theta}_N]=E[\theta] \tag{8-26}$$

当参与估计的样本数 $N\to+\infty$才具有无偏性称为渐进无偏性，即

$$\lim_{N\to\infty}E[\hat{\theta}_N]=E[\theta] \tag{8-27}$$

多种估计方法中方差最小的一种称为最小方差估计，即

$$\mathrm{var}[\hat{\theta}_N^*]\leqslant \mathrm{var}[\hat{\theta}_N] \tag{8-28}$$

在满足无偏性的同时方差最小的估计称为最小方差无偏估计，即

$$E[\hat{\theta}_N]=E[\theta],\quad \mathrm{var}[\hat{\theta}_N^*]\leqslant \mathrm{var}[\hat{\theta}_N] \tag{8-29}$$

由上式可知，在估计的无偏性中，最小方差无偏估计要求最高，无偏估计要求其次，渐进无偏估计要求最低。

(2) **一致估计**：随着样本的增多，估计量依概率收敛于理论量，即满足

$$\lim_{N\to+\infty}P(|\hat{\boldsymbol{\theta}}-\boldsymbol{\theta}|>\varepsilon)=0 \tag{8-30}$$

则称$\hat{\boldsymbol{\theta}}$ 为一致估计或相合估计。

(3) 充分性：样本集所计算的统计量不损失理论量θ的全部信息，即统计量$\hat{\theta}$应满足

$$p(X \mid \hat{\theta},\theta)=p(X \mid \hat{\theta}) \tag{8-31}$$

需要说明，一个好的估计最好应该满足无偏性、最小方差、一致估计和充分性，但实际构造的统计量并不一定满足上述所有的要求。无偏性和最小方差是从多次估计的角度保证估计量与理论量的逼近，一致估计是从增加样本数量的角度来保证估计量的准确性。充分性是从信息无损的角度对估计提出要求。

针对贝叶斯决策方法，统计推断主要解决先验概率$P(\omega_i)$和类概密$p(\boldsymbol{x}|\omega_i)$的估计问题。一般而言，先验概率的估计相对简单，可基于专家先验知识或者用每一类样本占全体样本总数的比例(频数)来进行近似。因此，本节主要关注对于类概密$p(\boldsymbol{x}|\omega_i)$的估计。根据类概密函数形式是否已知，对类概密估计主要包含参数估计和非参数估计两类方法。

8.2.2 参数估计方法

当待估计的类概密$p(\boldsymbol{x}|\omega_i)$的概率模型已知参数未知时，可以使用参数估计方法。参数估计法是指通过ω_i类的样本来对概率模型中未知参数进行估计，从而计算$p(\boldsymbol{x}|\omega_i)$的方法。

根据被估计参数是确定量还是随机量，参数估计方法可分为两类：一类是将被估计参数视为确定量的方法，包括矩估计和最大似然估计(Maximum Likelihood Estimation, MLE)等；另一类是将被估计参数视为随机量的方法，典型的代表是贝叶斯估计(Bayes Estimation, BE)。

限于篇幅，本书主要介绍第一类方法，即矩估计和最大似然估计方法。

假设ω_i类包含N个样本，其从类概密$p(\boldsymbol{x}|\omega_i)$中独立抽取，记为$X=\{\boldsymbol{x}_1,\boldsymbol{x}_2,\cdots,\boldsymbol{x}_N\}\in\mathbb{R}^{d\times N}$。为了便于后续描述，可将待估计的类概密改写为

$$p(\boldsymbol{x} \mid \omega_i)=p(\boldsymbol{x} \mid \omega_i,\boldsymbol{\theta})=p(\boldsymbol{x} \mid \boldsymbol{\theta}) \tag{8-32}$$

式中，由于所有样本均取自ω_i类，则可将$p(\boldsymbol{x}|\omega_i,\boldsymbol{\theta})$简写为$p(\boldsymbol{x}|\boldsymbol{\theta})$。$p(\boldsymbol{x}|\boldsymbol{\theta})$的形式已知，但参数$\theta$的具体取值未知。例如，假设$p(\boldsymbol{x}|\boldsymbol{\theta})$服从多维正态分布$N(\boldsymbol{\mu},\boldsymbol{\Sigma})$，但均值矢量$\boldsymbol{\mu}$和协方差矩阵$\boldsymbol{\Sigma}$的具体取值未知。式(8-32)中等号成立的条件是理论量θ确定了第ω_i类样本分布的概密函数，或者说包含了第ω_i类样本分布的全部信息，并且其他类别的样本不会影响ω_i类的概密模型。

1. 矩估计

矩估计方法的思想是用样本矩(用统计方法得到)作为总体(理论)矩的估计值。其前提假设总体概率分布的某些未知参数是总体前k阶矩的函数。

1) 原点矩与中心矩的定义

设模式$\boldsymbol{x}=(x_1,x_2,\cdots,x_n)^{\mathrm{T}}\in\omega_i$，则可定义均值矢量(一阶原点矩)。

均值矢量(一阶原点矩)：

$$\boldsymbol{\mu}=E[\boldsymbol{x}]=\begin{bmatrix}E[x_1]\\E[x_2]\\\vdots\\E[x_n]\end{bmatrix}\triangleq\int_\Omega \boldsymbol{x}p(\boldsymbol{x})\mathrm{d}\boldsymbol{x}\triangleq(\mu_1,\mu_2,\cdots,\mu_n)^{\mathrm{T}} \tag{8-33}$$

也可将一阶原点矩扩展到 k 阶,即定义 k 阶原点矩。

k 阶原点矩:

$$\boldsymbol{\mu}_k=E[\boldsymbol{x}^k]=\begin{bmatrix}E[x_1^k]\\E[x_2^k]\\\vdots\\E[x_n^k]\end{bmatrix}\triangleq\int_\Omega \boldsymbol{x}^k p(\boldsymbol{x})\mathrm{d}\boldsymbol{x}\triangleq(\mu_1^k,\mu_2^k,\cdots,\mu_n^k)^{\mathrm{T}} \tag{8-34}$$

除了原点矩,更一般地可定义 k 阶中心矩。

k 阶中心矩:

$$\begin{aligned}\boldsymbol{\nu}_k=E[(\boldsymbol{x}-\boldsymbol{\mu})^k]&=\begin{bmatrix}E[(x_1-\mu_1)^k]\\E[(x_2-\mu_2)^k]\\\vdots\\E[(x_n-\mu_n)^k]\end{bmatrix}\\&\triangleq\int_\Omega(\boldsymbol{x}-\boldsymbol{\mu})^k p(\boldsymbol{x})\mathrm{d}\boldsymbol{x}\\&\triangleq(\nu_1^k,\nu_2^k,\cdots,\nu_n^k)^{\mathrm{T}}\end{aligned} \tag{8-35}$$

2) 原点矩与中心矩的估计

可以用样本统计量估计均值矢量、k 阶原点矩和 k 阶中心矩。

均矢估计:

$$\hat{\boldsymbol{\mu}}=\frac{1}{N}\sum_{j=1}^{N}\boldsymbol{x}_j \tag{8-36}$$

k 阶原点矩估计:

$$\hat{\boldsymbol{\mu}}_k=\frac{1}{N}\sum_{j=1}^{N}(\boldsymbol{x}_j)^k \tag{8-37}$$

k 阶中心矩估计:

$$\hat{\boldsymbol{v}}_k=\frac{1}{N}\sum_{j=1}^{N}(\boldsymbol{x}_j-\hat{\boldsymbol{\mu}})^k \tag{8-38}$$

有了上面的定义和估计方法,如果要估计一个一维正态分布函数的均值和方差,则直接用均矢估计其均值,用二阶中心矩估计其方差。

例 8.2 用矩估计法估计协方差。对于样本 $\boldsymbol{x}_i\in\mathbb{R}^n, i=1,2,\cdots,N$,估计该数据样本的协方差。

解:协方差为

$$\boldsymbol{\Sigma}=E[(\boldsymbol{x}-\boldsymbol{\mu})(\boldsymbol{x}-\boldsymbol{\mu})^{\mathrm{T}}]=E[\boldsymbol{x}\boldsymbol{x}^{\mathrm{T}}]-\boldsymbol{\mu}\boldsymbol{\mu}^{\mathrm{T}}$$

可用二阶中心矩对其进行估计，即

$$\hat{\boldsymbol{\Sigma}}=\frac{1}{N}\sum_{j=1}^{N}(\boldsymbol{x}_j-\hat{\boldsymbol{\mu}})(\boldsymbol{x}_j-\hat{\boldsymbol{\mu}})^{\mathrm{T}}$$

上式不是无偏估计，而是渐进无偏估计。其无偏估计表达式可以修正为

$$\hat{\boldsymbol{\Sigma}}=C=\frac{1}{N-1}\sum_{j=1}^{N}(\boldsymbol{x}_j-\hat{\boldsymbol{\mu}})(\boldsymbol{x}_j-\hat{\boldsymbol{\mu}})^{\mathrm{T}}$$

事实上，原点矩的估计是无偏的，但中心矩的估计一般是有偏的。矩估计方法简单，但估计准确性较差，宜用于样本容量较大的情况。此外，对于二项分布、泊松(Poisson)分布、正态分布，矩估计方法通常表现较好。

2. 最大似然估计

最大似然估计也称为极大似然估计，是一种重要而普遍的求估计量的方法。最大似然估计用于寻找能够以较高概率产生观察数据的概率模型参数。

进行最大似然估计，首先构建似然函数 $p(X|\boldsymbol{\theta})$。对似然函数 $p(X|\boldsymbol{\theta})$ 而言，其表达的是给定模型参数 $\boldsymbol{\theta}$ 条件下得到当前样本集 $X=\{\boldsymbol{x}_1,\boldsymbol{x}_2,\cdots,\boldsymbol{x}_N\}$ 的概率。由于假设这些样本是独立抽取的，则似然函数可以写为

$$p(\boldsymbol{x}_1,\boldsymbol{x}_2,\cdots,\boldsymbol{x}_N\mid\boldsymbol{\theta})=\prod_{i=1}^{N}p(\boldsymbol{x}_i\mid\boldsymbol{\theta})\triangleq l(\boldsymbol{\theta})\tag{8-39}$$

式中：$\boldsymbol{x}_1,\boldsymbol{x}_2,\cdots,\boldsymbol{x}_N$ 是已知的，$\boldsymbol{\theta}$ 是未知的，所以似然函数实际上是关于类概密模型参数 $\boldsymbol{\theta}$ 的函数，可记为 $l(\boldsymbol{\theta})$。

从数据采样的角度来看，不同的 $\boldsymbol{\theta}$ 对应不同的分布模型，已经采样得到的样本集 $\boldsymbol{x}_1,\boldsymbol{x}_2,\cdots,\boldsymbol{x}_N$ 有可能采样自多个 $\boldsymbol{\theta}$ 所对应的分布模型中。然而，参数 $\boldsymbol{\theta}$ 取值多少时采样得到样本集 $\boldsymbol{x}_1,\boldsymbol{x}_2,\cdots,\boldsymbol{x}_N$ 的可能性最大，可以根据似然函数 $l(\boldsymbol{\theta})$ 进行比较和确定。本质上，似然函数取最大值时对应的分布模型最有可能采样出当前可观察到的样本集。因此，最大似然估计实际上是求使似然函数取最大值时对应的参数 $\boldsymbol{\theta}^*$ 作为参数估计的结果。其求解的优化问题可以描述为

$$\hat{\boldsymbol{\theta}}_{\mathrm{MLE}}=\underset{\boldsymbol{\theta}}{\arg\max}\, l(\boldsymbol{\theta})=\underset{\boldsymbol{\theta}}{\arg\max}\prod_{i=1}^{N}p(\boldsymbol{x}_i\mid\boldsymbol{\theta})\tag{8-40}$$

式中：$\hat{\boldsymbol{\theta}}_{\mathrm{MLE}}$ 为 $\boldsymbol{\theta}$ 的最大似然估计。

通常采用微分法对似然函数求极值，即借助如下的微分方程组进行求解：

$$\frac{\partial l(\boldsymbol{\theta})}{\boldsymbol{\theta}}=\boldsymbol{0}\tag{8-41}$$

考虑到似然函数表达式中可能包含连乘的形式，可等价地使用对数似然函数 $\ln(l(\boldsymbol{\theta}))$ 进行求解，此时对应的微分方程组变为

$$\frac{\partial\ln(l(\boldsymbol{\theta}))}{\boldsymbol{\theta}}=\boldsymbol{0}\tag{8-42}$$

下面以一维正态分布样本 $X^{(N)}=\{x_1,x_2,\cdots,x_N\}\sim N(\mu,\sigma^2)$ 为例来求均值 μ 的最大似然估计。

首先构造似然函数：

$$l(\mu)=p(x_1,x_2,\cdots,x_N \mid \mu)=\prod_{i=1}^{N} p(x_i \mid \mu)$$

$$=\prod_{i=1}^{N} \frac{1}{\sqrt{2\pi}\sigma}\exp\left[-\frac{(x_i-\mu)^2}{2\sigma^2}\right] \tag{8-43}$$

转换为对数似然函数

$$\ln(l(\mu))=-\frac{N}{2}\ln(2\pi\sigma^2)-\frac{1}{2\sigma^2}\sum_{i=1}^{N}(x_i-\mu)^2 \tag{8-44}$$

构建微分方程

$$\frac{\partial\ln(l(\mu))}{\partial\mu}=\frac{1}{\sigma^2}\sum_{i=1}^{N}(x_i-\mu)=0 \tag{8-45}$$

求解上述方程

$$\hat{\mu}_{\mathrm{MLE}}=\frac{1}{N}\sum_{i=1}^{N}x_i \tag{8-46}$$

上述结果表明，一维正态分布的均值的最大似然估计等于已知样本的算术平均值。对多维正态分布进行均值向量和协方差矩阵的最大似然估计的过程大致类似，最终得到的估计结果为

$$\hat{\boldsymbol{\mu}}_{\mathrm{MLE}}=\frac{1}{N}\sum_{k=1}^{N}\boldsymbol{x}_k \tag{8-47}$$

$$\hat{\boldsymbol{\Sigma}}_{\mathrm{MLE}}=\frac{1}{N}\sum_{k=1}^{N}(\boldsymbol{x}_k-\hat{\boldsymbol{\mu}})(\boldsymbol{x}_k-\hat{\boldsymbol{\mu}})^{\mathrm{T}} \tag{8-48}$$

容易证明，多维正态分布的$\hat{\boldsymbol{\mu}}_{\mathrm{MLE}}$是无偏估计，而$\hat{\boldsymbol{\Sigma}}_{\mathrm{MLE}}$是渐近无偏估计，其修正后的无偏估计为

$$\hat{\boldsymbol{\Sigma}}_{\mathrm{MLE}}=\frac{1}{N-1}\sum_{k=1}^{N}(\boldsymbol{x}_k-\hat{\boldsymbol{\mu}})(\boldsymbol{x}_k-\hat{\boldsymbol{\mu}})^{\mathrm{T}} \tag{8-49}$$

对于正态分布概率模型，容易发现参数的矩估计结果和最大似然估计结果相同。这也是矩估计用在正态分布概率模型参数估计时效果较好的原因。

8.2.3 非参数估计

非参数估计是指对待估计的类概密 $P(\boldsymbol{x}|\omega_i)$ 的概率模型不进行任何假设，直接通过 ω_i 类的样本对概密进行估计的方法。由于类与类之间关于概密的估计互不影响，这里的非参数估计的对象直接可写为 $p(\boldsymbol{x})$，估计的结果记为 $\hat{p}(\boldsymbol{x})$。

非参数估计的方法比较多，其核心思想是假设每个样本都能对 $\hat{p}(\boldsymbol{x})$ 的估计提供贡献，因此构造描述贡献和累积全体样本贡献的方法来进行整体概率密度的估计。最简单的是直方图方法，但由于没有普适的较好的直方图容器（$\boldsymbol{x}$ 在其取值范围内划分为的多个等分区间）数目和大小的确定方法，其得到的估计一般连续性较差，且当特征维度较高时也容易陷入维数灾难。因而，直接基于直方图来做非参数的概密估计并不常见。

Parzen 窗法是一种更为常见的非参数估计方法,下面以 Parzen 窗法为例来介绍具体的非参数估计方法。

1. 概密的基本估计式

首先给出概率密度的基本估计式。假设 N 个样本 $X=\{\boldsymbol{x}_1,\boldsymbol{x}_2,\cdots,\boldsymbol{x}_N\}\in\mathbb{R}^{d\times N}$ 从概密 $p(\boldsymbol{x})$中独立抽取,非参数估计要做的是基于样本集 X 估计出 $\hat{p}(\boldsymbol{x})$。

为了描述每个样本 $\boldsymbol{x}$ 对于概密的贡献,考虑其在特征空间中的分布,记特征空间中某一个小区域为 R,某一个样本 $\boldsymbol{x}$ 落于该区域的概率为

$$P=\int_R p(\boldsymbol{x})\mathrm{d}\boldsymbol{x} \tag{8-50}$$

上式根据的是概密函数的基本定义式。设区域 R 的体积为 V,如果 R 足够小,则有

$$P=\int_R p(\boldsymbol{x})\mathrm{d}\boldsymbol{x}\approx\hat{P}=p(\boldsymbol{x})V \tag{8-51}$$

同时,假设 N 很大,则不太可能区域 R 中只包含 1 个样本,此时假设 N 个独立采样的样本中有 k 个样本落入区域 R 中,其发生的概率 P_k 应服从离散随机变量的二项分布,即

$$P_k=\mathrm{C}_N^k P^k(1-P)^{N-k} \tag{8-52}$$

根据二项分布的性质可得

$$E(k)=NP \tag{8-53}$$

于是,当 $N\to\infty$时,可以得到概率 P 的估计为

$$\hat{P}=\frac{k}{N} \tag{8-54}$$

此外,通过最大似然估计方法也能得到关于概率 P 的估计。若将 P_k 视为关于 P 的似然函数,根据最大似然函数估计,令

$$\frac{\partial L(P)}{\partial P}=\frac{\partial \mathrm{C}_N^k P^k(1-P)^{N-k}}{\partial P}=0 \tag{8-55}$$

即

$$\begin{aligned}\frac{\partial L(P)}{\partial P}&=\frac{\partial \mathrm{C}_N^k P^k(1-P)^{N-k}}{\partial P}\\&=\mathrm{C}_N^k\cdot(kP^{k-1}(1-P)^{N-k}-(N-k)P^k(1-P)^{N-k-1})\\&=\mathrm{C}_N^k\cdot P^{k-1}\cdot(1-P)^{N-k-1}\cdot(k-kP-PN+Pk)\\&=0\end{aligned} \tag{8-56}$$

由于前提假设 $0<P<1$,则上式仅可能有

$$k-kP-PN+Pk=0 \tag{8-57}$$

由此则可得到 P 的估计值为

$$\hat{P}=\frac{k}{N} \tag{8-58}$$

由式(8-54)和式(8-58)可知,基于二项分布的性质推导出的 P 的估计值与最大似然

估计得到的值完全相同。

联立式(8-51)和式(8-58)，在小区域 R 中可得

$$\hat{p}(\boldsymbol{x})=\frac{k/N}{V} \tag{8-59}$$

上式实现了由 N 个样本计算概率密度估计 $\hat{p}(\boldsymbol{x})$，一般称为**概率密度的基本估计式**。很多非参数估计方法是通过构建满足上述条件的区域 R 并确定 k 和 V 来实现概密的估计。

通过前面的分析可知，上述的概密基本估计式建立在一些假设前提下，得到的估计 $\hat{p}(\boldsymbol{x})$ 与真实的概率密度函数 $p(\boldsymbol{x})$ 还存在误差。理论上来讲，为了尽可能降低这些误差，应尽量使区域 R 的体积 V 趋于0，同时令 k 和 N 趋于无穷大。然而，在实际估计时上述条件可能受限或者多个条件不能同时满足，以至于得到的估计不够可靠。例如，假设构建的区域 R 足够小，使得区域不包含任何样本，可能使 $\hat{p}(\boldsymbol{x})=0$。

为了进一步提高估计精度，很多非参数估计方法在使用概密基本估计时通常是构造一系列包含 $\boldsymbol{x}$ 的区域序列 $\{R_i\}_{i=1}^{N}$，通过极限理论不断逼近概密的真实值。具体地，当样本个数 $N\to+\infty$ 时，概密估计式 $\hat{p}(\boldsymbol{x})$ 收敛至 $p(\boldsymbol{x})$ 应满足如下条件。

(1) 记区域序列的体积为 $\{V_i\}_{i=1}^{N}$，其满足 $\lim\limits_{N\to+\infty} V_N=0$。

(2) 记 $\{k_i\}_{i=1}^{N}$ 为落入区域序列中的样本，满足 $\lim\limits_{N\to+\infty} k_N=+\infty$。

(3) $\lim\limits_{N\to+\infty}\dfrac{k_N}{N}=0$。

条件(1)是根据概率密度函数的定义提出的，条件(2)和条件(3)表明了 k_N/N 和 V_N 应为同阶无穷小，且 k_N 的增长率应小于 N。

2. Parzen 窗估计法

Parzen 窗估计法是基于上述的区域序列进行概密估计的一种代表性方法，其目标就是构造满足条件的区域序列，并分析计算概密基本估计式(8-59)中的三个变量。

具体地，Parzen 窗法定义区域序列的体积 V_N 是 N 的某个函数，V_N 随 N 的增大不断缩小，同时对 k_N/N 加以适当的限制以使估计出的概密 $\hat{p}(\boldsymbol{x})$ 收敛于 $p(\boldsymbol{x})$。

首先定义区域序列。Parzen 窗法将区域序列定义为一系列的超立方体，其中区域 R_N 的棱长为 h_N，体积 $V_N=h_N^d$。

由于 N 已知，下面介绍 k_N 的计算方法。定义 d 维的基本窗函数为

$$\phi(\boldsymbol{x})=\phi(x_1x_2\cdots x_d)=\begin{cases}1, & |x_i|\leqslant 1/2, \quad i=1,2,\cdots,d\\ 0, & \text{其他}\end{cases} \tag{8-60}$$

通过平移和尺度缩放可以对上述基本窗函数进行改变，并以函数值1界定了以 $\boldsymbol{x}$ 为中心、h_N 为棱长的超立方体 R_N，即

$$\phi(\boldsymbol{x})\to\phi\left(\frac{\boldsymbol{x}-\boldsymbol{x}_i}{h_N}\right) \tag{8-61}$$

通过上式看出：当某一个样本 $\boldsymbol{x}_i$ 落入以 $\boldsymbol{x}$ 为中心、h_N 为棱长的超立方体 R_N 中时，

有 $\phi\left(\frac{\boldsymbol{x}-\boldsymbol{x}_i}{h_N}\right)=1$；当 $\boldsymbol{x}_i$ 落于超立方体 R_N 外时，有 $\phi\left(\frac{\boldsymbol{x}-\boldsymbol{x}_i}{h_N}\right)=0$。由此，以窗函数 $\phi\left(\frac{\boldsymbol{x}-\boldsymbol{x}_i}{h_N}\right)$ 为计数器，分别输入每一个样本并统计落入区域 R_N 的情况，最终将累积得到的数目作为 k_N 的取值，即

$$k_N=\sum_{i=1}^{N}\phi\left(\frac{\boldsymbol{x}-\boldsymbol{x}_i}{h_N}\right) \tag{8-62}$$

将式(8-62)代入式(8-58)可得 Parzen 窗法的概密估计结果为

$$\hat{p}_N(\boldsymbol{x})=\frac{1}{N}\sum_{i=1}^{N}\frac{1}{V_N}\phi\left(\frac{\boldsymbol{x}-\boldsymbol{x}_i}{h_N}\right) \tag{8-63}$$

分析上式容易看出，Parzen 窗法实际上先将每个样本对概密的贡献利用窗函数进行建模，再将所有样本的贡献进行累加，从而得到对总体概率密度函数的估计。实际上，除了方窗，还可以使用其他类型的窗函数进行概密估计。典型的窗函数如图 8.2 所示。若这些窗函数满足

$$\phi(\boldsymbol{x})\geqslant 0 \tag{8-64}$$

$$\int\phi(\boldsymbol{x})\mathrm{d}\boldsymbol{x}=1 \tag{8-65}$$

则由式(8-63)得到的结果即可作为总体概密 $p(\boldsymbol{x})$的估计。

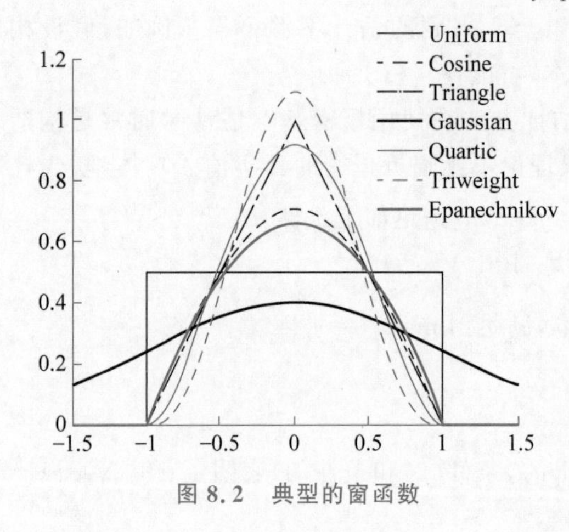

图 8.2　典型的窗函数

需要说明，窗宽的选择对于 Parzen 窗估计的精度具有重要的影响。由上述 Parzen 窗的估计式可知，窗函数 $\phi\left(\frac{\boldsymbol{x}-\boldsymbol{x}_i}{h_N}\right)$ 中的窗宽主要由棱长 h_N 决定，且窗宽与 h_N 成正比。由于窗函数在整个定义域区间积分为 1，窗的强度(高度)与 h_N 成反比。h_N 对概密估计精度的影响体现在以下两方面。

(1) 若 h_N 较大，参与累加的窗函数较宽，累加变化较慢，则 $\hat{p}(\boldsymbol{x})$是对 $p(\boldsymbol{x})$的平滑的估计，使得概密估计的分辨率较低。

(2) 若 h_N 较小，参与累加的窗函数较窄，则 $\hat{p}(\boldsymbol{x})$可视为 N 个以样本点为中心的窄脉冲的叠加，使得 $\hat{p}(\boldsymbol{x})$存在很多噪声，估计的稳定性和连续性不够。

图 8.3 给出了基于 8 个样本点进行 Parzen 窗估计的实例。图 8.3(a)的估计结果过于精细，图(c)、(d)的估计结果过于粗犷，图(b)选择的窗宽较为合适，所以能够较好地逼近真实的概率密度函数。在实际采用 Parzen 窗法进行概密估计时，可基于经验采用多次试探的方法折中选择。

当然，随着样本数量的增多，无论窗宽选择如何，均可以得到较好的估计结果，如图 8.4 所示。

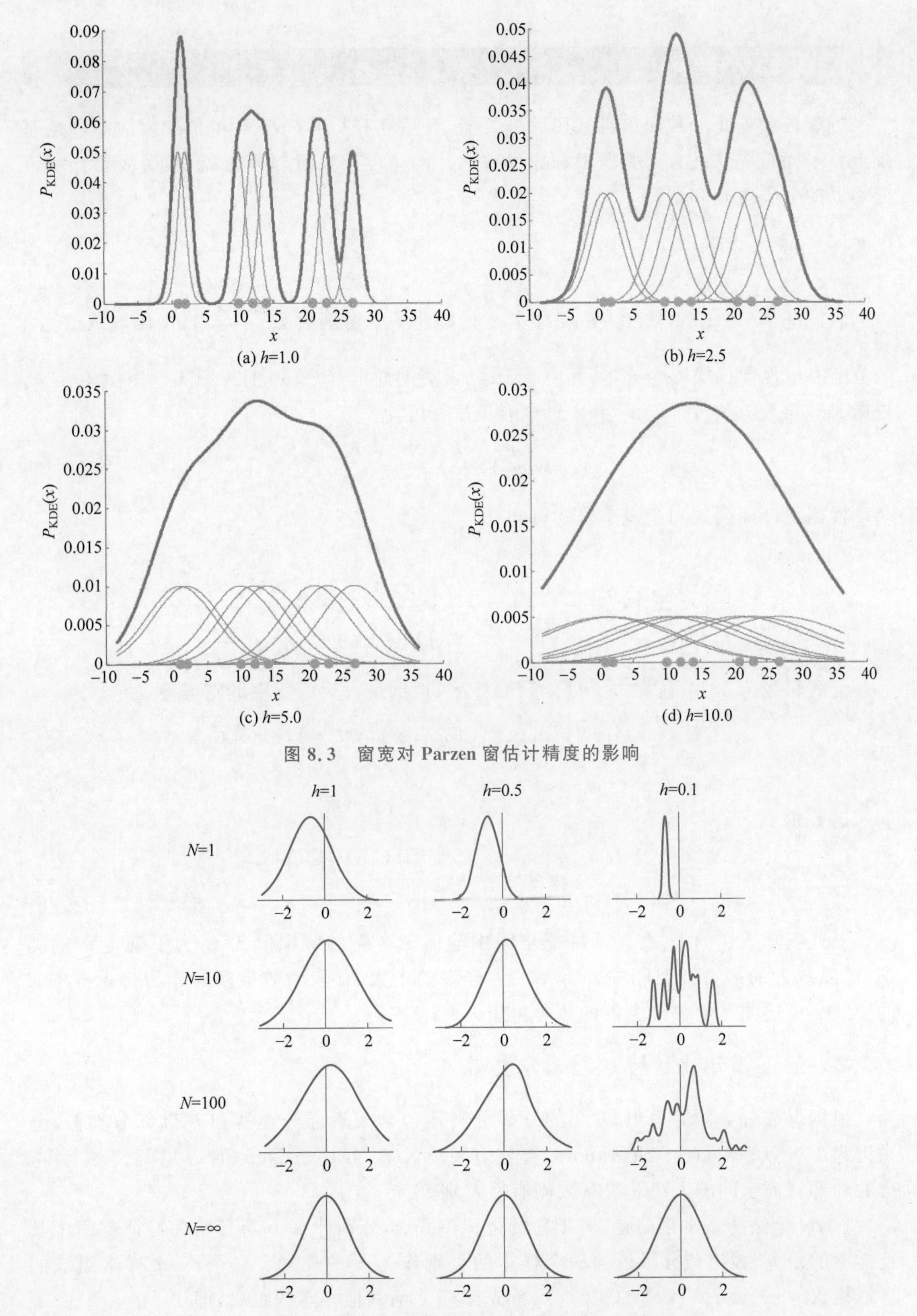

图 8.3　窗宽对 Parzen 窗估计精度的影响

图 8.4　样本数量对 Parzen 窗估计精度的影响

注：N 为样本数量；h 为 Parzen 窗的窗宽。

8.3 近邻分类器

近邻分类器是一种简单且常用的分类器，其建立在贝叶斯决策和非参数估计理论基础上。下面首先从最大后验概率和非参数估计的角度导出近邻分类器，然后简要介绍该分类器的分类规则和性质。

8.3.1 近邻分类器的导出

假设基于 Parzen 窗估计方法在样本 $\boldsymbol{x}$ 处构建一个窗函数 $\phi\left(\frac{\boldsymbol{x}-\boldsymbol{x}_i}{h_N}\right)$，窗函数取值为 1 的范围内包含有 C 类 k 个样本，其中属于第 ω_i 类的样本有 k_i 个，且 $k_1+k_2+\cdots+k_C=k$。根据 Parzen 窗方法可得到 $\boldsymbol{x}$ 与 ω_i 的联合概率密度为

$$\hat{p}_N(\boldsymbol{x},\omega_i)=\frac{k_i/N}{V_N}=\frac{k_i}{NV_N} \tag{8-66}$$

根据贝叶斯公式和全概率公式可知

$$\hat{P}_N(\omega_i \mid \boldsymbol{x})=\frac{\hat{p}_N(\boldsymbol{x},\omega_i)}{p(\boldsymbol{x})}=\frac{\hat{p}_N(\boldsymbol{x},\omega_i)}{\sum_{l=1}^{C}\hat{p}_N(\boldsymbol{x},\omega_l)}=\frac{\frac{k_i}{NV_N}}{\sum_{l=1}^{C}\frac{k_l}{NV_N}}=\frac{k_i}{k} \tag{8-67}$$

上式可视为 ω_i 类在样本 $\boldsymbol{x}$ 处的后验概率，根据最大后验概率准则可得

$$\text{若}\hat{P}_N(\omega_j \mid \boldsymbol{x})=\max_l \hat{P}_N(\omega_l \mid \boldsymbol{x}),\quad l=1,2,\cdots,C,$$
$$\text{则判决 } x\in\omega_j \tag{8-68}$$

这等价于

$$\text{若 } k_j=\max_l k_l,\quad l=1,2,\cdots,C,$$
$$\text{则判决 } \boldsymbol{x}\in\omega_j \tag{8-69}$$

上式实际表达的是，在局部特征空间中输入 1 个新的待识模式 $\boldsymbol{x}$，为了确定 $\boldsymbol{x}$ 的类别，可以统计局部特征空间中含有每一类样本的个数，并取个数最多的作为待识样本 $\boldsymbol{x}$ 的类别。上述便是近邻分类器的核心思想。

8.3.2 最近邻分类器与 k 近邻分类器

根据近邻分类器的思想，常用的近邻分类器包含最近邻分类器和 k 近邻分类器，分别记为 1-NN(1-Nearest Neighbors)算法和 k-NN(k-Nearest Neighbors)算法。二者考虑的局部特征空间的大小和决策规则有所差别。

1-NN 算法的基本策略是，对于新的待识模式 $\boldsymbol{x}$，分别计算 $\boldsymbol{x}$ 与其所在特征空间中其他样本的距离，找出与其最近的一个样本的类别作为 $\boldsymbol{x}$ 的类别。对于 N 个样本组成的样本集 $X=\{\boldsymbol{x}_1,\boldsymbol{x}_2,\cdots,\boldsymbol{x}_N\}\in\mathbb{R}^{d\times N}$，首先计算 $\boldsymbol{x}$ 与其他样本的距离，即

$$\operatorname{dist}(\boldsymbol{x},\boldsymbol{x}_j)=\|\boldsymbol{x}-\boldsymbol{x}_j\| \tag{8-70}$$

式中：‖ · ‖代表某种距离度量。

此时，其判决规则为

$$\text{若 } \mathrm{dist}(\boldsymbol{x},\boldsymbol{x}_j)=\min_l[\mathrm{dist}(\boldsymbol{x},\boldsymbol{x}_l)],\quad l=1,2,\cdots,N$$
$$\text{则判决 } \boldsymbol{x}\in\omega(\boldsymbol{x}_j) \tag{8-71}$$

式中：$\omega(\boldsymbol{x}_j)$表示已知样本 $\boldsymbol{x}_j$ 的类别。

当数据分布较为复杂或者数据中混入噪声数据时，1-NN 算法分类精度容易受到影响，为了更稳健地进行分类，通常可以采用 k-NN 算法。k-NN 算法的策略类似于 8.3.1 节的描述，即对于新的待识模式 $\boldsymbol{x}$，考查 $\boldsymbol{x}$ 的 k 个最近邻样本并统计其类别归属，取其中个数最多的一类作为待识样本 $\boldsymbol{x}$ 的类别。若定义 k 个最近邻中属于第 ω_i 类的样本有 k_i 个，则可使用式(8-68)作为 k-NN 算法的判决规则。

8.4 本章小结

本章关注基于概率来进行模式分类的方法，首先从模式识别的角度阐释贝叶斯公式，相继导出最大后验概率准则、最小误判概率准则、最小损失判决准则和朴素贝叶斯准则；随后，针对实际使用贝叶斯决策论面临的先验概率、后验概率和类概率密度函数未知的实际，从参数估计和非参数估计的角度给出实用的估计方法；最后，结合最大后验概率准则和非参数估计导出了近邻分类器，介绍了 1-NN 和 k-NN 两种典型的近邻分类器算法。

- 贝叶斯决策论是基于概率论解决非确定性决策的分类方法，其核心是贝叶斯公式。
- 典型的基于贝叶斯决策的分类方法包括最小误判概率准则(最大后验概率准则)、最小损失判决准则和朴素贝叶斯分类器等。
- 朴素贝叶斯分类器是简化版的贝叶斯决策方法，其核心是基于特征的条件独立性假设来简化联合概率密度的求解。
- 参数估计与非参数估计的主要差别是估计前是否已知待估计量的概率模型。
- 最大似然估计是将被估计参数视为确定量，并通过最大化似然函数来求解的参数估计方法。
- Parzen 窗估计基于窗函数累加实现各个样本对概密估计的贡献，窗宽的选择对于估计精度有较大的影响。
- k-NN 方法即是选择离当前待识别模式 $\boldsymbol{x}$ 最近的 k 个已知类别的样本，将当前样本 $\boldsymbol{x}$ 判定为样本最多的类别。

习题

1. 简述先验概率与后验概率区别？

2. 对于一维两类问题，考虑采用下列判决规则：

如果 $x>\theta$，则判其属于 ω_1；否则，判其属于 ω_2。

（1）证明此规则下的误判概率为

$$P(e)=P(\omega_1)\int_{-\infty}^{\theta}P(x\mid\omega_1)\mathrm{d}x+P(w_2)\int_{\theta}^{\infty}P(x\mid\omega_2)\mathrm{d}x$$

（2）通过微分运算证明最小化 $P(e)$ 的一个必要条件是 θ 并满足

$$P(\omega_1)P(\theta\mid\omega_1)=P(\omega_2)P(\theta\mid\omega_2)$$

（3）此式可以唯一确定 θ 吗，为什么？

（4）给出一个例子说明满足此式的 θ 事实上最有可能使误判概率最人化。

3. 考虑一维两类问题，设两类先验概率相等且它们的类概率分布服从柯西(Cauchy)分布，即

$$P(x\mid\omega_i)=\frac{1}{\pi b}\frac{1}{1+\left(\frac{x-a_i}{b}\right)^2},\quad i=1,2$$

式中：a_1、a_2、b 均为常数。

证明：分界点在 $\left|\frac{a_1-a_2}{b}\right|$ 处，可使最小误判概率为

$$P(e)=\frac{1}{2}-\frac{1}{\pi}\arctan\left|\frac{a_1-a_2}{2b}\right|$$

4. 设一维两类模式满足正态分布，它们的均值和方差分别为 $\mu_1=0,\sigma_1=2,\mu_2=2,\sigma_2=2$，令 $P(\omega_1)=P(\omega_2)$。取 0-1 损失函数，试算出判决边界点，并确定样本 -3、-2、1、3、5 各属哪一类。

5. 概述统计推断的概念。

6. 简述估计的无偏性、一致估计和充分性。

7. 简述矩估计和最大似然估计。

8. 设总体分布密度为 $N(\mu,\sigma^2)$，并设独立地采自这个总体的样本集 $X=\{x_1,x_2,\cdots,x_N\}$，运用矩估计法和最大似然估计方法求总体的均值和方差的估计 $\hat{\mu}$ 和 $\hat{\sigma}$。

9. 试证明针对多维正态分布进行最大似然估计时，均值向量的估计 $\hat{\boldsymbol{\mu}}_{\mathrm{MLE}}$ 是无偏估计，协方差矩阵的估计 $\hat{\boldsymbol{\Sigma}}_{\mathrm{MLE}}$ 是渐近无偏估计。

10. 最大似然估计也可以用于估计先验概率。假设样本是独立地从样本集合 ω_i 中抽取的（共 N 个样本），每一个类别的概率为 $P(\omega_i)$。如果第 k 个样本属于 ω_i，$z_{ik}=1$；否则，$z_{ik}=0$。

（1）证明：

$$P\left(z_{i1},z_{i2},\cdots,z_{iC}\mid P(\omega_i)\right)=\prod_{k=1}^{N}P(\omega_i)^{z_{ik}}\left(1-P(\omega_i)\right)^{1-z_{ik}}$$

（2）证明对 $P(\omega_i)$ 的最大似然估计为

$$\hat{P}(\omega_i)=\frac{1}{N}\sum_{k=1}^{N}z_{ik}$$

并解释这个结果。

11. 设 $\boldsymbol{x}$ 为 n 维二值矢量(其分量取值为 0 或 1),服从伯努利分布:

$$P(\boldsymbol{x} \mid \boldsymbol{\theta})=\prod_{i=1}^{n} P_i^{x_i}(1-P_i)^{1-x_i}$$

式中:$\boldsymbol{\theta}=(\theta_1,\theta_2,\cdots,\theta_n)^{\mathrm{T}}$ 为未知的参数矢量;x_i 为矢量 $\boldsymbol{x}$ 的第 i 个分量;P_i 为 $x_i=1$ 的概率。

证明:对于样本 $\boldsymbol{x}_1,\boldsymbol{x}_2,\cdots,\boldsymbol{x}_N$,$\boldsymbol{\theta}$ 的最大似然估计为

$$\hat{\boldsymbol{\theta}}=\frac{1}{N}\sum_{k=1}^{N}\boldsymbol{x}_k$$

12. 在二类问题中,$P(\omega_1)=P(\omega_2)=0.5$,而样本 $\boldsymbol{x}$ 的分量为二值变量。假设每一个分量 $x_i=1$ 的概率为

$$P_{i1}=P$$

$$P_{i0}=1-P$$

式中:$P>0.5$。并且已知当维数 n 趋近于无穷时,误差概率趋近于 0。这个问题要求讨论对某一个特定的样本,增加其特征个数时的情况。

(1) 假设这个样本 $\boldsymbol{x}=(x_1,x_2,\cdots x_n)^{\mathrm{T}}$ 属于类别 ω_1,试证明 P 的最大似然估计为

$$\hat{P}=\frac{1}{n}\sum_{i=1}^{n}x_i$$

(2) 描述当 n 趋于无穷大时,$\hat{P}$ 的性质。并且说明,为什么即使在每一个类别只有一个样本的情况下,仅靠增加特征个数就能使分类误差概率无限地小。

13. 设 $p(x)\sim N(\mu,\sigma^2)$,窗函数 $\phi(x)\sim N(0,1)$,证明 Parzen 窗估计:

$$\hat{p}_N(\boldsymbol{x})=\frac{1}{Nh_N}\sum_{j=1}^{N}\phi\left[\frac{\boldsymbol{x}-\boldsymbol{x}_j}{h_N}\right]$$

对于较小的 h_N 有如下性质:

(1) $E[\hat{p}_N(\boldsymbol{x})]\sim N(\mu,\sigma^2+h_N^2)$

(2) $\mathrm{var}[\hat{p}_N(\boldsymbol{x})]=\dfrac{1}{Nh_N 2\sqrt{\pi}}p(x)$

(3) $p(x)-E[\hat{p}_N(\boldsymbol{x})]\approx\dfrac{1}{2}\left(\dfrac{h_N}{\sigma}\right)^2\left[1-\left(\dfrac{x-\mu}{\sigma}\right)^2\right]p(x)$

注意,如果 $h_N=h_1/\sqrt{N}$,那么这个结果表示偏差导致的误差率以 $1/N$ 的速度趋向于零,而噪声的标准差以速度 $\sqrt[4]{N}$ 趋向于零。

14. k-NN 算法优点和缺点分别是什么?

15. 画出思维导图,串联本章所讲的知识点。

第9章 人工神经网络

人工神经网络(简称神经网络)受到生物(主要是人)神经网络结构、运行模式、功能的启发而产生,目的是完成分类、识别、预测等任务。近年来,掀起新一轮人工智能热潮的深度学习就属于人工神经网络的范畴。

本章首先介绍人工神经网络的基础知识,然后介绍感知机、误差BP网络等典型的神经网络及误差反向传播算法,最后对深度学习的原理及应用进行简要介绍。

9.1 神经网络基础知识

9.1.1 生物学基础

人工神经网络是在研究和理解人脑结构及其对外界刺激的响应机制基础上,以生物神经系统的基本原理和结构为范本原型,以网络拓扑为理论基础,对复杂信息进行非线性关系表示和逻辑操作的一种数学模型。该模型可看成由大量简单同质元件相互连接而成的复杂网络,它将信息的加工和存储结合在一起,具有独特的知识表示方式和智能化的自适应学习能力。

生物的神经元学说源自19世纪末,由Caial于1889年所创立,他指出神经系统是由相对独立的神经细胞构成的。神经细胞也称为神经元,具有信息处理功能,是人体神经系统的基本单元,人脑有$10^{11}\sim10^{12}$个神经元。每个神经元与其他神经元相连接,按不同形式的结合方式构成一个极其庞大而又复杂的网络,即生物神经网络。通过神经元及其连接的可塑性,使人类大脑具有学习、记忆、认识和决策等智能。

人脑神经网络中各神经元之间连接的强弱可以根据外部的激励信号做适应性变化;每个神经元又随着所接受的多个激励信号,将其综合后呈现出兴奋或抑制两种状态。

1. 生物神经元的结构

典型的生物神经元如图9.1所示。

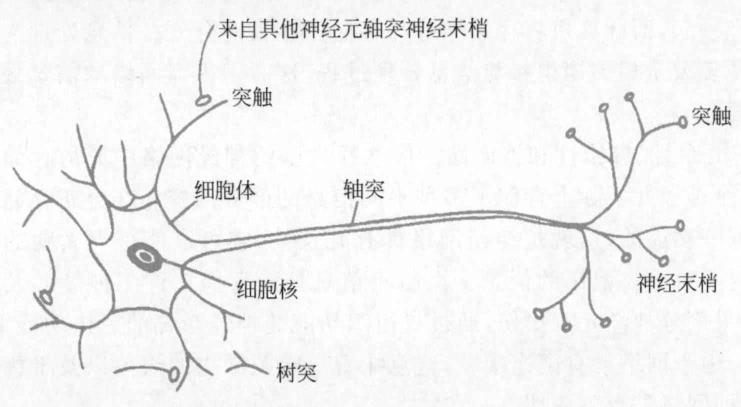

图9.1 典型的生物神经元

典型的生物神经元由细胞体、树突、轴突和突触组成。

细胞体由细胞核、细胞质和细胞膜三部分构成,细胞体是神经元的主体,是接收与处理信息的部件。

树突是在细胞体周围向外伸出的许多突起的神经纤维，是细胞体的信息输入端。

轴突是由细胞体向外延伸最长的突起纤维体，是细胞体的信息输出端。

突触是一个神经元的神经末梢与另一个神经元树突或细胞体的连接，这种连接相当于神经元之间信息传递的输入与输出接口。

2. 生物神经元产生信息传输的过程

生物神经元中的细胞体相当于一个处理器，树突为输入端，轴突为输出端，突触为输入输出接口。生物神经元的工作方式可以概括为“刺激叠加，瞬间冲动”。神经元有兴奋和抑制两种状态。若神经细胞受到外界一定强度叠加信号的刺激，则神经元的状态称为兴奋状态。反之，神经元的状态为抑制状态。通过轴突，当前神经元会将自身状态（兴奋或抑制）传到其相邻的神经元，这样，信息通过一个个神经元在网络传导下去，以帮助生物实现记忆、学习等活动。

3. 人脑神经信息处理的特征

（1）具有并行分布式处理能力。人脑中单个神经元的信息处理速度实际上是很慢的，每次大约 1ms，比通常的电子门电路速度（0.001ms）慢几个数量级。但是，人脑对复杂过程的处理和反应都很快，一般只需要几百毫秒，并不与复杂程度呈线性关系。

例如，要判定由眼睛看到的两个图形是否一样，实际上约需 400ms，按神经元处理的速度，如果采用串行工作模式，就需要几百串行步才能完成，这么短的时间实际上是不可能办到的。因此，只能把人脑看成由众多神经元组成的超高密度的并行处理系统。

（2）具有可塑性和自组织性。大脑皮层神经元之间的大部分突触连接是后天由环境的激励逐渐形成，这种随环境刺激不同能形成和改变神经元之间突触连接的现象称为可塑性。若由环境的刺激，形成和调整神经元之间的突触连接，这样逐渐构成神经网络的现象称为自组织性。

（3）具有信息存算一体能力。人脑皮层中记忆和处理是有机结合的，即信息处理与信息存储合在一起，而计算机将存储地址与存储内容彼此分开。信息处理与存储合二为一的优点是便于大量相关知识参与信息处理过程，这对于提高网络的信息处理速度和智能性至关重要。

（4）具有冗余性、容错性和鲁棒性。信息在大脑的神经网络中分散存储在很多神经元里，而且每个神经元实际上存储了多种不同信息的部分内容。在分布存储的内容中有许多是完成同一功能的，这就是神经网络具有冗余性，它可以使得当大脑的某个神经元损坏或死亡时不致丢失记忆的信息。大脑将信息分散存储在许多神经元及它们的突触连接之中，如果部分神经元有损伤，通过自组织功能使神经系统的总体功能继续有效，这称为容错性。由于网络具有高连接度，这意味着一定范围内的误差以及干扰不会使网络的性能恶化，即网络具有鲁棒性。

9.1.2 人工神经元模型

在生物学研究的基础上，研究人员模拟大脑生物过程的基本特性提出了人工神经网络模型。人工神经网络只是对生物神经网络的某种抽象、简化和模拟，尚未实现对人脑神经系统功能的完整真实描述。

1. 人工神经元模型结构

人工神经元模型结构如图 9.2 所示。

对于图 9.2 中的神经元 j，$x_1, x_2, \cdots, x_n$ 分别代表该神经元的输入，可用向量 $\boldsymbol{x}=[x_1, x_2, \cdots, x_n]^{\mathrm{T}}$ 表示。

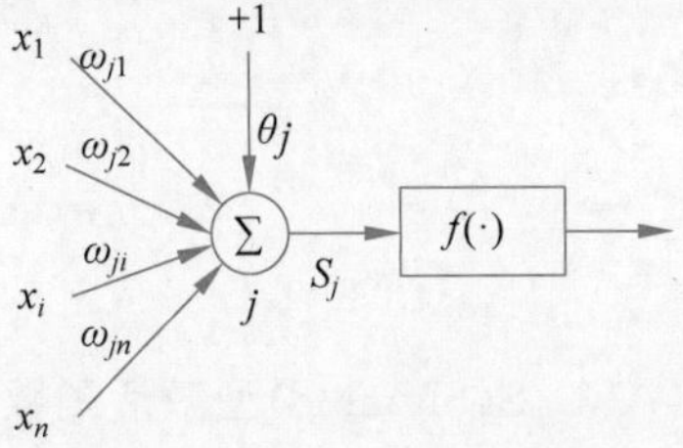

图 9.2 人工神经元模型

$\omega_{j1}, \omega_{j2}, \cdots, \omega_{jn}$ 分别表示输入的权值，用向量 $\boldsymbol{\omega}=[\omega_{j1}, \omega_{j2}, \cdots, \omega_{jn}]^{\mathrm{T}}$ 表示。θ_j 为神经元 j 的阈值，其作用相当于设定一个阈值，当全部输入信号加权求和超过阈值时，该神经元输出为 1(兴奋)，否则输出为 0(抑制)。

M-P 模型基于以下假设：

(1) 每个神经元是一个多输入单输出的信息单元。

(2) 神经元输出有阈值特性：输入总和越过阈值时，神经元才被激活；未超过阈值时，神经元不会进入兴奋状态。

(3) 神经元本身是非时变的，即其参数为常数。

2. 人工神经元数学表示

在图 9.2 所示的神经元结构中，神经元又称为节点，节点 j 的总输入定义为

$$S_j=\sum_{i=1}^{n} w_{ji} x_i-\theta_j \tag{9-1}$$

令 $x_0=-1, \omega_{j0}=\theta_j$，即令 $\boldsymbol{x}$ 及 $\boldsymbol{\omega}_j$ 包括 x_0 和 ω_{j0}，则扩展后的输入向量及连接权向量为

$$S_j=\sum_{i=0}^{n} \omega_{ji} x_i=\boldsymbol{\omega}_j^{\mathrm{T}} \boldsymbol{x} \tag{9-2}$$

总输入通过激活函数 $f(\cdot)$后，得到当前人工神经元 j 的输出为

$$y_j=f(S_j)=f\left(\sum_{i=0}^{n} \omega_{ji} x_i\right)=f(\boldsymbol{\omega}_j^{\mathrm{T}} \boldsymbol{x}) \tag{9-3}$$

因为神经元传递的信号随输入的增加而加强，但不可能无限制地增加，必有一个最大值，所以式(9-3)中 $f(\cdot)$是单调上升函数，而且必须是有界函数。

3. 人工神经元激活函数

从神经元的角度来说，激活函数决定神经元继续传递信息、产生新连接的概率(超过阈值被激活，但不一定传递)；从数学的角度，从式(9-3)可以看到，没有激活函数，多层神经网络的传递函数相当于矩阵连乘，是线性运算；如果引入非线性的激活函数，那么可以使神经元具备一定的非线性特性。

常用的激活函数如下。

(1) 阈值型激活函数：如图 9.3 所示，这种模型的神经元没有内部状态，作用函数 f 是一个阶跃函数。

（2）分段线性强饱和型激活函数：如图9.4所示，又称为伪线性，其输入-输出之间在一定范围内满足线性关系，一直延续到输出为最大值1为止。但当达到最大值后，输出就不再增加。

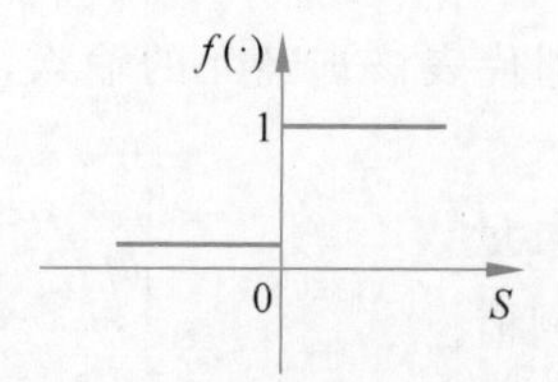

图9.3 阈值型激活函数

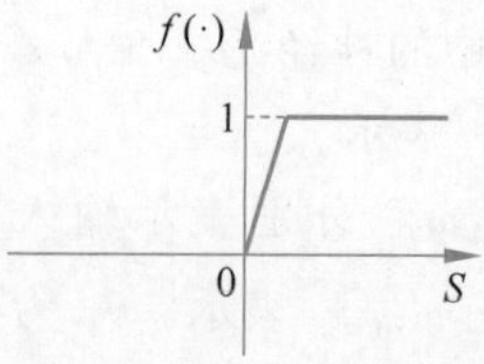

图9.4 分段线性强饱和型激活函数

（3）S(Sigmoid)型激活函数：如图9.5所示，它是一种连续的神经元模型，其输入输出特性常用指数、对数或双曲正切等S型函数表示。它反映的是神经元的饱和特性。

（4）子阈累积型激活函数：如图9.6所示，它也是一个非线性函数，当产生的激活值超过T值时，该神经元开始响应输入信号。在线性范围内，系统的响应是线性的。

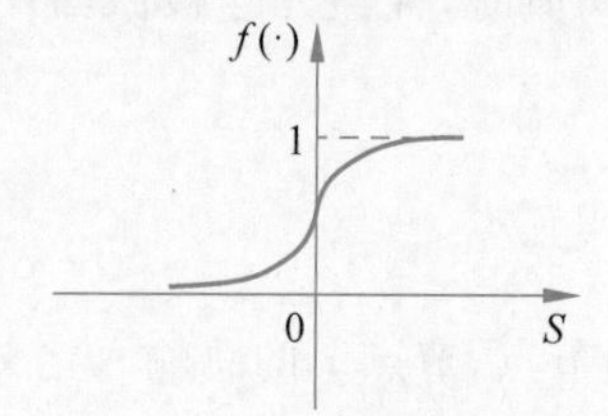

图9.5 S型激活函数

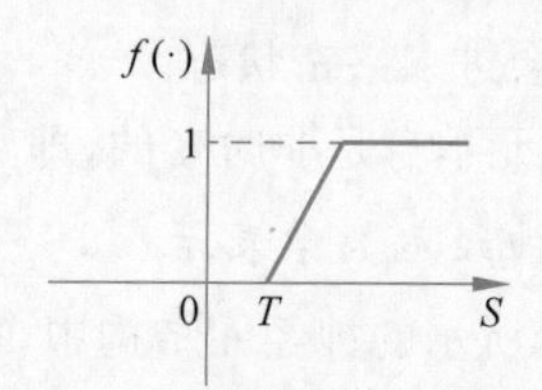

图9.6 子阈累积型激活函数

总的来说，M-P模型并未考虑生物原形的诸多因素，如延时特性、输入后立即输出等，属于对生物神经元的初步近似。但它考虑了生物神经元三个最重要的功能：①加权，可对每个输入信号进行不同程度的加权；②求和，确定全部输入信号的组合效果；③激活，通过激活函数$f(\cdot)$，确定其输出。通过对这三个功能的模拟，基本反映了生物神经元的主要特性。

9.1.3 网络结构

人工神经网络的互联结构（或称拓扑结构）是指单个神经元之间的连接模式，它是构造神经网络的基础，也是神经网络引起偏差的主要来源。人工神经网络按结构分为前馈神经网络和反馈神经网络。

1. 前馈神经网络

前馈神经网络简称前馈网络，各神经元从输入层开始，接收前一级输入，并输出到下一级，直至输出层。整个网络中无反馈，可用一个有向无环图表示。前馈网络又可分为单层前馈网络和多层前馈网络两种形式。

1）单层前馈网络

在图9.7中，设神经元j的阈值为θ_j，则

$$y_j = f\left(\sum_{i=1}^{n} \omega_{ij} x_i - \theta_j\right), \quad j=1,2,\cdots,m \tag{9-4}$$

将上述神经网络的输入 $\boldsymbol{x}$、输出 $\boldsymbol{y}$ 和神经元阈值$\boldsymbol{\theta}$ 写成向量形式，即

$$\boldsymbol{x}=[x_1,x_2,\cdots,x_n]^{\mathrm{T}}$$

$$\boldsymbol{y}=[y_1,y_2,\cdots,y_m]^{\mathrm{T}}$$

$$\boldsymbol{\theta}=[\theta_1,\theta_2,\cdots,\theta_m]^{\mathrm{T}}$$

此时，由所有连接权值 ω_{ij} 构成的连接权值矩阵为

$$\boldsymbol{W}=\begin{bmatrix}\omega_{11} & \omega_{12} & \cdots & \omega_{1m}\\ \omega_{21} & \omega_{22} & \cdots & \omega_{2m}\\ & & \vdots & \\ \omega_{n1} & \omega_{n2} & \cdots & \omega_{nm}\end{bmatrix}$$

于是，图 9.7 所示的单层前馈神经网络输入与输出的关系也可写成矩阵形式：

$$\boldsymbol{y}=f(\boldsymbol{\omega}^{\mathrm{T}}\boldsymbol{x}-\boldsymbol{\theta}) \tag{9-5}$$

在矩阵表示方式下，神经元 j 对应的连接权值也可写为向量形式，$\boldsymbol{\omega}_j=[\omega_{1j},\omega_{2j},\cdots,\omega_{nj}]^{\mathrm{T}}$。为方便表述，也把神经元 j 的阈值 θ_j 作为权值向量$\boldsymbol{\omega}_j$ 中的第一个分量，称为增广的权值向量，记为$\tilde{\boldsymbol{\omega}}_j$；对应地把"$-1$"固定地作为输入向量 $\boldsymbol{x}$ 中的第一个分量，称为增广的输入向量，记为$\tilde{\boldsymbol{x}}$。则有

$$\tilde{\boldsymbol{\omega}}_j=[\omega_{0j},\omega_{1j},\omega_{2j},\cdots,\omega_{nj}]^{\mathrm{T}}$$

$$\tilde{\boldsymbol{x}}=[-1,x_1,x_2,\cdots,x_n]^{\mathrm{T}}$$

式中：$\omega_{0j}=\theta_j$。

则式(9-4)可写为

$$y_j=f(\tilde{\boldsymbol{\omega}}_j{}^{\mathrm{T}}\tilde{\boldsymbol{x}}),\quad j=1,2,\cdots,m \tag{9-6}$$

2）多层前馈网络

多层前馈网络是指除了拥有输入、输出层，还至少含有一个或更多个隐含层的前馈网络(图 9.8)。其中隐含层是由既不属于输入层又不属于输出层的神经元所构成的处理层，也称为中间层。多层前馈网络的输入层的输出是第一隐含层的输入信号，而第一隐含层的输出是第二隐含层的输入信号；以此类推，直到输出层。

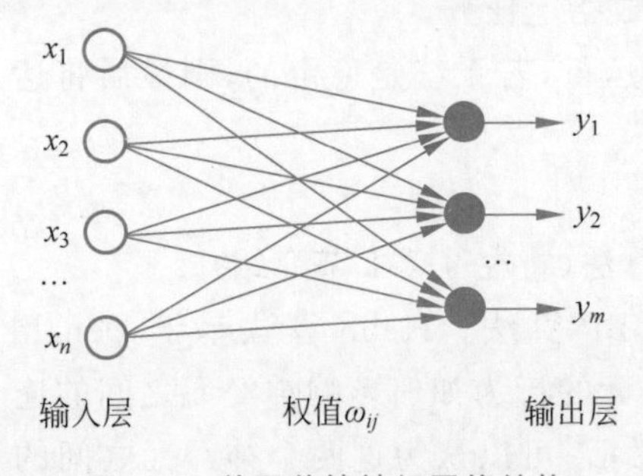

图 9.7　单层前馈神经网络结构

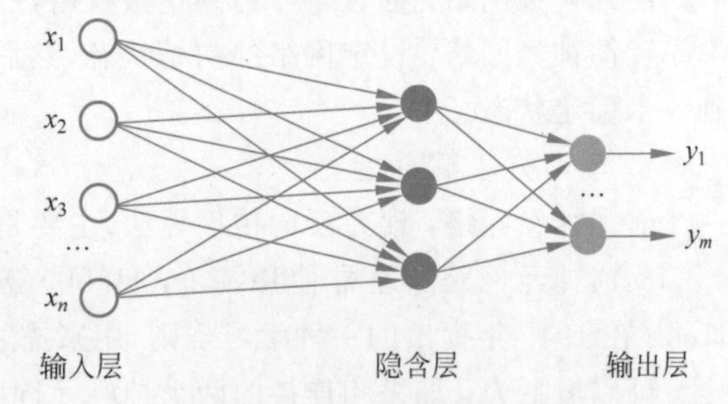

图 9.8　多层前馈神经网络结构

2. 反馈神经网络

反馈神经网络又称为自联想记忆网络，是指允许采用反馈联结方式所形成的神经网

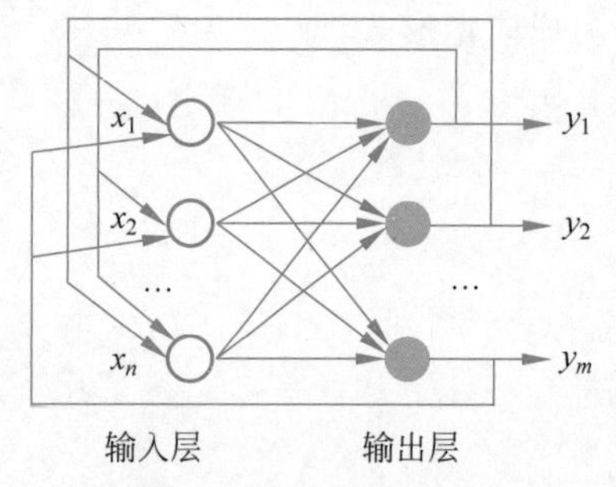

图 9.9　反馈神经网络结构

络，反馈联结方式是指一个神经元的输出可以被反馈至同层或前层的神经元，其典型结构如图 9.9 所示。

前馈网络属于非循环连接模式，它的每个神经元的输入都没有包含该神经元先前的输出；反馈神经网络的每个神经元的输入都有可能包含有该神经元先前输出的反馈信息，类似于人类的短期记忆。

反馈神经网络的目的是设计一个网络，存储一组平衡点，使得当给网络一组初始值时，网络通过自行运行而最终收敛到这个设计的平衡状态。反馈神经网络能够表现出非线性动力学系统的动态特性。它所具有的主要特性如下。

(1) 网络系统具有若干稳定状态。当网络从某一初始状态开始运行时，网络系统可以收敛到某一个稳定的平衡状态。

(2) 系统稳定的平衡状态可以通过设计网络的权值而被存储到网络中。

反馈神经网络根据信号的时域性质可分为两类：

(1) 如果激活函数 $f(\cdot)$是二值型的阶跃函数，则称此网络为离散型反馈神经网络，主要用于联想记忆；

(2) 如果 $f(\cdot)$为连续单调上升的有界函数，则称此网络为连续型反馈神经网络，主要用于优化计算。

3. 反馈神经网络与前馈神经网络的区别

1) 结构不同

前馈神经网络：没有反馈环节。

反馈神经网络：一个动态系统，存在稳定性问题，这也是反馈神经网络的关键问题。

2) 模型不同

前馈神经网络：从输入到输出的映射关系，不考虑延时。

反馈神经网络：考虑延时，是一个动态系统，模型是动态方程(微分方程)。

3) 网络工作过程不同

前馈神经网络：通过学习得到连接权值，然后完成指定任务。

反馈神经网络：设定网络的初始状态，然后系统运行，若系统是稳定的，则最后将达到一个稳定状态。

4) 学习方法不同

前馈神经网络：误差反向传播算法，主要是 BP 算法(将在 9.2.2 节介绍)。

反馈神经网络：通常使用海布(Hebb)算法与 BP 算法。Hebb 算法基于 Donald Hebb 在 1949 年提出的一种学习规则，用来描述神经元的行为如何影响神经元之间的连接。可以概括为：如果相连接的两个神经元同时被激活，可以认为这两个神经元之间的关系比较近，因此将这两个神经元之间连接的权值增加，而一个被激活一个被抑制，则两者间的权值应该减小。BP(Error Back Propagation)算法将在 9.2.2 节介绍。

5）应用范围不同

前馈神经网络：主要用于联想映射及其分类。

反馈神经网络：同时也可以用于联想记忆和约束优化问题的求解。

9.2 典型神经网络及其训练方法

9.2.1 感知机网络

感知机是美国学者罗森勃拉特(Rosenblatt)于1957年基于研究大脑的存储、学习和认知过程而提出的一类具有自学习能力的神经网络模型,其拓扑结构是分层前馈神经网络。

1. 感知机网络模型

根据网络结构中层次的不同,可分为单层感知机和多层感知机。

1）单层感知机

单层感知机是一种只具有单层、神经元连接权值可调节的前馈神经网络。在单层感知机中,每个可计算节点都是一个线性阈值神经元。当输入信息的加权和大于或等于阈值时,输出为1；否则,输出为0或−1。

单层感知机输出层的每个神经元仅有一个输出,其结构如图9.10所示。

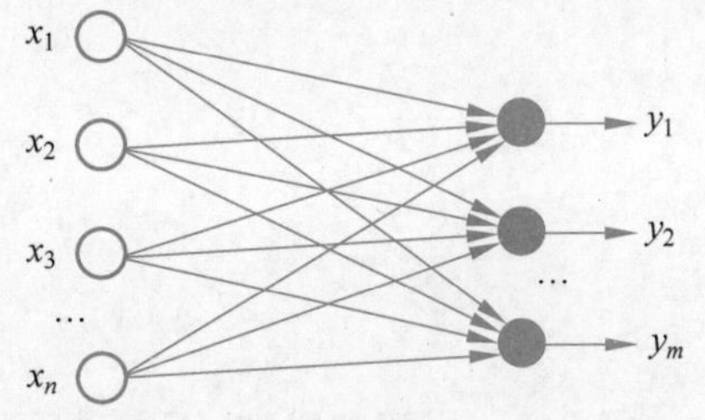

图9.10 单层感知机网络结构

在图9.10中,输入向量$\boldsymbol{x}=(x_1,x_2,\cdots,x_n)^{\mathrm{T}}$,输出向量$\boldsymbol{y}=(y_1,y_2,\cdots,y_m)^{\mathrm{T}}$,设各神经元阈值为$\theta_j$,则

$$y_j=f\left(\sum_{i=1}^{n}\omega_{ij}x_i-\theta_j\right),\quad j=1,2,\cdots,m \tag{9-7}$$

显然,单层感知机是一种单层前馈网络,单层感知机网络的输入与输出式(9-7)与单层前馈网络的输入与输出映射式(9-4)相同。

使用感知机的主要目的是对外部输入进行分类。罗森勃拉特已经证明,如果外部输入是线性可分的,则单层感知机一定能够把它划分为两类。

例9.1 用感知机神经网络模型实现“与”运算($x_1 \wedge x_2$)。

解：$x_1 \wedge x_2$真值表如表9.1所示。

表9.1 $x_1 \wedge x_2$真值表

输入		输出	超平面	阈值条件
x_1	x_2	$x_1 \wedge x_2$	$\omega_1 x_1+\omega_2 x_2-\theta=0$	
0	0	0	$\omega_1\times0+\omega_2\times0-\theta<0$	$\theta>0$
0	1	0	$\omega_1\times0+\omega_2\times1-\theta<0$	$\theta>\omega_2$
1	0	0	$\omega_1\times1+\omega_2\times0-\theta<0$	$\theta>\omega_1$
1	1	1	$\omega_1\times1+\omega_2\times1-\theta\geqslant0$	$\theta\leqslant\omega_1+\omega_2$

构建感知机神经网络模型如图 9.11 所示。

其数学表示为

$$y_j = f\left(\sum_{i=1}^{n} \omega_{ij} x_i - \theta_j\right) = \begin{cases} 1, & \omega_1 x_1 + \omega_2 x_2 - \theta \geqslant 0 \\ 0, & 其他 \end{cases}$$

显然，只要满足表 9.1 中的阈值条件的 ω_1、ω_2 和 θ 都可以让单层感知机构成一个实现逻辑运算“与”的网络。一组可能的参数如图 9.12 所示。

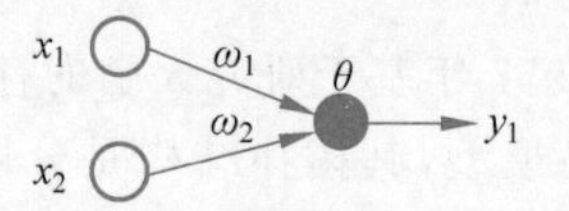

图 9.11　$x_1 \wedge x_2$ 单层感知机网络结构

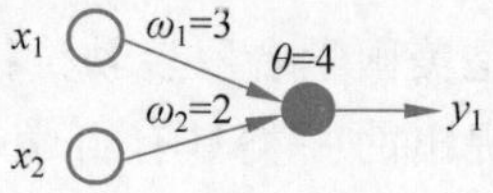

图 9.12　$x_1 \wedge x_2$ 单层感知机参数示例

此时的分类效果如图 9.13 所示。

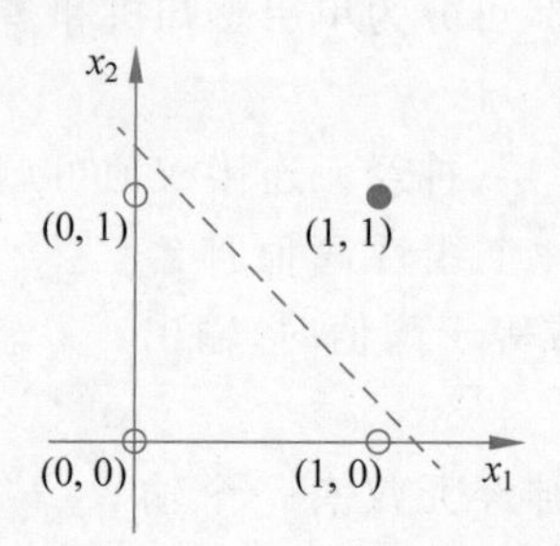

图 9.13　$x_1 \wedge x_2$ 单层感知机分类效果

例 9.2　用感知机神经网络模型实现“或”运算（$x_1 \vee x_2$）。

解：$x_1 \vee x_2$ 真值表如表 9.2 所示。

表 9.2　$x_1 \wedge x_2$ 真值表

输　入		输　出	超 平 面	阈值条件
x_1	x_2	$x_1 \vee x_2$	$\omega_1 x_1 + \omega_2 x_2 - \theta = 0$	
0	0	0	$\omega_1 \times 0 + \omega_2 \times 0 - \theta < 0$	$\theta > 0$
0	1	1	$\omega_1 \times 0 + \omega_2 \times 1 - \theta \geqslant 0$	$\theta \leqslant \omega_2$
1	0	1	$\omega_1 \times 1 + \omega_2 \times 0 - \theta \geqslant 0$	$\theta \leqslant \omega_1$
1	1	1	$\omega_1 \times 1 + \omega_2 \times 1 - \theta \geqslant 0$	$\theta \leqslant \omega_1 + \omega_2$

构建感知机神经网络模型如图 9.14 所示。

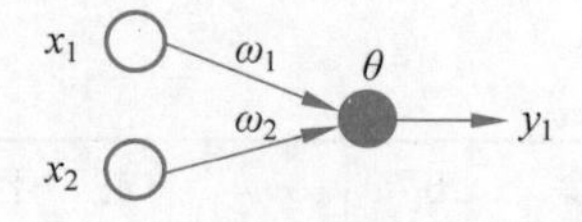

图 9.14　$x_1 \vee x_2$ 单层感知机网络结构

其数学表示为

$$y_j = f\left(\sum_{i=1}^{n} \omega_{ij} x_i - \theta_j\right) = \begin{cases} 1, & \omega_1 x_1 + \omega_2 x_2 - \theta \geqslant 0 \\ 0, & 其他 \end{cases}$$

作为实现或运算的神经网络，一组可能的参数如图 9.15 所示。

此时的分类效果如图 9.16 所示。

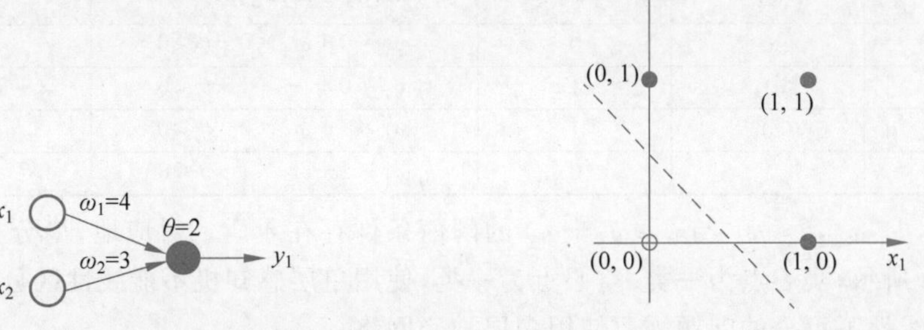

图 9.15　$x_1 \vee x_2$ 单层感知机参数示例　　图 9.16　$x_1 \vee x_2$ 单层感知机分类效果

从例 9.1 和例 9.2 可以看出，单层感知机的结构不变，仅通过设置不同的网络参数，则单层感知机既可以实现“与”运算也可以实现“或”运算。

例 9.3　用感知机神经网络模型实现“非”运算（$\neg x_1$）。

解：$\neg x_1$ 真值表如表 9.3 所示。

表 9.3　$\neg x_1$ 真值表

输　入	输　出	超　平　面	阈值条件
x_1	$\neg x_1$	$\omega_1 x_1-\theta=0$	
0	1	$\omega_1\times 0-\theta\geqslant 0$	$\theta\leqslant 0$
1	0	$\omega_1\times 1-\theta<0$	$\theta>\omega_1$

构建感知机神经网络模型如图 9.17 所示。

其数学表示为

$$y_j=f\left(\sum_{i=1}^{n}\omega_{ij}x_i-\theta_j\right)=\begin{cases}1, & \omega_1 x_1+\omega_2 x_2-\theta\geqslant 0\\ 0, & 其他\end{cases}$$

一组可能的参数如图 9.18 所示。

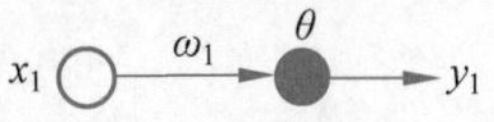

图 9.17　$\neg x_1$ 单层感知机网络结构 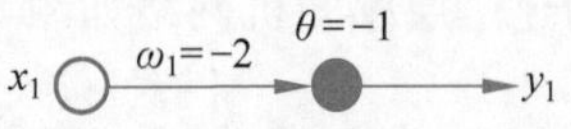　　图 9.18　$\neg x_1$ 单层感知机参数示例

此时的分类效果如图 9.19 所示。

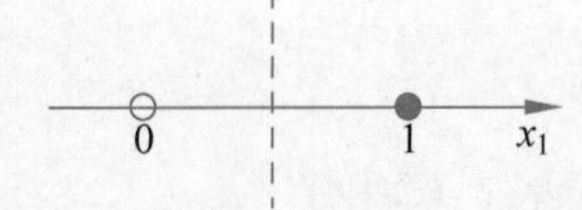

图 9.19　$\neg x_1$ 单层感知机分类效果

例 9.4　用感知机神经网络模型实现“异或”运算（$x_1 \oplus x_2$）。

解：$x_1 \oplus x_2$ 真值表如表 9.4 所示。

表 9.4 $x_1 \oplus x_2$ 真值表

输　　入		输　　出	超　平　面	阈值条件
x_1	x_2	$x_1 \oplus x_2$	$\omega_1 x_1 + \omega_2 x_2 - \theta = 0$	
0	0	0	$\omega_1 \times 0 + \omega_2 \times 0 - \theta < 0$	$\theta > 0$
0	1	1	$\omega_1 \times 0 + \omega_2 \times 1 - \theta \geqslant 0$	$\theta \leqslant \omega_2$
1	0	1	$\omega_1 \times 1 + \omega_2 \times 0 - \theta \geqslant 0$	$\theta \leqslant \omega_1$
1	1	0	$\omega_1 \times 1 + \omega_2 \times 1 - \theta < 0$	$\theta > \omega_1 + \omega_2$

此时，$\theta \leqslant \omega_2$，$\theta \leqslant \omega_1$ 与 $\theta > \omega_1 + \omega_2$ 的阈值条件存在矛盾。对应地，待分类的两类点如图 9.20 所示，实心点为一类，空心点为一类，使用单层感知机不能线性区分两类点。

对于线性不可分的问题需要使用多层神经网络。

2）多层感知机

在单层感知机的输入层与输出层之间加入一层或多层处理单元，则构成了多层感知机。简单的三层感知机网络结构如图 9.21 所示。

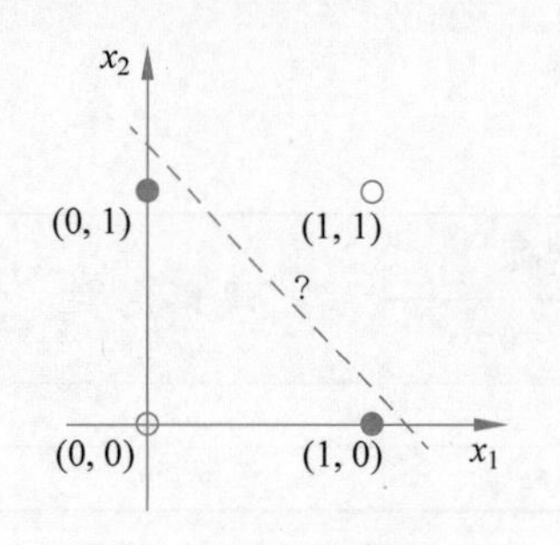

图 9.20 $x_1 \oplus x_2$ 单层感知机分类效果

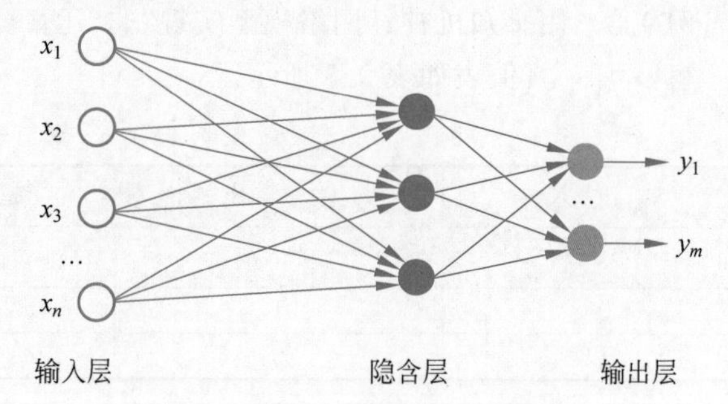

图 9.21 三层感知机网络结构

通过引入一层或者更多层的隐含层，多层感知机的输出与输入之间能够实现高度非线性的映射关系，通常层数越多，非线性分类能力越强。

例 9.5 用多层感知机求解例 9.4 中的异或运算（$x_1 \oplus x_2$）。

解：构建三层感知机网络如图 9.22 所示。

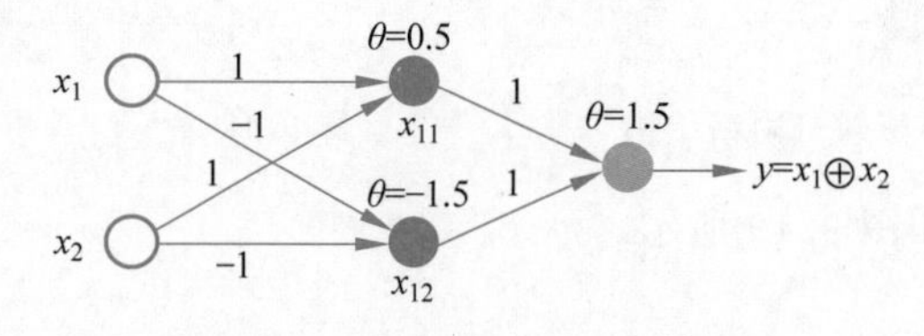

图 9.22 $x_1 \oplus x_2$ 三层感知机网络

隐含层神经元 x_{11} 所确定的直线方程为

$$1 \times x_1 + 1 \times x_2 - 0.5 = 0$$

隐含层神经元 x_{12} 所确定的直线方程为

$$1 \times x_1 + 1 \times x_2 - 1.5 = 0$$

输出层神经元所确定的直线方程为

$$1\times x_{11}+1\times x_{12}-1.5=0$$

$x_1\oplus x_2$ 三层感知机分类效果如图 9.23 所示。

x_{11} 确定的直线方程与 x_{12} 确定的直线方程分别确定了一个半平面，输出神经元再把它们进行逻辑“与”运算，得到最终的分类结果。

在上述多层感知机的建立过程中，直接给出了权重和阈值的取值。显然，通过例 9.1、例 9.2 及例 9.3 中求解不等式的方法是行不通的。在实际处理中，需要通过学习的方式确定神经网络的参数。

2. 感知机学习算法

单层感知机学习算法基于纠错学习规则，采用迭代的思想对连接权值和阈值进行不断调整，直到满足结束条件为止。

纠错学习(error-correction learning)也称为误差修正学习，或称为 Delta 规则，它是一种监督学习方法，其基本思想是利用神经网络的期望输出与实际输出之间的偏差作为连接权值调整的参考，通过调整神经网络的权值来减少这种偏差。

如图 9.24 所示的单层感知机，设 $\boldsymbol{x}(t)=[x_1(t),x_2(t),\cdots,x_n(t)]^{\mathrm{T}}$、$\boldsymbol{\omega}_j(t)=[\omega_{1j}(t),\omega_{2j}(t),\cdots,\omega_{nj}(t)]^{\mathrm{T}}$ 和 $\theta_j(t)$ 分别表示学习算法在第 t 次迭代时神经元 j 的输入向量、权值向量和神经元 j 的阈值。

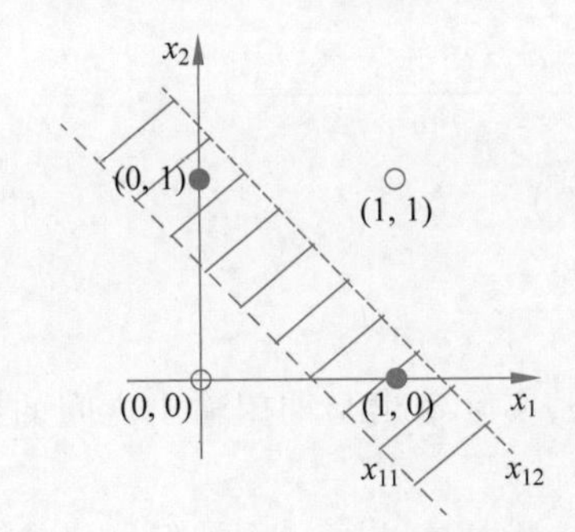

图 9.23 $x_1\oplus x_2$ 三层感知机分类效果

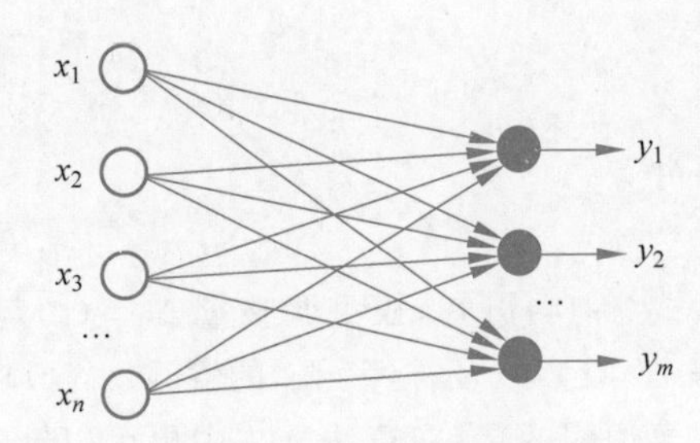

图 9.24 单层感知机

对于图 9.24 所示的单层感知机，纠错学习算法见算法 9.1。

算法 9.1 单层感知机的纠错学习算法：

Step1：设 $t=0$，初始化连接权和阈值。

Step2：对于神经元 $j(j=1,2,\cdots,m)$，提供新的样本输入 $\boldsymbol{x}(t)$ 和期望输出 $d_j(t)$。

Step3：计算网络的实际输出，即

$$y_j(t)=f\left(\sum_{i=1}^{n}\omega_{ij}(t)x_i(t)-\theta_j(t)\right) \tag{9-8}$$

Step4：若 $y_j(t)=d_j(t)$，则不需要调整连接权值，转 Step6。

Step5：调整连接权值，即

$$\omega_{ij}(t+1)=\omega_{ij}(t)+\Delta\omega_{ij}(t) \tag{9-9}$$

其中：$\Delta\omega_{ij}(t)$ 为权重的调整量，$i=1,2,\cdots,n$。

Step6：判断是否满足结束条件，若满足，算法结束，输出神经网络权值即阈值；否则,$t=t+1$,转 Step2。

由算法 9.1 可知,对于神经元 j,如果期望输出与实际输出相等,即 $y_j(t)=d_j(t)$,则权重不用调整;否则,就在当前权重 $\omega_{ij}(t)$的基础上加上一个调整量 $\Delta\omega_{ij}(t)$。

现在的问题是如何确定 $\Delta\omega_{ij}(t)$的值。调整 $\omega_{ij}(t)$的目的是使得实际输出 $y_j(t)$与期望输出 $d_j(t)$之间的误差 $E_j(t)$减少,$E_j(t)$可表示为

$$E_j(t)=\frac{1}{2}[d_j(t)-y_j(t)]^2 \tag{9-10}$$

如果要使得该误差减小最快,则 $\Delta\omega_{ij}(t)$应等于误差 $E_j(t)$的负梯度方向,即

$$\Delta\omega_{ij}(t)=-\eta\frac{\partial E_j(t)}{\partial\omega_{ij}} \tag{9-11}$$

式中:η 为学习率或增益因子,用于控制参数修改速度。

为方便计算,设神经元激活函数 $f(x)=x$,即

$$y_j(t)=\sum_{i=1}^{n}\omega_{ij}(t)x_i(t)-\theta(t) \tag{9-12}$$

则

$$\begin{aligned}\frac{\partial E_j(t)}{\partial\omega_{ij}}&=\frac{1}{2}\frac{\partial[d_j(t)-y_j(t)]^2}{\partial\omega_{ij}}\\&=\frac{1}{2}\times 2[d_j(t)-y_j(t)]\frac{\partial[d_j(t)-y_j(t)]}{\partial\omega_{ij}}\\&=[d_j(t)-y_j(t)](-x_i(t))\end{aligned} \tag{9-13}$$

综上可知

$$\Delta\omega_{ij}(t)=\eta[d_j(t)-y_j(t)]x_i(t) \tag{9-14}$$

由式(9-14)可知,权重调整量 $\Delta\omega_{ij}(t)$与学习率 η、实际输出与期望输出之间的偏差 $d_j(t)-y_j(t)$,以及神经元 j 的输入 $x_i(t)$相关。

需要说明的是,在算法 9.1 中也可以针对输入的一批样本进行一次神经网络参数更新。这样的更新方式称为批处理更新。设当前批次样本组成集合 D,则

$$E_j(t)=\sum_{j\in D}\frac{1}{2}[d_j(t)-y_j(t)]^2 \tag{9-15}$$

于是,有

$$\begin{aligned}\frac{\partial E_j(t)}{\partial\omega_{ij}}&=\frac{1}{2}\frac{\partial\sum_{j\in D}[d_j(t)-y_j(t)]^2}{\partial\omega_{ij}}\\&=\frac{1}{2}\times 2\sum_{j\in D}[d_j(t)-y_j(t)]\frac{\partial[d_j(t)-y_j(t)]}{\partial\omega_{ij}}\\&=\sum_{j\in D}[d_j(t)-y_j(t)](-x_i(t))\end{aligned} \tag{9-16}$$

综上,在批处理方式下:

$$\Delta\omega_{ij}(t)=\eta\sum_{j\in D}[d_j(t)-y_j(t)]x_i(t) \tag{9-17}$$

显然,当每一批样本仅包含一个样本时,式(9-14)与式(9-17)等价。于是,式(9-14)实际上是式(9-17)的特殊形式。式(9-17)也称为 Delta 规则。

此外,在算法 9.1 的 step1 中,通常会将连接权值和阈值初始化为一个接近于 0 但不能为 0 的数;否则,算法不能工作。

例 9.6 采用单层感知机学习算法,训练实现逻辑"与"运算的神经网络,如图 9.25 所示。

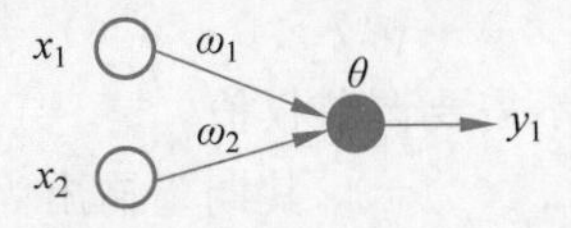

图 9.25 采用单层感知机结构实现"与"网络

解:根据与运算的逻辑关系,输入向量为

$$\boldsymbol{x}_1=[0,0,1,1]^{\mathrm{T}}$$

$$\boldsymbol{x}_2=[0,1,0,1]^{\mathrm{T}}$$

输出向量为

$$\boldsymbol{y}=[0,0,0,1]^{\mathrm{T}}$$

设初始连接权值和阈值取值如下:

$$\omega_1(0)=0.5,\quad \omega_2(0)=0.7,\quad \theta(0)=0.6$$

取学习率 $\eta=0.4$,则采用单层感知机学习算法的参数训练过程如下:

设两个输入为 $x_1(0)=0$ 和 $x_2(0)=0$,其期望输出为 $d(0)=0$,计算实际输出为

$$\begin{aligned}y(0)&=f\big(\omega_1(0)x_1(0)+\omega_2(0)x_2(0)-\theta(0)\big)\\&=f(0.5\times 0+0.7\times 0-0.6)=f(-0.6)=0\end{aligned}$$

实际输出与期望输出相同,不需要调节权值。再取下一组输入 $x_1(0)=0$ 和 $x_2(0)=1$,期望输出 $d(0)=0$,计算实际输出为

$$\begin{aligned}y(0)&=f\big(\omega_1(0)x_1(0)+\omega_2(0)x_2(0)-\theta(0)\big)\\&=f(0.5\times 0+0.7\times 1-0.6)=f(0.1)=1\end{aligned}$$

此时,实际输出与期望输出不同,需要调节权值:

$$\theta(1)=\theta(0)+\eta\big(d(0)-y(0)\big)\times(-1)=0.6+0.4\times(0-1)\times(-1)=1$$

$$\omega_1(1)=\omega_1(0)+\eta\big(d(0)-y(0)\big)x_1(0)=0.5+0.4\times(0-1)\times 0=0.5$$

$$\omega_2(1)=\omega_2(0)+\eta\big(d(0)-y(0)\big)x_2(0)=0.7+0.4\times(0-1)\times 1=0.3$$

取下一组输入 $x_1(1)=1$ 和 $x_2(1)=0$,其期望输出为 $d(0)=0$,计算实际输出为

$$\begin{aligned}y(1)&=f\big(\omega_1(1)x_1(1)+\omega_2(1)x_2(1)-\theta(1)\big)\\&=f(0.5\times 1+0.3\times 0-1)=f(-0.5)=0\end{aligned}$$

实际输出与期望输出相同,不需要调节权值;

再取下一组输入 $x_1(1)=1$ 和 $x_2(1)=1$,其期望输出 $d(1)=1$,计算实际输出为

$$\begin{aligned}y(1)&=f\big(\omega_1(1)x_1(1)+\omega_2(1)x_2(1)-\theta(1)\big)\\&=f(0.5\times 1+0.3\times 1-1)=f(-0.2)=0\end{aligned}$$

实际输出与期望输出不同，需要调节权值：

$$\theta(2)=\theta(1)+\eta(d(1)-y(1))\times(-1)=1+0.4\times(1-0)\times(-1)=0.6$$

$$\omega_1(2)=\omega_1(1)+\eta(d(1)-y(1))x_1(1)=0.5+0.4\times(1-0)\times 0=0.9$$

$$\omega_2(2)=\omega_2(1)+\eta(d(1)-y(1))x_2(1)=0.3+0.4\times(1-0)\times 1=0.7$$

取下一组输入 $x_1(2)=0$ 和 $x_2(2)=0$，其期望输出为 $d(2)=0$，计算实际输出为

$$y(2)=f(0.9\times 0+0.7\times 0-0.6)=f(-0.6)=0$$

实际输出与期望输出相同，不需要调节权值。

取下一组输入 $x_1(2)=0$ 和 $x_2(2)=1$，其期望输出为 $d(2)=0$，计算实际输出为

$$y(2)=f(0.9\times 0+0.7\times 1-0.6)=f(0.1)=1$$

实际输出与期望输出不同，需要调节权值：

$$\theta(3)=\theta(2)+\eta(d(1)-y(2))\times(-1)=0.6+0.4\times(0-1)\times(-1)=1$$

$$\omega_1(3)=w_1(2)+\eta(d(2)-y(2))x_1(2)=0.9+0.4\times(0-1)\times 0=0.9$$

$$\omega_2(3)=w_2(2)+\eta(d(2)-y(2))x_2(2)=0.7+0.4\times(0-1)\times 1=0.3$$

此时可以验证：

对输入“0 0”，有

$$y=f(0.9\times 0+0.3\times 0-1)=f(-1)=0$$

对输入“0 1”，有

$$y=f(0.9\times 0+0.3\times 1-1)=f(-0.7)=0$$

对输入“1 0”，有

$$y=f(0.9\times 1+0.3\times 0-1)=f(-0.1)=0$$

对输入“1 1”，有

$$y=f(0.9\times 1+0.3\times 1-1)=f(0.2)=1$$

至此，阈值和连接权值已满足结束条件，算法结束。

以上是单层感知机的学习算法，若样本线性可分，则单层感知机学习算法收敛；否则，不收敛。而在实际中，大量的分类问题是线性不可分问题。需要采用多层感知机对其进行分类。但多层感知机隐含层神经元的期望输出不易给出，不能像单层感知机那样直接应用监督学习过程。对于多层神经网络的训练，可采用 BP 学习算法。

9.2.2 BP 网络

1. BP 网络模型

BP 网络拓扑结构是多层前馈网络，层与层之间多采用全互联方式，各层连接权值可调，其典型结构如图 9.26 所示。

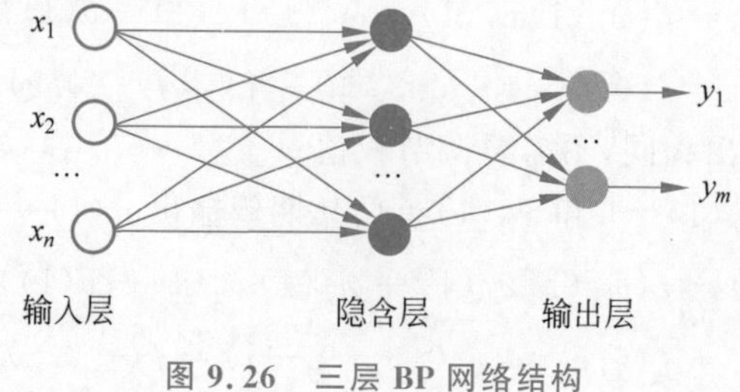

图 9.26　三层 BP 网络结构

2. BP 网络学习算法

BP 网络的学习过程由信号的正向传播与误差的反向传播两个过程组成。

正向传播时，输入样本，若实际输出与期望输出不符，则转向误差的反向传播阶段。

反向传播时，将输出误差以某种形式逐层反传，并将误差分摊给各层的所有单元，从而获得各层单元的误差信号，此误差信号即作为修正各单元权值的依据。

三层 BP 网络数据传递如图 9.27 所示。

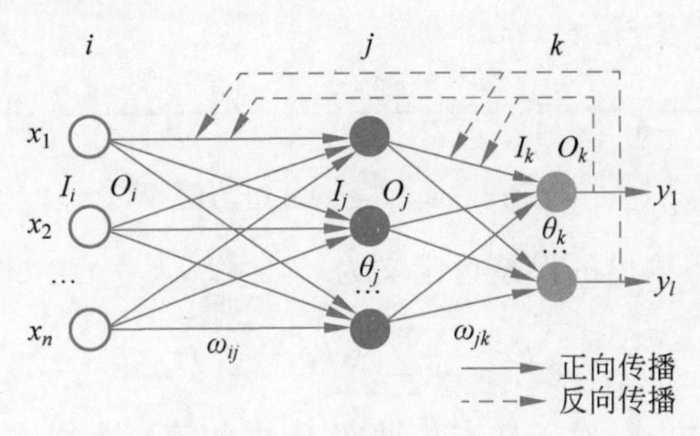

图 9.27 三层 BP 网络数据传递示意图

在图 9.27 中表示的三层 BP 网络中，我们使用 O_i、O_j、O_k 分别表示输入层节点 i、隐含层节点 j，输出层节点 k 的输出，I_i、I_j、I_k 分别表示输入层节点 i、隐含层节点 j、输出层节点 k 的输入，ω_{ij}、ω_{jk} 分别表示从节点 i 到节点 j，及从节点 j 到节点 k 的连接权值，θ_j、θ_k 分别表示隐含层节点 j、输出层节点 k 的阈值。则对输入层节点 i，有

$$I_i = O_i = x_i, \quad i = 1, 2, \cdots, n \tag{9-18}$$

对隐含层节点 j，有

$$I_j = \sum_{i=1}^{n} \omega_{ij} O_i - \theta_j = \sum_{i=1}^{n} \omega_{ij} x_i - \theta_j, \quad j = 1, 2, \cdots, m \tag{9-19}$$

$$O_j = f(I_j), \quad j = 1, 2, \cdots, m \tag{9-20}$$

对输出层节点 k，有

$$I_k = \sum_{j=1}^{m} \omega_{jk} O_j - \theta_k, \quad k = 1, 2, \cdots, l \tag{9-21}$$

$$O_k = f(I_k), \quad k = 1, 2, \cdots, l \tag{9-22}$$

BP 网络的每个处理单元均为非线性输入与输出关系，其激活函数常用可微的 Sigmoid 函数：

$$f(x) = \frac{1}{1 + \mathrm{e}^{-x}} \tag{9-23}$$

其函数图像如图 9.28 所示。

对函数式(9-23)求导可得

$$f'(x) = f(x)[1 - f(x)] \tag{9-24}$$

将 Sigmoid 函数作为神经元激活函数的好处是其连续可微以及其导数形式便于计算。

针对单个样本顺序学习方式，输出层节点 k 的期望输出用 d_k 表示，实际输出用 y_k

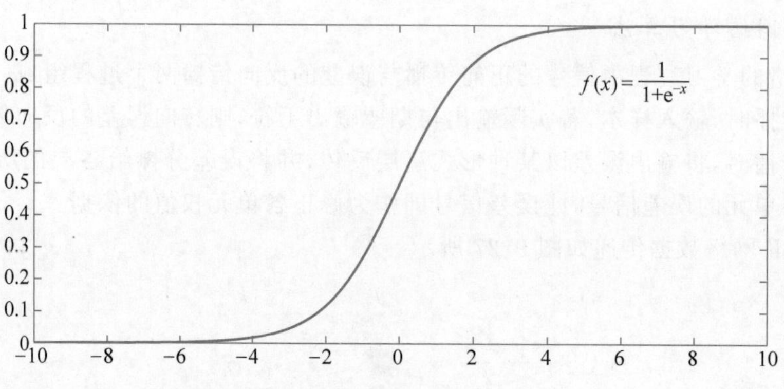

图 9.28　Sigmoid 型函数

表示，则实际输出与期望输出的误差可定义为

$$E=\frac{1}{2}\sum_{k=1}^{l}(d_k-y_k)^2 \tag{9-25}$$

若采用批处理学习方式，对于样本集批次 R 中的第 r 个样本，输出层节点 k 的期望输出用 d_{rk} 表示，实际输出用 y_{rk} 表示，可定义总体误差为

$$E_R=\sum_{r=1}^{R}E_r=\frac{1}{2}\sum_{r=1}^{R}\sum_{k=1}^{l}(d_{rk}-y_{rk})^2 \tag{9-26}$$

由于针对单个样本的 BP 网络学习算法与采用批处理方式的 BP 网络学习算法仅在误差函数上存在差异，本书主要讨论针对单个样本顺序学习方式的 BP 网络学习算法，其连接权值的调整公式为

$$\omega_{jk}(t+1)=\omega_{jk}(t)+\Delta\omega_{jk} \tag{9-27}$$

调整量取为梯度能够最快训练完毕，因此为了使连接权值能沿着误差 E 的梯度下降的方向逐渐改善，权值变化量 $\Delta\omega_{jk}$ 的计算公式为

$$\Delta\omega_{jk}=-\eta\frac{\partial E}{\partial\omega_{jk}} \tag{9-28}$$

式中：η 为学习率，取 $[0,1]$ 区间的一个正数，即 $\eta\in[0,1]$；$\frac{\partial E}{\partial\omega_{jk}}$为

$$\frac{\partial E}{\partial\omega_{jk}}=\frac{\partial E}{\partial I_k}\frac{\partial I_k}{\partial\omega_{jk}} \tag{9-29}$$

根据式(9-21)可得到输出层节点 k 的输入为

$$I_k=\sum_{j=1}^{m}\omega_{jk}O_j-\theta_k=\sum_{j=1}^{m}\omega_{jk}O_j+\omega_{0k}(-1)=\sum_{j=0}^{m}\omega_{jk}O_j \tag{9-30}$$

为方便表示，上式中记 $\theta_k=\omega_{0k}$，将神经元 k 的阈值 θ_k 看成一个特殊的网络连接权值 ω_{0k}，与之对应的输入为 $O_0=-1$。

对式(9-30)求偏导数，可得

$$\frac{\partial I_k}{\partial\omega_{jk}}=\frac{\partial}{\partial\omega_{jk}}\sum_{j=0}^{m}\omega_{jk}O_j=O_j \tag{9-31}$$

令局部梯度

$$\delta_k = -\frac{\partial E}{\partial I_k} \tag{9-32}$$

联立式(9-29)、式(9-31)、式(9-32)和式(9-28),可得

$$\Delta\omega_{jk} = -\eta\frac{\partial E}{\partial \omega_{jk}} = -\eta\frac{\partial E}{\partial I_k}\frac{\partial I_k}{\partial \omega_{jk}} = \eta\delta_k O_j \tag{9-33}$$

对于 δ_k 的计算,需要区分 k 是输出层节点还是隐含层节点,下面将分别讨论。

1) 输出层节点

如果 k 是输出层上的节点,则有 $O_k = y_k$。此时有

$$\delta_k = -\frac{\partial E}{\partial I_k} = -\frac{\partial E}{\partial y_k}\frac{\partial y_k}{\partial I_k} \tag{9-34}$$

由式(9-25)可得

$$\begin{aligned}\frac{\partial E}{\partial y_k} &= \frac{\partial\left(\frac{1}{2}\sum_{k=1}^{l}(d_k - y_k)^2\right)}{\partial y_k}\\ &= \frac{1}{2}\times 2(d_k - y_k)\frac{\partial(-y_k)}{\partial y_k}\\ &= -(d_k - y_k)\end{aligned} \tag{9-35}$$

即

$$\frac{\partial E}{\partial y_k} = -(d_k - y_k) \tag{9-36}$$

且

$$\frac{\partial y_k}{\partial I_k} = f'(I_k) = f(I_k)[1 - f(I_k)] \tag{9-37}$$

将式(9-37)和式(9-36)代入式(9-34),且 $f(I_k) = y_k$,则有

$$\begin{aligned}\delta_k &= (d_k - y_k)f'(I_k)\\ &= (d_k - y_k)y_k(1 - y_k)\end{aligned} \tag{9-38}$$

将式(9-38)代入式(9-33)可得

$$\Delta\omega_{jk} = \eta(d_k - y_k)(1 - y_k)y_k O_j \tag{9-39}$$

由上式可知,权重调整量 $\Delta\omega_{jk}$ 与学习率 η、实际输出与期望输出之间的偏差 $d_k - y_k$、激活函数求导而得到的项 $(1-y_k)y_k$,以及神经元 j 的输入 O_j 相关。与单层感知机学习中的权重调整个式(9-14)相比,发现两个公式各项的物理含义可一一对应。唯一不同的是,在单层感知机学习中,采用的神经元激活函数是 $f(x)=x$,其导数为1。

将式(9-39)代入式(9-27),则对输出层有

$$\begin{aligned}\omega_{jk}(t+1) &= \omega_{jk}(t) + \Delta\omega_{jk}\\ &= \omega_{jk}(t) + \eta(d_k - y_k)(1 - y_k)y_k O_j\end{aligned} \tag{9-40}$$

2) 隐含层节点

如果 k 是隐含层节点,则有 $\delta_k = \delta_j$。δ_j 计算方法:

$$\delta_j = -\frac{\partial E}{\partial I_j} = -\frac{\partial E}{\partial O_j}\frac{\partial O_j}{\partial I_j} \tag{9-41}$$

根据式(9-20)可知

$$\frac{\partial O_j}{\partial I_j} = f'(I_j) \tag{9-42}$$

因此，有

$$\delta_j = -\frac{\partial E}{\partial O_j} f'(I_j) \tag{9-43}$$

又因为

$$E = \frac{1}{2}\sum_{k=1}^{l}[d_k - f(I_k)]^2$$

且

$$I_k = \sum_{j=1}^{m}\omega_{jk}O_j - \theta_k$$

则

$$\begin{aligned}
\frac{\partial E}{\partial O_j} &= \frac{\partial\left\{\frac{1}{2}\sum_{k=1}^{l}[d_k - f(I_k)]^2\right\}}{\partial O_j} \\
&= -\sum_{k=1}^{l}[d_k - f(I_k)]f(I_k)'\frac{\partial I_k}{\partial O_j} \\
&= -\sum_{k=1}^{l}[d_k - y_k]y_k(1-y_k)\frac{\partial\left(\sum_{j=1}^{m}\omega_{jk}O_j - \theta_k\right)}{\partial O_j} \\
&= -\sum_{k=1}^{l}[d_k - y_k]y_k(1-y_k)\omega_{jk}
\end{aligned} \tag{9-44}$$

由式(9-38)可得

$$-\frac{\partial E}{\partial O_j} = \sum_{k=1}^{l}\delta_k\omega_{jk} \tag{9-45}$$

将式(9-45)代入式(9-43)可得

$$\delta_j = f'(I_j)\sum_{k=1}^{l}\delta_k\omega_{jk} \tag{9-46}$$

式(9-46)说明，隐含层节点的局部梯度 δ 值可以通过其下一层节点的 δ 值计算式得到。这样，就可以先计算出输出层上的 δ 值，再逐层反推，从而计算出各个隐含层上的 δ 值。

将式(9-24)代入式(9-46)可得

$$\delta_j = f(I_j)[1 - f(I_j)]\sum_{k=1}^{l}\delta_k\omega_{jk} \tag{9-47}$$

将式(9-47)代入式(9-33)，可得

$$\Delta\omega_{ij} = \eta f(I_j)[1 - f(I_j)]\left(\sum_{k=1}^{l}\delta_k\omega_{jk}\right)O_i \tag{9-48}$$

将式(9-18)和式(9-20)代入式(9-48)可得

$$\Delta\omega_{ij}=\eta O_j(1-O_j)\left(\sum_{k=1}^{l}\delta_k\omega_{jk}\right)x_i \tag{9-49}$$

则由式(9-27),对隐含层有

$$\begin{aligned}\omega_{ij}(t+1)&=\omega_{ij}(t)+\Delta\omega_{ij}\\&=\omega_{ij}(t)+\eta O_j(1-O_j)\left(\sum_{k=1}^{l}\delta_k\omega_{jk}\right)x_i\end{aligned} \tag{9-50}$$

式(9-50)中各项的物理含义与式(9-40)中各项类似。注意,在式(9-50)中,通过$\sum_{k=1}^{l}\delta_k\omega_{jk}$项,下一层的局部梯度$\delta$通过连接权重传递到了上一层,并指导上一层网络的参数调整。如果将局部梯度δ看成一种误差,则可以从输出层开始,反向逐层训练网络参数,并将δ值不断传递到上一层,最终实现整个神经网络的训练。

3) BP网络学习流程

以三层BP神经网络为例。

Step1:初始化网络及学习参数;

Step1.1 将ω_{ij}、ω_{jk}、θ_j、θ_k均赋以较小的随机数;

Step1.2 设置η为[0,1]区间的数;

Step1.3 设置训练样本计数器$r=0$,轮数计数器$t=0$,极小正数ε;

Step1.4 设置总的样本数R,总的训练轮数T;

Step2:随机输入一个训练样本,$r=r+1$;

Step3:计算输出及误差;

Step3.1 按式(9-18)~式(9-22)计算隐含层神经元的状态和输出层每个节点的实际输出y_k;

Step3.2 按式(9 25)计算样本误差E;

Step4:检查$E\leqslant\varepsilon$?若是,转Step9;

Step5:$t=t+1$;

Step6:检查$t>T$?若是,转Step9;

Step7:调整网络权值;

Step7.1 按式(9-38)计算输出层节点k的δ_k;

Step7.2 按式(9-47)计算隐含层节点j的δ_j;

Step7.3 按式(9-40)计算$\omega_{jk}(t+1)$;

Step7.4 按式(9-50)计算$\omega_{ij}(t+1)$;

Step8:转Step3;

Step9:检查$r=r$?若不是,转Step2;

Step10:结束。

4) BP网络小结

优点:

(1) 算法推导清楚,学习精度较高;

(2) 从理论上说,多层前馈网络可学会任何可学习的信息;

(3) 经过训练后的 BP 网络,运行速度快,可用于实时处理。

缺点:

(1) 由于其数学基础是非线性优化问题,因此可能陷入局部最小区域;

(2) 算法收敛速度较慢,通常需要数千步或更长,甚至还可能不收敛;

(3) 网络中隐含节点的设置无理论指导。

9.2.3 Hopfield 网络

Hopfield 网络是一种单层全互联的对称反馈网络,可分为离散 Hopfield 网络和连续 Hopfield 网络。限于篇幅,这里只介绍离散 Hopfield 网络。

1. 离散 Hopfield 网络原理

离散 Hopfield 网络就是神经元的输出仅为 0 或 1 两个值的 Hopfield 网络,神经元所输出的离散值 1 和 0 分别表示神经元处于兴奋和抑制状态,各神经元通过赋有权重的连接来互连。任意神经元 i 和 j 之间的连接权值为 ω_{ij}。离散 Hopfield 网络是由若干基本神经元构成的一种单层全互连网络,每一个节点的输出反馈至输入。其任意神经元之间均有连接,并且是一种对称连接结构。三神经元组成的离散 Hopfield 网络结构如图 9.29 所示。

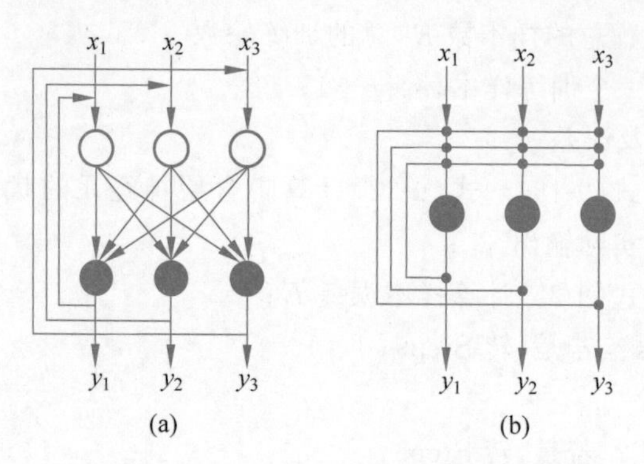

图 9.29 三神经元组成的离散 Hopfield 网络

在图 9.29 中,第 0 层仅作为网络的输入,并不是实际神经元,所以无计算功能;第 1 层是实际神经元,执行对输入信息和权系数乘积求累加和,并由非线性神经元激活函数 f 处理后产生输出信息。在离散 Hopfield 网络中,f 是一个阈值函数,如果神经元的输入信息的总和大于阈值 θ,神经元输出为 1,否则输出为 0。

神经元 j 的输入计算公式为

$$u_j = \sum_{i=1}^{n} \omega_{ij} y_i + x_j \tag{9-51}$$

式中:x_j 为外部输入。

神经元 j 的输出为

$$y_j = \begin{cases} 1, & u_j \geqslant \theta_j \\ 0, & u_j < \theta_j \end{cases} \tag{9-52}$$

离散 Hopfield 网络的状态是输出神经元信息的集合。对于一个输出层有 n 个神经元的网络，其 t 时刻的状态为一个 n 维向量，$\boldsymbol{y}(t)=[y_1(t),y_2(t),\cdots,y_n(t)]^{\mathrm{T}}$。

对于三神经元的离散 Hopfield 网络，它的输出层是 3 位二进制数，每一个 3 位二进制数就是一种网络状态，从而共有 8 个网络状态，如图 9.30 所示。

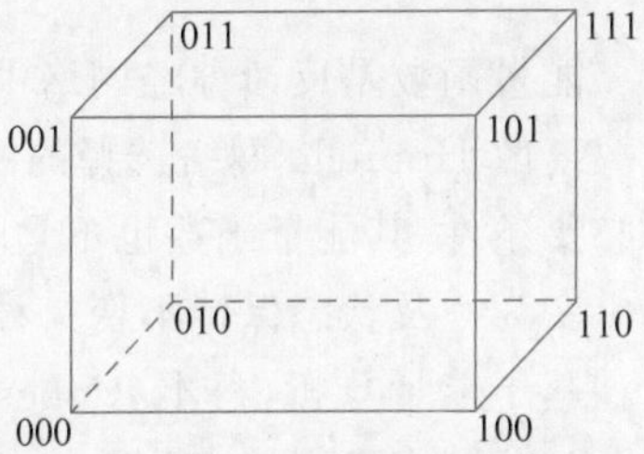

图 9.30　离散 Hopfield 网络三神经元输出状态

在图 9.30 中，立方体的每一个顶角表示一种网络状态。同理，对于 n 个神经元的输出层，它有 2^n 个网络状态，也和一个 n 维超立方体的顶角相对应。如果离散 Hopfield 网络是一个稳定网络，那么在网络的输入端加入一个输入向量，则网络的状态会产生变化，也就是从超立方体的一个顶角转移向另一个顶角，并且最终稳定于某顶角。

对于一个由 n 个神经元组成的离散 Hopfield 网络，则有 $n\times n$ 维权系数矩阵 $\boldsymbol{\omega}=\{\omega_{ij}\mid i=1,2,\cdots,n;j=1,2,\cdots,n\}$，同时，有 n 维阈值向量 $\boldsymbol{\theta}=[\theta_1,\theta_2,\cdots,\theta_n]^{\mathrm{T}}$。一般而言，$\boldsymbol{w}$ 和 $\boldsymbol{\theta}$ 可以确定一个唯一的离散 Hopfield 网络。

考虑离散 Hopfield 网络的节点状态，用 $y_j(t)$ 表示第 j 个神经元在时刻 t 的输出（节点 j 在时刻 t 的状态），则该节点在下一个时刻 $t+1$ 的状态可以表示为

$$y_j(t+1)=f[u_j(t)]=\begin{cases} 1, & u_j(t) \geqslant 0 \\ 0, & u_j(t) < 0 \end{cases}$$

$$u_j(t)=\sum_{i=1}^{n}\omega_{ij}y_i(t)+x_j-\theta_j \tag{9-53}$$

式中：$y_i(0)=x_i$，x_i 为网络的初始输入信号。

离散 Hopfield 网络有串行（异步）和并行（同步）两种工作方式。在串行（异步）方式下，在时刻 t，只有某一个神经元 j 的状态产生变化，而其他 $n-1$ 个神经元的状态不变；在并行（同步）方式下，在任一时刻 t，所有的神经元的状态都产生变化。

2. 离散 Hopfield 网络的稳定性

由于离散 Hopfield 网络为非线性动力学系统，因此在其状态的演变过程中存在动力学稳定性问题。对于动力学系统来说，稳定性是一个重要的性能指标。离散 Hopfield 网络在串行方式下的稳定性称为串行稳定性，在并行方式的稳定性称为并行稳定性。当神经网络稳定时，其状态为稳定状态。

对于离散 Hopfield 网络，其状态为 $\boldsymbol{y}(t)=[y_1(t),y_2(t),\cdots,y_n(t)]^{\mathrm{T}}$，如果经有限时刻 t，对于任何 $\Delta t>0$，有 $\boldsymbol{y}(t+\Delta t)=\boldsymbol{y}(t)$，则称网络是稳定的。

离散 Hopfield 网络是一种多输入、含有阈值的二值非线性动力系统。在动力系统中，平衡稳定状态可以理解为系统的某种形式的能量函数在系统运动过程中，其能量值

不断减小，最后处于最小值。因此，对离散 Hopfield 网络可引入能量函数：

$$E=-\frac{1}{2}\sum_{i=1}^{n}\sum_{\substack{j=1\\ i\neq j}}^{n}\omega_{ij}y_i(t)y_j(t)+\sum_{j=1}^{n}\theta_j y_j(t) \tag{9-54}$$

能量函数是反馈神经网络中的重要概念，根据能量函数可以方便地判断系统的稳定性。离散 Hopfield 网络选择的能量函数只是保证系统稳定和渐近稳定的充分条件，而不是必要条件，其能量函数也不是唯一的。某神经元在状态更新过程中，包括由 0 变为 1、由 1 变为 0 及状态保持不变 3 种情况。

基于能量分析，科本(Coben)和格罗斯伯格(Grossberg)在 1983 年给出了关于离散 Hopfield 网络稳定的充分条件：

(1) 设网络状态按异步(串行)方式更新，若权系数矩阵 $\boldsymbol{\omega}$ 是一个对称矩阵，并且无自反馈($\boldsymbol{\omega}$ 的对角线元素为 0)，那么网络状态在有限步内收敛到稳定点；

(2) 设网络状态按同步(并行)方式更新，若权系数矩阵 $\boldsymbol{\omega}$ 是一个非负定矩阵，那么网络状态在有限步内收敛到稳定点。

3. 离散 Hopfield 网络的联想记忆

联想可以理解为从一种事物联系到与其相关的事物的过程。日常生活中，从一种事物出发，人们会自然地联想到与该事物密切相关或有因果关系的种种事务。

离散 Hopfield 网络作联想记忆时，首先通过一个学习训练过程确定网络中的权系数，使所记忆的信息在网络的 n 维超立方体的某一个顶角的能量最小。当网络的权系数确定之后，只要向网络给出输入向量，这个向量就是局部数据。也就是说，如果数据不完整或部分不正确，但是网络仍然产生所记忆信息的完整输出。

9.2.4 其他常见神经网络

1. 径向基函数网络

径向基函数(Radial Basis Function，RBF)网络是一种单隐含层前馈神经网络，使用径向基函数作为隐含层神经元激活函数，而输出层则是隐含层神经元输出的线性组合，其典型结构如图 9.31 所示。

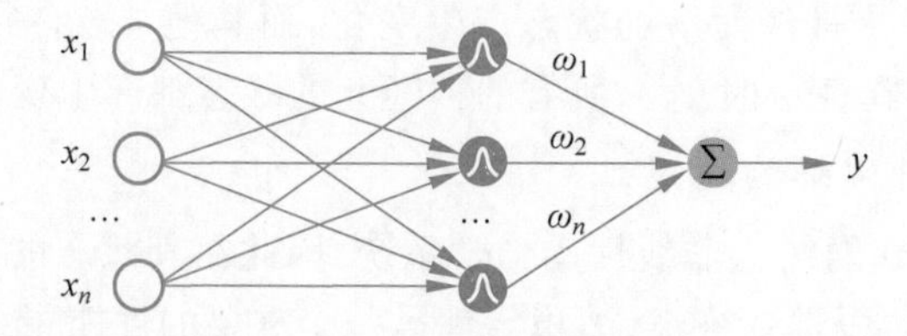

图 9.31 典型 RBF 网络结构

径向基函数是某种沿径向对称的标量函数，通常定义为空间中任一点 x 到某一中心 c 之间欧几里得距离的单调函数。常用的径向基函数是高斯核函数，形式为

$$\rho(x,c)=\exp\left[\frac{-(x-c)^2}{2\sigma^2}\right] \tag{9-55}$$

式中：c 为核函数中心；σ 为函数的宽度参数，控制了函数的径向作用范围。

在图 9.31 中，输入层到隐含层是直接连接，没有权值；隐含层到输出层是权值连接，隐藏有 RBF 激活函数。假定输入为 d 维的向量 x，输出为实值，则 RBF 网络可以表示为

$$\varphi(x)=\sum_{i=1}^{q}\omega_i\rho(x,c_i) \tag{9-56}$$

式中：q 为隐含层神经元的个数；c_i、ω_i 分别为第 i 个神经元对应的中心和权重；$\rho(x,c_i)$为径向基函数。

RBF 网络需要求解的参数有基函数的中心、方差以及隐含层到输出层的权值。训练主要有两大步骤。

Step1：确定神经元中心，常用的方式包括随机采样、聚类等。

Step2：利用 BP 算法等确定参数。

具有足够多隐含层神经元的 RBF 神经网络能以任意精度逼近任意连续函数。

2. 自适应谐振理论网络

自适应谐振理论网络(Adaptive Resonance Theory，ART)是竞争学习(competitive learning)的重要代表。竞争学习是神经网络中一种常用的无监督学习策略，在使用该策略时，网络的输出神经元相互竞争，每一时刻仅有一个神经元被激活，其他神经元的状态被抑制。这种机制也称为“胜者通吃”(winner-take-all)原则。

典型的 ART 网络包含比较层、识别层和识别阈值等要素。比较层负责接收输入样本，并将其传送给识别层神经元。识别层每个神经元对应一个模式类，神经元的数目可在训练过程中动态增长以增加新的模式类。

ART 网络采用无监督学习方式，在接收到输入信号后，比较层检查输入模式与识别层所有已存储模式类之间的匹配程度，识别层神经元之间通过相互竞争以产生获胜神经元，对于匹配程度最高的获胜神经元，ART 网络要继续考查其存储模式类与当前输入模式的相似程度。相似程度按照预先设计的识别阈值来考查。如果输入模式与匹配程度最高的获胜神经元的相似程度仍低于识别阈值，则为输入模式新生成一个神经元。

ART 网络性能依赖识别阈值。识别阈值高时，输入样本将会分成比较多类，得到较精细分类；识别阈值低时，输入样本将会分成比较少类，产生较粗略分类。

ART 较好地解决了竞争学习中的“可塑性-稳定性窘境”，可塑性是指神经网络要有学习新知识的能力，稳定性是指神经网络在学习新知识时要保持对旧知识的记忆。由于 ART 网络无监督学习特性，其可以增量学习或在线学习。此类网络比较典型的有 ART2 网络、FuzzyART 网络、ARTMAP 网络等。

3. 玻耳兹曼机

玻耳兹曼(Boltzmann)机基于能量模型构建，即网络状态定义为一个“能量”，能量最小化时网络达到理想状态，而网络的训练目的是最小化这个能量函数。

玻耳兹曼机的结构包括显层与隐含层，如图 9.32 所示。

显层用于实现数据的输入输出，隐含层是数据的内在表达。神经元为布尔型，具有 0 和 1 两种状态，1 表示激活，0 表示抑制。

在玻耳兹曼机中，状态向量 $\boldsymbol{s}\in\{0,1\}^n$，则其对应的玻耳兹曼机能量定义为

$$E(\boldsymbol{s})=-\sum_{i=1}^{n-1}\sum_{j=i+1}^{n}\omega_{ij}s_i s_j-\sum_{i=1}^{n}\theta_i s_i \tag{9-57}$$

式中：ω_{ij} 为两个神经元之间的连接权值；θ_i 为神经元的阈值。

网络中的神经元以任意不依赖输入值的顺序进行更新，则网络最终将达到玻耳兹曼分布，此时状态向量出现的概率将仅由其能量与所有可能状态向量的能量确定：

$$P(\boldsymbol{s})=\frac{\mathrm{e}^{-E(s)}}{\sum_t \mathrm{e}^{-E(t)}} \tag{9-58}$$

玻耳兹曼机在训练时将每个训练样本视为一个状态向量，使其出现的概率尽可能大；标准的玻耳兹曼机是一个全连接图，网络训练的复杂度很高，这使其难以应用于现实任务。现实中常用受限玻耳兹曼机（Restricted Boltzmann Machine，RBM），结构如图 9.33 所示，其仅保留显层与隐含层之间的连接，从而将玻耳兹曼机结构由完全图简化为二部图。

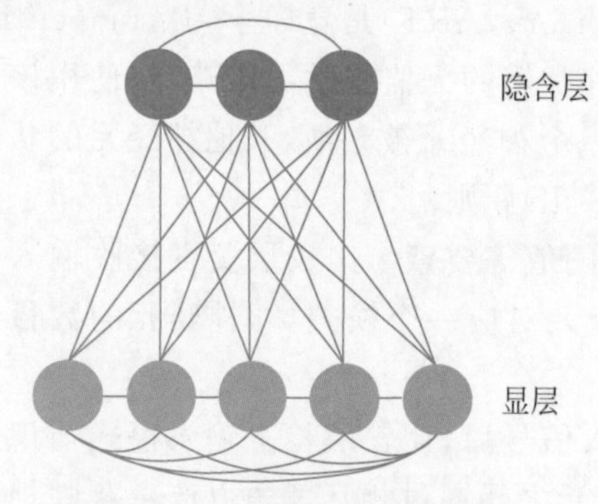

图 9.32　典型玻耳兹曼机结构

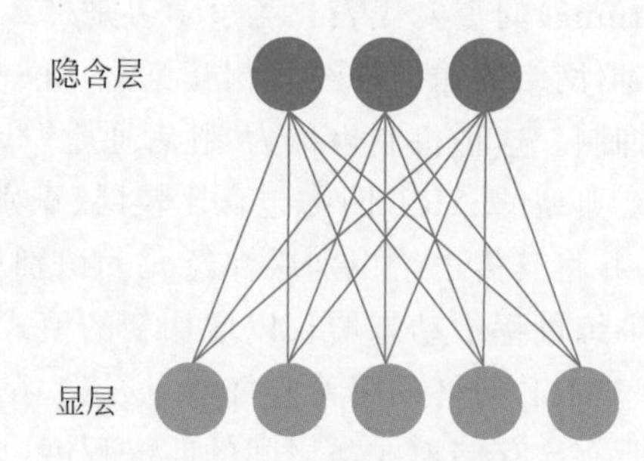

图 9.33　受限玻耳兹曼机

受限玻耳兹曼机常用对比散度（Contrastive Divergence，CD）算法来进行训练。假定网络中有 d 个显层神经元 q 个隐含层神经元，令 $\boldsymbol{v}$ 和 $\boldsymbol{h}$ 分别是显层与隐含层的状态向量，由于同一层内不存在连接，则有

$$P(\boldsymbol{h}\mid\boldsymbol{v})=\prod_{i=1}^{q}P(h_i\mid\boldsymbol{v}) \tag{9-59}$$

$$P(\boldsymbol{v}\mid\boldsymbol{h})=\prod_{i=1}^{d}P(v_i\mid\boldsymbol{h}) \tag{9-60}$$

对比散度算法对每个训练样本 $\boldsymbol{v}$，先根据式(9-59)计算出隐含层神经元状态的概率分布，然后根据这个概率分布采样得到 $\boldsymbol{h}$；此后，类似地根据式(9-60)从 $\boldsymbol{h}$ 中产生 $\boldsymbol{v}'$，再从 $\boldsymbol{v}'$ 中产生 $\boldsymbol{h}'$。

9.3　深度学习简介

深度学习是神经网络研究中的一个新的领域，其目的是建立、模拟人脑神经系统的深层结构和人脑认知过程的逐层抽象、逐次迭代机制。目前，深度学习的研究和应用领域十分广泛，对视频、音频、语言等数据的处理更具有优势。限于篇幅，本节在对深度学习概述的基础上，重点讨论一种典型的深度网络结构——卷积神经网络。

9.3.1 深度学习基础

典型的深度学习模型就是很深层的神经网络。为了使得神经网络模型具有更强的数据表示能力和非线性分类能力，可以考虑增加神经网络模型的复杂度。提升神经网络模型的复杂度有两种方式：一是增加神经网络模型的宽度，即增加隐含层神经元的数目；二是增加神经网络模型的深度，即增加隐含层数目。从增加模型复杂度的角度看，增加隐含层的数目比增加隐含层包含神经元的数目更有效。这是因为增加隐含层数不仅增加了拥有激活函数的神经元数目，而且增加了激活函数嵌套的层数。

深度学习的实质是通过构建具有很多隐含层的机器学习模型和海量的训练数据来学习更有用的特征，最终提升分类或预测的准确性。但随着神经网络中隐含层的增多，训练难度也会成倍增加。虽然 BP 算法理论上能训练任意深度的神经网络，但误差在多个隐含层内逆传播时往往会“发散”而不能收敛到稳定状态。误差信号逐渐衰减会导致“梯度消失”，而误差信号持续增大会导致“梯度爆炸”，从而使得深度神经网络训练失败。

2006 年，Hinton 等提出了基于深度信念网络(Deep Belief Network, DBN)的非监督贪心逐层训练算法，为解决深层网络结构相关的优化训练难题带来希望。针对深度信念网络，Hinton 等提出了“预训练＋微调”的解决办法。预训练是指每次训练一层隐含层节点，训练时将上一层隐含层节点的输出作为输入，而本层隐节点的输出作为下一层隐含层节点的输入；微调是在预训练全部完成后再对整个网络进行监督学习微调训练，微调一般使用 BP 算法。预训练＋微调的做法可以视为将大量参数分组，对每组先找到局部看起来比较好的设置，再基于这些局部较优的结果联合起来进行全局寻优。

此外，LeCun 等提出的卷积神经网络(Convolutional Neural Network, CNN)采用了权值共享的策略，即一组神经元使用相同的连接权值来减低深度神经网络的训练难度。

9.3.2 典型深度网络——卷积神经网络

1989 年，纽约大学的 Yann LeCun 研究小组发表了卷积神经网络的研究成果。其本质是一个多层感知机，成功的原因是其所采用的局部连接和权值共享的方式：一方面减少了权值的数量，使得网络易于优化；另一方面降低了模型的复杂度，减小了过拟合的风险。这两个特点使得 CNN 非常适合处理与图像相关的任务，在图像分类、识别、语义分割等方面应用广泛。

1. 卷积神经网络概述

使用 BP 神经网络处理大尺寸图像有两个非常明显的缺点：一是将图像展开为一维向量会丢失空间信息；二是深层网络参数过多，训练效率低下，且容易导致网络过拟合。卷积神经网络则可以很好地解决以上两个问题。

卷积神经网络是一种带有卷积结构的深度神经网络，其包含多个交替成对出现的卷积层(convolution layer)和池化层(pooling layer)，然后进入一个拉平层(flatten layer)，将多维张量转化为一维向量，最后通过一个全连接网络(fully connect neural network)，输出结果。典型的卷积神经网络如图9.34所示，其通过卷积神经网络实现手写字母的识别。

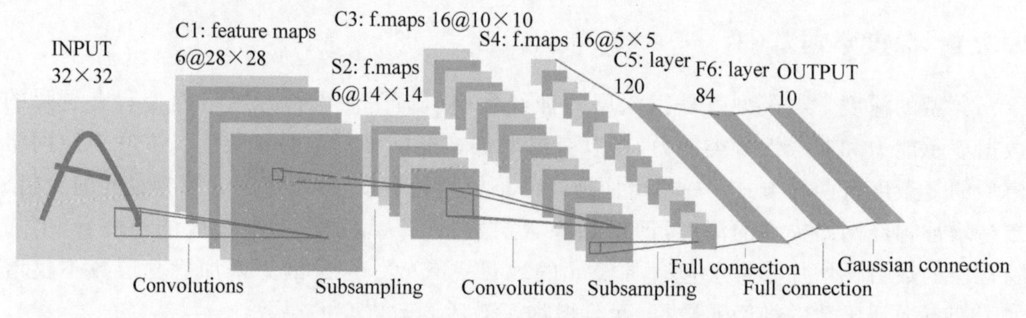

图9.34 字符识别CNN

在CNN中核心的操作是卷积操作和池化操作。通过卷积操作，使得神经网络可以从输入图像局部空间感知区域(感受野)上提取初级视觉特征，如特定角度的边缘、端点和拐角等。通过多个卷积层堆叠，就可以逐渐获得从浅层特征到深层特征的各层次特征图(feature map)。由于特别设计的部分神经元的权值共享机制，一方面使得卷积操作对图像不同区域处理时保持一致性，另一方面大大降低神经网络参数的数量。

CNN与标准的BP网络最大的不同是：CNN中相邻层之间的神经单元不是全连接，而是部分连接，也就是某个神经单元的感受野来自上层的部分神经单元，而不是像BP那样与所有的神经单元相连接，见图9.35。

图9.35 全连接与局部连接示例

在图像处理中容易发现，对图像进行下采样处理并不影响图像的分类。于是CNN通过池化操作，对卷积操作得到的特征图的不同位置的值进行统计操作，在保留特征的显著性的同时降低参数规模。池化操作进一步降低了CNN的参数量。

2. 卷积神经网络结构与算子

卷积网络由输入层、卷积层、池化层、拉平层、全连接层及输出层构成。卷积层和池化层一般成对交替出现。

1) 卷积层

卷积层(convolutional layer)是CNN的核心部件。由于卷积层中特征面的神经元与其输入局部连接，通过相应的权值与局部输入进行加权求和再加上偏置值得到该神经元输出值，该过程等同于卷积过程，卷积神经网络也由此命名。

具体来说，卷积层由多个特征面(卷积核)组成，每个特征面由多个神经元组成，它的每一个神经元通过卷积核与上一层特征面的局部区域相连。可见,卷积核是一个权值矩阵,这个矩阵中的值是可学习的。卷积层通过卷积操作提取输入的不同特征,低层卷积层提取低级特征如边缘、线条、角落,更高层的卷积层提取更高级的特征。图 9.36 展示了使用 3×3 的卷积核对 5×5 的图像进行卷积,最终得到 3×3 的特征图。

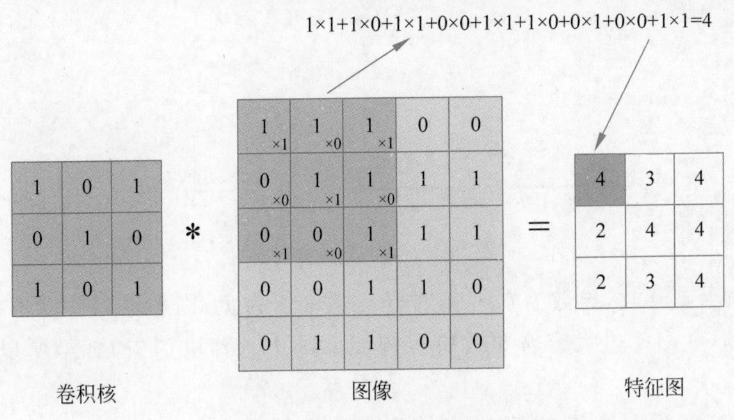

图 9.36 卷积运算示意图

需要指出的是,对于一幅输入图像可能有多个卷积核和其进行运算。每一个卷积核均对应一个特征图(feature map),也就对应提取了图像的一种特征。

卷积操作中需要注意的要素如下。

(1) 步幅(stride):每次滑过的像素数。当 Stride=2 时,每次就会滑过 2 个像素。在 CNN 中,通常取 Stride=1。

(2) 补零(zero-padding):边缘补零,对图像矩阵的边缘像素也施加滤波器。补零的好处是可以控制特征映射的尺寸。补零也称为宽卷积,不补零就称为窄卷积。

(3) 深度(depth):卷积操作中用到的卷积核个数。深度大的 CNN 代表采用了不同的卷积核,提取出了不同的特征图。

(4) 激活函数:一般用于卷积层和全连接层之后,是深度网络非线性的主要来源。在 CNN 中一般采取 Relu 函数作为激活函数。

ReLU 激活函数为

$$f(x)=\max(0,x)=\begin{cases}0, & x<0\\ x, & x\geqslant 0\end{cases} \tag{9-61}$$

ReLU 激活函数如图 9.37 所示。

ReLU 函数的分段性使其具有如下优点。

(1) 输入大于 0 时,保持梯度为恒定值不衰减,从而缓解梯度消失问题。

(2) 输入小于 0 时,导数为 0,当神经元激活值为负值时,梯度不再更新,增加了网络的稀疏性,从而使模型更具鲁棒性。

(3) 计算速度快。

ReLU 函数的主要缺点如下。

(1) 输入大于 0 时,梯度为 1,可能导致梯度爆炸问题。

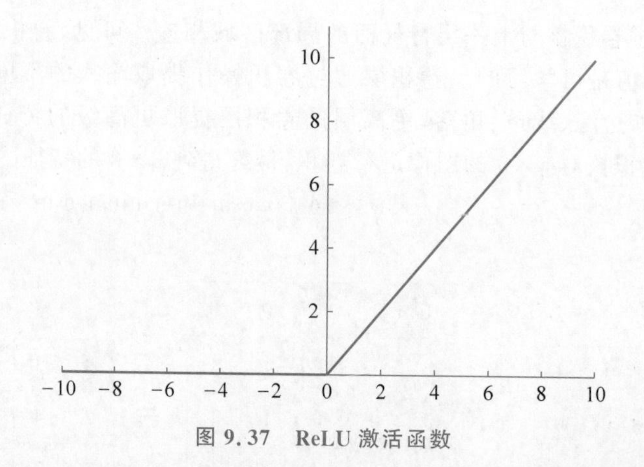

图 9.37　ReLU 激活函数

(2) 输入小于 0 时,导数为 0,一旦神经元激活值为负,则神经元梯度不再更新,导致梯度消失问题,学习率过大容易导致所有神经元都进入梯度消失状态,所以需设置较小的学习率。

(3) ReLU 的输出均值大于 0,容易改变输出的分布,可以通过"批正则化"(batch normalization)缓解这个问题。

总体而言,ReLU 可以在一定程度上解决梯度消失问题,且计算高效,因此使用比较广泛。

2) 池化层

池化层位于卷积层之后,池化层的输入是特征图,即卷积层的输出。池化层旨在通过下采样,降低每个特征映射的维度,同时保留最重要的信息,起到二次提取特征的作用。

池化可以有很多种方法,如最大池化、平均池化、求和池化等。以最大池化为例,首先将特征图分为不同的区域,然后在每一个区域中取最大的数值代替这个区域的值。图 9.38 展示了最大池化的处理过程。类似地,平均池化和求和池化则是采用平均数值和求和数值代替这个区域的值。

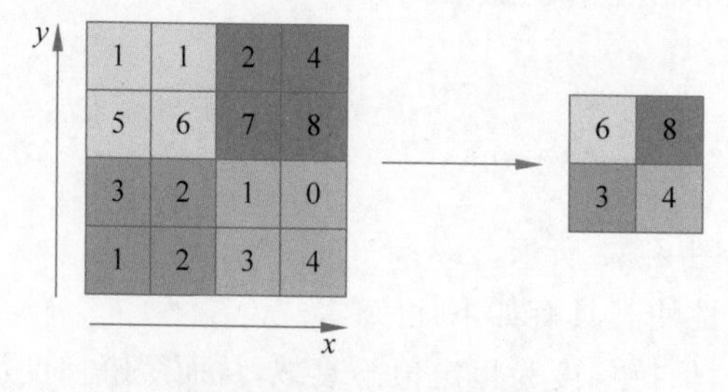

图 9.38　最大池化示意图

显然,池化层减少网络中的参数计算数量,从而遏制过拟合,同时增强网络对输入图像中的小变形、扭曲、平移的鲁棒性(输入里的微小扭曲不会改变池化输出,因为在局部邻域已经取了最大值/平均值)。此外,池化还能帮助人们获得不因尺寸而改变的等效图片表征。通过池化,进一步压缩了 CNN 的网络参数。

3）全连接网络

卷积网络结构中，最后一个池化层后连接着一个多层前馈全连接网络。全连接网络的每个神经元与其前一层的所有神经元进行连接。全连接网络可以整合卷积层或者池化层中具有类别区分性的局部信息。

全连接表示上一层的每一个神经元都和下一层的每一个神经元是相互连接的。可以采用 Softmax 逻辑回归函数进行分类，该层也可称为 Softmax 层。Softmax 函数表示为

$$f_i(x)=\frac{e^{x_i}}{\sum_{k=1}^{n}e^{x_k}} \tag{9-62}$$

从上式可知，Softmax 激活函数非常适合于多类分类问题，其通过指数归一化方式，可以强化各项之间的区分度，通常用于多分类网络最后的输出层。

3. 卷积神经网络小结

以卷积神经网络为代表的深度学习本质上是一种端到端的复杂映射模型，它能够学习大量的输入与输出之间的非线性映射关系，而不需要任何输入和输出之间的精确的数学表达式，只要用已知的模式对卷积网络加以训练，网络就具有输入输出对之间的映射能力。

卷积神经网络的最后一个部件是全连接前馈网络。容易注意到，传统的 BP 网络，输入的是从图像中手工设计并提取的特征，然后输入全连接前馈网络进行分类；在卷积神经网络中，则是将整幅图像输入卷积和池化层中，自动生成特征，再输入全连接前馈网络中进行分类。可见，卷积神经网络中的若干卷积层和池化层实际上完成了特征自动表示与提取的工作，这也称为表示学习或特征学习。

深度学习避免了手工筛选特征的烦琐，直接让深度神经网络通过学习方式提取最有利于下游任务的特征。表示学习能力强也正是深度学习的突出优势之一，其能够对输入的数据进行自动特征提取。因此，深度学习能够在不参考领域知识的前提下得到端到端的映射模型。这个优势进一步促进了深度学习的广泛应用。

9.4 本章小结

本章介绍了神经网络的生物学基础、主要网络结构及用途、典型神经网络结构及其学习方法，最后简要介绍了深度学习。要点回顾如下。

- 在人工神经元 M-P 模型中，当输入信号加权后，大于阈值则输出 1，否则输出 0。激活函数为人工神经元模型引入了非线性映射特性。
- 按照拓扑结构，人工神经网络可分为前馈神经网络和反馈神经网络，二者的主要区别在于是否有输出到输入的回路。
- 典型的前馈网络包含感知机网络、BP 网络等，典型的反馈网络包含 Hopfield 网络。
- 对于单层感知机，如果外部输入是线性可分的，则单层感知机模型一定能够把它

划分为两类。

- 误差反向传播算法能够对多层神经网络进行训练，其核心是工作信号正向传播，误差信号反向传播。
- 卷积神经网络是一种典型的深度学习网络，其善于处理与图像相关的学习任务。
- 表示学习能力强是深度学习的突出优势之一，其能够对输入的数据进行自动特征提取。因此，深度学习无须领域知识，也能得到较好的端到端映射模型。

习题

1. 简述 M-P 神经元模型概念及其输入与输出的关系。

2. 前馈网络和反馈网络有什么区别？列举典型的前馈网络和反馈网络。

3. 手工构造计算带两个输入的 XOR 函数的神经网络。确切指明使用的单元的类型。

4. 假设带线性激活函数的神经网络，即对于每个单元输出是某个常量 c 乘以输入的加权和。

(1) 网络有一个隐含层。给定权重 $\boldsymbol{\omega}$ 的一个赋值，写出输出单元的方程，将它作为 $\boldsymbol{\omega}$ 和输入层 $\boldsymbol{x}$ 的函数，方程中不显式包含隐含层的输出。证明存在一个不含隐含单元的网络，它能够完成相同的映射函数。

(2) 重复(1)中的计算，这次是针对任意数目隐含层的网络。

(3) 网络包含一个隐含层和线性激活函数，且有 n 个输入和输出节点和 h 个隐含节点。如(1)中所述的，对无隐含层网络的转换对权重的总数有什么影响？特别讨论 $h \ll n$ 的情形。

5. 本质上讲，感知机网络的学习是一种纠错学习，简述其基本思想。

6. 简述感知机学习的 Delta 规则。

7. 简述 BP 学习算法的工作原理，以及其权重学习公式中每一项的物理含义。

8. 试比较感知机学习中的权重更新公式和 BP 学习中的更新公式，说明其各项的对应关系。

9. 实现 Hopfield 神经网络联想记忆的关键是什么？

10. 卷积神经网络的正向传播过程是指从输入层到输出层的信息传播过程，该过程包括哪些操作？

11. 上网查阅资料，简述深度学习的三个典型应用。

12. 画出思维导图，串联本章所讲的知识点。

第10章 聚类分析

与分类模型类似，聚类分析同样是将观测数据分为若干组，但其针对的是无标签数据，根据观测数据自身相似程度将它们划分为若干组。对一组无标签的样本数据聚类前提假设是样本数据内部存在“固有的”自然类。属于同一个自然类的样本点之间在某些属性上相似，属于不同自然类的样本点之间在这些属性上不相似。本章首先将介绍聚类分析概念；然后介绍模式的相似性测度，用以度量样本之间的相似程度；最后将介绍几种典型的聚类算法。

10.1 聚类分析概述

10.1.1 聚类分析定义

聚类分析（简称聚类）是把数据对象划分成若干子集的过程。每个子集可称为一个簇，使得簇中的对象彼此相似或相近，但与其他簇中的对象不相似，如图 10.1 所示。

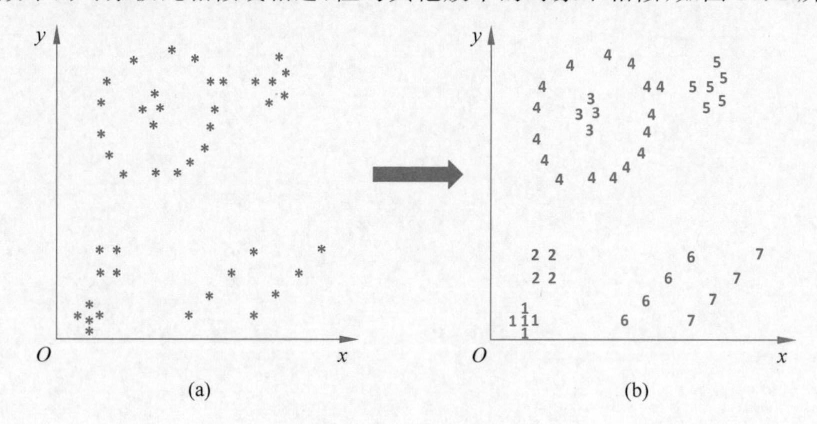

图 10.1　聚类分析

其形式化描述为：设样本集 $D=\{\boldsymbol{x}_1,\boldsymbol{x}_2,\cdots,\boldsymbol{x}_N\}$ 包含 N 个无标记样本，每个样本 $\boldsymbol{x}_i=(x_{i1},x_{i2},\cdots,x_{in})^{\mathrm{T}}$ 是 n 维的特征矢量，聚类算法将样本集 D 划分成 k 个不相交的簇 $\{C_l \mid l=1,2,\cdots,k\}$，其中 $C_i \bigcap\limits_{i\neq j} C_j=\phi$，且 $D=\bigcup\limits_{l=1}^{k} C_l$。

相应地，用 $\lambda_i, i\in\{1,2,\cdots,k\}$ 表示样本 x_i 的“簇标记”，即 $x_i\in C_{\lambda_i}$，则聚类结果可用包含 N 个元素的簇标记矢量 $\lambda=(\lambda_1,\lambda_2,\cdots,\lambda_k)^{\mathrm{T}}$ 表示。

聚类分析是没有给定划分类别的情况下根据样本相似度进行样本分组的一种方法，是一种无监督的学习算法。

10.1.2 聚类分析流程及要求

1. 聚类分析流程

聚类分析的流程大致分为四步（图 10.2）：

（1）对数据集进行预处理，通常包括数据降维、特征选择或抽取等；

（2）设计或选择合适的聚类算法，根据数据集的特点进行聚类；

(3) 聚类算法的测试与评估；

(4) 聚类结果的展示与解释，通过聚类分析从数据集中获得有价值的知识。

上述四个步骤可迭代进行。如果发现聚类结果不理想，可以重新进行前三个步骤。

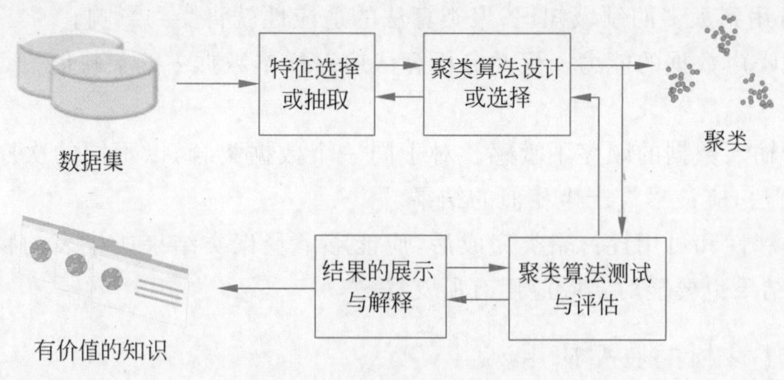

图 10.2 聚类分析流程

2. 聚类分析要求

聚类分析是一种探索性的分析，在其处理过程中不必先给出分类的标准，聚类分析能够从样本数据出发自动进行划分。聚类分析使用不同的方法，会得到不同的结果。不同研究人员对于同一组数据进行聚类分析，所得到的聚类数不一定相同。要获得较好的聚类效果，聚类算法通常具有如下特点。

(1) 选取不同的量纲可能得到不同的聚类结果。对于一个目标特征选用不同的量纲使表达这个特征的数值不同，特征量纲的改变(如长度量纲由米改为毫米)特征的数值会发生较大的变化，当使用某种相似性准则进行判定时，参与运算的数值有较大变化，计算结果会发生较大的改变。由于特征量纲选取不当，某一特征的数值的变化可能严重地影响相似性测度值(见 10.2 节)从而产生误判。所以在分类识别中应尽量选用不受量纲影响的相似性测度。

通过对特征进行"规格化"可实现某种不变性。要使特征具有平移和尺度缩放的不变性，可以通过平移和缩放尺度使得新的特征具有零均值和单位方差；要得到旋转不变性，可以旋转坐标轴使它们与样本协方差矩阵的特征矢量平行。

(2) 处理不同数据类型的能力。由于聚类对象或聚类目的不同，对象的特征数值化的结果有下述三种类型。

① 物理量。直接反映特征的实际物理意义或几何意义，如质量、长度、速度等。计算机进行处理分析前需要对这些连续量离散化。

② 次序量。特征在数值化时，按某种规则确定特征的等级，其只反映次序关系。此时特征已为离散量，如产品的等级，人的学历、技能的等级、病症的级或期。

③ 名义量。有些特征本身是非数值的，如男性与女性、事物的状态、种类等，但为便于分析而将它们符号化，用数字代表各种状态，这些特征的数值指标既无数量含义，也无次序关系，实际上它们是代码。

(3) 处理任意形状数据点的能力。以距离作为样本相似性度量的聚类算法往往容易处理凸数据集的聚类(如呈球形分布数据的聚类)。但在实际中往往要求聚类算法既能处理凸数据集的聚类,也能处理非凸数据集的聚类。

(4) 领域知识最小化。在设计聚类算法时,应尽量少地用到样本数据相关的领域知识。因为一旦用到太多的领域知识,聚类算法的适应性就将受到影响。

(5) 处理噪声数据的能力。聚类分析算法应对样本数据中的空缺值、孤立点、数据噪声尽量不敏感。

(6) 对于输入数据的顺序不敏感。对于同一个数据集合,以不同的次序输入样本点给聚类分析算法,应该尽量产生相似的结果。

(7) 可解释性和可用性。聚类完成后,应能够解释聚类结果所代表的物理含义。同时,好的聚类结果也要能对实际应用有所支撑。

10.1.3 聚类分析的典型应用

从应用角度看,聚类分析能够完成无标签数据的自动化分组,从而进一步获得数据的分布状况,以分析每一组数据的特征,集中对特定的数据集合做进一步分析。聚类分析的结果还可以作为其他算法(如分类和定性归纳算法)的预处理步骤。聚类分析用于许多知识领域,这些领域通常要求找出特定数据中的"自然关联"。自然关联的定义取决于不同的领域和特定的应用,可以具有多种形式,例如:图像数据方面,实现图像相似内容区域分割,进而支撑无人驾驶等更高等级应用;商务方面,帮助市场分析人员从客户基本资料库中发现不同的客户群,并刻画不同客户群的特征,如汽车保险单持有者的分组等;聚类也能用于对文档进行自动分类等。

1. 图像分割

图像分割是图像分析中常用的预处理操作,是计算机视觉的基础,其分割得到的区域进一步用于进行目标识别等图像理解操作。图像中的不同区域在灰度、彩色、空间纹理、几何形状等特征维度上具有区域内一致或相似,而在区域间存在明显差异的特性,因此可以利用这些特征进行聚类处理,将图像划分为若干互不相交的区域,即图像分割,如图10.3所示。

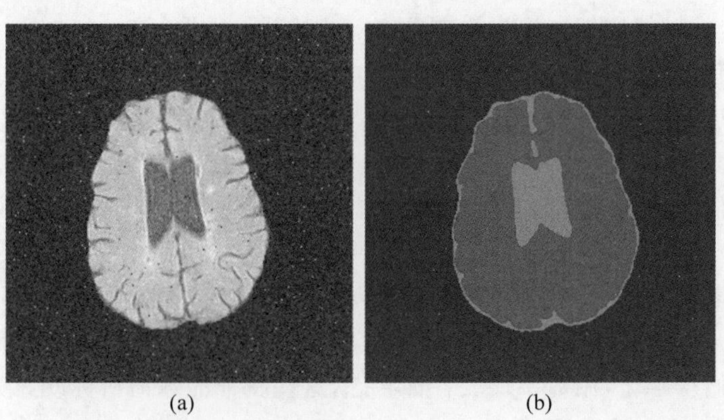

(a) (b)

图 10.3 用于医学诊断的脑部磁共振(MR)图像分割

2. 文本聚类

文本表现为由文字和标点符号组成的字符串,由字或字符组成词,由词组成短语,进而形成句、段、节、章、篇的结构。文本作为人类思想最直接而有效的表达方式之一,具有结构复杂性和内容多样性,给以标签为类别标识的分类带来挑战。文本聚类主要是以同类文档相似度较大、不同类文档相似度较小作为通用客观依据,作为一种无监督的机器学习方法,不需要训练过程,不需要预先对文档手工标注类别,因此具有一定的灵活性和较高的自动化处理能力,已经成为对文本信息进行有效的组织、摘要和导航的重要手段,被越来越多的研究人员关注。

例如,在互联网已成为全球范围内传播信息最主要渠道的背景下,文本聚类是语义Web的基本技术广泛用于搜索引擎、知识图谱、舆情监测等。例如,针对"屠呦呦研制青蒿素获得诺贝尔奖"这一热点新闻,对网民在网络的公开发言内容进行聚类,可得到6个主要类别,如图10.4所示。

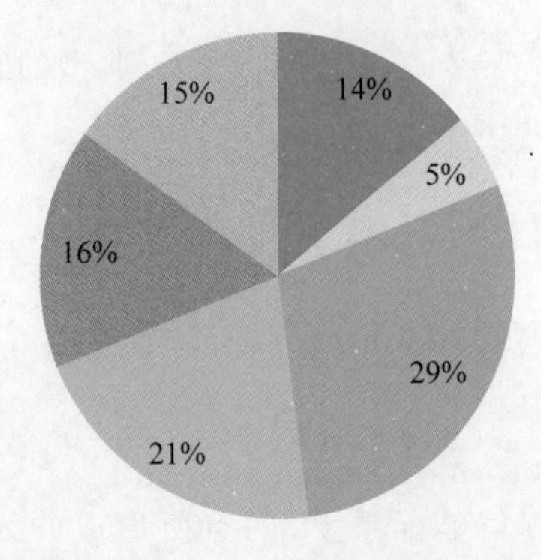

■讨论青蒿素的言论 ■其他言论
■祝贺屠呦呦获诺贝尔奖的言论 ■质疑中国院士评选制度的言论
■讨论中医地位是否提升的言论 ■讨论屠呦呦名字的言论

图10.4 "屠呦呦获诺贝尔奖"网民意见聚类

3. 商业用户聚类

聚类分析属于探索性的数据分析方法,将看似无序的对象进行分组、归类,以达到更好地理解研究对象的目的。在电子商务领域如今普遍借助聚类分析来促进消费,其基本过程:首先,在用户授权同意的前提下,通过注册信息、网页点击行为关联性等,可以获得用户特点数据;然后,对上述数据进而提取特征并聚类,可获知对应类别用户群体的消费习惯、购买能力等,进而开展针对性地推送,增加了可能的消费活动。

10.2 模式相似性测度

聚类分析算法的基本出发点是根据数据相似度将不同的样本划分为不同的类。本节介绍的模式相似性测度用来度量两个样本之间相似程度,具体可分为距离测度、相似测度和匹配测度三类。

10.2.1 距离测度

1. 概念

以两个矢量的距离作为度量基础，距离测度值是两个矢量各相应分量之差的函数。

2. 性质

设特征矢量 $\boldsymbol{x}$ 和 $\boldsymbol{y}$ 的距离为 $d(\boldsymbol{x},\boldsymbol{y})$，则 $d(\boldsymbol{x},\boldsymbol{y})$ 具有以下四个性质：

(1) 非负性：$d(\boldsymbol{x},\boldsymbol{y})\geqslant 0$；

(2) 自反性：$d(\boldsymbol{x},\boldsymbol{y})=0$，当且仅当 $\boldsymbol{y}=\boldsymbol{x}$；

(3) 对称性：$d(\boldsymbol{x},\boldsymbol{y})=d(\boldsymbol{y},\boldsymbol{x})$；

(4) 传递性：$d(\boldsymbol{x},\boldsymbol{y})\leqslant d(\boldsymbol{x},\boldsymbol{z})+d(\boldsymbol{z},\boldsymbol{y})$。

此外，两个特征矢量越相似，则二者之间的距离度量值越小。

3. 方法

设 $\boldsymbol{x}=(x_1,x_2,\cdots,x_n)^{\mathrm{T}}$，$\boldsymbol{y}=(y_1,y_2,\cdots,y_n)^{\mathrm{T}}$，典型的距离度量有以下六种方法：

(1) 欧几里得距离（又称欧氏距离）：

$$d(\boldsymbol{x},\boldsymbol{y})=\|\boldsymbol{x}-\boldsymbol{y}\|_2=\left[\sum_{i=1}^{n}(x_i-y_i)^2\right]^{\frac{1}{2}} \tag{10-1}$$

(2) 绝对值距离（街坊距离或 Manhattan 距离）：

$$d(\boldsymbol{x},\boldsymbol{y})=\sum_{i=1}^{n}|x_i-y_i| \tag{10-2}$$

在欧几里得空间的固定直角坐标系上，两点所形成的线段对轴产生的投影的距离总和。

(3) 切比雪夫(Chebyshev)距离：

$$d(\boldsymbol{x},\boldsymbol{y})=\max_i|x_i-y_i| \tag{10-3}$$

切比雪夫距离定义为沿任何坐标维度的两个矢量之间的最大差异。换句话说，它是沿着一个轴线的最大距离。由于它的性质，它经常称为“棋盘距离”，因为在国际象棋中，国王从一个方格走到另一个方格所需的最少步数等于切比雪夫距离。

(4) 明氏(Minkowski)距离：不特指某种具体的距离，而是一组距离的定义，是对多个距离度量公式的概括性的表述，其定义为

$$d(\boldsymbol{x},\boldsymbol{y})=\left[\sum_{i=1}^{n}|x_i-y_i|^m\right]^{\frac{1}{m}} \tag{10-4}$$

式中：m 为变参数；当 $m=1$ 时，是绝对值距离，当 $m=2$ 时，是欧氏距离，当 $m\to\infty$ 时，是切比雪夫距离。

可以证明：

切比雪夫距离≤欧氏距离≤绝对值距离

在实际中，欧氏距离使用较多。上述距离中，只有欧氏距离具有平移和旋转不变性。

显然，在量纲取定的条件下，两个矢量越相似，距离 $d(\cdot)$ 就越小；反之亦然。值得

注意的是，在使用上述距离测度描述具体对象时，选取不同量纲会改变某特征的判断依据性，即改变该特征对判断贡献的大小，严重的可能造成错误分类。这是因为改变特征矢量某分量的量纲，进行比较的两个矢量的相应的两个分量的数值也将改变。若分量数值变小，则其相应的特征在距离测度中“影响作用比重”将变小，即根据其判断分类的作用变小，反之将增大，这样便不能很好地反映事实。例如：x_1 和 x_2 分别表示长度和质量，如将长度单位由毫米改成米，在距离 $d(\cdot)$ 的算式中其数值大大减小，从而其反映相似性的作用也大为减小；若将质量单位由千克改为克，距离算式中相应数值大大增加，则质量的差别将在矢量相似性度量中起主要作用。

(5) Camberra 距离（Lance 距离、Willims 距离）：

$$d(\boldsymbol{x},\boldsymbol{y})=\sum_{i=1}^{n}\frac{|x_i-y_i|}{x_i+y_i}\quad(x_i,y_i\geqslant 0;\ x_i+y_i\neq 0)\tag{10-5}$$

该距离能克服量纲引起的问题，但不能克服分量间的相关性。

(6) 马氏(Mahalanobis)距离：设 n 维矢量 $\boldsymbol{x}_i$ 和 $\boldsymbol{x}_j$ 是矢量集合 $\{\boldsymbol{x}_1,\boldsymbol{x}_2,\cdots,\boldsymbol{x}_m\}$ 中的两个矢量，二者的马氏距离定义为

$$d^2(\boldsymbol{x}_i,\boldsymbol{x}_j)=(\boldsymbol{x}_i-\boldsymbol{x}_j)^{\mathrm{T}}\boldsymbol{V}^{-1}(\boldsymbol{x}_i-\boldsymbol{x}_j)\tag{10-6}$$

式中：$\boldsymbol{V}$ 为这个矢量集的样本协方差阵，可表示为

$$\boldsymbol{V}=\frac{1}{m-1}\sum_{i=1}^{m}(\boldsymbol{x}_i-\bar{\boldsymbol{x}})(\boldsymbol{x}_i-\bar{\boldsymbol{x}})^{\mathrm{T}}\tag{10-7}$$

其中：$\bar{\boldsymbol{x}}$ 为矢量集的均值，即

$$\bar{\boldsymbol{x}}=\frac{1}{m}\sum_{i=1}^{m}\boldsymbol{x}_i\tag{10-8}$$

容易证明，马氏距离对一切非奇异线性变换都是不变的，这说明它不受特征量纲选择的影响，并且是平移不变的。由于式(10-6)中 $\boldsymbol{V}$ 的含义是这个矢量集的样本协方差阵，所以可以认为马氏距离从统计意义上尽量去掉了特征分量间的相关性。

一般地讲，若 $\boldsymbol{x}$ 和 $\boldsymbol{y}$ 是从期望矢量为 $\boldsymbol{\mu}$、协方差矩阵为 $\boldsymbol{\Sigma}$ 的母体 G 中抽取的两个样本，它们间的马氏距离定义为

$$d^2(\boldsymbol{x},\boldsymbol{y})=(\boldsymbol{x}-\boldsymbol{y})^{\mathrm{T}}\boldsymbol{\Sigma}^{-1}(\boldsymbol{x}-\boldsymbol{y})\tag{10-9}$$

当 $\boldsymbol{x}$ 和 $\boldsymbol{y}$ 是两个数据集中的样本时，设 $\boldsymbol{C}$ 是它们的互协方差阵，这种情况的马氏距离定义为

$$d^2(\boldsymbol{x},\boldsymbol{y})=(\boldsymbol{x}-\boldsymbol{y})^{\mathrm{T}}\boldsymbol{C}^{-1}(\boldsymbol{x}-\boldsymbol{y})\tag{10-10}$$

显然，当 $\boldsymbol{V}$、$\boldsymbol{\Sigma}$、$\boldsymbol{C}$ 为单位矩阵时，马氏距离和欧氏距离等价。

10.2.2 相似测度

距离度量考查的是矢量之间的远近关系，此外还可以两矢量的方向是否相近作为度量的基础，这便是相似测度。

1. 角度相似系数(夹角余弦)

矢量 $\boldsymbol{x}$ 和 $\boldsymbol{y}$ 之间的相似性可用它们的夹角余弦来度量：

$$\cos(\boldsymbol{x},\boldsymbol{y})=\frac{\boldsymbol{x}^{\mathrm{T}}\boldsymbol{y}}{\|\boldsymbol{x}\|\|\boldsymbol{y}\|}=\frac{\boldsymbol{x}^{\mathrm{T}}\boldsymbol{y}}{[(\boldsymbol{x}^{\mathrm{T}}\boldsymbol{x})(\boldsymbol{y}^{\mathrm{T}}\boldsymbol{y})]^{\frac{1}{2}}} \tag{10-11}$$

由于考虑的是两个矢量之间的方向,因此该系数不受矢量模值的尺度大小影响。当坐标系旋转时,矢量之间的相对位置关系不变,整体旋转,因此也具有旋转不变性。由此可知,角度相似系数对于坐标系的旋转和尺度的缩放是不变的,但对一般的线性变换和坐标系的平移不具有不变性。

2. 相关系数

相关系数实际上是数据中心化后的矢量夹角余弦,其表达式为

$$r(\boldsymbol{x},\boldsymbol{y})=\frac{(\boldsymbol{x}-\bar{\boldsymbol{x}})^{\mathrm{T}}(\boldsymbol{y}-\bar{\boldsymbol{y}})}{[(\boldsymbol{x}-\bar{\boldsymbol{x}})^{\mathrm{T}}(\boldsymbol{x}-\bar{\boldsymbol{x}})(\boldsymbol{y}-\bar{\boldsymbol{y}})^{\mathrm{T}}(\boldsymbol{y}-\bar{\boldsymbol{y}})]^{\frac{1}{2}}} \tag{10-12}$$

式中:$\boldsymbol{x}$ 和 $\boldsymbol{y}$ 分别为两个数据集的样本;$\bar{\boldsymbol{x}}$ 和 $\bar{\boldsymbol{y}}$ 分别为两个数据集各自的均值矢量。由于减去了均值矢量,相关系数对于坐标系的平移、旋转和尺度缩放是不变的。

3. 指数相似系数

$$e(\boldsymbol{x},\boldsymbol{y})=\frac{1}{n}\sum_{i=1}^{n}\exp\left[-\frac{3}{4}\frac{(x_i-y_i)^2}{\sigma_i^2}\right] \tag{10-13}$$

式中:σ_i^2 为两个矢量中下标为 i 的分量的方差;n 为矢量维数,它不受量纲变化的影响。

指数相似系数从函数构造看属于距离度量,但由于差矢量长度对其影响并不大,将其归为相似测度,且具有不受量纲变化影响的优点。

4. 最值相似系数

如果所有的特征值都大于或等于 0 时,则可定义下列几种最值相似系数:

$$s(\boldsymbol{x},\boldsymbol{y})=\frac{\sum_i \min\{x_i,y_i\}}{\sum_i \max\{x_i,y_i\}} \tag{10-14}$$

$$s(\boldsymbol{x},\boldsymbol{y})=\frac{\sum_i \min\{x_i,y_i\}}{\frac{1}{2}\sum_i (x_i+y_i)} \tag{10-15}$$

$$s(\boldsymbol{x},\boldsymbol{y})=\frac{\sum_i \min\{x_i,y_i\}}{\sum_i \sqrt{x_i y_i}} \tag{10-16}$$

以上各种定义式均属相似测度,两个模式特征矢量越相似则其值越大,上限为 1。

10.2.3 匹配测度

在有些情况下,对于一个指定的特征,对象或具有此特征或不具有此特征,若对象有此特征,则相应分量定义为 1,否则,相应分量为 0。即特征只有两个状态,这就是所谓的二值特征。此时,常用匹配测度来度量其相似性。

假设有特征矢量 $\boldsymbol{x}$ 和 $\boldsymbol{y}$，它们对应的分量为 x_i 和 y_i，其已经进行了二值化，即取值只能是0或1，则：

若 $x_i=1, y_j=1$，称 x_i 与 y_j 是(1−1)匹配；

若 $x_i=1, y_j=0$，称 x_i 与 y_j 是(1−0)匹配；

若 $x_i=0, y_j=1$，称 x_i 与 y_j 是(0−1)匹配；

若 $x_i=0, y_j=0$，称 x_i 与 y_j 是(0−0)匹配。

于是，令

$$a=\sum_i x_i y_i \qquad (1-1)\text{ 匹配的特征数目}$$

$$b=\sum_i (1-x_i) y_i \qquad (0-1)\text{ 匹配的特征数目}$$

$$c=\sum_i x_i(1-y_i) \qquad (1-0)\text{ 匹配的特征数目}$$

$$e=\sum_i (1-x_i)(1-y_i) \qquad (0-0)\text{ 匹配的特征数目}$$

对于二值 n 维特征矢量可定义如下匹配测度。

(1) Tanimoto 测度：

$$s(\boldsymbol{x},\boldsymbol{y})=\frac{a}{a+b+c}=\frac{\boldsymbol{x}^{\mathrm{T}}\boldsymbol{y}}{\boldsymbol{x}^{\mathrm{T}}\boldsymbol{x}+\boldsymbol{y}^{\mathrm{T}}\boldsymbol{y}+\boldsymbol{x}^{\mathrm{T}}\boldsymbol{y}} \tag{10-17}$$

可以看出，$s(\boldsymbol{x},\boldsymbol{y})$等于 $\boldsymbol{x}$ 和 $\boldsymbol{y}$ 同时具有的特征数目与 $\boldsymbol{x}$ 和 $\boldsymbol{y}$ 分别具有的特征种类总数之比。注意，这里只考虑(1−1)匹配，而不考虑(0−0)匹配。

(2) Rao 测度：

$$s(\boldsymbol{x},\boldsymbol{y})=\frac{a}{a+b+c+e}=\frac{\boldsymbol{x}^{\mathrm{T}}\boldsymbol{y}}{n} \tag{10-18}$$

上式等于(1−1)匹配特征数目和所考查的特征数目之比。

(3) 简单匹配系数：

$$s(\boldsymbol{x},\boldsymbol{y})=\frac{a+e}{n} \tag{10-19}$$

上式表明，这时匹配系数分子为(1−1)匹配特征数目与(0−0)匹配特征数目之和，分母为所考查的特征数目。

(4) Dice 系数：

$$s(\boldsymbol{x},\boldsymbol{y})=\frac{2a}{2a+b+c}=\frac{2\boldsymbol{x}^{\mathrm{T}}\boldsymbol{y}}{\boldsymbol{x}^{\mathrm{T}}\boldsymbol{x}+\boldsymbol{y}^{\mathrm{T}}\boldsymbol{y}} \tag{10-20}$$

分子、分母无(0−0)匹配，对(1−1)匹配加权。

(5) Kulzinsky 系数：

$$s(\boldsymbol{x},\boldsymbol{y})=\frac{a}{b+c}=\frac{\boldsymbol{x}^{\mathrm{T}}\boldsymbol{y}}{\boldsymbol{x}^{\mathrm{T}}\boldsymbol{x}+\boldsymbol{y}^{\mathrm{T}}\boldsymbol{y}-2\boldsymbol{x}^{\mathrm{T}}\boldsymbol{y}} \tag{10-21}$$

式中，分子为(1−1)匹配特征数目，分母为(1−0)和(0−1)匹配特征数目之和。

上面给出了许多模式相似性测度的具体定义式，它们各具特点，在实际使用时应根据具体问题进行选择。建立了模式相似性测度之后，两个模式的相似程度就可用数值来表征，据此便可以进行分类和识别。

10.3 常用聚类方法

聚类分析有许多具体的算法，常用的聚类算法有 K-Means 聚类、高斯混合聚类、密度聚类、顺序前导聚类、层次聚类。

10.3.1 K-Means 聚类

K-Means 是最常用的聚类方法，属于动态聚类的一种。所谓动态聚类，即样本的聚类结果在迭代过程中可以根据误差最小等准则等发生变化。与之相对的是静态聚类，其特点是，如果样本的类别一旦确定，在后续的迭代过程中不再发生变化。一般而言，动态聚类方法的基本步骤包括：

(1) 建立初始聚类中心，进行初始聚类；

(2) 计算模式和类的距离，调整模式的类别；

(3) 计算各聚类的参数，删除、合并或分裂一些聚类；

(4) 从初始聚类开始，运用迭代算法动态地改变模式的类别和聚类的中心使准则函数取得极值或设定的参数达到设计要求时停止。

可见，在动态聚类过程中，聚类中心和模式的类别均可变。

下面具体介绍 K-Means 聚类的基本原理和主要算法步骤。

1. K-Means 聚类的基本原理

设待分类的特征矢量对象为$\{\boldsymbol{x}_1,\boldsymbol{x}_2,\cdots,\boldsymbol{x}_N\}$，其中每个对象都具有 m 个维度的属性，待聚类的数目为 k。K-Means 算法的目标是将这 N 个对象依据对象间的相似性聚集为 k 个类簇，每个对象属于且仅属于一个其到类簇中心距离最小的类簇。

对于 K-Means，先随机初始化 k 个聚类中心$\{\boldsymbol{z}_1,\boldsymbol{z}_2,\cdots,\boldsymbol{z}_k\}$，再计算每一个对象到每一个聚类中心的距离 $\text{dis}(\boldsymbol{x}_i,\boldsymbol{z}_j)$，$i=1,2,\cdots,N$，$j=1,2,\cdots,k$。值得说明的是，这里的距离既可以用欧氏距离也可以用其他距离。

然后，依次比较每一个对象 $\boldsymbol{x}_i$ 到每一个聚类中心的距离，将对象分配到距离最近的聚类中心的类簇中，得到 k 个类簇$\{C_1,C_2,C_3,\cdots,C_k\}$，即

$$\text{若}\ \text{dis}(\boldsymbol{x}_i,\boldsymbol{z}_l)=\min_j\left(\text{dis}(\boldsymbol{x}_i,\boldsymbol{z}_j)\right),\quad i=1,2,\cdots,N$$

$$\text{则判决}\ \boldsymbol{x}_i\in C_l \tag{10-22}$$

K-Means 算法类簇内所有对象的均值矢量定义为新的类簇中心，其计算公式如下：

$$\boldsymbol{z}_j=\frac{\sum_{\boldsymbol{x}_i\in C_j}\boldsymbol{x}_i}{N_j},\quad j=1,2,\cdots,k \tag{10-23}$$

式中：N_j 为第 j 个类簇 C_j 中包含对象的个数。

此时,k 个聚类中心$\{z_1,z_2,\cdots,z_k\}$被重新计算,于是可重新把每个对象划分到离其最近的类簇中心点所代表的类簇中,得到 k 个类簇$\{C_1,C_2,C_3,\cdots,C_k\}$。此后,又可重新计算 k 个聚类中心。如此迭代进行划分类别和更新类簇中心点的步骤,直至类簇中心点不再变化,即实现了聚类。可见,K-Means 这个算法名字中,“K”表示预先设定的类心数量(即将样本集合聚成几类),“Means”则表示通过求均值矢量的方法更新类中心的位置。

2. K-Means 聚类的算法流程

Step1:任选 k 个模式特征矢量作为初始聚类中心 $z_1^{(0)},z_2^{(0)},\cdots,z_k^{(0)}$,令 $h=0$;

Step2:基于式(10-22),将待分类的模式特征矢量 $x_1,x_2,\cdots,x_N$ 按最小距离原则划分为某一类,得到 k 个类簇 $C_1^{(h)},C_2^{(h)},\cdots,C_k^{(h)}$;

Step3:基于式(10-23)重新计算各类的聚类中心 $z_1^{(h+1)},z_2^{(h+1)},\cdots,z_k^{(h+1)}$;

Step4:如果 $z_j^{(h+1)}=z_j^{(h)}(j=1,2,\cdots,k)$,则转 Step6;

Step5:$h=h+1$,转 Step2;

Step6:输出 k 个类心,算法结束。

例 10.1 现有样本集 $x=\{(0,0)^T,(0,1)^T,(4,3)^T,(4,5)^T,(5,6)^T,(1,0)^T\}$,试用 K-Means 算法将其聚类为 2 类。随机设定初始聚类中心为$(0,0)^T$、$(0,1)^T$。

解:由题意知,$k=2$,初始聚类中心为

$$z_1^{(0)}=(0,0)^T,\quad z_2^{(0)}=(0,1)^T$$

采用欧氏距离进行计算:

$$\|x_1-z_1^{(0)}\|=0,\quad \|x_1-z_2^{(0)}\|=1$$

因为$\|x_1-z_1^{(0)}\|<\|x_1-z_2^{(0)}\|$,所以 $x_1\in C_1$。

同理,可计算得到 $x_2,x_3,x_4,x_5\in C_2,x_6\in C_1$。

由此得到过程中的类别划分:

$$C_1=\{x_1,x_6\},\quad N_1=2,\quad C_2=\{x_2,x_3,x_4,x_5\},\quad N_2=4$$

根据新分成的两类计算新的聚类中心:

$$z_1^{(1)}=\frac{x_1+x_6}{2}=(0.5,0)^T$$

$$z_2^{(1)}=\frac{x_2+x_3+x_4+x_5}{4}=(3.25,3.75)^T$$

因为新旧聚类中心不等,重新计算 x_1、x_2、x_3、x_4、x_5、x_6 到 $z_1^{(1)}$ 和 $z_2^{(1)}$ 的距离,把它们归为最近聚类中心,重新分为两类,即

$$C_1=\{x_1,x_2,x_6\},\quad N_1=3,\quad \omega_2=\{x_3,x_4,x_5\},\quad N_2=3$$

根据新分成的两类计算新的聚类中心:

$$z_1^{(2)}=\frac{x_1+x_2+x_6}{3}=(0.33,0.33)^T$$

$$z_2^{(2)}=\frac{x_3+x_4+x_5}{3}=(4.33,4.67)^T$$

因为新旧聚类中心不等，则重新计算 $\boldsymbol{x}_1$、$\boldsymbol{x}_2$、$\boldsymbol{x}_3$、$\boldsymbol{x}_4$、$\boldsymbol{x}_5$、$\boldsymbol{x}_6$ 到 $\boldsymbol{z}_1^{(2)}$ 和 $\boldsymbol{z}_2^{(2)}$ 的距离，把它们归为最近聚类中心，重新分为两类，即

$$\omega_1=\{\boldsymbol{x}_1,\boldsymbol{x}_2,\boldsymbol{x}_6\},\quad N_1=3,\quad \omega_2=\{\boldsymbol{x}_3,\boldsymbol{x}_4,\boldsymbol{x}_5\},\quad N_2=3$$

继续迭代计算，直至类中心不再改变，聚类结束，最终分类结果为

$$\omega_1=\{\boldsymbol{x}_1,\boldsymbol{x}_2,\boldsymbol{x}_6\},\quad N_1=3,\quad \omega_2=\{\boldsymbol{x}_3,\boldsymbol{x}_4,\boldsymbol{x}_5\},\quad N_2=3$$

3. K-Means 聚类优缺点

(1) 优点：

① 算法简单，对凸数据集（模式呈现类内球状分布）的聚类效果较好。

② 算法收敛速度快，计算复杂度为 $O(t\cdot k\cdot n)$，其中，t 为算法迭代次数，k 为类心数量，n 为数据点数量。

(2) 缺点：

① 需要事先确定类心数量 k。实际上，对于高维数据集，k 的值并不好确定。

② 可能收敛到局部最优解，因此可以用不同的初始类心位置进行多次计算，并评估聚类结果。

③ 由于采用均值方法更新类心，因此对离群点敏感。

④ 对非凸数据集的聚类效果不佳。

10.3.2 高斯混合聚类

高斯混合聚类假设每个样本并非完全属于某一类簇，而是依概率属于某一类簇，且每一个类簇的数据点均服从一个高斯分布。于是，使用高斯混合聚类将数据点聚成 k 类的过程就是确定 k 个高斯分布的参数，并确定数据点由采样自某个高斯函数概率的过程。如果某样本由某个高斯函数生成的概率最大，则判定该样本属于这一类。

1. 高斯混合模型

高斯混合模型（Gaussian Mixture Module，GMM）假设每个簇的数据都符合一个高斯分布，当前数据呈现的分布就是各个簇的高斯分布叠加在一起的结果。

对于随机变量 x，一维高斯分布概率密度函数可表示为

$$N(x\mid\mu,\sigma^2)=\frac{1}{\sqrt{2\pi\sigma^2}}\mathrm{e}^{-\frac{(x-\mu)^2}{2\sigma^2}}\tag{10-24}$$

对于 n 维随机矢量 $\boldsymbol{x}$，多维高斯分布概率密度函数为

$$N(\boldsymbol{x}\mid\boldsymbol{\mu},\boldsymbol{\Sigma})=\frac{1}{(2\pi)^{n/2}\mid\boldsymbol{\Sigma}\mid^{1/2}}\exp\left[-\frac{1}{2}(\boldsymbol{x}-\boldsymbol{\mu})^{\mathrm{T}}\boldsymbol{\Sigma}^{-1}(\boldsymbol{x}-\boldsymbol{\mu})\right]\tag{10-25}$$

式中：$\boldsymbol{\mu}$ 为均值矢量，$\boldsymbol{\mu}\in\mathbb{R}^n$；$\boldsymbol{\Sigma}$ 为协方差矩阵，$\boldsymbol{\Sigma}\in\mathbb{R}^{n\times n}$。

图 10.5 是数据分布的一个样例，如果只用一个高斯分布来拟合图中的数据，图 10.5(a)中所示的椭圆即为高斯分布的标准差及其倍数所对应的椭圆。直观来说，图中的数据明显分为两簇，因此只用一个高斯分布来拟合是不太合理的，需要推广到用多个高斯分布的叠加来对数据进行拟合。图 10.5(b)是用两个高斯分布的叠加来拟合得到的结果。

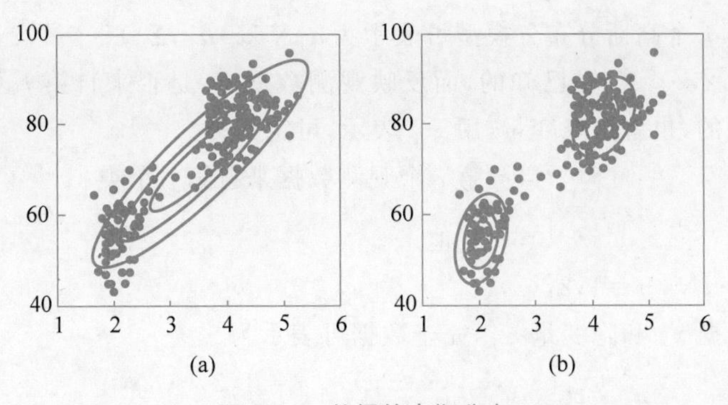

图 10.5 数据的高斯分布

沿着这个思路就引出了高斯混合模型，即用多个高斯分布函数的线性组合来对数据分布进行拟合，这样能更好地描述多样的分布。高斯混合模型的核心思想是假设数据可以看作从多个高斯分布中生成出来。在该假设下，每个单独的分模型都是标准高斯模型，设第 j 个高斯模型的均值 $\boldsymbol{\mu}_j$ 和方差 $\boldsymbol{\Sigma}_j$ 是待估计的参数。则总的概率密度分布可表示为

$$P(x)=\sum_{j=1}^{k}\alpha_j N(\boldsymbol{x} \mid \boldsymbol{\mu}_j,\boldsymbol{\Sigma}_j) \tag{10-26}$$

式中：a_i 为混合系数，$0\leqslant a_j\leqslant 1$，表示第 j 个高斯分布的权重或生成数据的贡献度，且 $\sum_{j=1}^{k}\alpha_j=1$。

理论上，高斯混合模型可以拟合出任意类型的分布。但通常不能直接得到高斯混合模型的参数，而是观察到了一系列数据点，给出总的类别数量 k 后，希望求得最佳的 k 个高斯分布模型。因此，高斯混合模型的计算便成了求解最佳均值 $\boldsymbol{\mu}_j$、方差 $\boldsymbol{\Sigma}_j$、混合系数 α_j 的过程，即要估计参数 $\theta=(\alpha_1,\alpha_2,\cdots,\alpha_k;\boldsymbol{\mu}_1,\boldsymbol{\mu}_2,\cdots,\boldsymbol{\mu}_k;\boldsymbol{\Sigma}_1,\boldsymbol{\Sigma}_2,\cdots,\boldsymbol{\Sigma}_k)$。如果直接使用极大似然估计，将会得到一个复杂的非凸函数，难以展开和对其求偏导。而下面介绍的期望最大化(Expectation Maximum，EM)算法提供了解决该难题的途径。

2. EM 算法求解高斯混合模型

EM 算法是一种迭代优化策略，EM 算法的每一次迭代都分两步，一个为期望步(E 步)，另一个为极大步(M 步)。EM 算法受到缺失思想影响，最初是为了解决数据缺失情况下的参数估计问题，其算法基础和收敛有效性等问题在登普斯特(Dempster)、莱尔德(Laird)和鲁宾(Rubin)于 1977 年发表的论文 *Maximum Likelihood from Incomplete Data Via the EM Algorithm* 中给出了详细的阐述。其基本思想是：首先根据已经给出的观测数据估计出模型参数的值；然后依据上一步估计出的参数值估计缺失数据的值，根据估计出的缺失数据加上之前已经观测到的数据重新再对参数值进行估计，然后反复迭代，直至最后收敛，迭代结束。

使用 EM 算法估计高斯混合模型的参数 θ 步骤如下。

(1) 明确隐变量，写出完全数据的对数似然函数。

分布中的第 j 个高斯分布分模型可表示为 $\alpha_j N(\boldsymbol{x}|\boldsymbol{\mu}_j,\boldsymbol{\Sigma}_j)(j=1,2,\cdots,k)$。这时观测数据 $\boldsymbol{x}_i(i=1,2,\cdots,N)$是已知的,而反映观测数据 $\boldsymbol{x}_i$ 是否来自第 j 个高斯分布分模型的信息是未知的,也就是隐变量,用 z_{ij} 表示,可定义为

$$z_{ij}=\begin{cases}1, & \text{第 } i \text{ 个观测数据来自第 } j \text{ 个类}\\ 0, & \text{其他}\end{cases} \tag{10-27}$$

式中：$i=1,2,\cdots,N$；$j=1,2,\cdots,k$。

有了观测数据 $\boldsymbol{x}_i$ 和隐变量 z_{ij},完全数据可表示为

$$(\boldsymbol{x}_i,z_{i1},z_{i2},\cdots z_{ik}),\quad i=1,2,\cdots,N \tag{10-28}$$

EM 算法的目标是通过迭代,将求样本数据的对数似然函数 $L(\theta)=\log P(x|\theta)$的极大似然估计转化为求完全数据的对数似然函数 $L(\theta)-\log P(x,z|\theta)$的期望的极大似然估计($x$ 表示观测数据,z 表示隐变量)。

首先构造完全数据的似然函数：

$$\begin{aligned}P(x,z\mid\theta)&=\prod_{i=1}^{N}P(\boldsymbol{x}_i,z_{i1},z_{i2},\cdots z_{ik}\mid\theta)\\&=\prod_{j=1}^{k}\prod_{i=1}^{N}[\alpha_j\cdot N(\boldsymbol{x}_i\mid\boldsymbol{\mu}_j,\boldsymbol{\Sigma}_j)]^{z_{ij}}\\&=\prod_{j=1}^{k}\alpha_j^{n_j}\prod_{i=1}^{N}[N(\boldsymbol{x}_i\mid\boldsymbol{\mu}_j,\boldsymbol{\Sigma}_j)]^{z_{ij}}\end{aligned} \tag{10-29}$$

式中：n_j 表示 N 个观测数据中由第 j 个分模型生成的数据的个数，$n_j=\sum_{i=1}^{N}z_{ij}$，$\sum_{j=1}^{k}n_j=N$。

由此可得完全数据的对数似然函数为

$$\log P(\boldsymbol{x},z\mid\theta)=\sum_{j=1}^{k}\left(n_j\log\alpha_j+\sum_{i=1}^{N}z_{ij}\log N(\boldsymbol{x}_i\mid\boldsymbol{\mu}_j,\boldsymbol{\Sigma}_j)\right) \tag{10-30}$$

(2) EM 算法的 E 步：确定 Q 函数。

Q 函数是指在给定观测数据 x 和第 h 轮迭代的参数 $\theta^{(h)}$ 时完全数据的对数似然函数 $\log P(x,z|\theta)$的期望。计算期望的概率是隐随机变量 z 的条件概率分布 $P(z|x,\theta^{(h)})$。于是 Q 函数可表示为

$$\begin{aligned}Q(\theta,\theta^{(h)})&=E[\log P(x,z\mid\theta)\mid x,\theta^{(h)}]\\&=E\left[\sum_{j=1}^{k}\left(n_j\log\alpha_j+\sum_{i=1}^{N}z_{ij}\log N(\boldsymbol{x}_i\mid\boldsymbol{\mu}_j,\boldsymbol{\Sigma}_j)\right)\right]\\&=\sum_{j=1}^{k}\left(\sum_{i=1}^{N}(E(z_{ij})\log\alpha_j)+\sum_{i=1}^{N}(E(z_{ij})\log N(\boldsymbol{x}_i\mid\boldsymbol{\mu}_j,\boldsymbol{\Sigma}_j))\right)\end{aligned} \tag{10-31}$$

隐随机变量 z 的条件概率分布为

$$P(z \mid \boldsymbol{x},\theta^{(h)})=\sum_{i=1}^{N}[E(z_{ij} \mid \boldsymbol{x},\theta^{(h)})] \tag{10-32}$$

且有

$$\sum_{j=1}^{k}P(z \mid \boldsymbol{x},\theta^{(h)})=\sum_{j=1}^{k}\sum_{i=1}^{N}[E(z_{ij} \mid \boldsymbol{x},\theta^{(h)})]=1 \tag{10-33}$$

这里需要计算 $E(z_{ij}|\boldsymbol{x},\theta^{(h)})$：

$$\begin{aligned}\hat{z}_{ij} &\triangleq E(z_{ij} \mid \boldsymbol{x},\theta^{(h)}) \\ &=P(z_{ij}=1 \mid \boldsymbol{x},\theta^{(h)}) \\ &=\frac{P(z_{ij}=1,\boldsymbol{x}_i \mid \theta^{(h)})}{\sum_{j=1}^{k}P(z_{ij}=1,\boldsymbol{x}_i \mid \theta^{(h)})} \\ &=\frac{P(\boldsymbol{x}_i \mid z_{ij}=1,\theta^{(h)})P(z_{ij}=1 \mid \theta^{(h)})}{\sum_{j=1}^{k}P(\boldsymbol{x}_i \mid z_{ij}=1,\theta^{(h)})P(z_{ij}=1 \mid \theta^{(h)})} \\ &=\frac{\alpha_j N(\boldsymbol{x}_i \mid \boldsymbol{\mu}_j,\boldsymbol{\Sigma}_j)}{\sum_{j=1}^{k}\alpha_j N(\boldsymbol{x}_j \mid \boldsymbol{\mu}_j,\boldsymbol{\Sigma}_j)} \quad (i=1,2,\cdots,N;j=1,2,\cdots,k)\end{aligned} \tag{10-34}$$

式中：$\hat{z}_{ij}$ 为当前模型参数 $\theta^{(h)}$ 下第 i 个观测数据来自第 j 个分模型的概率，称为分模型 j 对观测数据 $\boldsymbol{x}_i$ 的响应度。

将 $\hat{z}_{ij}=E(z_{ij})$ 以及 $n_j=\sum_{i=1}^{N}E(z_{ij})$ 代入 Q 式(10-31)可得

$$Q(\theta,\theta^{(h)})=\sum_{j=1}^{k}\left(n_j\log\alpha_j+\sum_{i=1}^{N}(\hat{z}_{ij}\log N(\boldsymbol{x}_i \mid \boldsymbol{\mu}_j,\boldsymbol{\Sigma}_j))\right) \tag{10-35}$$

(3) 确定EM算法的M步。

M步也就是在得到第 h 轮的参数 $\theta^{(h)}$ 之后，求下一轮迭代的参数 $\theta^{(h+1)}$，使函数 $Q(\theta,\theta^{(h)})$ 极大，即

$$\theta^{(h+1)}=\underset{\theta}{\operatorname{argmax}}\,Q(\theta,\theta^{(h)}) \tag{10-36}$$

使用 $\hat{\alpha}_j$、$\hat{\boldsymbol{\mu}}_j$、$\hat{\boldsymbol{\Sigma}}_j$ $(j=1,2,\cdots,k)$ 表示 $\theta^{(h+1)}$ 的各参数，则可以使用 $Q(\theta,\theta^{(h)})$ 对 α_j、$\boldsymbol{\mu}_j$、$\boldsymbol{\Sigma}_j$ 求偏导并令其等于0，可得

$$\hat{\alpha}_j=\frac{n_j}{N}=\frac{\sum_{i=1}^{N}\hat{z}_{ij}}{N},\quad j=1,2,\cdots,k$$

$$\hat{\boldsymbol{\mu}}_j=\frac{\sum_{i=1}^{N}\hat{z}_{ij}\boldsymbol{x}_i}{\sum_{i=1}^{N}\hat{z}_{ij}},\quad j=1,2,\cdots,k$$

$$\hat{\boldsymbol{\Sigma}}_j = \frac{\sum_{i=1}^{N} \hat{z}_{ij} (\boldsymbol{x}_i - \boldsymbol{\mu}_j)(\boldsymbol{x}_i - \boldsymbol{\mu}_j)^{\mathrm{T}}}{\sum_{i=1}^{N} \hat{z}_{ij}}, \quad j = 1, 2, \cdots, k \tag{10-37}$$

得到参数 $\theta^{(h+1)}$ 之后，继续进行 E 步和 M 步的交替迭代，直到 Q 函数的值趋于稳定。此时，即可得到 k 个参数确定的高斯分布分模型。第 j 个类的高斯分布分模型可表示为 $\alpha_j N(\boldsymbol{x}_i | \boldsymbol{\mu}_j, \boldsymbol{\Sigma}_j)(j=1,2,\cdots,k)$，分模型的均值 $\boldsymbol{\mu}_j$ 则为聚类中心，混合系数 α_j 为该高斯分布分模型的权重。对于观测数据 $\boldsymbol{x}_i(i=1,2,\cdots,N)$，若其由第 m 个高斯分布分模型生成的可能性最大，则判 $\boldsymbol{x}_i$ 属于第 m 类。于是聚类完成。

显然，高斯混合聚类也是一种动态聚类。

3. 高斯混合聚类优缺点

1）优点：

① 高斯混合聚类相比于 K-Means 更具一般性，能形成不同大小和形状的簇。K-Means 可视为高斯混合聚类中每个样本仅指派给一个高斯分布分模型的特例。

② 仅使用少量的参数就能较好地描述数据的特性。

2）缺点：

① 高斯混合模型的计算量较大收敛慢。实际应用中可以先使用 K-Means 对样本进行聚类，依据得到的各个簇来确定高斯混合模型的初始值。其中，初始质心为均值矢量，初始协方差矩阵为每个簇中样本的协方差矩阵，初始混合系数为每个簇中样本占总体样本的比例。

② 分模型数量难以预先确定。

③ 对异常点敏感。

④ 数据量少时效果不好。

10.3.3 密度聚类

基于密度的聚类算法通过样本分布的紧密程度确定聚类结构，以数据集在空间分布上的稠密程度为依据进行聚类，即只要一个区域中的样本密度大于某个阈值，就把其划入与之相近的簇中。

密度聚类从样本密度的角度考查样本之间的可连接性，并由可连接样本不断扩展直到获得最终的聚类结果。这类算法可以克服 K-Means 等只适用于凸样本集且受噪声点影响大的弱点。本节将介绍一种常用的基于密度的聚类算法——基于密度的噪声应用空间聚类(Density-Based Spatial Clustering of Applications with Noise，DBSCAN)算法。基于一组邻域参数(ε，MinPts)来描述样本分布的紧密程度，将簇定义为密度相连的样本的最大集合，能够将密度足够高的区域划分为簇，不需要给定簇数量，并可在有噪声的数据集中发现任意形状的簇。

1. DBSCAN 基本概念

对于一组待聚类的样本集 $D=\{\boldsymbol{x}_1, \boldsymbol{x}_2, \cdots, \boldsymbol{x}_N\}$，首先给出密度描述的相关定义

如下。

ε 邻域：对 $\boldsymbol{x}_j \in D$，其 ε 邻域 $N_\varepsilon(\boldsymbol{x}_j)$ 包含 D 中与 $\boldsymbol{x}_j$ 的距离不大于 ε 的所有样本，即

$$N_\varepsilon(\boldsymbol{x}_j)=\{\boldsymbol{x}_i \mid \boldsymbol{x}_i \in D, \operatorname{dist}(\boldsymbol{x}_i,\boldsymbol{x}_j) \leqslant \varepsilon\} \tag{10-38}$$

其中，dist(·)为距离函数。ε 为算法超参数，需提前设定。

ε 邻域内样本个数最小值：MinPts。MinPts 为算法超参数，需提前设定。

核心对象(core point)：若 $\boldsymbol{x}_j$ 的 ε 邻域至少包含 MinPts 个样本，即 $N_\varepsilon(\boldsymbol{x}_j) \geqslant \text{MinPts}$，则 $\boldsymbol{x}_j$ 为一个核心对象。

密度直达(directly density-reachable)：若 $\boldsymbol{x}_j$ 位于 $\boldsymbol{x}_i$ 的 ε 邻域中，且 $\boldsymbol{x}_i$ 是核心对象，则称 $\boldsymbol{x}_j$ 由 $\boldsymbol{x}_i$ 密度直达。值得注意的是，密度直达关系通常不满足对称性，除非 $\boldsymbol{x}_j$ 也是核心对象。

密度可达(density-reachable)：对 $\boldsymbol{x}_i$ 与 $\boldsymbol{x}_j$，若存在样本序列 $p_1, p_2, \cdots, p_n$，其中 $p_1=\boldsymbol{x}_i, p_n=\boldsymbol{x}_j, p_1, p_2, \cdots, p_{n-1}$ 均为核心对象，且 p_{i+1} 从 p_i 密度直达，则称 $\boldsymbol{x}_j$ 由 $\boldsymbol{x}_i$ 密度可达。密度可达关系满足直递性，但不满足对称性。

密度相连(density-connected)：对 $\boldsymbol{x}_i$ 与 $\boldsymbol{x}_j$，若存在 $\boldsymbol{x}_l$ 使得 $\boldsymbol{x}_i$ 与 $\boldsymbol{x}_j$ 均由 $\boldsymbol{x}_l$ 密度可达，则称 $\boldsymbol{x}_i$ 与 $\boldsymbol{x}_j$ 密度相连。密度相连关系满足对称性。

基于密度的簇：由密度可达关系导出的最大的密度相连样本集合 C 称为簇，不属于任何簇的数据对象称为"噪声"。簇 C 满足两个性质：连接性(connectivity)，$\boldsymbol{x}_i \in C$，$\boldsymbol{x}_j \in C \rightarrow \boldsymbol{x}_i$ 与 $\boldsymbol{x}_j$ 密度相连；最大性(maximality)，$\boldsymbol{x}_i \in C$，$\boldsymbol{x}_j$ 由 $\boldsymbol{x}_i$ 密度可达 $\rightarrow \boldsymbol{x}_j \in C$。

基于上述定义可知，DBSCAN 中使用 ε 和 MinPts 两个参数来描述邻域样本分布的紧密程度，规定了在一定邻域阈值内样本的个数(密度)，如图 10.6 所示。

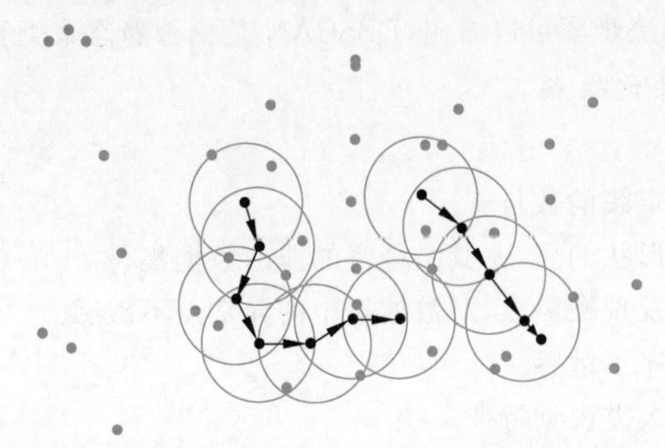

图 10.6 数据密度概念实例

当 MinPts=5 时，黑色的数据点均是核心对象，因为其 ε 邻域中至少包含 5 个样本。黑色的样本是非核心对象。所有核心对象密度直达的样本在以黑色核心对象为中心的超球体内，如果不在超球体内，则不能密度直达。图 10.6 中用黑色箭头连起来的核心对象组成了密度可达的样本序列。在这些密度可达的样本序列的 ε 邻域内所有的样本相互都是密度相连的。

2. DBSCAN 算法原理与流程

DBSCAN 算法先任选数据集中的一个核心对象作为种子，创建一个簇并找出它所有

的核心对象，寻找合并核心对象密度可达的对象，直到所有核心对象均被访问过为止。

DBSCAN算法步骤如下。

输入：数据集 $D=\{\boldsymbol{x}_1,\boldsymbol{x}_2,\cdots\boldsymbol{x}_N\}$，邻域参数 ε、MinPts。

输出：聚类结果 $C=\{C_1,C_2,\cdots,C_l\}$。

Step1：初始化核心对象集合 $\Omega=\varnothing$，初始化聚类簇数 $k=0$，初始化未访问样本集合 $\Gamma=D$，簇划分 $C=\varnothing$，初始化类别序号 $l=0$。

Step2：对于 $j=1,2,\cdots,N$，按下面的步骤找出所有的核心对象：

① 通过距离度量方式，找到样本 $\boldsymbol{x}_j$ 的 ε 邻域 $N_\varepsilon(\boldsymbol{x}_j)$；

② 如果满足 $N_\varepsilon(\boldsymbol{x}_j)\geqslant$MinPts，则将样本 $\boldsymbol{x}_j$ 加入核心对象样本集合 $\Omega=\Omega\cup\{\boldsymbol{x}_j\}$；

Step3：如果核心对象集合 $\Omega=\varnothing$，则输出聚类结果，算法退出。

Step4：在核心对象集合 Ω 中随机选择一个核心对象 o，初始化当前簇核心对象队列 $\Omega_{\text{cur}}=\{o\}$，设类别序号 $l=l+1$，初始化当前簇样本集合 $C_l=\{o\}$，更新未访问样本集合 $\Gamma=\Gamma-\{o\}$。

Step5：如果当前簇核心对象队列 $\Omega_{\text{cur}}=\varnothing$，则当前聚类簇 C_l 生成完毕，更新簇划分 $C=\{C_1,C_2,\cdots,C_l\}$，更新核心对象集合 $\Omega=\Omega-C_l$，转入Step3；否则，更新核心对象集合 $\Omega=\Omega-C_l$。

Step6：在当前簇核心对象队列 Ω_{cur} 中取出一个核心对象 o'，通过邻域距离阈值 ε 找出所有的 ε 邻域子样本集 $N_\varepsilon(o')$，令 $\Delta=N_\varepsilon(o')\cap\Gamma$，更新当前簇样本集合 $C_l=C_l\cup\Delta$，更新未访问样本集合 $\Gamma=\Gamma-\Delta$，更新 $\Omega_{\text{cur}}=\Omega_{\text{cur}}\cup(\Delta\cap\Omega)-o'$，转入Step5。

从DBSCAN的算法步骤可以看出，DBSCAN是一种静态聚类算法。

3. DBSCAN算法优缺点

(1) 优点：

① 不需要事先给定簇的数目 k。

② 适于处理任意形状的簇，尤其是稠密的非凸数据集。

③ 可以在聚类时发现噪声点，对数据集中的异常点不敏感。

④ 对样本输入顺序不敏感。

⑤ 聚类结果符合人类视觉特征。

(2) 缺点：

① 对于高维数据效果不好。

② 不适于数据集中样本密度差异很小的情况。

③ 调参复杂，ε 邻域值固定，设置过大的MinPts会导致核心对象数量减少，使得一些包含对象较少的自然簇被丢弃；设置过小的MinPts会导致大量对象被标记为核心对象，从而将噪声归入簇；MinPts固定，设置过小的 ε 邻域值会导致大量的对象被误标为噪声，一个自然簇被误拆为多个簇；设置过大的 ε 邻域值则可能有很多噪声被归入簇，而本应分离的若干自然簇也被合并为一个簇。

④ 数据量很大时算法收敛的时间较长。

10.3.4 顺序前导聚类

顺序前导聚类(sequential leader clustering)主要用于处理数据流的聚类,不用预先设定类别数量,只需设定一个阈值 T。如果当前样本数据和所有已有类的距离都比阈值 T 大,则新建立一个类,将当前样本数据划分到该新类;否则,将当前样本数据指派到其距离最小的已有类。可见,顺序前导聚类不需要迭代,只需将待聚类数据遍历一遍即可,其是一种静态聚类。

1. 算法步骤

输入:数据流 $\boldsymbol{x}_1,\boldsymbol{x}_2,\cdots\boldsymbol{x}_N$,距离阈值 T。

输出:聚类结果 $C=\{C_1,C_2,\cdots,C_l\}$。

Step1:算法初始化,设置 $i=1,l=1$。建立 C_1 类,并将样本 $\boldsymbol{x}_1$ 指派到 C_1 类。$C=\{C_1\}$。

Step2:$i=i+1$,如果 $i>N$,算法退出,输出结果。

Step3:计算样本点 $\boldsymbol{x}_i$ 到 $C_1,C_2,\cdots,C_l$ 质心的距离 d_l。记 $d_{\mathrm{m}}=\min\limits_l d_l$,为样本点到各类质心的最小距离。

Step4:如果 $d_{\mathrm{m}}<T$(距离阈值),则将样本 $\boldsymbol{x}_i$ 指派给 C_m 类;否则,$l=l+1$,新建类别 C_l,并将样本点 x_i 指派给 C_l 类。

2. 顺序前导聚类算法优缺点

(1) 优点:

① 实现简便,不需要迭代,不需要预先指定类别数量。

② 聚类计算复杂度低,善于处理流数据。

(2) 缺点:

① 样本点输入的顺序不同,可能得到不同的聚类结果。

② 阈值 T 的选择缺乏科学依据指导。

10.3.5 层次聚类

层次聚类(hierarchical clustering)通过计算不同类别数据点间的相似度自底向上地构造一棵有层次的嵌套聚类树,是一种需要参数少且较为灵活的聚类算法。在聚类树中,原始数据点是树的最底层,树顶层的根节点则代表所有数据聚成了一类。

针对待处理的样本数据,先划分为较粗的簇,再进一步针对各个大类划分为更具细粒度的簇,这些簇形成了层次结构,可以很容易地对各层次上的数据进行汇总或者特征化,如图 10.7 所示。

数据集应该聚类成多少个簇,通常与使用者所讨论的尺度有关。层次聚类算法相比其他聚类算法的优点之一,是可以在不同的尺度上(层次)展示数据集的聚类情况。

1. 算法原理

首先将这 N 个数据样本视作各自成为一类,然后计算类与类之间的距离,选择距离

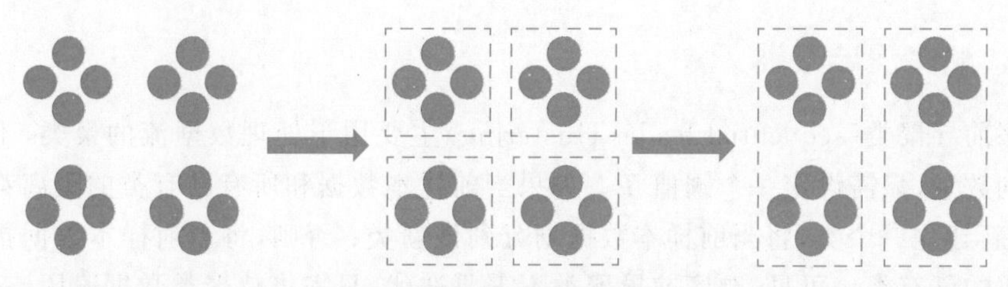

图 10.7 不同尺度的聚类

最小的一个类对合并成一个新类，计算在新的类别分划下各类之间的距离，再将距离最近的两个类合并，直至所有模式聚成两类为止。

2. 算法流程

输入：数据集 $D=\{\boldsymbol{x}_1,\boldsymbol{x}_2,\cdots\boldsymbol{x}_N\}$。

输出：层次聚类树 $G^{(k)}(k=0,1,\cdots,N-2)$。

Step1：初始分类。设 $k=0$，每个模式自成一类，即 $G_i^{(0)}=\{\boldsymbol{x}_i\}$，$i=1,2,\cdots,N$，设第 0 层的聚类结果集合为 $G^{(0)}=\{G_1^{(0)},G_2^{(0)},\cdots,G_N^{(0)}\}$。

Step2：计算各类之间距离 D_{ij}，生成一个对称的距离矩阵 $\boldsymbol{D}^{(k)}=(D_{ij})_{m\times m}$，$m$ 为类的个数(初始时 $m=N$)。

Step3：找出矩阵 $\boldsymbol{D}^{(k)}$ 中最小元素，设它是 $G_i^{(k)}$ 和 $G_j^{(k)}$ 之间距离。

Step4：则将 $G_i^{(k)}$ 和 $G_j^{(k)}$ 两个类合并成一类，设第 $k+1$ 层的聚类结果为 $G^{(k+1)}=\varnothing$，将当前所有类添加到 $G^{(k+1)}$ 中。

Step5：令 $k=k+1,m=m-1$。

Step6：如果 $m>2$，则转 Step2；否则，输出结果，算法退出。

层次聚类过程的最终结果是层次聚类树，其是由树图表示的嵌套分类图，图 10.8 给出了一个示例。

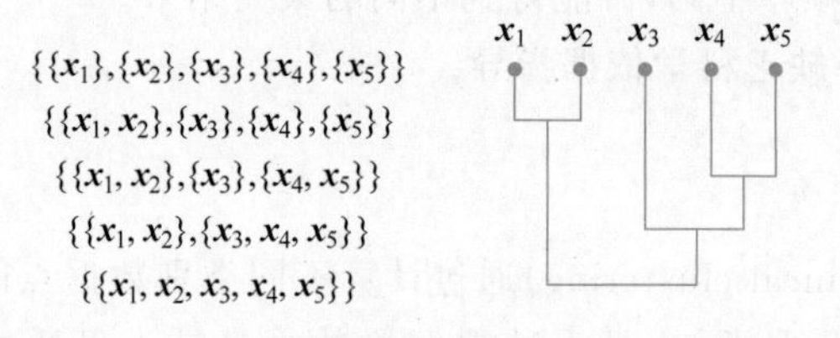

图 10.8 层次聚类示意图

从层次聚类算法的流程可以知道，层次聚类方法是一种静态聚类方法。

3. 层次聚类算法中的距离

层次聚类算法的核心内容之一是类间距离的选择和类数的确定，它们决定着给定数据样本集的最后聚类结果。不同的类间距离度量方式将导致不同的分层结构。也就是说，所采用的类间距离定义不同，聚类过程和结果可能是不一样的。特别地，针对样本簇的距离有以下三种计算方法。

(1) 最近距离法：又称 Single Linkage 方法，是将两个组合数据点中距离最近的两个数据点间的距离作为这两个组合数据点的距离。基于最近距离的聚类算法在聚类过程中,类域的半径增长得较快,有可能产生细长分布的类,且这种方法容易受到噪声或极端值的影响。

(2) 最远距离法：又称 Complete Linkage 方法,其将两个组合数据点中距离最远的两个数据点间的距离作为这两个组合数据点的距离。基于最远距离的聚类算法在聚类过程中,类域的半径增长得较慢,因此一般不会促成一个细长分布的类出现,其聚类结果更倾向于“成团”的数据点分布。类似地,最远距离法也容易受到噪声或极端值的影响。

(3) 平均距离法：又称 Average Linkage 方法,是计算两个组合数据点中的每个数据点与另一个类中所有数据点的距离,将所有距离的均值作为两个组合数据点间的距离。最近距离和最远距离是类间距离定义的两个极端,它们对孤立点和噪声很敏感。显然,用这两个距离的“折中”——平均距离可以一定程度上可缓解上述问题。但相较于最近距离法和最远距离法,平均距离法的计算量也更大。

4. *层次聚类算法优缺点*

(1) 优点：

① 不需要预先设定聚类数。事实上,对于数据集 $D=\{\boldsymbol{x}_1,\boldsymbol{x}_2,\cdots,\boldsymbol{x}_N\}$ 的层次聚类一旦完成,就可以得到从两类到 N 类的所有聚类结果。

② 通过层次聚类树可以发现类的潜在层次(谱系)关系。

③ 通过选用不同的类间距离(最近距离、最远距离、平均距离),层次聚类可以在一定程度上处理任意形状的簇。

(2) 缺点：

① 层次聚类保留了完整的类合并过程,计算复杂度较高。

② 层次聚类属于贪心算法,得到的结果是局域最优,不一定是全局最优。

③ 孤立点和噪声对聚类结果有较大影响。

10.4 本章小结

本章介绍了聚类分析的定义、一般流程、典型应用,模式的相似性度量,以及常用的几种聚类算法,要点回顾如下。

- 聚类分析是一种无监督的学习算法,其前提是假设数据集中天然存在相似的一些自然类,其根据样本相似度进行样本分组。
- 模式的相似性测度包括距离测度、相似性测度、匹配测度等。
- 在距离测度中,欧氏距离应用最广泛,但容易受到量纲的影响；马氏距离对一切非奇异线性变换都是不变的,且从统计意义上尽量去掉了特征分量间的相关性；相似性测度考虑的是两个矢量之间的方向,因此该系数不受矢量模值的尺度大小影响。
- 本书介绍的常用聚类方法包括 K-Means 聚类、高斯混合聚类、密度聚类、顺序前导聚类和层次聚类,各种聚类方法均有自己的优缺点和适用场景,可根据实际应用场景进行选择。

- 根据聚类结果在迭代过程中是否发生变化,聚类方法可分为动态聚类和静态聚类两类。K-Means 聚类和高斯混合聚类属于动态聚类方法,密度聚类、顺序前导聚类和层次聚类属于静态聚类方法。

习题

1. 证明欧氏距离是平移不变的、旋转不变的,马氏距离是平移不变的、非奇异线性变换不变的。

2. 证明切比雪夫距离≤欧氏距离≤绝对值距离。

3. 现有样本集 $X=\{(0,0)^T,(1,1)^T,(2,1)^T,(2,2)^T,(3,4)^T,(1,3)^T\}$,用 K-Means 算法进行聚类分析(类数 $k=2$),初始聚类中心为$(0,0)^T$、$(1,1)^T$,距离测度使用欧氏距离。

4. 何为动态聚类,何为静态聚类,并列举几种动态聚类算法和静态聚类算法。

5. 简述聚类分析的一般性步骤。

6. 聚类分析的要求有哪些?

7. 模式相似性测度有哪几种?

8. 简述基于最远距离法、最近距离法、平均距离法进行层次聚类的特点。

9. 简述 K-Means 聚类算法的基本思想。

10. 分别列举 K-Means 聚类算法的优缺点。

11. 假设某人有两个外观完全相同的硬币(A 和 B),设 θ_A 和 θ_B 分别表示投掷硬币后,硬币 A 和硬币 B 正面朝上的概率。已知 $\theta_A>\theta_B$。现在将两个硬币放入一个布袋,并随机拿出一个硬币(无法区分拿出的硬币是硬币 A 还是硬币 B),抛 10 次,记录得到的结果(H 表示正面朝上,T 表示反面朝上),然后将硬币放回布袋。重复上述过程 5 轮,得到的结果记录如表 10.1 所示。试问 θ_A 和 θ_B 分别是多少?

表 10.1 习题 11 表

轮　次	结　果
1	H H T T H T T T H H
2	H H H H T H H T H H
3	H H T T H T T T H H
4	T H H T H H H T H H
5	H H H H H H H T H H

12. 现有六维样本 $x_1=(0,1,3,1,3,4)^T$,$x_2=(3,3,3,1,1,1)^T$,$x_3=(1,0,0,0,1,1)^T$,$x_4=(2,1,0,2,2,1)^T$,$x_5=(0,0,1,0,1,0)^T$,试按最小距离法、最大距离法和平均距离法分别进行层次聚类分析。

13. 现有总共 20000 张敌方重点军事单位的合成孔径雷达(SAR)图像数据,已知数据中一共有 10 种类别的不同目标,选择合适的聚类算法,设计一个分类方案,给出聚类模型的简要步骤框图。假设已使用卷积神经网络提取图像特征 $\boldsymbol{x}\in\mathbb{R}^n$。

14. 画出思维导图,串联本章所讲的知识点。

参考文献

[1] 孙即祥. 现代模式识别[M]. 2 版. 北京：高等教育出版社，2008.

[2] 孙即祥. 模式识别[M]. 北京：国防工业出版社，2009.

[3] 王万森. 人工智能原理及其应用[M]. 4 版. 北京：电子工业出版社，2018.

[4] 周志华. 机器学习[M]. 北京：清华大学出版社，2016.

[5] 蔡自兴，刘丽珏，蔡竞峰，等. 人工智能及其应用[M]. 北京：清华大学出版社，2020.

[6] Russell S，Norvig P. 人工智能：一种现代的方法[M]. 3 版. 殷建平，祝恩，等译. 北京：清华大学出版社，2013.

[7] 张学工，汪小我. 模式识别[M]. 4 版. 北京：清华大学出版社，2021.

[8] Duda R，Hart P，Stork D. 模式分类[M]. 2 版. 李宏东，姚天翔，译. 北京：机械工业出版社，2022.

[9] Webb A，Copsey K. 统计模式识别[M]. 3 版. 王萍，译. 北京：电子工业出版社，2015.

[10] Han J W，Kamber M，Pei J. 数据挖掘：概念与技术(原书第 3 版)[M]. 范明，孟小峰，译. 北京：机械工业出版社，2010.

[11] Goodfellow I，Bengio Y，Courville A. 深度学习[M]. 申剑，黎彧君，符天凡，等译. 北京：人民邮电出版社，2017.

[12] 李航. 统计学习方法[M]. 北京：清华大学出版社，2019.

[13] 杨健. 人工智能模式识别[M]. 北京：电子工业出版社，2020.

[14] 周润景. 模式识别与人工智能 (基于 MATLAB)[M]. 北京：清华大学出版社，2018.

[15] 李德毅，于剑. 人工智能导论[M]. 北京：中国科学技术出版社，2018.

[16] 翟中华，孟翔宇. 深度学习：理论、方法与 PyTorch 实践[M]. 北京：清华大学出版社，2021.

参考文献